世 界 农 药 大 全

A COMPLETE COLLECTION
OF
WORLD AGROCHEMICALS
PLANT GROWTH
REGULATOR

植物生长
调节剂
卷
第二版

张宗俭
武恩明 主编
李　斌

化学工业出版社
·北京·

内容简介

本书在第一版基础上，简要介绍了植物生长调节剂的概念、类别，以及登记、应用和发展情况，精心收集了植物生长调节剂品种及可以作为植物生长调节剂开发应用或具有植物生长调节剂性质的化合物近 170 个，详细介绍了每个品种，包括通用名称、化学名称、结构式、CAS 登录号、分子式、分子量、理化性质、毒性、环境行为、专利概况、主要生产商和作用机理等，同时也对应用技术、合成方法以及参考文献进行了介绍。书后附有英文通用名称索引，供读者查阅使用。

本书具有实用性强、内容齐全、信息量大、重点突出和索引完备等特点，可供从事植物生长调节剂教学、管理、产品开发、专利信息查询、研发、生产、应用、市场开发与销售、产品进出口等有关专业人员和高等院校相关专业师生参考。

图书在版编目（CIP）数据

世界农药大全. 植物生长调节剂卷 / 张宗俭，武恩明，李斌主编. -- 2 版. -- 北京 : 化学工业出版社，2024. 10. -- ISBN 978-7-122-45975-6

Ⅰ. TQ45-62

中国国家版本馆 CIP 数据核字第 20244KV210 号

责任编辑：刘　军　孙高洁　　　　文字编辑：李娇娇
责任校对：王鹏飞　　　　　　　　装帧设计：王晓宇

出版发行　化学工业出版社
　　　　　（北京市东城区青年湖南街 13 号　邮政编码 100011）
印　　装　中煤（北京）印务有限公司
787mm×1092mm　1/16　印张 18¾　字数 467 千字
2024 年 10 月北京第 2 版第 1 次印刷

购书咨询：010-64518888　　　　　售后服务：010-64518899
网　　址：http://www.cip.com.cn
凡购买本书，如有缺损质量问题，本社销售中心负责调换。

定　　价：168.00 元　　　　　　　版权所有　违者必究

本书编写人员名单

主　　编：张宗俭　武恩明　李　斌

副 主 编：周　繁　张　鹏　张春华

编写人员：（按姓名汉语拼音排序）

白丽萍	陈　华	程　岩	褚岩凤	丛云波
崔顺艳	高　军	耿学军	关爱莹	关丽杰
郭正峰	郝泽生	胡之楠	冀海英	蓝玉明
雷　斌	雷东卫	雷光月	李　斌	李　琴
李少华	李　艳	梁松军	刘成利	刘红翼
刘吉永	刘开宇	刘　克	刘全涛	刘振龙
柳英帅	吕　亮	毛志强	秦　博	秦玉坤
任　丹	施学庚	石昌玉	王福生	王明欣
王世辉	王　宇	吴鸿飞	吴沙沙	武恩明
相　东	徐雪松	许　曼	杨辉斌	于春睿
于海波	张春华	张国生	张　鹏	张　稳
张　勇	张　振	张宗俭	周　繁	朱党强

前言

　　本书是《世界农药大全——植物生长调节剂卷》（2011 年）的修订版，在第一版的基础上增加了近年开发的新品种和第一版没有收录但仍可以作为植物生长调节剂应用或曾作为植物生长调节剂应用的品种，删除了禁用、停用的品种，并对部分品种的登记和应用信息做了更新或补充。

　　本次修订对植物生长调节剂品种顺序做了调整优化，按品种中文通用名的汉语拼音字母先后顺序排列，使结构体例更加清晰。

　　植物生长调节剂品种繁多，应用技术复杂，应用效果与作物种类、品种、生长发育状况、环境条件（气候、温湿度、光照、土壤水肥供给等）、使用方法等多种因素相关。植物生长调节剂在我国归于农药范畴管理，生产、经营和使用时应严格按照产品注册登记的范围和方法使用，以确保其使用效果和安全性。

　　本书具有实用性强、内容齐全、信息量大、重点突出等特点，以便读者阅读和查询。

　　由于编者水平有限，加之书中涉及内容面广量大、专业性强等，疏漏之处在所难免，敬请读者批评指正。

编者
2024 年 3 月

第一版前言

目前国内外虽有许多介绍农药品种方面的书籍如"*The Pesticide Manual*"、《新编农药手册》等，但尚未有系统较详尽介绍植物生长调节剂情况，如品种开发、产品化学、毒理学、作用特性、应用技术、专利以及合成方法等的书籍。本书旨在为从事植物生长调节剂研究、应用、生产、销售、进出口、管理等有关人员提供一本实用的参考工具。

本书是"世界农药大全丛书"之一，在编排方式等方面尽可能保持一致。本书与现有其他书籍相比具有实用性强、信息量大、内容齐全、重点突出、索引完备等特点。重点编排了我国或国外生产应用或开发过的植物生长调节剂主要品种。每一种植物生长调节剂品种都给出开发情况、化学结构、CAS 登录号、化学名称、美国化学文摘（CA）系统名称、理化性质、毒性、应用、专利概况和合成方法等，以方便读者查阅或进一步查找资料。

本书索引完备，不仅有常规索引如中文通用名称、英文通用名称、CAS 登录号等，还有商品名称索引，尽可能方便读者查询和检索。

我们在编写过程中参考的主要文献与著作有"*The Pesticide Manual*"（editor：C D S Tomlin）、"*Pesticide Synthesis Handbook*"（editor：Thomas A Unger）、"*User Guide of Plant Growth Regulators*"（CCA Biochemical Co.，Inc）、《新编农药手册》（农业部农药检定所）、《世界农药大全——除草剂卷》（刘长令主编）、《常用植物生长调节剂应用指南》（朱惠香、张宗俭、陈虎保等编）等，在此对这些著作者和编者表示深深的感谢。

由于编者水平有限，书中难免有疏漏和不妥之处，欢迎读者多提宝贵意见。

张宗俭　李　斌

2011 年 3 月

目录

第一章

植物生长调节剂概述

第一节

植物生长调节剂的概念、
分类及发展历程

植物激素是在植物体内代谢产生、能运输到其他部位起作用、在很低浓度就有明显调节植物生长发育效应的微量有机物，也被称为植物天然激素或植物内源激素。植物激素在植物体内含量极低，难以大规模提取应用。人们根据植物激素的结构、功能和作用原理利用化学合成或微生物发酵产生的一些能改变植物体内激素合成、运输、代谢及作用，调节植物生长发育和生理功能的化学物质，称为植物生长调节剂。

从来源角度可以将植物生长调节剂分成三类：第一类是人工合成提取的天然植物激素。天然植物激素目前公认的有六大类：①生长素类（auxins，IAA），②细胞分裂素类（cytokinins，CTK），③赤霉素类（gibberellin，GA），④诱抗素（abscisic acid，ABA），⑤乙烯（ethylene，ET），⑥油菜素内酯（brassinolide，BR）。随着研究的深入，发现茉莉酸（jasmonic acid，JA）及其酯类、水杨酸（salicylic acid，SA）、一氧化氮（NO）和独角金内酯（SL）对植物生长发育也具有调节作用，也属于植物激素类。第二类是人工合成的天然植物激素类似物，如萘乙酸（NAA）、吲哚丁酸（IBA）、6-苄氨基嘌呤（6-BA）等。第三类是人工合成的与天然植物激素结构不同，但具有其活性的物质，如甲哌鎓（DPC）、矮壮素（CCC）、多效唑、乙烯利等。从对植物的影响方式角度可以将植物生长调节剂分成植物生长促进剂、植物生长抑制剂和植物生长延缓剂。植物生长促进剂可促进植物细胞分裂和器官分化。植物生长延缓剂可抑制细胞分裂，但不妨碍器官分化，延缓剂使植株表现矮小，但对植株功能影响不大。植物生长抑制剂可影响细胞分化，抑制顶端优势，促进侧枝增多。

植物生长调节剂的发展是一个由感性认识到理性认识的过程。很早以前人们观察到烟熏可以促进果实成熟。1758 年法国科学家杜阿梅尔和蒙塞奥最先提出植物体内汁液的流动会对植物生长发育产生影响。1832 年，de Candolle 首次推测认为植物天然地产生并释放了一种生长阻碍物质，阻碍了其他植物的发芽和生长。1880 年达尔文（C.Darwin）在《植物运动的本领》书中提出某种刺激物质从顶端向下运输到生长区域，从而对植物产生某种特殊影响。1928 年，荷兰科学家温特在对燕麦向光性和向地性研究的基础上发现了生长素。1926 年日本农技师黑泽英一在中国台湾发现恶苗病菌培养基滤液可使水稻徒长，1928 年东京大学薮田贞次郎、住木及林等对其精制、结晶及分析研究，于 1935 年将促进水稻徒长的物质命名为赤霉素。1932 年，Redrizey 发现乙烯和乙炔能有效促进凤梨快速开花，这是植物生长调节剂在农作物上首次应用成功。1934 年，荷兰科学家 F. Kogl 与 A. J. Haagen-Smit 先后从人尿中提取出生长素甲、生长素乙和吲哚乙酸。此后，各国开始对植物激素开展广泛的研究，20 世纪 40 年代国际上形成了研究生长素的高潮。1942 年，Zimmerman 和 A.E.Hitchcock 在番茄幼苗中发现了三碘苯甲酸可用于果树和除草。二次大战后，美国波尔-汤姆生植物研究所的科研人员从大量苯酚类化合物中发现了 2,4-滴，广泛应用于植物生长调节和除草。50 年代后赤霉素的研究掀起了植物激素研究的另一个高潮，如利用赤霉素打破马铃薯块茎休眠，促进坐果或无籽果实形成，提高水稻结实率等。1955 年斯库格（F.Skoog）等发现 6-呋喃甲基腺嘌呤有促进细胞分裂的作用，将其命名为激动素（KT）。1963 年人们从未成熟的玉米种子中提取并结晶出一种天然细胞分裂素称之为玉米素。1964 年美国艾迪科特（F.T.Addicott）等在棉花幼铃中分离出一种能促使棉桃脱落的物质，命名为脱落酸Ⅱ，同时英国的韦尔林（P.F.Wareing）从槭树休眠芽中分离出一种促进芽休眠的激素，命名为休眠素，后来证明脱落酸Ⅱ和休眠素是同一种物质并于 1967 年统一命名为脱落酸。乙烯是一种无色气体，由于难以被察觉，其作为一种植物激素一直未有定论。气相色谱技术的应用使植物体中微量的乙烯能够被检测出，1966 年乙烯被正式确定为植物激素。60 年代末乙烯利的应用打破了乙烯气体在使用上的限制，我国在 1971 年引入乙烯利，至今乙烯利在农业生产中仍发挥着不可替代的作用。20 世纪 70 年代至 90 年代，国外相继开发了多种新型植物生长调节剂。巴斯夫公司推出了植物生长延缓剂甲哌鎓。美国 J.W.Mitchell 等从油菜花粉中发现了芸苔素内酯，但由于含量极微无法分离精制，10 年后随着高效液相色谱和 X 射线结晶解析技术的应用其结构才被确定，之后日本和美国的化学家开始对其着手进行化学合成，1988 年日本化药工业公司将芸苔素内酯和合成方法申请了专利。1975 年美国开发出了可显著促进植物生长的三十烷醇，1979 年英国 ICI 公司推出了多效唑，1981 年日本住友化学推出了烯效唑，1984 年巴斯夫和拜耳公司分别推出了抑芽唑和缩株唑。20 世纪 90 年代初，美国科学家发现了广谱性高效植物生长调节剂胺鲜酯。至今，植物生长调节剂共有 100 余种，已经形成了系统的产品与应用技术。

第二节

植物生长调节剂的作用与应用

一、植物生长调节剂的作用

以天然的植物激素来说，生长素类（如吲哚乙酸、萘乙酸等）激素的生理作用是促进细胞伸长，保持植物的向光性、向重力性和顶端优势，植物体内的生长素类激素主要分布于花粉和生长活跃的组织（如茎分生组织、叶原基、幼叶、发育的果实和种子等）中，由地上部向根部输送，促进根的生长，促进乙烯合成、果实发育、离层发育、性别分化等。

赤霉素类激素具有多种生理作用如促进茎生长、保花保果、促进坐果、促进果实生长和无性结实，控制种子萌发、休眠、性别分化、衰老等，赤霉素在植物生长活跃的茎枝和正在发育的种子中合成，已发现的赤霉素类物质达 120 多种。

细胞分裂素类激素其生理作用主要是促进细胞分裂、促使器官形成、促进细胞和器官增大、促进叶绿体发育、延缓叶绿素降解、延缓衰老、促进气孔张开等，细胞分裂素主要分布于植物分生组织内，如正在生长的根、茎、叶、果实、种子等部位。

诱抗素原名脱落酸，最初发现诱抗素与植物离层形成、叶片和果实脱落有关，后发现其有多种生理作用，如作为逆境下的一种信号物质抑制作物生长，促进器官形成和休眠，诱导气孔开闭，提高植物抗寒、抗旱、抗盐碱胁迫的能力等。诱抗素主要在叶绿体和其他质体中合成，植物在干旱或逆境条件下诱抗素含量提高。

乙烯是迄今发现的结构最简单的植物激素，广泛分布于植物的各个部位，从植物种子萌芽到衰老死亡整个过程都有乙烯参与，乙烯能够改变植物生长习性，如抑制茎的伸长生长，促进茎或根的横向增粗及茎的横向增长等，促进果实成熟、促进叶片衰老、促进离层形成和脱落、诱导不定根和根毛发生，促进开化和参与性别控制、参与逆境反应等。芸苔素内酯最初发现其能促进菜豆第二节间膨大和分裂，后来陆续发现其有促进细胞分裂和伸长、促进光合作用、促进植物向地性反应、促进木质部导管分化、抑制根系生长、延缓衰老、抑制叶片脱落、提高抗逆性等作用。

另外，植物的叶片和生殖器官中广泛存在水杨酸，其能提高植物抗病能力，有利于花的授粉。植物茎尖、幼叶、未成熟的果实和根尖中存在的茉莉酸与植物衰老、离层和根的形成、卷须盘绕、愈伤组织形成、叶绿素产生、花粉萌发等有关。

人们不仅认识了植物体内各大类激素多种生理作用及它们之间相生相克在调节植物生长发育上所呈现的作用，同时还先后人工合成并开发了 100 余种植物生长调节剂品种，它们对植物生长发育的多个阶段产生影响，概括来说其作用有诱导愈伤组织、快繁与脱毒、促进种子萌发、调节种子休眠、促进生根、调节生长、调控株型、调控花芽分化、调节花期和性别、诱导无核果、保花保果、疏花疏果、调控果实成熟、预防裂果、壮秧壮苗、防止倒伏、提高抗逆性、改善作物品质、提高产量、贮藏保鲜等 20 种。它们所涉及的应用范围包括生根、发芽、生长、促矮壮、防倒伏、促分蘖、开花、坐果、催熟、保鲜、着色、增糖、干燥、脱叶、促芽或控芽、调节性别、调节花芽分化、抗逆等几十个方面。如欧洲在小麦高氮栽培条件下，于拔节初期施矮壮素，可避免植株徒长而获得高产；美国使用脱叶剂有利于棉花的机械收获；发达国家多采用乙烯利喷于果树上，大大提高采摘功效和果品质量。

二、植物生长调节剂的应用

1. 植物生长调节剂应用概况

在生产实践中，为了达到高产、稳产、改善作物品质等目的，用植物生长调节剂去调节和控制植物生长发育的手段，简称为植物化学调控或化学控制。自从人工合成的植物生长调节剂问世以来，随着对植物生长激素和生理作用研究不断深入以及开发植物生长调节剂品种逐渐增多，化学调控技术在农、林、园艺等作物上的应用也越来越广泛。植物生长调节剂应用对象概括来说可以分为 7 个方面：①应用于大田作物，如水稻、小麦、玉米、油菜、花生、大豆、甘薯、棉花和马铃薯等。②应用于蔬菜，如瓜类、豆类、甘蓝、白菜、菌类、茄果类、葱蒜类、根菜类、绿叶菜类等。③应用于果木，如苹果、樱桃、葡萄、蓝莓、芒果、板栗、菠萝、香蕉、柿子、柑橘、龙眼、李子、银杏、枇杷、桃、梨、杏、枣等。④应用于林业，如杉木、松树、桉树、油茶、杨树、橡胶树等。⑤应用于特种植物，如芳香植物、药用植物、甜高粱、木薯、甜菜、甘蔗、烟草、茶树等。⑥应用于观赏植物，如草本花卉、宿根花卉、球根花卉、兰科花卉、多肉植物、木本植物等。⑦应用于植物组织培养，如愈伤组织、原生质体、胚状体、次级代谢产物、转基因植株等。

植物生长调节剂在大田作物上的部分应用方法：①处理种子。主要是促进或抑制种子萌发，延长休眠，促进根系发育，提高发芽率，促使出苗整齐等。比如分别采用 S-诱抗素 0.3～0.4mg/L、萘乙酸 160mg/L、赤霉素 10～50mg/L、芸苔素内酯 0.04mg/L 处理水稻种子，有促进发芽、生根，提高发芽率等效果，喷施 70mg/L S-诱抗素，可有效防止水稻穗萌芽。分别采用 160mg/L 萘乙酸、0.3%～0.5%矮壮素、0.01mg/L 芸苔素内酯浸种处理小麦，有促进发芽的效果。②调控生长，培育壮苗。主要是增蘖促根，控制徒长，调整株型，防止倒伏，促进光合作用，提高产量及品质。如小麦分蘖末期至拔节初期采用 1250～2500mg/L 的矮壮素喷施有抗倒伏的效果。抽穗前 30d 采用 300mg/L 的多效唑药液喷施，每亩（1 亩=666.7m²）用量 60kg 能使水稻节间缩短，抗弯性提高。大豆采用 27.5%胺鲜酯·甲哌鎓水剂配制成 100～200mg/L 的药液喷施，亩量 30kg，能够防止倒伏。③增强作物抗逆性。主要包括抗寒、抗旱，抵御干热风危害，增强作物耐渍能力等。如油菜三叶期喷施 50mg/L 烯效唑，能够促进五叶期受渍油菜发育，提高油菜产量。水稻 2 叶期喷施 0.64～6.4mg/L S-诱抗素 50kg/亩，能够增强抗寒性。采用 0.5～5.0μg/L 的芸苔素内酯处理稻种或幼苗，能提高水稻幼苗的抗寒能力。300mg/L 的多效唑浸种或 200～300mg/L 的多效唑叶面喷雾处理水稻能够提高其抗旱性。春花生始花后 25～30 天，叶面喷施 25～100mg/L 多效唑，能够促进根系生长，提高其抗旱能力。④其他应用。比如提高三系法杂交水稻制种产量，化学杀雄；解决小麦"包穗"问题；促进玉米灌浆；减少棉铃脱落，提高棉铃产品与质量，化学催熟，促进棉花脱叶；抑制油菜三系制种中微量花粉产生，提高育种产量和质量，缩短油菜返青期；防止花生地上部徒长，促进花生地下部发育。

植物生长调节剂在蔬菜上的部分应用方法：①促进发芽和生根。如用 150～250mg/L 赤霉素或 1600mg/L 复硝酚钠浸种促进黄瓜种子发芽，用 2000mg/L 萘乙酸或吲哚乙酸溶液浸蘸促进黄瓜扦插生根。用 4mg/L 的赤霉素浸种打破黑籽南瓜种子休眠，提高发芽率。用 160mg/L 的 1.4%复硝酚钠水剂浸种促进西葫芦发芽生根。用 0.1～1.0mg/L 的三十烷醇处理番茄种子促进发芽生根。用 0.5mg/L 的三十烷醇处理辣椒、茄子种子，能促进种子发芽生根。用 1000～2000mg/L 的萘乙酸喷施到青椒植株上能促进青椒根系发育。用 10～50mg/L 赤霉素喷洒茄子植株或 10mg/L 4-碘苯氧乙酸浸根 30min，能破除茄子移栽后生长停滞，促进根系发育。②培育壮苗，提高抗逆性。用 1000～2000mg/L 丁酰肼对 3～5 叶期的黄瓜进行喷雾，可以防止黄瓜幼苗徒长，提高幼苗品质。用 0.01mg/L 的芸苔素内酯喷洒黄瓜幼苗，能提高其抗低温能力，并能使花期提前，坐果率提高。用 100～250mg/L 的矮壮素喷洒 4～6 叶期或定植前一周的番茄可防止徒长，提高抗病性。用甲哌鎓或诱抗素处理番茄幼苗可提高抗寒和抗旱能力。用 18mg/L 芸苔素内酯浸甜椒种子 6h 可增强植株抗病能力。用 50～75mg/L 多效唑喷施 2 叶 1 心期甘蓝可使其壮苗。小白菜喷施 10～20g/L 的 4-碘苯氧乙酸，可刺激根系生长，提高抗逆性和抗病性。③促进坐果、防止落果、提高产量。如黄瓜花期用 70～80mg/L 赤霉素喷花可促进坐果，提高产量。南瓜花期用 100~200mg/L 萘乙酸涂抹柱头或花托，可防止幼瓜脱落，还可诱导无籽果实形成。用 10mg/L 萘乙酸喷花或用 100mg/L 萘乙酸涂抹雌花子房基部，可提高无籽西瓜及温室栽培甜瓜的坐果率。番茄初花期用 10~20mg/L 的 2,4-二氯苯氧乙酸涂抹花梗，可提高坐果率。复硝酚钠 900 倍液加 0.2%磷酸二氢钾叶面喷施辣椒能提高坐果率。用浓度为 30~50mg/L 的对氯苯氧乙酸喷蘸辣椒花，能有效提高辣椒产量。大白菜苗期、莲座期用 100mg/L 的芸苔素内酯溶液各喷雾 1 次，有抗病、增产效果。芹菜定植后，喷施 500mg/L 的三十烷醇溶液，可提高产量，改善品质。马铃薯现蕾期到开花期喷施 2000~3000mg/L 的矮壮素药液，可促使块茎提早成熟和增产。大蒜生长期间喷施 0.15~0.20mg/L 三十烷醇溶液，可促进蒜头膨大，提高产量。在出耳期采用 0.02mg/L 的吲哚乙酸喷洒木耳，可促进原基形成和子实体分化，提高产量。采用 5mg/L 的萘乙酸或吲哚乙酸或 1.0~1.5mg/L 的赤霉素处理香菇锯木屑培养块，可促进香菇菌丝体生长和增产。④催熟、延长贮藏期。番茄绿熟期用 10mg/L 芸苔素内酯间隔 6 天喷 1 次，共喷施 3 次，有转色催熟作用。用 200~1000mg/L 的乙烯利喷洒即将转红的红辣椒植株，能使果实全部转红。采用 10~30mg/L 的 6-苄氨基嘌呤溶液、10~20mg/L 的 2,4-二氯苯氧乙酸溶液或 10~30mg/L 的赤霉素溶液喷洒黄瓜果实，能保绿、延长贮藏时间。用 10~15mg/L 的赤霉素溶液喷洒西瓜，可保绿和延长贮藏时间。青椒采收前 1~2 天喷洒 5~20mg/L 的 6-苄氨基嘌呤，能延缓青椒衰老和保鲜。用 5~10mg/L 噻苯隆喷洒芹菜，能使芹菜保鲜 30 天，失重率极低。

植物生长调节剂在果树上的部分应用方法：①保花保果、疏花疏果、调节花量。如在温州蜜柑、椪柑等橘树花谢 2/3 和谢花后 10 天左右，喷施浓度为 30~50mg/L 的赤霉素，可提高坐果率，而花量较少的橘树，谢花后幼果涂布 100~200mg/L 浓度的赤霉素，保果效果显著。无核砂糖橘谢花后 20~25 天喷施 75%赤霉素，可提高坐果率。温州蜜柑在盛花后可用 200mg/L 的萘乙酸疏果。枇杷幼果期喷施 10mg/L 赤霉素，可提高坐果率。荔枝谢花后 7~15 天喷施 3~5mg/L 2,4-二氯苯氧乙酸或 2,4,5-三氯苯氧乙酸，可减少早期生理落果。桃树盛花后 15~20 天喷施 1000mg/L 的赤霉素可显著提高坐果率。豫樱桃采前 10~20 天喷施 0.5~1.0mg/L 萘乙酸，雷尼尔甜樱桃采前 25 天喷施 40mg/L 的萘乙酸药液可有效防止采前落果。②调节大小年。大年疏果与促花，小年保果与抑花。温州蜜柑、本地早等品种，在大年橘树盛花后 30~40 天喷施 100~200mg/L 的吲熟酯，能将树冠内较小幼果疏除。小年树花蕾期，喷洒 750mg/L（温州蜜柑）及 1000mg/L（椪柑）的多效唑或谢花末期喷洒 50mg/L 浓度的赤霉素药液，可明显提高小年橘树的坐果率，增加产量。杨梅大年树盛花后喷施 100mg/L 的多效唑或吲熟酯，可降低当年结果数和促使春梢发生。杨梅小年树开花前喷施 800mg/L 多效唑，能抑梢促花。③促进果实发育，提高果实品质。采用 150~250mg/L 的赤霉素点涂脐橙幼果脐部，能有效防止裂果。洛阳青枇杷幼果发育期喷施 0.003%的丙酰芸苔素内酯水剂 3000 倍液，可增加枇杷果实单果重，提高果实品质。在荔枝硬核期间隔 30 天各喷 1 次 10mg/L 乙烯利，可降低早大红荔枝裂果率。香蕉断蕾 5~7 天喷施壮果素（主要成分为细胞分裂素）300 倍液，可促进果指生长，提高果实品质。苹果盛花后 3~4 周和采收前 45~60 天各喷 1 次 1000~2000mg/L 的丁酰肼，对红星、富士、红玉等品种有显著的增色效果。红富士苹果在初花期和盛花期用 2~4mg/L 的噻苯隆喷花处理 2 次，能提高坐果率，增大果实，增加产量。葡萄采收前 7 天喷施 20~100mg/L 的萘乙酸能够减轻成熟葡萄落粒。④贮藏保鲜。猕猴桃果实用 50~100μL/L 的 1-甲基环丙烯处理 12~24h，能够延长贮藏期。冬枣采后用 50μg/L 的赤霉素溶液浸泡 30min，能抑制枣果成熟衰老。用 50L 水+50g 多菌灵+25g 赤霉素+10g 2,4-二氯苯氧乙酸配成保鲜液清洗番木瓜，可使番木瓜保鲜 200 天。香蕉采收前 20~30 天，喷施 50mg/L 赤霉素药液具有保鲜作用。

2. 我国植物生长调节剂应用情况

我国是一个农业大国，也是世界上开展植物生长调节剂应用最早的国家之一，新中国成立多年来植物生长调节剂经历了使用品种由少到多，应用范围由小到大的发展过程，我国的植物激素研究起源于 20 世纪 30 年代，从 1949 年后才开始在生产上应用，当时主要应用品种是 2,4-滴、萘乙酸等，用于防止番茄和茄子落花、棉花落铃、苹果落果、白菜脱帮以及初级扦插枝条生根等。1963 年，我国合成矮壮素用于防止棉花徒长和小麦倒伏。1971 年，引入乙烯利并进行了广泛的应用研究。1979 年，合成甲哌鎓并在棉花栽培领域取代矮壮素成为延缓棉花营养生长、增加结铃的第一生长延缓剂。20 世纪 90 年代后，我国植物生长调节剂进入研发与应用推广并举阶段，对乙烯利、赤霉酸、复硝酚钠、甲哌鎓、多效唑、芸苔素内酯、萘乙酸、噻苯隆、矮壮素、烯效唑等产品进一步开发应用，取得了巨大的经济效益和社会效益。近三十多年来无论是植物生长调节剂的品种还是应用广度和深度发展得更快，某些产品的应用技术已赶上或超过了某些发达国家，目前登记注册的植物生长调节剂产品达上百种。现已在我国大规模推广的例子有：应用赤霉素于杂交水稻制种过程，调节花期，使花期相遇，提高杂交种产量 10%～20%；应用甲哌鎓防止棉花徒长，增加产量；应用多效唑于水稻幼苗期，控制促蘖增产，防止倒伏；应用多效唑于油菜秧苗，同样使秧壮、抗逆、产量高等。

我国作物种类繁多、各地气候和土壤条件等差异很大，尤其是随着农业生产的快速发展，集约化栽培，经济作物和各种外来作物、蔬菜、果树新品种的引进和大规模种植，对植物生长发育、开花结果、果实发育、储藏保鲜、反季节种植以及设施农业、观赏和园林改造的需要，对植物生长调节剂的依赖和需求更加迫切。另外，近年来生物技术发展迅速，对植物基因调控、信号物质研究、抗逆机理等研究发现，植物自身的调节能力和对逆境的适应能力以及对病、虫害的耐抗性能均可以通过一些激素类物质或信号分子所调节和控制。这些发现，对于植物化学调控的发展和应用以及未来农业、园林等生产的发展均有很重要的意义。

以植物生长调节剂在蔬菜上的应用为例，至 2022 年 3 月，植物生长调节剂在 23 种蔬菜上登记应用，登记植物生长调节剂产品数量排前 5 位的蔬菜品种依次为番茄、黄瓜、马铃薯、白菜、芹菜。排前 5 位的蔬菜科依次为茄科、葫芦科、十字花科、伞科、藜科。登记在蔬菜上的植物生长调节剂品种共计 55 个，登记产品 412 个，其中液体制剂占 74.27%，固体制剂占 24.03%，气体制剂占 1.7%。登记数量较多的是以促进生长和催熟为主的赤霉酸、复硝酚钠、乙烯利、24-表芸苔素内酯、氯吡脲、S-诱抗素、胺鲜酯、萘乙酸等。赤霉酸作为广谱性植物生长调节剂，能够促进作物生长发育，提高产量。在菠菜、芹菜、番茄、辣椒、白菜等作物上应用有提质增产的效果。也用于打破种子、块茎、鳞茎等器官休眠，促进发芽，在马铃薯上应用广泛。复硝酚钠能够提高细胞活力，促进植物生长结实，在瓜果蔬菜上使用可提高产量和品质。乙烯利在蔬菜上应用主要是催熟番茄和调节姜的生长。芸苔素内酯功能多样，生物活性高，能够提质增产、增强抗逆性、减轻用药用肥不当产生的药害、肥害等。氯吡脲在蔬菜上的应用主要是提高瓜类蔬菜坐瓜率、改善瓜形、增加产量等，在黄瓜、甜瓜、番茄上有登记。S-诱抗素能够激活植物体内抗逆免疫系统、增强蔬菜综合抗性，登记的蔬菜品种为番茄，以调节其生长。胺鲜酯能够提高植物叶绿素、蛋白质、核酸的含量和光合速率，可促进作物生长，提高其产量与品质，在白菜和番茄上登记应用以提高产量。萘乙酸能够促进细胞分裂，增加坐果，在番茄、马铃薯和姜上登记应用以提高产量。

在烟草栽培中，通常采用抑芽剂合理控制烟草生长速度，使大部分营养均匀用于烟叶的生长发育上，达到增产的目的。用 0.01～0.05mg/L 的芸苔素内酯浸种或 0.01mg/L 的溶液对烟草幼苗进行喷洒，能够促进烟草根系生长。采用 1000～2000mg/L 的乙烯利喷洒烟草，可促进烟草叶片落黄老化。植物生长调节剂在烟草栽培中有提高烟草植株抗倒伏、抗旱、抗病的作用，能够显著提高烟草的品质与质量。

植物生长调剂应用于景观园林作物可延长花期、调节株型、增强抗逆等。例如以 3000mg/L 浓度的矮壮素 48h 浸泡处理中国水仙的种球，与对照相比，处理后的植株花葶高度变矮，叶绿素含量升高，叶片颜色变绿，花期延长。烯效唑可导致浮萍生物量和淀粉积累量增加，有利于浮萍繁殖与合理利用。

在药用植物栽培中，100mg/L 的吲哚乙酸能显著提高关苍术种子的发芽率、发芽势、种子活力指数、出苗率、根系活力和叶绿素含量。1.0mg/L 6-BA+0.5mg/L NAA 对丹参丛生芽有很好的诱导作用。10%甲哌鎓可溶粉剂稀释 150～300 倍液可用于调节丹参生长。300mg/L 的赤霉酸（GA₃）处理藿香种子可显著提高发芽率。0.1mg/L 的 6-BA 处理远志种子能够提高萌发率，提高远志产量。0.05mg/L 的 GA₃ 打破绞股蓝种子休眠的效果最好。GA₃ 浸种能够促进山茱萸种子萌发。200g/L 多效唑浸泡处理金樱子枝条 50s，能提高扦插枝条生根率和存活率。喷施 240g/L 6-BA 对降香黄檀幼苗苗高的促进作用最佳，喷施 480g/L 的多效唑对降香黄檀地茎生长促进作用最佳。200～300mg/L 的 GA₃ 处理能够显著促进宁夏枸杞幼苗生长。

3．植物生长调节剂科学合理使用原则

植物生长调节剂种类繁多，并且因种类、使用浓度、使用方法和使用时期以及使用时植物的生理状态和气候条件等不同，其发挥的生理作用和生物活性会有很大差异，所以在实际使用中一定要严格按照具体品种推荐的使用方法和剂量使用以免达不到预期的作用或发生药害等副作用。另外，植物生长调节剂作为一种化学品，要严格注意其产品的毒副作用与安全使用说明，以保障使用和食品的安全。具体品种的使用技术，必须仔细阅读产品注册登记范围和标签说明使用，以免造成应用效果不佳甚至产生药害，带来不必要的损失。

植物生长调节剂的科学使用可参考以下原则：制订合理的使用策略，准确控制使用剂量，选择正确施药方法。

合理使用策略的制订需要准确诊断识别作物症状表现以及查找导致症状出现的因素。比如瓜果类作物生产中出现化瓜或落果现象，需要根据实际情况分析造成这种现象的原因是花粉发育不良还是阴雨天气造成的授粉受精不良，是因为水肥供应不足导致无法坐果还是营养生长过剩抑制了生殖生长，不同的原因需要采取不同的解决方案。正确诊断病因后还需选择正确的植物生长调节剂产品，比如防落素可安全有效用于茄科蔬菜蘸花，但如果应用在黄瓜、菜豆上很容易导致幼嫩组织和叶片产生药害。作物种类和品种的差异、气候条件的差异等也会导致植物生长调节剂的实际应用效果有差异，在新的植物生长调节剂使用前，需要进行小规模的试用试验，以确保使用安全性。植物生长调节剂的使用也需要有效栽培措施的配合，需要为作物提供生长发育必需的水肥条件和其他耕作措施，配合植物生长调节剂的合理使用才能取得理想效果。

植物生长调节剂通常在很低剂量下便能发挥作用，使用时切勿随意增加用量，否则可能起到相反作用甚至产生药害。植物生长调节剂使用方式较多，要严格按照使用说明推荐的方式使用，切勿随意改变。比如不要将用于种子处理的产品进行常规喷雾作业。浸泡、涂抹或点花的产品要施用到作物合适的部位，同时还要注意控制浸泡或点蘸时间，以免作物着药过多引起药害。施用过程中还要注意选择作物合适的生长期及适宜的环境条件，比如采用乙烯利诱导雌花时，黄瓜应该选择幼苗 1～3 叶期进行，丝瓜应在幼苗 2 叶期进行，瓠瓜应在 4～6 片真叶期进行，处理过早或过晚，都达不到理想的效果。施药时间通常选择上午 9 点前或下午 3 点以后，切忌在夏天中午温度过高时施药，以免产生药害。施药时注意天气变化，选择晴朗天气施药，若施药短时间内（1 小时以内）遇下雨天气，雨后应酌情补喷。有风的天气施药还应注意控制药液飘移，避免对周围其他作物造成影响。注意不要在未登记的作物上随意使用植物生长调节剂，使用时按照安全间隔用药，避免残留超出限值。

4．植物生长调节剂应用创新案例

将不同类型、不同作用的植物生长调节剂混合使用，在生产实践中比较常见，由此形成了一些创新产品，比如由德国阿格福莱农林环境生物技术股份有限公司生产的"碧护"是一种复配型植物生长调节剂产品，该产品中的赤霉酸具有促进植物生长、调节雌花雄花比例、促进坐果等多种作用；吲哚乙酸具有促进果实生长、提高坐果率、加快茎叶生长、促进根系生长等作用，但吲哚乙酸稳定性较差，容易分解，在植物体内也容易被过氧化物酶、吲哚乙酸氧化酶等分解而导致效果降低，赤霉酸能抑制植物体内过氧化物酶、吲哚乙酸氧化酶的活性，从而使吲哚乙酸更好地发挥作用。吲哚乙酸和赤霉酸虽然能使作物长得好、长得快，但如果作物在生长过程中不能提高病虫害抵抗力以及不良环境适应能力，遭遇病虫害及或不良环境时一样会损失严重。芸苔素内酯具有出色的抗逆性能，能够使作物长得"壮"，提高作物本身抗病、抗寒、抗旱能力，缓解作物生长过程中遇到的病虫害、药害、冻害等不利环境因素的影响。这 3 种有效成分搭配使用能够起到协同效果，可以让植物长得又快、又好、又壮。由上海绿泽生物科技有限责任公司生产的"芸乐收"创新性地将芸苔素内酯和吡唑醚菌酯两种成分作为促进作物增产产品应用。施用芸苔素内酯能激发植物自身潜力，提高抗逆性，施用吡唑醚菌酯能增加植物叶绿素含量，提高光合作用效率，影响植物体内氮元素、水杨酸等物质的含量以及过氧化氢酶活性等，提高植物的抗病水平，还能增加碳水化合物、氨基酸、蛋白质等物质的积累，提高作物产量。这 2 种有效成分组合使用能提高作物自身的抗逆、抗病能力，而且发挥了 1 加 1 大于 2 的效果。

第三节

国内植物生长调节剂产品登记情况

2007 年统计资料显示，在我国取得登记的植物生长调节剂有效成分约 40 个，产品 724 个，占所有农药登记产品的 2.5% 左右。主要以常规品种为主，如多效唑、矮壮素、乙烯利、赤霉酸、复硝酚钠、甲哌鎓、萘乙酸、芸苔素内酯等，以上 8 个品种的登记数量占全部产品登记数量的 71%。至 2023 年，国内登记且在有效期内的植物生长调节剂有效成分 60 多种，某些有效成分如氟铃脲、莠去津等也有作为植物生长调节剂登记的案例，但只是作为植物生长调节剂原药登记，并无具体产品。植物生长调节剂登记的产品有 1400 多个，约占农药产品登记总量的 3%，登记作物涉及小麦、水稻、油菜、花生、大豆、玉米、棉花、番茄等 70 余种。登记产品数量较多的植物生长调节剂成分有赤霉酸、乙烯利、噻苯隆、芸苔素内酯、多效唑、甲哌鎓、萘乙酸、胺鲜酯、苄氨基嘌呤、矮壮素等（见图 1-1）。

从剂型角度来看，植物生长调节剂登记产品涉及的剂型有 27 种，登记产品最多的剂型为水剂，其次为可湿性粉剂、悬浮剂、可溶液剂、可溶粉剂、乳油、水分散粒剂等（见图 1-2）。植物生长调节剂加工成水剂较多，一是因植物生长调节剂本身（或其盐）具有很好的水溶性，

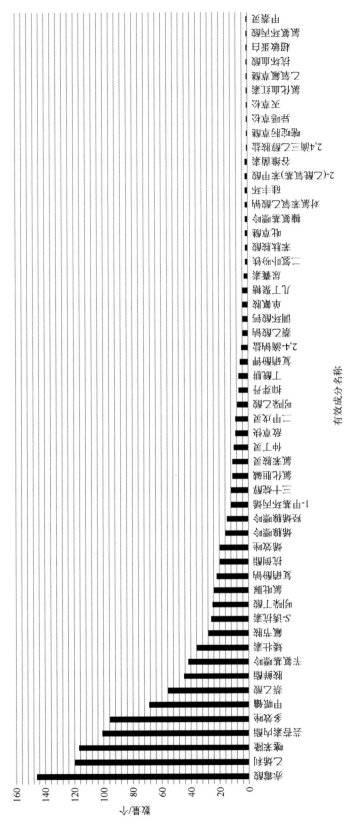

图 1-1　不同有效成分的植物生长调节剂登记的产品个数

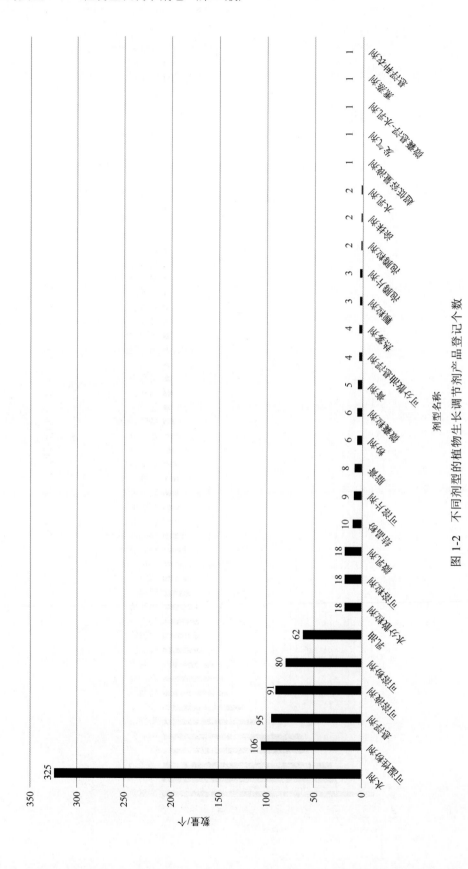

图 1-2 不同剂型的植物生长调节产品登记个数

适宜加工成可溶性剂型；二是很多植物生长调节剂产品有效成分含量相对较低，能够加工成水剂或可溶液剂、可溶粒剂等剂型。研究表明剂型会影响植物生长调节剂的应用效果，相同有效成分条件下，分散度高、分散均匀的剂型如乳油、微乳剂等应用效果优于乳粉、悬浮剂等剂型。

以具体作物为例分析植物生长调节剂的登记情况，截至 2021 年 1 月在柑橘上登记的植物生长调节剂产品有 75 个，其中单剂 65 个，占 86.7%。剂型涉及 12 种，以可溶液剂和乳油为主，占 46.7%。所有产品都是低毒或微毒，低毒产品 61 个，占 81.3%，其余为微毒产品。登记产品涉及 5 大类，其中赤霉素类最多，有 35 个产品，其次依次为细胞分裂素类（14 个），生长素类（8 个），芸苔素内酯类（6 个），脱落酸类（2 个）。登记产品标签标明的功能有调节生长、增产、催熟、控梢、矮化、杀虫、抗逆等。截至 2021 年 9 月在棉花上登记的植物生长调节剂 287 个，其中单剂 226 个，占 78.7%。从调节剂类型来看，登记产品最多的是脱叶剂类，占 35.2%，之后依次是生长延缓或抑制剂类占 27.5%，催熟剂类占 20.9%，生长促进剂占 16.4%。促进棉花生长的有效成分登记较多的依次是赤霉酸、复硝酚钠、萘乙酸。延缓或抑制棉花生长的有效成分登记较多的依次是甲哌鎓、矮壮素、氟节胺。脱叶类有效成分登记的主要是噻苯隆，吡丙醚和敌草快有少量登记。催熟类有效成分登记的主要是乙烯利。截至 2017 年 10 月 31 日，在葡萄上登记的植物生长调节剂产品有 61 个，涉及 9 种有效成分。按登记产品数量占比排列分别为赤霉酸（44.26%）、氯吡脲（14.75%）、噻苯隆（13.11%）、丙酰芸苔素内酯（4.92%）、S-诱抗素（4.92%）、单氰胺（4.92%）、芸苔素内酯（3.28%）、赤霉·噻苯隆（3.28%）、赤霉·氯吡脲（3.28%）、萘乙酸（1.64%）、苄胺·赤霉酸（1.64%）。登记剂型及数量占比分别为可溶液剂（42.62%）、乳油（18.03%）、结晶粉（13.11%）、水剂（9.84%）、可溶粉剂（9.84%）、可溶粒剂（3.28%）、粉剂（3.28%）。

第四节

植物生长调节剂安全性

植物生长调节剂的安全性包括植物生长调节剂有效成分本身或制剂的毒性，使用方式的科学合理性，环境或靶标上的植物生长调节剂残留情况等。

1. 植物生长调节剂生物毒性

大多数植物生长调节剂为微毒或低毒毒性，少数植物生长调节剂属于中毒毒性。使用不当会造成环境污染、影响人畜健康。例如人口服 50%矮壮素水剂 10～50mL 30～50min 会中毒死亡。口服乙烯利粉剂 20g，能导致多器官功能障碍。甲哌鎓急性中毒对肝脏损害较大，中毒患者有呼吸抑制、脏器损害、死亡率高等特点。6-苄基腺嘌呤可刺激皮肤黏膜，造成食管和胃黏膜损伤，引起恶心、呕吐等。2,4-滴对人有刺激作用，能够抑制体内酶和蛋白质合成，造成神经性毒性中毒。NAA 可对人体脏器造成损害，2-萘氧乙酸和赤霉素可影响机体新陈代谢和内分泌系统。丁酰肼（比久）的水解产物偏二甲基肼具有致癌致畸作用，美国 1985 年 8 月 28 日宣布禁止使用比久，我国在 2003 年 4 月 30 日宣布撤销比久在花生上的登记。乙烯利能够抑制大鼠胆碱酯酶活性，精子畸形试验表明乙烯利可能导致小鼠染色体畸变和生殖细胞基因突变。陈贵廷评价 0.1%氯吡脲可溶液剂、20%赤霉酸可溶粉剂和 3.6%苄氨·赤霉酸乳油对斑马鱼和大型溞的急性毒性，发现 0.1%氯吡脲可溶液剂对斑马鱼和大型溞的急性毒性等级均为中毒；20%赤霉酸可溶粉剂对斑马鱼和大型溞的急性毒性等级均为低毒；3.6%苄氨·赤霉酸乳油对斑马鱼和大型溞的急性毒性等级均为中毒。用药需按使用说明严格控制施药剂量和次数，注意保护水生生物安全。

岳可心等在对植物生长调节剂的毒性研究进展综述中概括植物生长调节剂的毒性表现为以下几种：

（1）生殖毒性　如赤霉酸（GA₃）是一种环境内分泌干扰物，能够干扰内分泌功能。GA₃在不同剂量下能够引起雌性大鼠体内激素雌二醇的显著下降或升高，导致雌激素分泌功能紊乱。GA₃和 IAA 可导致大鼠血清中总酯、总胆固醇、甘油三酯、磷脂和低密度脂蛋白胆固醇显著升高，可能导致动物精子活力下降和精子形态计量学异常。乙烯利能够通过影响 DNA 合成造成雄性大鼠生精细胞凋亡，可使小鼠精子畸形率增加，活性降低。氧化损伤是植物生长调节剂产生生殖毒性的主要机制。某些植物生长调节剂进入机体后能产生大量活性氧，消耗抗氧化物质，导致机体氧化-抗氧化系统失衡，造成氧化应激。GA₃暴露能够明显增加精子细胞活性氧的生成，降低超氧化物歧化酶和过氧化氢酶的活性。GA₃和 IAA 能够提高睾丸组织中丙二醛（MDA）和过氧化氢水平，使睾丸组织的抗氧化能力下降。GA₃可通过氧化应激反应降低精子运动力，促进精子细胞凋亡，产生生殖毒性，干扰性激素合成酶和细胞凋亡酶 Caspase-3 活性，这也是植物生长调节剂产生生殖毒性的机制。矮壮素能够使青春期雄性大鼠血浆中类固醇激素合成急性调节蛋白、胆固醇侧链裂解酶和 3-羟基类固醇脱氢酶水平降低，使睾酮水平明显降低，提示矮壮素可能通过抑制睾酮合成关键酶的表达而抑制睾酮分泌，导致生精障碍。细胞凋亡酶 Caspase-3 参与生精上皮的调控、精子分化和睾丸成熟，高剂量（5000mg/kg）萘乙酸混合饲料喂养小鼠可显著增强其 Caspase-3 表达水平，从而诱发睾丸生精细胞凋亡，抑制睾丸生精细胞增殖活性。

（2）肝毒性　肝是生物体内有害物质代谢和排泄的主要器官，植物生长调节剂在体内大量积累会对肝造成严重的毒害。高剂量萘乙酸（2000mg/kg）能够抑制增殖细胞核抗原和 B 淋巴细胞瘤-2 基因的表达，促进细胞凋亡酶 Caspase-3 的表达，从而促进肝细胞凋亡，而肝细胞凋亡或损伤是各种肝毒性的毒理基础。氧化损伤是造成肝毒性的另一种机制，萘乙酸能够导致大鼠肝中脂质过氧化产物 MDA 增加，谷胱甘肽过氧化物酶含量明显降低，造成肝脏受过氧化损害作用的风险增高。2,4-滴和 GA₃ 均可导致母鼠及其子代肝中超氧化物歧化酶、过氧化氢酶和谷胱甘肽过氧化物酶活性降低，丙二醛含量升高，造成大鼠血浆中胆红素和胆汁酸水平变化。

（3）免疫毒性　氯吡脲能抑制小鼠脾淋巴细胞增殖活性，以及 T 淋巴细胞和 B 淋巴细胞的免疫功能。苯肽胺酸在 100mg/kg 的剂量下可使小鼠脾中过氧化物 MDA 含量显著升高，300mg/kg 可使小鼠胸腺中 GSH-Px 活性降低，脾脏系数增大。乙烯利在 134mg/kg、268mg/kg 剂量条件下可抑制脾中 T 淋巴细胞增殖。脱落酸、GA₃ 和 3-吲哚丁酸均可造成生物免疫功能发挥作用的重要活性物质髓过氧化物酶（MPO）活性增高，3-吲哚丁酸可使免疫系统发育和维持的重要物质腺苷脱氨酶（ADA）活性降低，脱落酸、GA₃可引起 ADA 活性波动，提示脱落酸、GA₃ 和 3-吲哚丁酸可诱导机体出现免疫缺陷。在多效唑 10～1000ng/L 浓度下长期暴露的褐菖鲉脾中过氧化物酶（POD）、酸性磷酸酶、超氧化物歧化酶（SOD）、溶菌酶等免疫指标的活性呈现不同程度下降。

（4）神经毒性　GA₃可使小鼠大脑和小脑中乙酰胆碱酯酶活性明显降低，提示 GA₃ 可能具有类似有机磷农药的神经毒性。其还能使大鼠大脑和小脑内丙二醛（MDA）含量升高，超氧化物歧化酶（SOD）、过氧化氢酶（CAT）、谷胱甘肽过氧化物酶（GSH-Px）活性降低，提示 GA_3 可使大鼠脑组织产生氧化损伤。多效唑可对斑马鱼脑组织中乙酰胆碱酯酶、皮质醇、5-羟色胺、SOD、氨基丁酸等神经递质活性产生抑制作用，使其相比其他组织更容易产生氧化损伤。

（5）致癌、致畸、致突变毒性　GA_3 可诱导皮脂腺瘤、肺癌、乳腺癌产生。乙烯利与小鼠骨髓嗜多染红细胞的微核发生率及小鼠精子畸形率呈剂量相关性升高，表明乙烯利具有致畸、致突变作用。

（6）其他毒性　GA_3 对大鼠血液中红细胞数量、血红蛋白浓度等血液参数有明显影响，可能引发贫血。GA_3 能够导致生长发育期大鼠骨骼中钙和磷的水平降低，血浆钙浓度升高，磷浓度降低，尿钙浓度降低，尿磷浓度升高，股骨组织病变等损伤。GA_3、2,4-滴染毒大鼠肾中超氧化物歧化酶（SOD）、过氧化氢酶（CAT）等多种酶活性降低，丙二醛（MDA）水平升高，表明其对大鼠肾组织产生氧化损伤。乙烯利在非细胞毒性剂量下能够引起小鼠胚胎干细胞细胞周期阻滞，对胚胎发育、心肌细胞分化、神经分化均产生了不利影响。

2. 植物生长调节剂残留风险及环境行为

植物生长调节剂残留问题也需要引起重视。赖灯妮等通过调查总结了果蔬中常见植物生长调节剂残留检测情况，发现所调查的果蔬中豆芽里植物生长调节剂的残留现状最严重且研究报道最多，包括萘乙酸、赤霉素、2,4-二氯苯氧乙酸（2,4-D）、噻苯隆、4-氯苯氧乙酸钠、吲哚乙酸、6-苄基腺嘌呤等植物生长调节剂残留。除豆芽之外，葡萄、草莓、樱桃、荔枝、黄瓜等果蔬中植物生长调节剂的残留也较为严重。在所有调查的植物生长调节剂中，多效唑、氯吡脲、赤霉素、乙烯利、4-氯苯氧乙酸钠、烯效唑、6-苄基腺嘌呤、2,4-二氯苯氧乙酸（2,4-D）等植物生长调节剂在果蔬中残留较为严重，特别是乙烯利残留量较高。在水稻秧苗期施用多效唑，稻谷和稻秆中的多效唑在 80 天甚至一年的时间内能够检测到残留。多效唑在芒果上施用具有残留效应，随多效唑使用浓度提高，芒果枝条短缩越明显，停止施药后第 3 年，各处理的母枝长度也比对照处理明显短，说明停药后多效唑的残留影响依然存在。多效唑在植物不同器官中的残留量不同，多花黑麦草叶片中较多，油菜根中较多，水稻穗梗中较多，小麦、芹菜、棉花（喷施）叶片中较多。李丽华和郑玲对广西市场芒果果实中乙烯利的残留分析发现，乙烯利在芒果果实中的平均残留为 1.51mg/kg，虽低于我国 2.00mg/kg 的残留限量要求，但远高于欧盟最严格的 0.05mg/kg 的限量标准。丁酰肼在果树上的残留期可达 1 年，在花生上可通过种子连续 3 代保持植株矮化性状。

植物生长调节剂的环境行为包括其在土壤、水体中的吸附、解吸附、水解、光解、微生物分解等，陈亮等对植物生长调节剂在土壤中的行为作了综述，对于植物生长调节剂在环境中的归趋，植物生长调节剂的吸附行为与水解行为多同时发生，而水解约占进入环境后的植物生长调节剂 0%～20% 的比重，吸附约占 0%～90% 的比重。在土壤表面，部分植物生长调节剂可以发生微弱光解，约占 0%～10% 的比重。对于持留在土壤中的植物生长调节剂，大多可以通过微生物降解的方式消散，约占 20%～100% 的比重。若植物生长调节剂不能完全降解或吸附，就会随土壤中水流进入地下水，约占 0%～30% 的比重。研究表明，多效唑在田间降解较慢，易被土壤吸附，在红色石灰土、黄棕壤、红壤等 5 种土中吸附率均在 50%～75% 之间（土水比 1∶5），淋溶渗透较差，对水体污染程度小，表层土壤残留量大于深层土壤，对第二茬甚至第三茬作物有抑制生长的作用。多效唑易在植物根、叶中富集，在水体-小球藻-水生动物组成的食链中有生物积累和放大作用，对大型溞母溞及 F1、F2 代幼溞存活率、生长发育和繁殖均有较大影响。烯效唑对光解反应敏感，在土壤中降解比多效唑快，残留量少，生物效应减弱速度快，对作物二次控长作用小。烯效唑在花生土、油菜土和稻田土中的吸附率在 40%～90% 之间（土水比 1∶20）。甲萘威在红土、黄土、水稻土和黑土中的吸附率均在 22%～60% 之间（土水比 1∶5）。植物生长调节剂在土壤中解吸附的能力决定其进入地下水的难易程度，其解吸附的能力在决定农药迁移率方面的作用比吸附更大。通常以物理吸附为主导的如依赖范德华力、氢键和静电引力等弱结合力的非特异性吸附，解吸附比例较高。而以电荷转移、配位体交换和离子交换为主导的化学吸附往往不容易发生解析。植物生长调节剂在土壤中的光解是其降解的重要组成部分，主要发生在土表 1mm 左右，途径分为直接光解和间接光解。直接光解是光能作用在植物生长调节剂分子上使其发生裂解转化，间接光解是光能激发了土壤中一些具有强氧化性的物质如自由基（·OH 和 ·O$_2^-$ 等）和单线态氧等从而使植物生长调节剂分子裂解。植物生长调节剂在水中的水解与其自身结构和水环境的 pH 有关，某些植物生长调节剂如多菌灵和多效唑不易水解。甲萘威在碱性条件下水解快，18h 水解率达 81.5%。除 pH 因素之外，矿物表面的螯合作用或酸化机制、溶液的金属离子也可能会影响植物生长调节剂的水解。微生物降解是植物生长调节剂土壤中降解的主要途径。土壤含氧环境、土壤成分、植物生长调节剂性质、土壤中微生物的空间分布及是否进行生物强化等是影响降解的主要因素。如研究发现假单胞菌在有氧条件下比厌氧条件下对多效唑的降解效率更高，在有氧条件下 48h 内降解率约 90%，而在无氧条件下 28d 内降解率仅为 2.3%。经 *Cupriavidus* sp.CY-1 菌株强化后的土壤对 2,4-滴的降解效率相比未强化土壤提高了 100%。铜绿细菌群和 *Ralstonia eutropha* JMP134 细菌等菌株均可与 *Cupriavidus* sp. CY-1 共同组合作为双重生物强化手段增强对 2,4-滴的降解。生物强化是一种相比光解和吸附等需要外加材料的植物生长调节剂降解方式，效果好、成本低，但扩繁后的微生物对原生土壤环境的适应性及对原生土壤菌群的影响需要系统的评估和研究。

3. 植物生长调节剂对作物安全性

不能任意扩大植物生长调节剂的使用范围，不能在未登记的靶标作物上使用。严格按照用药说明使用，不超量超次使用，以免造成残留污染。植物生长调节剂通常有喷雾、浸泡、涂抹、灌根、喷淋、点花、种子处理等使用方式，根据不同的应用场景和作物选择正确的用药方法以免产生药害。不能随意复配使用，包括不同植物调节剂品种以及与药、肥混用等，以免造成不良反应或药害。如二氯喹啉酸与胺鲜酯混用，对稗草的防效降低，对水稻的药害加重；嘧啶肟草醚与芸苔素内酯混用，对水稻药害加重。也有报道称植物生长调节剂与除草剂混用能够起到减轻药害、促进作物生长的作用，如麦草畏、咪草烟和烯草酮分别与芸苔素内酯和胺鲜酯混用，能够减轻玉米药害并促进玉米生长。硝磺草酮和烟嘧磺隆分别与芸苔素内酯和胺鲜酯混用能够提高对杂草防效且能促进玉米生长。

第五节

植物免疫诱抗剂在农业上的应用

植物免疫诱抗剂又称植物生物刺激素，是一种通过增强植物生理功能，增加植物对致病因子抵抗力，提高植物诱导抗性的物质。它能激发植物体内多条代谢途径，加强植物新陈代谢，促进植物生长发育，达到增产抗病的效果。1933 年苏联教授 Filatov 首次讨论"生物刺激"理论，认为外界不利但不致命的刺激会使植物形成非特异性生物刺激物，激发植物体反应，增强植物免疫力。1944 年 Herve 指出在低剂量下能发挥作用且生态友好的生物刺激剂的开发应该建立在化学合成、生物化学和生物技术的系统方法的基础上。西班牙格莱西姆矿业公司于 1976 年作为一种商业概念首次提出了"植物生物刺激素"一词，1992 年美国学者从淀粉欧文氏菌中分离出一种能激发烟草等植物产生过敏反应的蛋白质激发子并命名为 Harpin。2007 年，Kauffman 等研究人员将生物刺激素科学定义为一种低浓度下应用可以促进植物生长的不同于其他肥料的物质。2011 年欧洲生物刺激素产业联盟（EBIC）成立并于 2012年 7 月将植物生物刺激素重新定义为：一种包含某些成分和（或）微生物的物质，这些成分和（或）微生物施用于植物叶片或根际时，能调节植物体内的生理过程。如有益于吸收营养、抵抗非生物胁迫及提高作物品质等，而与营养成分无关。美国 2018 年农业法案草案中将植物生物刺激素定义为"一种物质或微生物，当应用于种子、植物或根际时，能够刺激植物自然进程，增强植物对养分吸收，改善营养利用效率，提高其对非生物胁迫的耐受性或作物的品质和产量。"该法案草案的提出，是生物刺激素在农业上应用迈出的重要的一步。欧盟在 2019年通过的《肥料产品法规》中将植物用生物刺激素单独分类，成为全球第一个将植物用生物刺激素在农业投入品中单独分类的地区。

现有的植物生物刺激素主要有以下几类：腐植酸类、海藻提取物类、蛋白质（及其水解产物）与氨基酸类、几丁质、壳聚糖及其衍生物类、微生物菌剂类、脂类、小分子代谢物类等，这些物质能够激活植物产生免疫反应，也可以称为激发子或诱导子。目前已鉴定的激发子以蛋白质类最多，已鉴定出的有坏死及乙烯诱导相关蛋白、过敏反应诱导蛋白、纤维素酶等几十种，由邱德文团队研发的 6%寡糖·链蛋白质可湿性粉剂（阿泰灵）是世界上首个植物免疫蛋白生物农药，对小麦、水稻、茶叶、大姜、番茄等有增产作用并且对番茄黄化曲叶病毒病、烟草花叶病毒病、水稻纹枯病有良好的防治效果。植物生物刺激素一般是混合物，能为植物体内复杂的生化反应提供有益元素或有机化合物，通过影响多种代谢途径直接调控植物的生命进程，有些生物刺激素可以激活植物信号的联级放大效应，能增强植物生长发育、促进植物生命进程、提升植物抗病抗逆性等，其可以作用于植物，也可以作用于土壤微生物。

腐植酸是有机质的重要组成部分，是土壤、动物粪便、低阶煤（泥炭、褐煤、风化煤等）及农副产品和废弃物处理过程中形成的物质，在不同类型的土壤中，腐植酸含量和性质各有差异。农业中常用的腐植酸钾、腐植酸钠、黄腐酸钾、黄腐酸钠等产品具有增强营养物质吸收、改善植物根系环境、提高土壤肥力、促进植物生长、提高植物抗逆等作用。研究表明，腐植酸类物质能够提高番茄、小麦、水稻、玉米、拟南芥等作物种子发芽率，促进侧根伸长。腐植酸中富含多聚阴离子，能够增强土壤中阳离子交换量，干扰磷酸钙沉淀形成，增加植物可用的磷元素。腐植酸类物质还能激活植物质膜 H^+-ATP 酶活性，ATP 水解过程中释放出来的自由基能转换成跨膜的电势能，可以加强植物对土壤中硝酸盐和其他营养元素的吸收，有助于促进作物生长。腐植酸处理过的水稻幼苗中叶绿素、类胡萝卜素、可溶性蛋白和可溶性糖能够抵御水分胁迫的逆境条件。黄腐酸能够直接促进冬小麦胚芽鞘伸长，降低叶片气孔阻力，能够直接或通过改变内源植物激素水平间接刺激植物生长。黄腐酸能够促进马铃薯的生长发育，减轻连作造成的生理障碍，提高马铃薯幼苗对连作障碍的整体抗性。

海藻提取物类生物刺激素是从海藻中提取的一种混合物，成分包括海藻多糖、海藻寡糖、褐藻寡糖、海藻酸及海藻酸盐、有机质、甾醇、大量元素、微量元素、甜菜碱、激素等。海藻提取物具有促进植物生长，增强植物抗病虫害、冻害、干旱等逆境的作用。海藻提取物也能直接刺激植物生长发育，增加根部硝酸还原酶积累，增强植物吸收矿物营养的能力，提高叶绿素含量、光合作用效率及抗逆能力。研究表明，海藻酸能够和土壤形成复合物，增强土壤团粒结构稳定性和透气性，螯合土壤中重金属离子，刺激有益微生物生长，提高植物吸收土壤中营养物质的能力。0.05%的海藻酸钠寡糖可显著促进小麦种子萌发，还能增加小麦中叶绿素、可溶性糖和可溶性蛋白的含量。海藻寡糖还能降低干旱胁迫对小麦生长的影响，采用海藻寡糖处理的小麦幼苗相比对照在根长、鲜重和水分含量等指标上有明显优势。海藻寡糖还能增加黄瓜的幼苗株高、茎粗和鲜重以及光合能力，促进植株生长，通过刺激脱落酸合成提高黄瓜抗旱性，在干旱条件下对黄瓜的促生和抗逆效果明显。

蛋白水解产物与氨基酸类生物刺激素主要是指由植物源（种子、秸秆）、动物源（动物器官及组织）及农业副产品等经酶解、水解或化学法得到的氨基酸、多肽、蛋白混合物、含氮化合物（甜菜碱、多胺、非蛋白氨基酸等）等。该类生物刺激素具有促进种子萌发和根系发育、增强植物吸收营养物质、提高植物抗逆性等作用。蛋白质水解产物与氨基酸类生物刺激素可直接作为植物营养物质被植物吸收利用，植物根系还能利用特殊氨基酸和小肽对营养物质的螯合配位功能，提高营养物质利用率，减轻重金属元素对植物的毒害。氨基酸还可以通过调控三羧酸循环酶、充当植物根部吸收氮的信号分子等促进植物对碳、氮元素的吸收和同化，还能刺激植物次级代谢，增强植物防御反应和抵抗力。此外，蛋白质水解物及氨基酸等还能为土壤中的微生物提供营养，增加土壤微生物的生物量和活力，有利于提高土壤中空气量和土壤肥力。

几丁质、壳聚糖及其衍生物类生物刺激素主要来源是海洋甲壳动物的外壳，几丁质是由 N-乙酰氨基葡萄糖通过 β-1,4 糖苷键连接形成的线性多聚糖。几丁质经脱乙酰化形成的产物即是壳聚糖，壳寡糖是壳聚糖降解形成的小分子状态的产物。通常几丁质和壳聚糖水中难以溶解，壳寡糖具有较好的水溶性。壳寡糖是植物识别病原菌入侵的非特异性信号，对多种植物显示有强烈的免疫诱导活性，能激发植物产生甲壳素酶、壳聚糖酶、植保素和免疫蛋白等，从而达到抑制病菌生长或杀死病菌的目的。该类生物刺激素还能够通过增加植物细胞的渗透性提高植物对营养物质的吸收，促进根系发育、提高光合作用，调节作物生长和诱导抗病性。能够诱导植物相关防卫基因表达，增加植物细胞壁厚度和木质化程度，促进胼胝质形成，阻止细菌侵入植物体，使植物产生广谱抗菌性。壳聚糖还有直接杀死细菌或抑制土壤中病原菌生长、改善土壤团粒结构等作用。几丁质能调节营养物质定向运输至果实、种子等处，能改善作物品质。壳寡糖多为 2~10 个 D-氨基葡萄糖以 β-1,4 糖苷键链接的低聚糖，水中可溶解。壳寡糖能够诱导植物提高对病菌的抗性，调节植物体内激素和酶等物质合成，促进植物根、茎、叶发育，用壳寡糖处理的植物表现为根系更发达，叶绿素含量增加，氨基酸、还原糖等次生代谢产物增加，抗旱、抗寒、抗倒伏等能力增强。根据目前研究推测壳寡糖的作用机理是壳寡糖可被植物细胞膜上的受体蛋白识别并产生跨膜信号，引起质膜去极化、离子通道开放等早期响应，进而引起过氧化氢、活性氧等信使分子传递，激活植物激素途径，调控防卫基因的表达，积累次生代谢产物，最终实现抗病。

微生物菌剂是一类含有特定有益真菌或细菌微生物活体的产品。可以通过所含微生物的生命活动，改善土壤环境，分解难溶性矿物质，增加植物养分的供应，分泌植物激素，促进植物生长，提高产量及改善农作物品质。常见的微生物菌剂按微生物种类及功能特性可以分为真菌剂、根瘤菌菌剂、固氮菌菌剂、硅酸盐细菌菌剂、光合细菌菌剂、菌根菌剂、促生菌剂、生物修复菌剂等。农业上广泛应用的一类真菌菌剂——丛枝菌根真菌（AMF）是一种自然存在于土壤中的与 80%~90%高等植物共生的古老生物体。所谓菌根是由真菌与植物根系形成的互惠共生体，能够侵染植物根系形成菌根的真菌叫做菌根真菌。AMF 能够改善植物生长环境以及植物受外部胁迫带来的不利影响。如增加植物根毛密度和长度，提高植物对水分的利用效率，与根毛作用共同提高磷的吸收，以此来增强植物抗旱能力。AMF 能够增强宿主植物体内氧自由基的清除能力，提高抗坏血酸过氧化物酶（APX）、过氧化物酶（POD）、超氧化物歧化酶（SOD）和过氧化氢酶（CAT）等多种酶的活性，以此来缓解气候变化对植物的不利影响。AMF 能通过改变土壤颗粒组成及改变土壤生物群落结构影响土壤团聚体组成和结构，提高土壤孔隙率和透气透水能力为植物根系的生长提供更好的条件。AMF 能够调节植物根系 pH，对根系磷酸酶及难溶性磷酸盐具有活化作用，能够提高植物对磷元素的吸收。AMF 能够利用 NO_3^-、NH_4^+ 等离子和一些简单形态的氨基酸，有利于有机氮矿化和形态转化，还可通过地下菌丝网络再分配植物间矿质营养元素，有利于植物吸收氮元素。由于功能多样，AMF 在小麦、玉米、大豆等作物，在番茄、黄瓜、小白菜、西瓜、油橄榄、连翘等经济作物上均有应用。虽然 AMF 产品有单一菌剂也有复合菌剂，商业菌剂及实际生产应用中以复合菌剂为主，菌剂可直接施用于土壤中也可以做种子包衣处理，种子包衣处理所需菌剂量少，作用靶标精准，可能会成为未来 AMF 菌剂大规模商用的重要方式，未来在农业生态环境修复上 AMF 也将有广阔的发展空间和良好的应用前景。

生物刺激素虽然已经在粮食、果蔬、花卉、苗圃等作物上广泛应用，为我国化学农药、肥料的减施增效提供了助力，但仍有很多需要解决的问题，如产品的质量控制需要制定相关的规范和标准，高品质产品的生产技术和针对不同场景的应用技术需要进一步完善，作用机理需要进一步明确等，相信随着植物生物刺激素研究及应用进一步深入，其将会为农业提质增产发挥更大的作用。

参考文献

[1] 朱蕙香，张宗俭，张宏军，等. 常用植物生长调节剂应用指南. 北京: 化学工业出版社，2010.

[2] 张宗俭，李斌. 世界农药大全——植物生长调节剂卷. 北京: 化学工业出版社，2011.

[3] 张宗俭，邵振润，束放. 植物生长调节剂科学使用指南（第三版）. 北京: 化学工业出版社，2015.

[4] 刘长令，李慧超，芦志成. 世界农药大全——除草剂卷（第二版）. 北京: 化学工业出版社，2022.

[5] 邹盛欧，王农跃，姚正玲. 植物生长调节剂研究进展. 化工科技报道，1985(4): 17-24.

[6] 胡德玉. 植物生长调节剂在农业上的应用与研究进展. 江西农业科技，1995(6): 17-19.

[7] 赵合句，李培武，李光明. 植物生长调节剂及其新进展. 华南大学邵阳分校学报，1989, 2(2): 120-123.

[8] 陈子聪. 植物生长调节剂研究应用的进展. 福建稻麦科技，1989(3): 28-32.

[9] 张锋，潘康标，田子华. 植物生长调节剂研究进展及应用对策. 现代农业科技，2012(1): 193-195.

[10] 杨秀荣，刘亦学，刘水芳，等. 植物生长调节剂及其研究与应用. 天津农业科学，2007, 13(1): 23-25.

[11] 程暄生. 国外植物生长调节剂进展. 江苏化工，1990(4): 3-13.

[12] 张宏军，刘学，嵇莉莉，等. 近几年我国植物生长调节剂登记概述. 杂草科学，2007(4): 60-62.

[13] 傅腾腾，朱建强，张淑贞，等. 植物生长调节剂在作物上的应用研究进展. 长江大学学报（自然科学版），2011, 8(10): 233-235.

[14] 张义，刘云利，刘子森，等. 植物生长调节剂的研究及应用进展. 水生生物学报，2021, 45(3): 701-708.

[15] 陈亮，侯杰，胡晓蕾，等. 植物生长调节剂在土壤中的环境行为综述. 环境科学，2022, 43(1): 11-25.

[16] 杨广云，王宪刚，牛建群，等. 植物生长调节剂在蔬菜上的登记与应用概况. 农药科学与管理，2022, 43(7): 4-9.

[17] 吴学进，梁冬梅，刘春华，等. 我国柑橘生产上应用的植物生长调节剂. 中国果树，2020(4): 128-133.

[18] 张成亮，钱华，王家有，等. 我国植物生长调节剂登记现状分析与建议. 黑龙江农业科学，2018(4): 160-162.

[19] Li Zhang, Yajun Sun, Zhimin Xu, et al. Insights into pH-dependent transformation of gibberellic acid in aqueous solution: Transformation pathway, mechanism and toxicity estimation. Journal of Environmental Sciences, 2021, 104(6): 1-10.

[20] 陈贵廷，何伟. 3 种植物生长调节剂对斑马鱼和大型溞的急性毒性及安全性评价. 农药，2023, 62(1): 31-35.

[21] 王文文，曹雪琴，杨中，等．植物生长调节剂在果树中的应用现状及残留分析方法研究进展．现代农业科技，2017(12): 129-126, 131.

[22] Chang Y C, Reddy M V, Umemoto H, et al. Bio-augmentation of *Cupriavidus* sp. CY-1 into 2,4-D contaminated soil: Microbial community analysis by culture dependent and independent techniques. PLoS ONE, 2015, 10(12): 1-18.

[23] 郭潇，赵文．植物生长调节剂的安全性分析．2007 中国中部地区农产品加工产学研研讨会论文集-其他综合，保定，2007: 233-236.

[24] 张新中，彭涛，李晓春，等．植物生长调节剂的残留与安全性分析．食品安全质量检测学报，2019, 10(3): 615-619.

[25] 岳可心，闫伊萌，张鸿旭，等．植物生长调节剂的毒性研究进展．农药，2021, 60(4): 239-243，276.

[26] 张丽霞，牟燕，杨美华，等．植物生长调节剂在中药材中的应用及安全性评价研究进展．中国中药杂志，2020, 45(8): 1824-1832.

[27] 赵敏，邵凤赟，周淑新，等．植物生长调节剂对农作物和环境的安全性．环境与健康杂志，2007, 24(5): 370-371.

[28] 郭西智，陈锦永，顾红，等．中国葡萄生产中应用的植物生长调节剂登记情况．湖北农业科学，2018, 57(11): 32-35.

[29] 陈文银，赵科科，杨紫薇，等．柑橘用植物生长调节剂的登记与安全施用．植物医生，2021, 34(1): 23-27.

[30] 姜楠，韦迪哲，王瑶，等．植物生长调节剂在马铃薯上的应用及其限量标准研究进展．农产品质量与安全，2017(1): 39-43.

[31] 周凤帆，蔡后建，金琦，等．多效唑土壤吸附及在模拟生态系统分布动态的研究．南京大学学报，1994, 30(1)：55-62.

[32] 崔东亮，马宏娟，王正航，等．植物生长调节剂与除草剂混用对玉米的安全性及对除草剂药效的影响．农药，2015, 54(10): 767-769.

[33] 卢正茂，崔东亮，马宏娟，等．植物生长调节剂与除草剂混用对水稻的安全性及对除草效果的影响．农药，2017, 56(5): 388-390.

[34] 赖灯妮，张群，尚雪波，等．植物生长调节剂在果蔬中的应用与安全性分析研究进展．食品工业科技，2023, 44(11): 451-459.

[35] 谷小红，郭宝林，田景，等．植物生长调节剂在药用植物生长发育和栽培中的应用．中国现代中药，2017, 19(2): 2295-2310.

[36] 樊建，沈莹，邓代千，等．植物生长调节剂在中药材生产中的应用进展．中国实验方剂学杂志，2022, 28(3): 234-240.

[37] 郭利军，范鸿雁，何凡，等．芒果常用植物生长调节剂毒性和残留研究进展．中国果树，2004(3): 78-81.

[38] 谢尚强，王文霞，张付云，等．植物生物刺激素研究进展．中国生物防治学报，2019, 35(3): 487-496.

[39] 刘艳潇，祝一鸣，周而勋，等．植物免疫诱抗剂的作用机理和应用研究进展．分子植物育种，2020, 18 (3): 1020-1026.

[40] 王露露，岳英哲，孔晓颖，等．植物免疫诱抗剂的发现、作用及其在农业中的应用．世界农药，2020, 42(10): 24-31.

[41] 陈晓岚，涂霞艺．生物刺激素在欧美的最新管理进展．世界农药，2020, 42(2): 29-32.

[42] 刘国秀，沈宏．生物刺激素及其在农业中的应用．磷肥与复肥，2020, 35(11): 22-26.

[43] 张瑜，王若楠，邱小倩，等．生物刺激素腐植酸对植物生理代谢的影响．腐植酸，2019(3): 1-6.

[44] 王学江，李峰，张志凯．植物用生物刺激素的研究进展．磷肥与复肥，2021, 36(5): 21-26.

[45] 黎剑锦，薛杨，毛瀚，等．丛枝菌根真菌在农业领域的作用与应用前景．热带林业，2020, 48(1): 75-80.

[46] 郝志鹏，谢伟，陈保冬．丛枝菌根真菌在农业中的应用：研究进展与挑战．科技导报，2022, 40(3): 87-98.

第二章

植物生长调节剂单剂

矮健素（CTC）

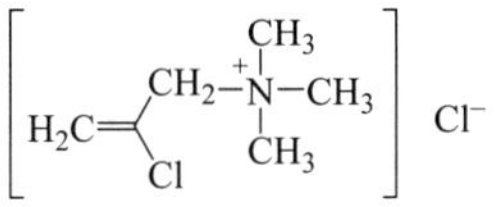

$$\left[\begin{array}{c} \underset{Cl}{\underset{|}{H_2C}} = C - CH_2 - \overset{+}{\underset{\underset{CH_3}{|}}{\overset{\overset{CH_3}{|}}{N}}} - CH_3 \end{array} \right] \quad Cl^-$$

C_6H_{13}Cl_2N，170.1，2862-38-6

矮健素（其他名称：7102）是一种季铵类植物生长调节剂，1971年首先由南开大学开发。

产品简介

化学名称　　（2-氯烯丙基）三甲基铵氯化物。英文化学名称为 2-propon-1-aminium，2-chioro-*N*,*N*,*N*-trimethyl-chloride。美国化学文摘（CA）系统名称为 ammonium, (2-chloroally) trimethyl-chloride。美国化学文摘（CA）主题索引名为 ammonium, (2-chloroally) trimethyl-chloride。

理化性质　　矮健素原药为白色结晶，熔点 168～170℃，近熔点温度时分解。相对密度1.10。粗品为米黄色粉状物，略带腥臭气味，吸湿性强，易溶于水，不溶于苯、甲苯、乙醚。遇碱时分解。

毒性　　矮健素小白鼠急性经口 LD_{50} 为 1940mg/kg。

制剂　　50%水剂。

作用特性

矮健素可经由植物的根、茎、叶、种子进入植物体内，抑制赤霉酸的生物合成，具体作用部位不清。可使植物矮化、茎秆增粗、叶片增厚、叶色浓绿、增加分蘖、促进坐果、增加蕾铃等。

应用

矮健素在20世纪70年代是国内应用较广的一个植物生长调节剂。可用于小麦、棉花、花生、玉米等作物，见表2-1。

表 2-1　矮健素主要应用方法

作物	应用		效果
小麦	①50g 有效成分拌 5kg 种子		壮苗、矮化、防倒伏、增产
	②300g 有效成分加 50L 水，拔节初进行叶面喷洒		矮化、防倒伏、增产
棉花	20～80mg/L 药液，现蕾至开花期，叶面喷洒，每亩喷 50L 药液		减少落蕾、控徒长

注意事项

（1）可参考矮壮素注意事项。

（2）它是我国开发的商业化品种，国外没有注册。在生产上应用不如矮壮素广，应用中的问题有待于从实践中去认识。

专利概况

专利名称　植物生长调节剂矮健素及生产

专利号　CN 1113681

专利拥有者　天津农药研究所

专利申请日　1994-05-27

专利公开日　1995-12-27

合成方法

矮健素的合成方法是以 1,2,3-三氯丙烷为原料，先在氢氧化钠作用下得到 2,3-二氯丙烯，再与三甲胺反应得到，反应式如下。

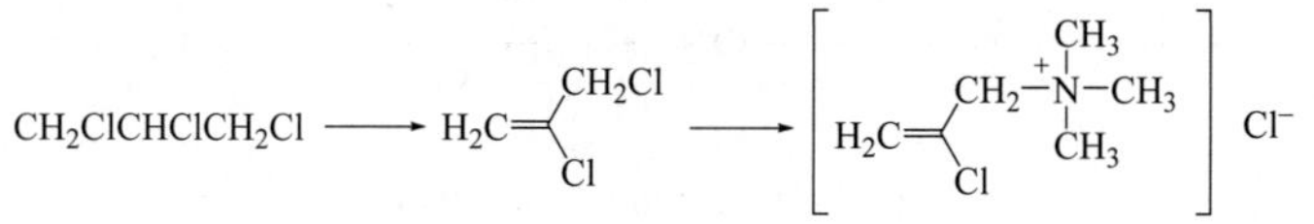

参考文献

[1]　南开大学元素有机所. 化学通报, 1974, 1: 37-40.

[2]　CN 1113681. 1996, CA 124: 282003.

矮壮素（chlormequat chloride）

$$ClCH_2CH_2\overset{+}{N}(CH_3)_3Cl^-$$

$C_5H_{13}Cl_2N$，158.1，999-81-5

矮壮素（试验代号：BAS 062W、AC 38555，商品名称：Cycocel，其他名称：CCC、Chlorocholine、Chloride、Cycogan、Cycocel-Extra、Increcel、Lihocin、稻麦立、三西）是一种季铵盐类植物生长调节剂，1957 年由美国氰胺公司开发。1964 年上海农药所进行合成。江苏省农用激素工程技术研究中心有限公司、绍兴东湖高科股份有限公司、郑州先利达化工有限公司、四川润尔科技有限公司和孟州农达生化制品有限公司等生产。

产品简介

化学名称　2-氯乙基三甲基氯化铵。英文化学名称为 2-chloroethyl-trimethyl-ammanium。美国化学文摘（CA）系统名称为(2-chloroethyl)trimethylammonium-chloride(8CI)；2-chloro-*N*,*N*,*N*-trimethyl-ethanaminium-chloride（9CI）。美国化学文摘（CA）主题索引名为 ethanaminium,

2-chloro-*N*,*N*,*N*-trimethyl-chloride（9CI）；ammonium chloride，(2-chloroethyl) trimethyl-chloride（8CI）。

理化性质 原药为浅黄色结晶固体，有鱼腥气味。纯品为无色且极具吸湿性的结晶，具有淡淡特征性气味，熔点235℃（分解），相对密度1.141（20℃），蒸气压<0.001mPa（25℃）。分配系数 $K_{ow}\lg P$=-1.59（pH 7），Henry常数 1.58×10^{-9} Pa·m³/mol（计算）。溶解度（20℃，g/kg）：水中>1000，甲醇>25，二氯乙烷、乙酸乙酯、正庚烷和丙酮烷<1，氯仿0.3。水溶液稳定，温度达到230℃开始分解。

毒性 急性经口 LD_{50}（mg/kg）：雄大鼠966，雌大鼠807；急性经皮 LD_{50}（mg/kg）：大鼠>4000，兔>2000。对眼睛、皮肤无刺激性，无皮肤致敏性。大鼠急性吸入 LC_{50}（4h）>5.2mg/L空气。NOEL数据（2年）：雄大鼠50mg/kg，雌大鼠336mg/kg，雌小鼠23mg/kg饲料。ADI值：0.05mg/kg。鸟类急性经口 LD_{50}（mg/kg）：日本鹌鹑555，野鸡261，家鸡920。鱼毒 LC_{50}（96h，mg/L）：虹鳟鱼、镜鲤鱼>100。水蚤 LC_{50}（48h）：31.7mg/L，海藻 EC_{50}（72h）>100mg/L。对蜜蜂无毒，蚯蚓 LC_{50}（14d）：2111mg/kg土壤。

环境行为 在山羊体内，于24h内，大约有97%以原药的形式被排泄掉。在大多数的植物体内转化成氯化胆碱。在土壤中很快被微生物降解，对土壤中的微生物种群没有影响。

制剂 50%水剂，80%可溶粉剂；30%矮壮·多效唑悬浮剂、20%矮壮·甲哌鎓可溶液剂等。

作用特性

矮壮素可经由植株的叶、嫩枝、芽和根系吸收，然后转移到起作用的部位，主要作用是抑制赤霉酸的生物合成，其作用机理是抑制玷巴焦磷酸生成贝壳杉烯，致使内源赤霉酸的生物合成受到阻抑。它的生理作用是控制植株徒长，使节间缩短，植株长得矮、壮、粗，根系发达，抗倒伏，同时叶色加深，叶片增厚，叶绿素含量增多，光合作用增强，促进生殖生长，从而提高某些作物的坐果率，也能改善某些作物果实、种子的品质，提高产量，还可提高某些作物的抗旱、抗倒伏、抗盐、抗寒及抗病虫害的能力。

应用

矮壮素是一个广谱多用途的植物生长调节剂，几十年来一直在农、林、园艺上应用。

（1）棉花 在初花期、盛花期以20～40mg/L药液喷洒1～2次，可矮化植株，代替人工打尖，增加产量。

（2）小麦 以1500～3000mg/L药液浸种，5kg药液浸2.5kg种子6～12h，或以1500～3000mg/L的药液50mL拌5kg种子，可壮苗，防止倒伏，增加分蘖和产量；用2%～3%药液拌种，可使麦苗生长健壮，根干重和单株分蘖数比对照增加25%和30%左右，有效分蘖增加，单产提高10%左右。用1%～2%的药液闷种12h，不经冲洗直接播种，每穗实粒数增加2～3粒，千粒重和有效穗数也有所提高，增产12%左右，增产效果稳定。拔节前以1000～2000mg/L药液喷洒1～2次，矮化植株增加产量。在分蘖初期每亩叶面喷洒50kg的0.15%～0.25%药液，可使麦苗矮健，分蘖增多，单株分蘖数比对照多40%～60%，单株成穗数多0.6个，每穗粒数多1～2粒，单产提高6.7%～20.1%。生产实践表明，播种早、肥力足，特别是旱地苕小麦使用矮壮素的增产效果比晚播、稻茬小麦要大。分蘖末拔节初喷矮壮素药液，使用浓度以0.15%～0.30%为宜，每亩药液量50kg，叶面喷洒。一般用药量不宜再提高，否则会推迟抽穗和成熟。使用矮壮素处理小麦幼苗能抑制茎秆伸长，有明显的抗倒性。抗倒伏效果与小麦长势有关。长势旺盛、有倒伏危险的麦田，施用矮壮素有很好的防倒增产效果；而长势弱、无倒伏趋势的小麦不必使用矮壮素。

（3）大麦 基部第一节间开始伸长时，每亩喷洒0.2%药液50kg，可降低株高10cm左右，基部第 1、2、3 节间总长度可以缩短 6～8cm，茎壁厚度增加，增产 10%左右。

（4）玉米　以 5000～6000mg/L 药液浸种，每 5kg 药液浸 2.5kg 种子 6h，或者 250mg/L 药液在孕穗前顶部喷洒，可使植株矮化，减少秃顶，穗大粒满。苗期每亩喷洒 0.2%～0.3%药液，可起到蹲苗的作用，提高玉米抗盐碱和抗旱能力，增产 20%。拔节前 3～5d，每亩叶面喷洒 30～50kg 1000～3000mg/L 药液，能抑制植株伸长，使节间变短、穗位高度降低，表现出矮化抗倒伏效果，同时抑制了叶片伸长，但叶片宽度反而增加，单株绿色叶面积并不减少，光合势有所增强。矮壮素处理的玉米，秃尖度减少，千粒重提高，有一定的增产效果。

（5）水稻　在分蘖末期以 1000mg/L 药液全株喷洒一次，也有矮化增产的效果。水稻发芽种子出现"吃热"现象（发芽温度超过 40℃，时间持续 12h 以上后，种子产生的生理现象）时，可用水洗净，再用 250mg/L 药液浸种 48h，清洗药液后，于 30℃下再发芽，可部分解除"吃热"的伤害。浸种所需药液量以淹没种子为宜。

（6）高粱　拔节时以 1000mg/L 药液全株喷洒一次，也有矮化增产的效果。高粱播前用 25～50mg/L 药液浸种 24h，在阴凉处晾干后播种，可使植株矮健和增产。药液量与种子量之比可按 1：0.8 进行。

（7）大豆　用 10～20mg/L 药液浸泡大豆种子 6～12h，药液用量以淹没种子为度，在阴凉处待豆种皱皮后播种，可使植株矮化，促进分枝，增加结荚数。初花期亩用 100～200mg/L 药液喷洒，可使植株矮化促进分枝，增加结荚数。施用时要看长势，长势旺的可以早用药，长势不旺的可以晚用药或不用药。大豆在开花期以 1000～2500mg/L 药液喷洒一次，可减少秕荚，增加百粒重。

（8）花生　在播种后 50d 以 50～100mg/L 药液全株喷洒，可以矮化植株，增加荚果数和产量。

（9）马铃薯　于现蕾至初花期，使用 2000～2500mg/L 的药液，每亩叶面喷洒 50L，以叶面全部浸湿为止，使块茎形成的时期提早一周，且使块茎的生长速度加快。可提高抗旱、抗寒、抗盐能力，增加产量。单株产量提高约 30%～50%，同时使 50g 以上的大薯增加 7%～10%。马铃薯植株外形表现为节间短缩、株型紧凑、叶色浓绿、叶片变厚。虽然叶子和块茎的数量有所减少，但块茎的重量比对照增高。块茎形成期 500mg/L 喷全株，可增加块茎产量。

（10）甘薯　栽插后一个月，每亩用 2500mg/L 药液进行叶面喷洒，可控制薯蔓徒长，增产 15%～30%。但只适用于徒长田块。

（11）番茄　苗期以 10～100mg/L 全面淋洒土壤，苗矮、紧凑、抗寒，使植株提早开花结果；开花前以 500～1000mg/L 药液全株喷洒一次，促进坐果、增加产量。

（12）黄瓜　生长到 14～15 叶时，以 50～100mg/L 药液全株喷洒一次，促进后期坐果，增加产量。

（13）甘蓝　抽薹前 10d 使用 4000～5000mg/L 药液，每亩叶面喷布 50L 药液，具有延缓抽薹的作用。

（14）葡萄　在葡萄新梢长 15～40cm 时，喷洒 500mg/L 药液，可促进主蔓上冬芽的分化；葡萄开花前 15d，以 500～1000mg/L 药液全株喷洒一次，控制新梢旺长，使得果穗齐，果穗和粒重增加。在花前 2 周喷洒 300mg/L 药液或副梢迅速生长期喷洒 1000～2000mg/L 药液，可促进副梢上的芽分化成花芽。但葡萄应用矮壮素后，常常导致花序轴变短，果穗紧密，果粒相互挤压，影响通风透光，容易患病。如果配合使用低浓度的赤霉酸，可使花序轴适当伸长。

（15）蜜柑　在 3 年生温州蜜柑的夏梢发生期，喷洒浓度为 2000～4000mg/L 或每株根际浇施 500～1000mg/L 药液，前者夏梢发生数仅为对照的 65.8%～86.9%，枝条短缩，着果率提高 5.1%～5.6%，增产 40%～50%；后者发梢数减少 1～2 成，着果率提高 1.4%～3.3%，增产 10%左右。果实品质与对照无异。唯独根际浇灌 1000mg/L 药液的果实果色橙红，鲜艳悦目，且富有光泽。

（16）杏　在杏新梢长到 15cm 时（5 月下旬至 6 月上旬）喷洒 3000mg/L 药液，抑制新梢生长和增加花芽数量与质量都比较明显。

（17）甘蔗　在收前 6 周以 1000～2500mg/L 药液全株喷洒一次，矮化植株，增加含糖量。

（18）郁金香、杜鹃等花卉植物　用 2000～5000mg/L 药液全株喷洒都有矮化效应。

（19）矮壮素与赤霉酸混用在葡萄上有互补作用　矮壮素在澳洲用于控制葡萄新枝旺长，但在开花前后使用虽可控制新枝旺长促进坐果，但会导致果粒小、含糖量偏低且成熟延迟。但如果在矮壮素（100mg/L）中添加赤霉酸（1mg/L），则既可控制新枝旺长、促进坐果和果粒均一增大，也不影响收获期。在柠檬正常采收前树冠喷洒赤霉酸 10mg/L +矮壮素 1000mg/L，能抑制果实生长，延至次年晚春采收，生产出果型较小、品质上等的果实。矮壮素与赤霉酸等混用促进番茄果实膨大。在番茄开花前以矮壮素（1×10^{-2}、1×10^{-3}、1×10^{-4}mol/L）与赤霉酸[GA_3，（1×10^{-4}、1×10^{-5}、1×10^{-6}）mol/L]及对氯苯氧乙酸（1×10^{-2}、1×10^{-3}、1×10^{-4}mol/L）混合喷洒整株植物，结果是矮壮素+赤霉酸+对氯苯氧乙酸（1×10^{-2}mol/L+1×10^{-5}mol/L+1×10^{-2}mol/L）处理的促进番茄果实生长膨大的效果最好。矮壮素与赤霉酸对马铃薯花期喷洒浓度为 0.2%。

（20）矮壮素与乙烯利混合使用，对小麦、水稻、棉花等作物有矮化、促早分蘖或分枝及抗倒伏和促早熟等生理作用，从而提高作物产量与品质。矮壮素与乙烯利混合（0.5%+0.05%）使用，在苹果花后 2 周和 4 周进行全株喷洒，可以控制生长，促进坐果，并可促进对氮、磷、钾的吸收，提高苹果产量。矮壮素、乙烯利与硫酸铜混合（比例为 6∶3∶1）使用，在大麦、小麦拔节前以 1000～1500mg/L 药液喷洒生长旺盛的植株，可以起到矮化植株、抗倒伏、促进成熟和增加产量的作用。矮壮素与乙烯利混合使用，在冬小麦孕穗期喷施处理，有明显的增产作用，但小麦品质则常会下降。矮壮素与尿素混用在春季喷洒冬小麦叶面，不仅有增产作用，也可提高小麦蛋白与面筋含量，改善品质。

（21）矮壮素与对氯苯氧乙酸混合使用能促进番茄坐果并提高产量。在气温较高的 4 月或 10 月栽种的番茄，在营养生长与生殖生长交替阶段（开花前几天），用矮壮素和对氯苯氧乙酸（200mg/L+25mg/L）喷洒番茄整株与单用对氯苯氧乙酸喷花序比较，显著增加番茄的坐果量与产量。

（22）矮壮素与萘乙酸混用增加棉花产量。在棉花初花期，以矮壮素（40mg/L）、萘乙酸（10mg/L）以及二者的混合液（矮壮素 40mg/L+萘乙酸 10mg/L）喷洒棉花植株，结果是单用矮壮素可以矮化棉花植株，控制新枝生长，促进棉花坐桃，但不增加最终棉花产量；单用萘乙酸则无明显作用；二者混合使用则不仅能矮化植株且增加最终棉花的产量。

（23）矮壮素（100～500mg/L）及助壮素（250～500mg/L）药液喷施甜瓜幼苗叶面，使节间缩短，叶片增厚色绿，抗旱抗寒。用过之后，肥水一定要跟上才能显现出其效果。

（24）矮壮素与助壮素或甲哌鎓混合，在棉花初花期喷施，可以控制棉花顶端或分枝生长，使株型紧凑，促进光合作用，防止落花落蕾，增加棉花成桃数，提高产量。

（25）矮壮素（60mg/L）与丁酰肼（120mg/L）浸渍莴苣叶和茎，具有延缓衰老的效果。在温度高的条件下贮藏，浸渍的用药浓度低，反之则高。

注意事项

（1）作矮化剂用时，被处理的作物水肥条件要好，群体有旺长之势的应用效果才好；地力差、长势弱的请勿使用。

（2）在棉花上使用，用量大于 50mg/L 易使叶柄变脆，容易损伤。

（3）作坐果剂虽提高坐果率，但果实甜度下降，须和硼（20mg/L）混用才能较好地克服其副作用。

（4）使用时勿将药液沾到眼、手、皮肤，沾到后尽快用清水冲洗，一旦中毒如头晕等，可酌情用阿托品治疗。

（5）勿与碱性农药混用。

专利与登记

专利名称　Quaternary alkyl ammoniumhalides

专利号　NL 6402588

专利拥有者　Michigan State University 和 American Cyanamid Co.

专利申请日　1963-03-13

专利公开日　1964-09-14

目前公开的或授权的主要专利有 DE 2934495、DE 1963400、FR 2449644、DD 2383317、ZA 8705144 等。

登记情况　多家企业拥有矮壮素原药、制剂和混合制剂的登记。原药登记厂家主要有江苏省农用激素工程技术研究中心有限公司（PD20180409），绍兴东湖高科股份有限公司（PD20070321），河南粮保农业有限公司（PD20170337）；50%矮壮素可溶液剂，登记作物为棉花、小麦、玉米；50%水剂登记于重庆依尔双丰科技有限公司（PD86123-9），济南约克农化有限公司（PD20152449），陕西亿田丰作物科技有限公司（PD20110732）等；德州祥龙生化有限公司登记了 80%矮壮素可溶粉剂（PD20110211）；30%悬浮剂登记厂家有河南安阳市锐普农化有限责任公司（PD20212748），中棉小康生物科技有限公司（PD20211470）等。

合成方法

矮壮素的制备方法主要是由二氯乙烷和三甲胺在 100～160℃以（5～15）∶1 摩尔比例于加压下在酸性介质中反应制得。其反应式如下。

$$ClCH_2CH_2Cl + N(CH_3)_3 \longrightarrow ClCH_2CH_2N(CH_3)_3Cl^-$$

参考文献

[1] J. A. C. S..1957, 79: 3167-3174.

[2] N.E.Tolbert. J. Biol. Chem., 1960, 235: 475-479.

[3] N.E.Tolbert. Plant Physiol., 1960, 35: 380-385.

[4] Nature(London). 1960, 202: 824, 1964, 201: 946.

[5] U.S.S.R. 678865. 1979, CA 92: 58215.

艾维激素（aviglycine）

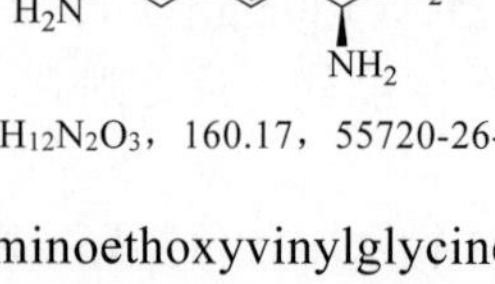

$C_6H_{12}N_2O_3$，160.17，55720-26-8

艾维激素（其他名称：AVG，aminoethoxyvinylglycine，ABG-3097，Ro4468，四烯雌酮）是一种天然氨基酸的衍生物。

20 世纪 70 年代，Jullus Berger 和 David Pruess 在美国的阿灵顿市的一些土壤样品中发现一种不确定物种即链霉菌 sp.X-11085，其在代谢过程当中会产生一种抑制纤维素链霉菌的物质，后来这种物质被证实为氨基酸代谢拮抗剂即艾维激素。艾维激素合成方法主要有生物提取和化学合成这两大类。其中生物提取方法是链霉菌 sp.X-11085 发酵；在 1978 年艾维激素的化学合成方法最先被提出。

产品简介

化学名称　（S）-反-2-氨基-4-（2-氨基乙氧基）-3-丁烯酸。英文化学名称为（E）-L-2-[2-(2-aminoethoxy)vinyl]glycine。美国化学文摘（CA）系统名称为(2S,3E)-2-amino-4-(2-aminoethoxy)-3-butenoic acid；L-trans-2-amino-4-(2-aminoethoxy)-3-butenoic acid。

理化性质　原药含量≥80%。灰白色至棕褐色粉末，有氨味，熔点 178～183℃（分解）。$K_{ow}\lg P = -4.36$。在水中溶解度（g/L，室温）：660（pH 5.0），690（pH 9.0）。应避光保存。旋光度$[\alpha]_d^{25}$+89.2°（c=1，0.1mol/L pH 7 磷酸钠盐缓冲溶液）。

毒性　大鼠急性经口 LD_{50}＞5000mg/kg，兔急性经皮 LD_{50}＞2000mg/kg。大鼠吸入 LC_{50}（4h）1.13mg/L。大鼠最大无作用剂量（90d）：2.2mg/（kg·d）。每日允许吸入量：参考剂量 0.002mg/kg。山齿鹑急性经口 LD_{50}121mg/kg，饲喂 LC_{50}（5d）230mg/kg。鳟鱼 LC_{50}（96h）＞139mg/L，最大无作用剂量（96h）139mg/L。水蚤 EC_{50}（48h）＞135mg/L，最大无作用剂量 135mg/L。月牙藻 E_rC_{50}（72h）53.3μg/L，最大无作用剂量 5.9μg/L。浮萍 IC_{50}（7d）102μg/L，无明显损害作用水平 24μg/L。蜜蜂 LD_{50}（48h，经口和接触）＞100μg/只。蚯蚓 LC_{50}＞1000mg/kg。

作用特性

植物体内乙烯的产生与植物果实的成熟、脱落、衰老等现象有关，而 AVG 的使用，通过抑制乙烯生物合成过程中的丙氨酸合成，从而抑制乙烯生物合成的直接前体 1-氨基环丙烷-1-羧酸的合成，竞争抑制乙烯的生物合成，对延缓果实成熟、脱落等现象都有很大作用，在一定程度上提高了农作物的产量。

应用

用于苹果、梨、核果和核桃。可以减少水果落果，延缓果实生长成熟，延迟或延长收获期，提高采收率管理、维护果品质量（如果实坚韧性），由于延迟收获可使果实的尺寸和颜色自然增强。

专利概况

专利名称　L-trans-2-Amino-4-(2-aminoethoxy)-3-butenoic acid

专利号　US 3751459

专利拥有者　Hoffmann-La Roche Inc.,Nutley,N.J.

专利申请日　1971-12-12

专利公开日　1976-08-07

目前公开的或授权的主要专利有 US 3775255、NL 7308135、DE 2461138、WO 2000036911、WO 9524885 等。

合成方法

由链霉菌属发酵制备，之后纯化。

参考文献

[1] Journal of Antibiotics. 1974, 27(4): 229-233.

[2] Journal of Antibiotics. 1976, 29(1): 38-43.

[3] Plant Cell. 2007, 19(7): 2197-2212.

[4] Plant Physiology. 2000, 122(3): 967-976.

2-氨基丁烷（butylamine）

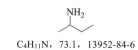

C₄H₁₁N，73.1，13952-84-6

别名：仲丁胺。

产品简介

理化性质　2-氨基丁烷（2-AB）为无色液体，有氨气味，易挥发。沸点63℃，密度0.24g/cm³。易溶于水和乙醇，可与大多数有机溶剂互溶。具有碱性，可形成盐。

毒性　高毒，大鼠急性经口 LD₅₀：152g/kg。对大鼠和兔的繁殖无不良影响，无致畸、致癌作用。

作用特性　能使果蔬表皮孔缩小约 1/2，从而减少水分的蒸发和抑制呼吸作用。对多种真菌的孢子萌发和菌丝生长都有抑制作用。

应用　可作保鲜剂和防腐剂，在水果贮藏期内使用，使用时可熏蒸、洗果或涂蜡。1975年联合国粮食及农业组织（FAO）、世界卫生组织（WHO）召开的农药残留会议对 2-氨基丁烷首次进行评价和推荐，认为 2-氨基丁烷在允许的残留限度内是有效的防腐剂，并制定如下标准：①每日允许摄入量（ADI）为 0.2mg/kg；②在柑橘类水果中最高允许残留限量 30mg/kg；③在橘汁中最大残留限量 0.5mg/kg。

注意事项

（1）遇明火、高温、氧化剂易燃烧产生有毒氮氧化物烟雾。储存时库房通风，保持低温干燥；与氧化剂、酸、食品原料类分开存放。

（2）荔枝、柑橘、苹果（果肉）的残留量分别为＜0.009g/kg、0.005g/kg、0.001g/kg。

专利概况

专利名称　Aliphatic nitro compounds

专利号　GB 587992

专利拥有者　Imperial Chemical Industries Ltd.

专利申请日　1944-12-11

专利公开日　1947-05-12

目前公开或授权的主要专利有 US 2422743、US 2667516、GB 697481、US 2636902、FR 1468354 等。

生产企业中目前国内尚无登记企业信息。

合成方法

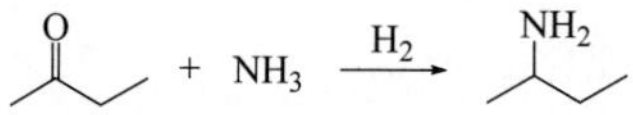

$$\underset{O}{\overset{}{\text{（丁酮）}}} + NH_3 \xrightarrow{H_2} \underset{NH_2}{\overset{}{\text{（2-氨基丁烷）}}}$$

参考文献

[1]　张宗俭，邵振润，束放. 植物生长调节剂科学使用指南（第三版）. 北京：化学工业出版社，2015.

[2]　Tetrahedron Letters. 2001, 42(25): 4257-4259.

氨氯吡啶酸（picloram）

$C_6H_3Cl_3N_2O_2$，241.5，1918-02-1

氨氯吡啶酸（商品名称：Tordon，毒莠定）由 E. R. Laning 于 1963 年报道其除草活性，由陶氏益农（现科迪华）开发，并于 1963 年上市。

产品简介

化学名称　4-氨基-3,5,6-三氯吡啶-2-羧酸。英文化学名为 4-amino-3,5,6-trichloro-pyridine-2-carboxylic acid。美国化学文摘（CA）系统名称为 4-amino-3,5,6-trichloro-2-pyri-dinecarboxylic acid。美国化学文摘（CA）主题索引名为 2-pyridinecarboxylic acid，4-amino-3,5,6-trichloro。

理化性质　浅棕色固体，有氯的气味，熔化前约 190℃分解，蒸气压 8×10^{-11}mPa（25℃），分配系数 $K_{ow}lgP = 1.9$（20℃，0.1mol HCl，中性介质）。饱和水溶液 pH 值为 3.0（24.5℃），溶解度（20℃，g/100mL）：水中 0.056，己烷小于 0.004，甲苯 0.013，丙酮 1.82，甲醇 2.32。在酸碱溶液中很稳定，但在热的浓碱中分解。其水溶液在紫外光下分解，DT_{50} 为 2.6d（25℃）。pK_a 为 2.3（22℃）。

毒性　急性经口 LD_{50}（mg/kg）：雄大鼠＞5000，小鼠 2000～4000，兔约 2000，豚鼠约 3000，羊大于 1000，牛大于 750。兔急性经皮 LD_{50}＞2000mg/kg。对兔眼睛有中度刺激，对兔皮肤有轻微刺激。对皮肤不引起过敏。雄、雌大鼠吸入 LC_{50}＞0.035mg/L 空气。NOEL 数据［mg/（kg·d），2 年］：大鼠 20。ADI 值：0.2mg/kg。小鸡急性经口 LD_{50} 约 6000mg/kg。饲喂试验绿头鸭、山齿鹑 LC_{50} 均＞5000mg/kg 饲料。蓝鳃翻车鱼 LC_{50}（96h）：14.5mg/L；虹鳟鱼 LC_{50}（96h）：5.5mg/L，羊角月牙藻 EC_{50}：36.9mg/L，粉虾 LC_{50}：10.3mg/L。蜜蜂 LD_{50}＞100μg/只。对蚯蚓无毒。对土壤微生物的呼吸作用无影响。

环境行为　在洁净水中或植物表面经光照快速降解。施于土壤中经土壤微生物缓慢降解，DT_{50} 30～90d。

制剂与分析方法　产品分析采用 HPLC 法，残留物分析采用衍生物 GC 法。

作用特性

氨氯吡啶酸可通过植物根、茎和叶吸收，传导和积累在生长活跃的组织。高浓度下，抑制或杀死分生组织细胞，可作为除草剂。低浓度下，可防止落果，增加果实产量。作用机制有待于进一步研究。

应用

作为植物生长调节剂，其应用见表 2-2。

表 2-2　氨氯吡啶应用方法

作物	浓度	应用时间	使用方法	效果
柠檬	5～24.5mg/L	收获后	浸果	防落果，延长贮存时间
无花果	10～20mg/L	生长早期	幼嫩植株上喷洒	形成单性果实
洋葱	20μmol		加入培养介质	诱导愈伤组织的形成

注意事项

作为柠檬、橘子保鲜剂时，和杀菌剂苯菌灵混用效果更佳。

应用于洋葱，可使洋葱形成有特殊味道的化合物，这方面的应用会有很大前景。

专利概况

专利名称　4-Amino-*o*-3,5,6-trichloropicolinic acids

专利号　BE 628487

专利拥有者　Dow Chemical Co.

专利申请日　1962-03-06

专利公开日　1963-08-15

目前公开的或授权的主要专利有 WO 0151468 等。

合成方法

2-甲基吡啶全氯化所得中间体与氨反应得 4-氨基-2-三氯甲基三氯吡啶，再在酸性条件下水解即得产品。反应式如下：

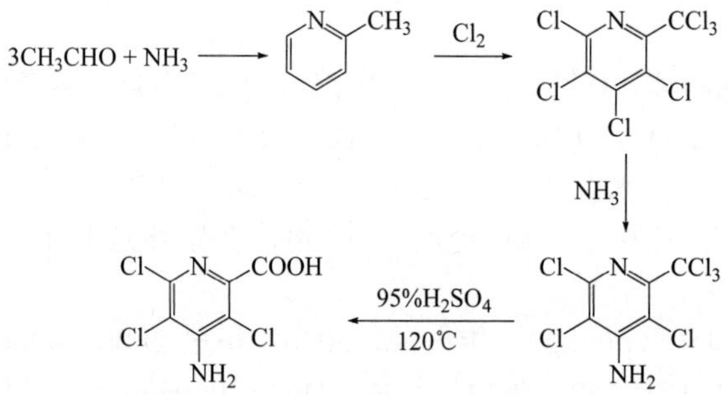

参考文献

[1] US 3285925. 1966, CA 66: 46338.

[2] US 5780465. 1998, CA 129: 105503b.

[3] WO 0151468. 2001, CA 107254h.

[4] CIPA Handbook. 1983, 1B, 1893.

胺鲜酯（diethyl aminoethylhexanoate）

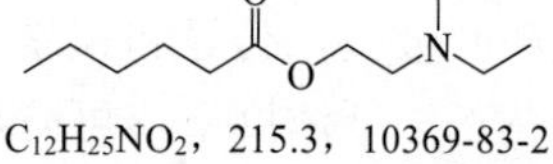

$C_{12}H_{25}NO_2$，215.3；10369-83-2

胺鲜酯（DA-6）是 20 世纪 90 年代厦门大学郭奇珍教授合成的具有自主知识产权的叔胺酯类促进型植物生长调节剂，其生理活性更高于国外报道的增产胺（DCPTA）。中国农业大学农作物化控研究中心于 1999 年开始进行了胺鲜酯在玉米、棉花、大豆、花生等作物上的生理活性和作用机理研究，研究发现胺鲜酯在低浓度（1～40mg/L）下对多种植物具有调节和促进生长的作用，可以提高多种作物的根系功能；增加功能叶叶绿体基粒类囊体的垛叠程度，提高光合作用，促进同化物的制造并向产量器官运转。

产品简介

化学名称　己酸二乙氨基乙醇酯，英文名称：diethyl aminoethylhexanoate。

理化性质　胺鲜脂为白色或结晶体，含量在 98% 以上，具有浅淡的油脂味和油腻感，易溶于水，可溶于乙醇、甲醇、丙酮、氯仿等有机溶剂。在弱酸性和中性介质中稳定，碱性条件下易分解。

毒性　胺鲜脂原粉对人畜的毒性很低，大鼠急性经口 LD_{50}：8633～16570mg/kg，属实际无毒的植物生长调节剂。对白鼠、兔的眼睛及皮肤无刺激作用；经测定结果表明：胺鲜脂原粉无致癌、致突变和致畸性。

制剂与分析方法　98% 胺鲜脂原药、8% 胺鲜脂可湿性粉剂、2% 胺鲜脂水剂、1.6% 胺鲜脂水剂、1.8% 胺鲜脂水剂、80% 胺鲜脂·甲哌𬭩（7%+73%）可湿性粉剂、30% 胺鲜脂·乙烯利（3%+27%）水剂。

作用特性

促进细胞分裂和伸长，加速生长点的分化，促进种子发芽、促进分蘖和分枝；提高过氧化物酶及硝酸还原酶的活性，提高叶绿素、核酸的含量及光合速率，延缓植株衰老；提高氮、碳代谢能力，促进根系发育，促进茎、叶生长，花芽分化，提早现蕾开花，提高坐果率，促进作物成熟；激活优良基因充分发挥作用，强化防御和抗逆机制，在逆境中也能茁壮成长，大幅度提高产量，改善品质；对作物枯萎病、病毒病有特效。

应用

广泛用于各种农作物、食用菌、花卉、药材等，可以用于所有植物及植物生长的各个季节。适用于植物的整个生育期，可以叶面喷洒、苗床灌注、种子浸渍，同时在各个季节里即使低温下仍能发挥很强的调节作用。施用 2～3 天后叶片明显长大变厚，长势旺盛植株粗壮，抗病虫害等抗逆能力大幅提高。其使用浓度范围大，1～100mg/kg 均对植物有很好的调节作用，至今未发现有药害现象。DA-6 具有缓释作用，能被植物快速吸收和储存，一部分快速起作用，另外部分缓慢持续地起作用，其持效期达 30～40 天。在低温下，只要植物具有生长现象，就具有调节作用，可以广泛应用于塑料大棚和冬季作物。植物吸收 DA-6 后，可以调节体内内源激素平衡。在前期使用，植物会加快营养生长，中后期使用，会增加开花坐果，加快植物果实饱满、成熟。这是传统调节剂所不具备的特点。表 2-3 为胺鲜脂使用方法及效果。

表 2-3　胺鲜脂（DA-6）使用方法及效果

作物名称	使用浓度/（mg/L）	使用方法	效果
水稻	12～15	浸种 24h，分蘖期、孕穗期、灌浆期各喷一次	提高发芽率、壮秧、增强抗寒能力、分蘖增多、增加有效穗、提高结实率和千粒重、根系活力好、早熟、高产
小麦	12～15	浸种 8h，三叶期、孕穗期、灌浆期各一次	提高发芽率、壮秧、植株粗壮、抗倒伏、抽穗整齐、粒多饱满、提高结实率和千粒重、抗干热风、早熟、高产
大豆	15	浸种 8h，苗期、始花期、结荚期各喷一次	提高发芽率、增加开花数、提高根瘤菌固氮能力、结荚饱满、干物质增加、早熟、增产
棉花	12	浸种 24h，苗期、花蕾期、花龄期各喷一次	苗壮或茂盛、花多桃多、棉絮白、质优、增产、抗性提高
柑橘、橙	10	始花期、生理落果中期、果实 3～5cm 时各喷一次	加速幼果膨大速度、提高坐果率、果面光滑、皮薄味甜、早熟、增产、抗寒抗病能力增强
香蕉	10	花蕾期、断蕾后各喷一次	结实多、果实均匀、增产、早熟、品质好

续表

作物名称	使用浓度/（mg/L）	使用方法	效果
萝卜、胡萝卜、榨菜、牛蒡等根菜类	10	浸种6h，幼苗期、肉质根形成期和膨大期各喷一次	幼苗生长快、苗壮、块根直、粗、重、表皮光滑、品质提高、早熟增产30%
高粱	12	浸种6~16h，幼苗期、拔节期、抽穗期各喷一次	提高发芽率、强壮植株、抗倒伏、粒多饱满、穗数和千粒重增加、早熟、高产
甜菜	15	浸种8h，幼苗期、直根形成期和膨大期各喷一次	幼苗生长快、苗壮、直根粗、糖度提高、早熟、高产
番茄、茄子、辣椒、甜椒等茄果类	8	幼苗期、初花期、坐果后各喷一次	苗壮、抗病抗逆性好、增花保果提高结实率、果实均匀光滑、品质提高、早熟、收获期延长、增产30%~100%
西瓜、冬瓜、香瓜、哈密瓜、草莓等	8	始花期、坐果后、果实膨大期各喷一次	味好汁多、含糖度提高、增加单瓜重、提前采收、增产、抗逆性好
扁豆、豌豆、蚕豆、菜豆等豆类	8	幼苗期、盛花期、结荚期各喷施一次	苗壮、抗逆性好、提高结荚率、早熟、延长生长期和采收期、增产25%~40%
韭菜、大葱、洋葱、大蒜等葱蒜类	12	营养生长期间隔10天以上喷一次，共2~3次	促进营养生长、增强抗性、早熟、增产25%~40%
蘑菇、香菇、木耳、草菇、金针菇等食用菌类	8	子实体形成初期喷一次，幼菇期、成长期各喷一次	提高菌丝生长活力，增加子实体数量，加快单菇生长速度、促进生长整齐、肉质肥厚、菌柄粗壮、鲜重、干重大幅提高、品质提高、提早采收、增产35%以上
茶叶	8	茶芽萌动时、采摘后各喷一次	茶芽密度、百芽重、新梢增多、枝繁叶茂、氨基酸含量提高、增产
甘蔗	10	幼苗期、拔节初期、快速生长期各喷一次	增加有效分蘖、株高、茎粗、单茎重、含糖度增加、抗倒伏
玉米	15	浸种6~16h，幼苗期、幼穗分化期、抽穗期各喷一次	提高发芽率、植株粗壮、叶色浓绿、粒多饱满、秃尖度缩短、粒粒数和千粒重增加、抗倒伏、防治红叶病、早熟、高产
马铃薯、地瓜、芋	10	苗期、块根形成期和膨大期各喷一次	苗壮、抗逆性提高、薯块多、大、重、早熟、高产
花卉	12	生长期每隔7~10天喷一次	增加株高、日生长量，增加节间及叶片数，增大叶面积及厚度，提早开花，延长花期，增加开花数，花艳叶绿，增强抗旱、抗寒能力
观赏植物	8	苗期每隔7~10天喷一次，生长期间隔15~20天喷一次	苗木健壮、提高出圃率、增加株高及冠幅、叶色浓绿、花盛、加速生长、抗旱、抗寒、延缓衰老
油菜	10	浸种8h，苗期、始花期、结荚期各喷一次	提高发芽率、生长旺盛、花多荚多、早熟高产、油菜籽芥酸含量下降、出油率高
荔枝、龙眼	15	始花期、坐果后、果实膨大期各喷一次	提高坐果率、粒重增加、果肉变厚变甜、核减小、早熟、增产
黄瓜、冬瓜、南瓜、丝瓜、苦瓜、节瓜、西葫芦等瓜类	8	幼苗期、初花期、坐果后各喷一次	苗壮、抗病、抗寒、开花数增多、结果率提高、瓜粗长绿直、干物质含量增加、品质提高、早熟、拔秧晚、增产20%~40%

续表

作物名称	使用浓度/（mg/L）	使用方法	效果
菠菜、芹菜、生菜、芥菜、白菜、空心菜、甘蓝、花椰菜、香菜等叶菜类	10	定植后生长期间隔7～10天喷一次，共2～3次	强壮植株，提高抗逆性，促进营养生长、长势快，叶片增多、宽、大、厚、绿，茎粗、嫩，提早采收，增产25%～50%
桃、李、梅、茶、枣、樱桃、枇杷、葡萄、杏、山楂、橄榄	15	始花期、坐果后、果实膨大期各喷一次	提高坐果率、果实生长快、大小均匀、百果重增加、含糖量增加、酸度下降、抗逆性提高、早熟、增产
花生	12	浸种4h，始花期、下针期、结荚期各喷一次	提高坐果率、增加开花数、促使结荚期籽粒饱满、出油率高、增产、早熟
烟叶	8	定植后、团棵期、旺长期各喷一次	苗壮，叶片增多、肥厚，提高抗逆性，增产，提早采收，烤烟色泽好、等级高
苹果、李	8～15	始花期、坐果后、果实膨大期各喷一次	保花保果、坐果率提高、果实大小均匀、色好味甜、早熟、增产

专利与登记

专利名称　Preparation of 2-(dialkylamino) ethyl (aryl) alkanoates as plantgrowth stimulants
专利号　CN 1073429
专利拥有者　厦门大学
专利申请日　1992-10-26
专利公开日　1993-06-26
目前公开或授权的主要专利有 CN 1305987、CN 1872835 等。

登记情况　鹤壁全丰生物科技有限公司、孟州农达生化制品有限公司、广东植物龙生物技术股份有限公司、四川润尔科技有限公司等登记98%胺鲜酯原药；制剂有8%、30%可溶粉剂，1.6%、2%、8%、30%水剂，1.6%、2%、10%可溶液剂等，胺鲜酯·甲哌鎓27.5%水剂等。

合成方法

采用如下方法得到目标化合物。

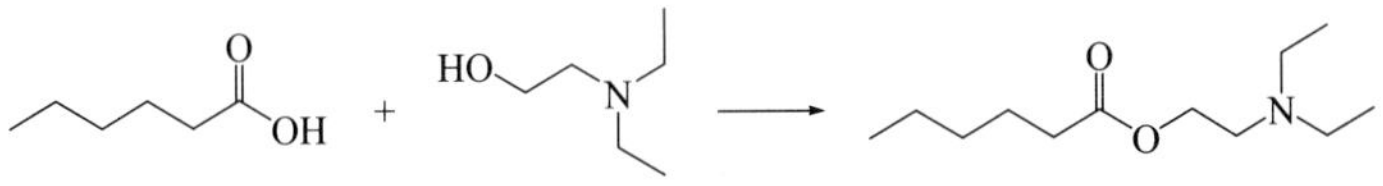

参考文献

[1] 中国植物生长调节剂应用技术网.

百菌清（chlorothalonil）

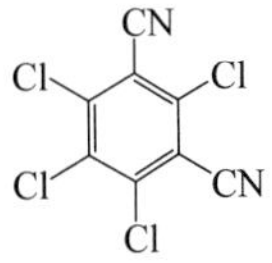

$C_8Cl_4N_2$，265.9，1897-45-6

百菌清（试验代号：DS 2787，商品名称：Bravo、Daconil）是美国 Diamond Alkali Co.

开发的杀菌剂。

产品简介

化学名称　2,4,5,6-四氯-1,3-苯二腈（四氯间苯二腈）。英文化学名称为 tetrachloroisophthalonitrile。美国化学文摘（CA）系统名称为 2,4,5,6-tetrachloro-1,3- benzenedicarbonitrile（9CI）。美国化学文摘（CA）主题索引名为 1,3-benzenedicarbonitrile, 2,4,5,6-tetrachloro-（8CI）。

理化性质　纯品为无色无嗅结晶，熔点 252.1℃，沸点为 350℃，相对密度 2.0（20℃）。蒸气压 0.076mPa（25℃），分配系数 $K_{ow}lgP$=2.92（25℃），Henry 常数 $2.50×10^{-2}$Pa・m^3/mol（25℃）。在 25℃下百菌清在水中的溶解度为 0.81mg/L，在溶剂中的溶解度（25℃，g/kg）：二甲苯 80，环己酮 30，二甲基甲酰胺 30，丙酮 20，二甲基亚砜 20，煤油＜10。在通常贮存下稳定，在酸性和弱碱性水溶液中稳定，对紫外线的照射稳定，在 pH＞9 的水溶液中缓慢水解。

毒性　大鼠急性经口 LD_{50}＞5000mg/kg，白兔急性经皮 LD_{50}＞5000mg/kg。对兔眼有严重刺激，对兔皮肤中等刺激。大鼠急性吸入 LC_{50}（1h）：0.52mg/L 空气，4h 为 0.10mg/L 空气。绿头鸭急性经口 LD_{50}＞4640mg/kg。鱼毒 LC_{50}（96h，μg/L）：虹鳟鱼 47，蓝鳃翻车鱼 60，鲇鱼 43。水蚤 LC_{50}（48h）：70μg/L；海藻 EC_{50}（120h）：210μg/L。蜜蜂 LD_{50}（经口）＞63μg/只，蜜蜂（接触）LD_{50}＞101μg/只，蚯蚓 LC_{50}（14d）＞404mg/kg 土壤。

环境行为　动物口服给药，本品不能很好地被吸收。百菌清在消化道内与谷胱甘肽反应，或立刻被吸收进入动物体内，以 1-谷胱甘肽、2-谷胱甘肽、3-谷胱甘肽存在。这些物质可通过尿液或粪便排出体外，或进一步被代谢成硫酚或含硫的尿酸衍生物。经过检测，在鼠的这些尿液里的排泄物含量显著高于狗或灵长类动物。在反刍动物体内，主要的代谢物为 4-羟基衍生物，没有发现本产品。在植物体内，残留物主要是本产品，4-羟基-2,5,6-三氯异谷胱甘肽被发现为某种程度的代谢产物。在土壤中没有流动性，对好气和厌气的土壤研究表明，DT_{50} 为 0.3～28d（20℃），在 pH 9（22℃）的条件下，DT_{50} 为 38d。在水生生物的体系中迅速降解。

作用特性

百菌清是广谱杀菌剂。和其他植物生长调节剂混用时有增效作用。根不能吸收该药。耐雨水冲刷。

应用

百菌清和乙烯利混用可使后者用量减少 40%～50%，且可加速苹果、樱桃和番茄成熟，还可提高番茄抵御疾病的能力。

在苹果和樱桃上百菌清用量为 250～500mg/L。百菌清和乙烯利的比例为 1∶2，用在番茄上二者比例 0.5∶1 或 1∶1。应用时间同乙烯利单用。

注意事项

（1）避免皮肤直接接触该药，对皮肤有刺激性。

（2）远离池塘和湖泊，该药对水有污染。

（3）贮藏在冷凉干燥处。

专利概况

专利名称　Halogenated aromatic nitriles anddinitriles

专利号　FR 1397521

专利拥有者　Diamond Alkali Co.

专利申请日　1963-04-01

专利公开日　1965-04-30

目前公开的或授权的主要专利有 CN 85101962、JP 6344558、CN 85102268、DE 3980460、

EP 380325、WO 9616540等。

合成方法

百菌清主要由间二苯腈在酸性介质、氮气保护下，连续通入经过活性炭的流化床用氯气氯化制得。其反应方程式如下。

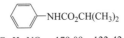

参考文献

[1] US 3816505. 1967, CA 81: 49447.

[2] Appl. Radiat. Isot., 1993, 44(8): 1133-1137.

[3] JP 5921658. 1984, CA 100: 209427.

苯胺灵（propham）

〈苯环〉—NHCO₂CH(CH₃)₂

$$C_{10}H_{13}NO_2，179.09，122-42-9$$

苯胺灵（其他名称：苯氨基甲酸异丙酯、N-苯基氨基甲酸异丙酯）作为植物生长调节剂的活性由 W.G. Templeman 和 W.A. Sexton 报道。由 ICI Plant Protection Division（现在的 Syngenta AG）引入市场。

产品简介

化学名称　异丙基苯基氨基甲酸酯。英文化学名称为 isopropyl phenylcarbamate；isopropyl carbanilate。美国化学文摘（CA）主题索引名为 1- methylethylphenylcarbamate。

理化性质　无色晶体。熔点 87.0～87.6℃（原药 86.5～87.5℃）。沸点：加热升华。蒸气压：85℃时相当大（在室温下缓慢升华）。相对密度 1.09（20℃）。水中溶解度 250mg/L（20℃）；有机溶剂中溶解度：易溶于酯类、醇类、丙酮、苯、环己烷、二甲苯等。稳定性：高于 100℃稳定，对光不敏感，在酸性和碱性介质中缓慢水解。

毒性　大鼠急性经口 LD₅₀ 5000mg/kg，小鼠 3000mg/kg。大鼠 NOEL（90d）1000mg/kg 饲料（5mg/kg）。ADI/RfD（JMPR）无。（EPA）cRfD 0.02mg/kg（1987）。大鼠腹腔 LD₅₀ 600mg/kg，小鼠 1000mg/kg。野鸭急性经口 LD₅₀＞2000mg/kg。LC₅₀（48h）：大翻车鱼 32mg/L，孔雀鱼 35mg/L。小球藻 EC₅₀（细胞体积）111μmol/L。按照推荐剂量使用对蜜蜂无危害。

制剂与分析方法　粉剂（DP）、乳油（EC）、颗粒剂（GR）、悬浮剂（SC）、可湿性粉剂（WP）。

作用特性

生物化学有丝分裂抑制剂(微管组织)。作用方式为选择性的系统性除草剂和生长调节剂，通过根和胚芽鞘吸收，并快速向顶传导。

应用

用于紫花苜蓿、三叶草、甜菜、菠菜、莴苣、豌豆、蚕豆、亚麻、红花、扁豆和多年生禾本科种子作物，防除许多一年生禾本科杂草和某些阔叶杂草。也可与其他除草剂混用，用于防除甜菜根、饲料甜菜、莴苣和饲牛甜菜的杂草，种植前、出苗前或出苗后施用。也用作马铃薯的发芽抑制剂，常与氯苯胺灵混用。

专利与登记

专利名称　Preparations comprising esters of arylcarbamic acids

专利号　GB 633970

专利拥有者　Mlllbank,London,S.W.,British Company

专利申请日　1947-08-25

专利公开日　1949-12-30

目前公开的或授权的主要专利有 US 2570664、JP 26000293、CA 1158830、JP 57145853、DE 922172、WO 9965314 等。

登记情况　国内原药登记厂家有南通泰禾化工股份有限公司（登记号 PD20111124）、四川润尔科技有限公司（登记号 PD20110290）、迈克斯（如东）化工有限公司（登记号 PD20151022）、美国阿塞托农化有限公司（登记号 PD20131190）等；剂型有麦克斯（如东）化工有限公司（登记证号：PD20170975，55%热雾剂）、四川润尔科技有限公司（登记证号：PD20111247，2.5%粉剂）、南通泰禾化工股份有限公司（登记证号：PD20111124，99%原药）、美国阿塞托农化有限公司（登记证号：PD20160437，99%熏蒸剂）、美国仙农有限公司（登记证号：PD20210401，99%热雾剂）等。

合成方法

$$\langle \text{苯基} \rangle\text{—N=C=O} + CH_3CHOHCH_3 \longrightarrow \langle \text{苯基} \rangle\text{—NH—COOCH(CH}_3)_2$$

参考文献

[1] Journal of AOAC International , 2005, 88(2): 595-614.

[2] Journal of Chromatography, 2003, 1015(1-2): 185-198.

[3] Journal of Chromatography, 2002, 965(1-2): 207-217.

苯哒嗪丙酯（fenridazon-propyl）

$C_{15}H_{15}ClN_2O_3$，306.7，78778-15-1

苯哒嗪丙酯（其他名称：达优麦）为新型植物生长调节剂（小麦化学去雄剂），诱导自交作物雄性不育，培育杂交种子，主要用于小麦育种，具有优良的选择性小麦去雄效果，为中国农业大学应用化学系开发的具有自主知识产权的化学杂交剂。

产品简介

化学名称　1-(4-氯苯基)-1,4-二氢-4-氧-6-甲基哒嗪-3-羧酸丙酯。英文化学名称为 propyl 1-(4-chlorophenyl)-1,4-dihydro-6-methyl-4-oxopyridazine-3-carboxylate。美国化学文摘（CA）主题索引名为 propyl 1-(4-chlorophenyl)-1,4-dihydro-6-methyl-4-oxo-3-pyridazinecarboxylate。

理化性质　原药为浅黄色粉末。熔点 101～102℃。溶解度（20℃，g/L）：水<1，乙醚 12，苯 280，甲醇 362，乙醇 121，丙酮 427。在一般储存条件下和中性介质中稳定。

毒性　苯哒嗪丙酯原药对雄性和雌性大鼠急性经口 LD_{50} 分别为 3160mg/kg 和 3690mg/kg，急性经皮 $LD_{50} > 2150$mg/kg，对皮肤、眼睛无刺激性，为弱致敏性。Ames 试验、小鼠骨髓细胞微核试验、小鼠睾丸细胞染色体畸变试验均为阴性。10%乳油对雄性和雌性大鼠急性经口 LD_{50} 分别为 5840mg/kg 和 2710mg/kg，急性经皮 $LD_{50} > 2000$mg/kg，对皮肤和眼睛无刺激性，为弱致敏性。10%苯哒嗪丙酯乳油对斑马鱼 LD_{50}（48h）为 1.0～10mg/L，鸟 LD_{50} 为 183.7mg/kg，蜜蜂 LC_{50} 为 1959mg/L，对家蚕 LC_{50} 为 2000mg/kg 桑叶。该药对鸟、蜜蜂、家蚕均属低毒，对鱼类属中等毒。

应用

10%苯哒嗪丙酯乳油为新型植物生长调节剂（小麦化学去雄剂），诱导自交作物雄性不育，培育杂交种子，主要用于小麦育种，具有优良的选择性小麦去雄效果。田间药效试验表明，该药施药时期为小麦幼穗发育的雌雄蕊原基分化期至药隔后期，喷药 1 次，用药量为每亩用有效成分 50～66.6g（折成 10%乳油商品量为 500～666g/亩，一般加水 30～40kg），喷施于小麦母本植株，诱导小麦雄性不育，提高小麦去雄质量。

专利概况

专利名称　一种新化学杂交剂

专利号　CN 1088700C

专利拥有者　中国农业大学

专利公开日　2000-05-24

专利申请日　1998-11-16

合成方法

通过如下反应制得目的物。

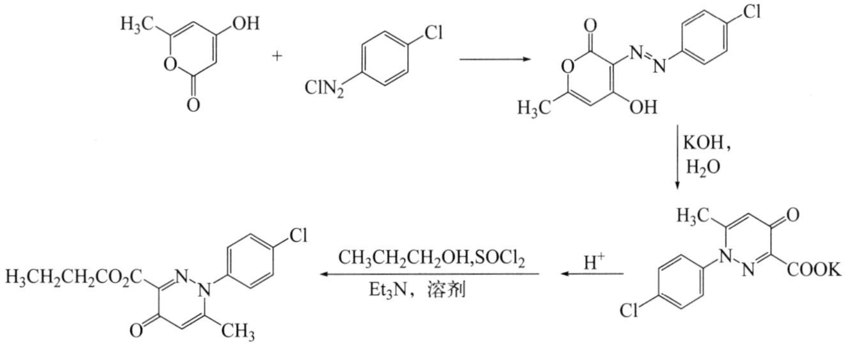

参考文献

[1] CN 1088700,1998.

苯哒嗪酸（clofencet）

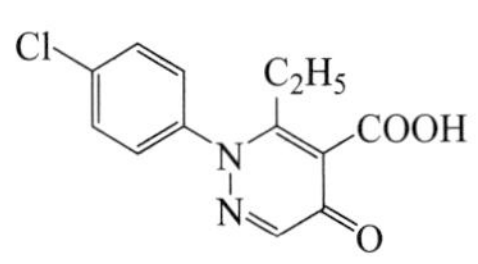

$C_{13}H_{11}ClN_2O_3$，278.7，129025-54-3

苯哒嗪酸（试验代号：FC 40001、ICIA 0754、MON 21200、RH 754，商品名称：Genesis，其他名称：杀雄嗪酸、金麦斯）是由罗姆-哈斯公司发现，孟山都公司 1997 年开发的哒嗪类小麦用杀雄剂，其钾盐又称苯哒嗪钾。

产品简介

化学名称　2-(4-氯苯基)-3-乙基-2,5-二氢-5-氧代哒嗪-4-羧酸。英文化学名称为 2-(4-chlorophenyl)-3-ethyl-2,5-dihydro-5-oxopyridazine-4-carboxylic acid。美国化学文摘（CA）系统名称为 2-(4-chlorophenyl)-3-ethyl-2,5-dihydro-5-oxo-4-pyridazinecarboxylic acid。美国化学文摘（CA）主题索引名为 4-pyridazinecarboxylic acid-, 2-(4-chlorophenyl)-3-ethyl-2,5-dihydro-5-oxo-。

钾盐理化性质　纯品为固体，熔点为 269℃（分解），蒸气压 $<1\times10^{-2}$mPa（25℃），分配系数 $K_{ow}\lg P=-2.2$（25℃），Henry 常数 $<5.7\times10^{-9}$Pa·m^3/mol（25℃，计算），相对密度 1.44（20℃）。水中溶解度（23℃，g/L）：>655（pH 5）、>696（pH 7）、>658（pH 9）；在有机溶剂中的溶解度（24℃，g/L）：甲醇 16，丙酮 <0.5，二氯甲烷 <0.4，甲苯 <0.4，乙酸乙酯 <0.5，正己烷 <0.6。稳定性：在 54℃、14d 条件下稳定，其在 pH 5、7、9 的缓冲溶液中稳定，水溶液对光解中等稳定，DT$_{50}$ 值随着 pH 值增大而变大。

毒性　其钾盐大鼠急性经口 LD$_{50}$（mg/kg）：雄 3437，雌 3150。大鼠急性经皮 LD$_{50}>$5000mg/kg。对兔皮肤无刺激性，对兔眼睛有刺激性作用。大鼠急性吸入 LC$_{50}>3.8$mg/L 空气。NOEL 数据：狗（1 年）5.0mg/（kg·d）。ADI 值：0.06mg/kg。无致突变性、无致畸性。绿头鸭急性经口 LD$_{50}>2000$mg/kg，鹌鹑急性经口 LD$_{50}>1414$mg/kg。绿头鸭和鹌鹑饲喂试验 LC$_{50}$（5d）>4818mg/L 饲料。鱼毒 LC$_{50}$（96h，μg/L）：虹鳟鱼 >990，大翻车鱼 >1070。水蚤 EC$_{50}>1193$mg/L。海藻 E$_b$C$_{50}$（96h）141mg/L。蜜蜂 LD$_{50}$（接触和经口）>100μg/只。蚯蚓 EC$_{50}>1000$mg/kg 土壤。

环境行为　用 ^{14}C 跟踪，进入大鼠体内的本品被迅速吸收，在 24h 内，78%以上的代谢物通过尿排出体外，未被代谢的本品也主要残留在尿中，7d 后，本品在组织里的残留量小于1%。本品在小麦中代谢很少，80%以上的残留物在小麦种子里，70%以上在麦秆里。本品在土壤中代谢很慢，在砂壤土（pH 6.0，4.5%有机质）和粉砂壤土（pH 7.7，2.4%有机质）中，1 年后，约 70%的本品还残留在土壤中；本品对光稳定，光照 30～32d 后，74%～81%未分解，其水溶液（pH 5、7、9）DT$_{50}$ 20～28d。

分析方法　分析采用 GC/HPLC 法。

作用特性

内吸传导性化学杀雄剂，抑制花粉的形成。

应用

小麦用杀雄剂，使用剂量为 3～5kg (a.i.)/hm^2。

专利概况

专利名称　A method of preparing pyridazinone derivatives

专利号　WO 9103463

专利拥有者　Imperial Chemical Industries PLC

专利申请日　1989-08-30

专利公开日　1991-03-21

目前公开的或授权的主要专利有 DE 69028922D、EP 0489845、WO 9103463、DE 19834629 等。

合成方法

以对氯苯肼为起始原料，首先与乙醛酸缩合，制成酰氯。再与丙酰乙酸乙酯环合即得目的物。反应式如下：

$$\text{Cl—C}_6\text{H}_4\text{—NHNH}_2 \xrightarrow{\text{OHC—COOH}} \text{Cl—C}_6\text{H}_4\text{—NHN=CHCOOH} \xrightarrow{\text{SOCl}_2} \text{Cl—C}_6\text{H}_4\text{—NHN=CHCOCl}$$

$$\xrightarrow{\text{C}_2\text{H}_5\text{COCH}_2\text{COOC}_2\text{H}_5}$$

参考文献

[1] WO 91 03463. 1991, CA 114: 247298.

苯菌灵（benomyl）

$$\text{C}_{14}\text{H}_{18}\text{N}_4\text{O}_3，290.3，17804-35-2$$

苯菌灵（商品名称：Benlate；其他名称：苯来特、D1991、DuPont1991）是杜邦公司1968年开发的产品，江苏安道麦安邦（江苏）有限公司等生产原药与制剂。

产品简介

化学名称　1-(丁基氨基)羰基-1H-苯并咪唑-2-基氨基甲酸甲酯。英文化学名称为 methyl [1-[(butylamino)carbonyl]-1H-benzimidazol-2-yl]-carbamate。美国化学文摘（CA）系统名称为 carbamate acid, [1-[(butylamino)carbonyl]-1H-benzimidazol-2-yl]，methyl ester。

理化性质　纯品为无色结晶体，熔点140℃（分解）。蒸气压$<5×10^{-3}$Pa（25℃）。分配系数$K_{ow}\lg P=1.37$，Henry常数（Pa·m³/mol，计算值）：$<4.0×10^{-4}$（pH 5）、$<5.0×10^{-4}$（pH 7）、$<7.7×10^{-4}$（pH 9）。相对密度0.38。水中溶解度（μg/L，室温）：3.6（pH 5）、2.9（pH 7）、1.9（pH 9）。有机溶剂中溶解度（g/kg，25℃）：氯仿94，N,N-二甲基甲酰胺（DMF）53，丙酮18，二甲苯10，乙醇4，庚烷0.4。稳定性：水溶液DT_{50} 3.5h(pH 5)、1.5h(pH 5)、<1h(pH 5)。对光稳定。在干燥环境下稳定。遇水、潮湿分解。

毒性　大鼠急性经口$LD_{50}>5000$mg/kg。兔急性经皮$LD_{50}>5000$mg/kg。对兔皮肤轻微刺激，对眼睛暂时刺激。大鼠吸入LC_{50}（4h）>2mg/L空气。NOEL数据[mg/(kg·d)，2年]：大鼠>2500mg/kg饲料，狗500mg/kg饲料。ADI值：0.1mg/kg。野鸭和山齿鹑LC_{50}（8d）>2500mg/kg饲料。鱼LC_{50}（mg/L）：虹鳟鱼（96h）0.27，金鱼4.2（48h）。水蚤LC_{50}（48h）>640μg/L，海藻EC_{50}（mg/L）：2.0（72h）、3.1（120h）。对蜜蜂无毒，蜜蜂LD_{50}（接触）>50μg/只。

制剂　50%可湿性粉剂。

作用特性

苯菌灵可通过叶和根吸收。可作为杀菌剂和植物生长调节剂，也可作为保鲜剂应用于各种水果和蔬菜。苯菌灵由水果和蔬菜表面吸收，传导到病原菌入侵部位而起作用。苯菌灵还可延缓叶绿素分解。

应用

其应用如表2-4。

表 2-4　苯菌灵应用技术

作物	浓度/(mg/L)	时间	方法	效果
苹果	300	收获后	浸果	延长贮存时间，防止腐烂
香蕉	300+GA₄₊₇ 10	收获时	浸果	延长贮存时间
大白菜	500+2,4-滴 5～10	收获后	由上向下浇灌	延长贮存时间，防止腐烂
胡萝卜	500	收获后	浸果	延长贮存时间（0～5℃），防止腐烂
橘子	500～1000+2,4-滴 10	收获后	浸果	延长贮存时间，防止腐烂

苯菌灵还可用于马铃薯和桃，延长贮存时间，使用浓度：500～1000mg/L。

专利与登记

专利名称　methyl (1-carbamoyl-2-benzimidazol)carbamates

专利号　GE 2200648

专利拥有者　Chinoingyogyszer es Vegyeszeti Termekekgyara Rt.

专利申请日　1971-01-25

专利公开日　1972-08-10

目前公开的或授权的主要专利有 GE 2200648、CN 1217874、HU 41011、WO 9853688、CN 1303596、CN 1228257、DE 2739352、DE 2738725 等。

国内登记情况　原药登记厂家有安道麦安邦（江苏）有限公司（登记号 PD20097616）、安徽华星化工有限公司（登记号 PD20110114）、内蒙古冠仕达化学有限公司等（登记号 PD20097395）。

合成方法

有两种合成方法。

（1）

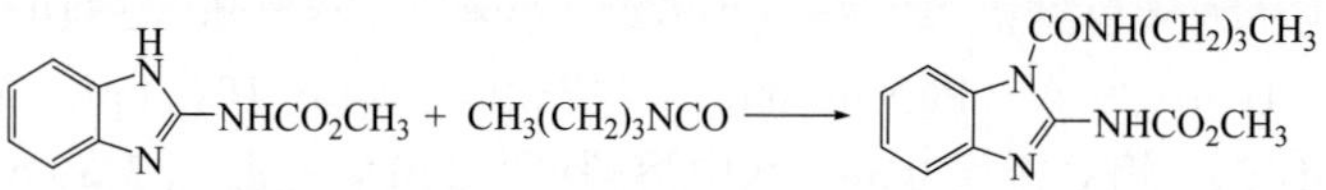

（2）

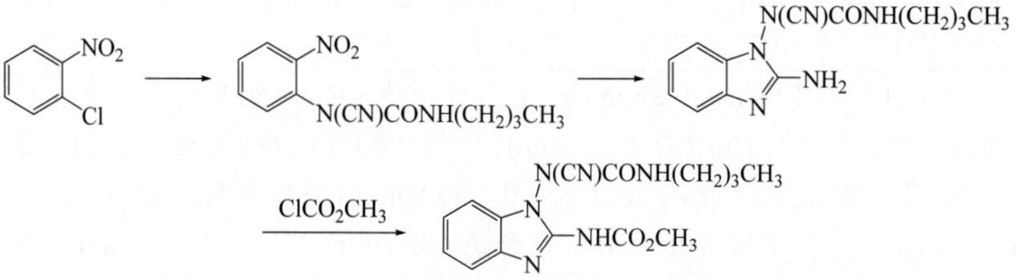

参考文献

[1] J.Chromatog., 1972, 66(1): 175-177.

[2] Bull.Acad.Pol.Sci.Ser. Sci. Siol., 1972, 20(2): 75-80.

[3] Meded. Fac.Landbouwwet. Rijksuniv.Gent., 1986, 51: 493-497.

[4] Acta. Pharmacol.Toxicol., 1973, 32(3-4): 246-256.

[5] J. Agron. Crop. Sci., 1987, 158(5): 324-332.

苯嘧苯醇（isopyrimol）

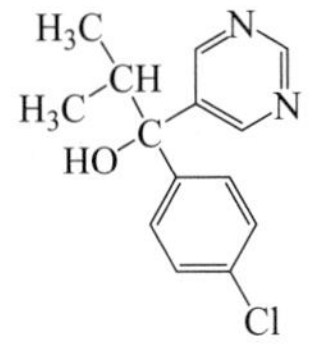

$C_{14}H_{15}ClN_2O$，262.7，55283-69-7

产品简介

化学名称　1-(4-氯苯基)-2-甲基-1-嘧啶-5-丙基-1-醇。美国化学文摘（CA）系统名称为 1-(4-chlorophenyl)-2-methyl-1-pyrimidin-5-ylpropan-1-ol。美国化学文摘（CA）主题索引名为 α-(4-chlorophenyl)-α-(1-methylethyl)-5-pyrimidinemethanol。

理化性质　密度：1.219g/cm³，闪点：199.9℃，沸点：407℃（1.01×10⁵Pa）。

毒性　纯品毒理学数据未见报道。

应用

苯嘧苯醇是一种植物生长抑制剂。

专利概况

专利名称　Compositions comprising strobilurin fungicides and plantgrowth regulators

专利号　WO 2007001919

专利拥有者　Syngenta Participations AG, Switz.

专利申请日　2006-06-16

专利公开日　2007-01-04

目前公开的或授权的主要专利有 WO 2008095890、WO 2010081645、US 2110152077、EP 2392210 等。

合成方法

通过如下反应制得：

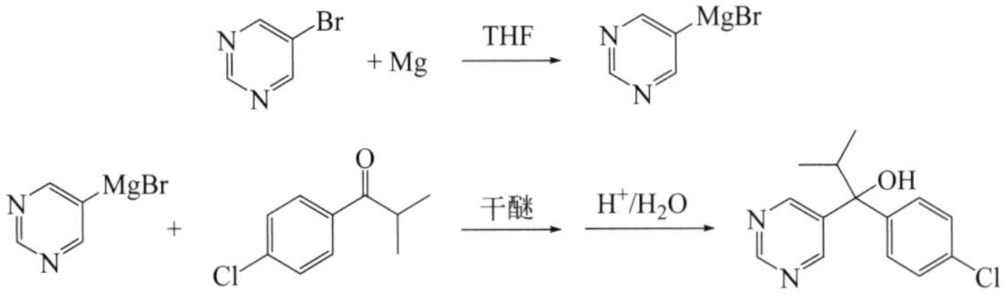

参考文献

[1] Taylor. Journal of Medicinal Chemistry, 1987, 30(8): 1359-1365.

苯肽胺酸（N-phenyl-phthalamic acid）

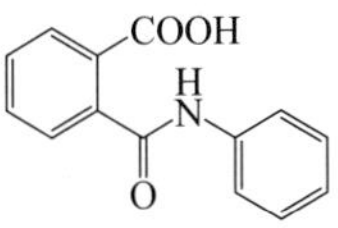

$C_{14}H_{11}NO_3$，241.24，4727-29-1

苯肽胺酸是一种新型植物生长调节剂，是邻苯二甲酰亚胺的衍生物，商品名叫果多早。陕西上格之路生物科学有限公司生产。

产品简介

化学名称　邻-（N-苯甲酰基）苯甲酸，英文名称：phthalanilic acid。

理化性质　本品原药外观为白色或淡黄色固体粉末，熔点169℃（分解），易溶于甲醇、乙醇、丙酮、乙腈等有机溶剂，不溶于石油醚。中性介质中稳定，强酸或强碱条件下水解。常温下储存稳定，100℃以上或紫外光下会缓慢分解。水中溶解度20mg/L（20℃）。

毒性　低毒，大鼠急性经口 LD_{50}：＞10000mg/kg，急性经皮 LD_{50}：＞10000mg/kg。

制剂　20%水剂、60%可湿性粉剂。

作用特性

本品为一种内吸性的植物生长调节剂，通过叶面喷施迅速进入植物体内，促进营养物质向花的生长点调动，利于受精授粉，能诱发花蕾成花结果，并能提早成熟期，诱导单穗植物果实膨大，具明显保花保果作用。防止生理及采前落果，自然成熟期可提前5～7天，有明显的保花、保果作用，对坐果率低的作物可提高其产量。

应用

（1）枣　在枣树开花期用20%可溶液剂1000倍液处理或20%可溶液剂1000倍液+赤霉素50000倍液处理可明显减少落花落果，对枣树保花保果具有显著作用，且使用方便，对枣树安全。建议在枣树花期结合开甲、摘心、枣园放蜂、防治病虫害等农艺措施，间隔10d左右，连续喷施2～3次20%可溶液剂1000倍液，具体时间在上午9时之前或下午5时之后，以减少枣树落花落果。

（2）番茄、辣椒、菜豆、大豆、油菜、苜蓿、扁豆、向日葵、水稻、苹果、葡萄、樱桃等　在花期喷施，每亩用有效成分0.6～2.0g，可提高坐果率，使果实膨大，提前成熟。

专利与登记

专利名称　Carboxylation of aromatic compounds

专利号　US 2729673

专利拥有者　E. I.du Pont de Nemours & Co.

专利申请日　1951-11-30

专利公开日　1956-01-03

目前公开或授权的专利有 DE 2040578、FR 2102170、JP 49067926、WO 8700400 等。

登记情况　国内有陕西上格之路生物科学有限公司（登记证号：PD20181617，97%原药；登记证号：PD20181616，20%可溶溶剂）登记生产。

合成方法

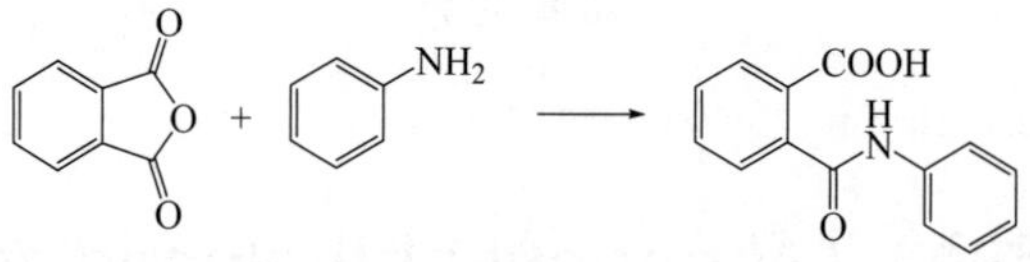

参考文献

[1] Pesticide Manual 16th.

[2] 张宗俭, 邵振润, 束放. 植物生长调节剂科学使用指南(第三版). 北京: 化学工业出版社, 2015.

[3] Besan J, Kovacs M, Ravasz O, et al. HU176582.

苄氨基嘌呤（6-benzylaminopurine）

$C_{12}H_{11}N_5$，225.3，1214-39-7

苄氨基嘌呤（商品名称：Accel、6-BA、BA、Beanin、Patury、Promelin，其他名称：保美灵、6-苄氨基嘌呤、BAP）系一种嘌呤类人工合成的植物生长调节剂。

1952年由美国威尔康姆实验室合成，1971年国内首先由上海东风试剂厂和化工部沈阳化工研究院开发。现由郑州先利达化工有限公司、江西新瑞丰生化股份有限公司、江苏丰源生物工程有限公司等生产。

产品简介

化学名称　6-（N-苄基）氨基嘌呤或 6-苄基腺嘌呤。英文化学名称为 6-(N-benzyl)amino-purine or 6-benzyladenine。美国化学文摘（CA）系统名称为 N-(phenylmethyl)-1H-purin-6-amine 或 N-benzyl-adenine。美国化学文摘（CA）主题索引名为 1H-purin-6-amine-，N-(phenylmethyl)-。

理化性质　原药为白色或淡黄色粉末，纯度＞99%。纯品为无色无嗅细针状结晶，熔点 234～235℃，蒸气压 $2.373×10^{-6}$ mPa（20℃），分配系数 K_{ow}lgP=2.13，Henry 常数 $8.91×10^{-9}$ Pa·m^3/mol（计算值）。水中溶解度（20℃）为 60mg/L，不溶于大多数有机溶剂，溶于二甲基甲酰胺、二甲基亚砜。稳定性：在酸、碱和中性水溶液中稳定，对光、热（8h，120℃）稳定。

毒性　急性经口 LD_{50}（mg/kg）：雄大鼠 2125，雌大鼠 2130，小鼠 1300。大鼠急性经皮 LD_{50}＞5000mg/kg。对兔眼睛、皮肤无刺激性。NOEL 数据[mg/(kg·d)，2 年]：雄大鼠 5.2，雌大鼠 6.5，雄小鼠 11.6，雌小鼠 15.1。ADI 值：0.05mg/kg。Ames 试验，对大鼠和兔无诱变、致畸作用。鲤鱼 LC_{50}（48h）＞40mg/L，蓝鳃翻车鱼 LC_{50}（4d）37.9mg/L，虹鳟鱼 LC_{50}（4d）21.4mg/L。绿头鸭饲喂试验 LC_{50}（5d）＞8000mg/L 饲料。水蚤 LC_{50}（24h）＞40mg/L，海藻 EC_{50}（96h）363.1mg/L（10%可溶液剂）。蜜蜂：LD_{50}（经口）为 400μg/只，LD_{50}（接触）为 57.8μg/只（均为 1g/L 可溶液剂）。

环境行为　进入动物体内的本品，通过尿和粪便排出；本品在大豆、葡萄、玉米和苍耳中代谢物不少于 9 种，尿素是最终代谢物；在 22℃条件下，本品施于土壤 16d（22℃）后，降解到 5.3%（砂壤土）、7.85%（黏壤土），DT_{50} 7～9 周。

制剂与分析方法　单剂如 0.5%膏剂、3%液剂。混剂如保美灵 3.6%液剂[商品名：Promalin，有效成分：赤霉酸（A_4）、赤霉酸（A_7）、6-苄基腺嘌呤]，本品+4-硝基苯酚（1:2），本品+3-硝基苯酚（1:1），本品+2,4-二硝基苯酚（1:1），本品+2,4,6-三硝基苯酚（1:1），本品+吲哚-3-乙酸，本品+甘氨酸衍生物 [1:（0.02～2）]等。产品分析可用 HPLC 法。

作用特性

苄氨基嘌呤可经由发芽的种子、根、嫩枝、叶片吸收，进入体内移动性小。苄氨基嘌呤有多种生理作用：①促进细胞分裂；②促进非分化组织分化；③促进细胞增大、增长；④促进种子发芽；⑤诱导休眠芽生长；⑥抑制或促进茎、叶的伸长生长；⑦抑制或促进根的生长；

⑧抑制叶的老化；⑨打破顶端优势，促进侧芽生长；⑩促进花芽形成和开花；⑪诱发雌性性状；⑫促进坐果；⑬促进果实生长；⑭诱导块茎形成；⑮物质调运、积累；⑯抑制或促进呼吸；⑰促进蒸发和气孔开放；⑱提高抗伤害能力；⑲抑制叶绿素的分解；⑳促进或抑制酶的活性。

应用

苄氨基嘌呤是广谱多用途的植物生长调节剂。早期应用在愈伤组织诱导分化芽，浓度在1.0～2.0mg/L；1960年左右作为葡萄、瓜类坐果剂，在开花前或开花后以50～100mg/L浸或喷花；1970年左右在水稻抽穗后7～15d，以20mg/L喷洒上部，防止水稻在高温气候下出现早衰；1980年左右作苹果、蔷薇、洋兰、茶树分枝促进剂，于顶端生长旺盛阶段，以100mg/L全面喷洒；叶菜类短期保鲜剂，菠菜、芹菜、莴苣在采收前后用10～20mg/L喷洒一次，延长绿叶存放期；用苄氨基嘌呤50mg/L+50mg/L GA₃药液浸泡蒜薹基部5～10min，抑制有机物质向薹苞运转，从而延长存放时间；以10～20mg/L浓度处理块根块茎可刺激膨大，增加产量。用浓度为0.1～0.5mg/L苄氨基嘌呤溶液浸向日葵种子，可以打破休眠，提早发芽，刺激种苗生长，增加干物质重。其具体用途见表2-5。

表2-5　苄氨基嘌呤的使用技术

作物	处理浓度/(mg/L)	处理时间、方式、次数	效果
水稻	10	稻苗1～1.5叶期	防止老化，提高成活率
	10	灌浆期	促进灌浆结实，提高产量
西瓜、甜瓜	100	开花当天涂果柄处	促进坐果
南瓜、葫芦	100	开花前天到当天涂果柄处	促进坐果
黄瓜	15	移栽时浸幼苗根24h	增加雌花
甘蓝	30	采收后喷洒叶面或浸渍	延长贮存期
花椰菜	10～15	采收时喷洒叶面或浸渍	延长贮存期
甜椒	10～20	采收前喷洒叶面或采收后浸渍	延长贮存期
瓜类	10～30	采收后浸泡	耐存放
西瓜	200～500	开花前后1～2d涂花梗	促进坐果
小麦	20～30	浸种24h	提高发芽率、出苗快
	10～30	灌浆期	增加穗粒数与千粒数，改善籽粒加工品质
玉米	20	喷洒早期雌花	提高结实率
棉花	20	浸种24～48h	出苗快、苗齐而壮
马铃薯	10～20	浸块茎6～12h	出苗快、苗壮
葡萄（玫瑰）	100	开花前，浸葡萄串，开花时浸花序（加赤霉酸）	促进坐果，形成无籽葡萄
草莓	10～50	喷洒幼果	促进果实膨大，增加产量
	10	草莓采收后喷洒或浸果	保鲜，延长贮藏期和供应期
番茄	100	开花时浸或喷花序（加赤霉酸）	促进坐果，防空洞果
甘蓝	10	甘蓝收获后尽快用药液浸蘸叶球	延长贮藏寿命
鲜菇	100	浸泡	延缓衰老，保持新鲜
莴苣	100	浸种3min	提高莴苣种子发芽率

续表

作物	处理浓度/(mg/L)	处理时间、方式、次数	效果
洋晚香玉	10～40	球茎在播前浸12～24h	打破休眠，促进发芽
杜鹃花	250～500	生长期喷全株2次（间隔1d）	促进侧芽生长
蟹爪兰	100	短日照处理5d，全株喷洒1次	增加着蕾
蟹爪兰	50	遮光后7～10d，全株喷洒1次处理	防止不开花
仙人掌类	20～50	株高7～10cm，在筒状叶中心滴1mL（加赤霉酸100mg/L）	增加仙人掌类植物叶状枝的数目
郁金香	25		防止不开花
秋海棠	3		促进块茎增大
蔷薇	0.5%～1.0%膏剂	在近地面芽的上、下部划伤口，涂药膏	增加基部枝条和切花数
春兰	100～200	浸泡假鳞茎和根10～12h	促进其新芽萌生
玉兰	400mg/kg赤霉酸+200mg/kg苄氨基嘌呤	浸种48h后，在湿度50%、温度7～10℃条件下层积8周	有效打破玉兰休眠和提高种子发芽率
兰花	1.0%	涂抹根部	促使其不定芽发生
唐菖蒲	10～50	播前浸块茎12～24h	提早发芽
唐菖蒲	1000	喷洒鳞茎	打破种球休眠，促其提早发芽
荔枝	100	采收后浸1～3min（加赤霉酸）	延长存放期
鸭梨	300	蕾期、开花期、幼果期	提高鸭突率

苄氨基嘌呤可以与对氯苯氧乙酸混合使用，组成苄•对氯合剂（0.6%豆芽灵或无根豆芽素），在绿豆芽、大豆芽长到1～1.5cm时，将0.6%豆芽灵加水稀释2000倍淋浇豆芽一次，可以抑制豆芽主根伸长和侧根的发生，促进豆芽下胚轴增粗、无根、嫩白，增加豆芽产量。

苄氨基嘌呤与赤霉酸混合组成苄氨基嘌呤•赤霉酸合剂，在苹果花期或果实增长期使用，可以促进坐果，使果型均一增大，外形美观，提高商品性能。另外，苄氨基嘌呤与赤霉酸（GA4+7）混用（400mg/L +400mg/L）在苹果开花未受精前处理花器，可以诱导苹果单性结实，可以克服因天气、环境等影响虫媒或风媒传粉受精差的情况，提高苹果结实率和产量。苄氨基嘌呤与赤霉酸（GA4+7）混用，在苹果幼树开花后7～14d喷洒，可以促进苹果幼树分枝与花芽的形成。苄氨基嘌呤+赤霉酸及辅料制成"稳多富"乳膏，对无核白鸡心葡萄果实的膨大有促进作用，可大幅度提高产量。苄氨基嘌呤与赤霉酸等组成"枣丰灵1号"，对金丝小枣进行化控，在盛花至盛花末期，喷洒药液，喷后一周再续喷一次，则积极促进坐果、加快幼果细胞分裂、防止幼果脱落于一身，既克服了使用某些单一调节剂坐果不理想的缺点，又避免了使用赤霉酸后前期坐果多、后因幼果大量脱落造成树体养分消耗的弊病，大大提高了金丝小枣的坐果率。在7月初幼果脱落前期进行全树喷洒，除了防止落果的效果非常明显外，幼果快速膨大的效果也非常突出。20d后调查，百果鲜重比常用的赤霉酸增加12.2%；比一般用清水喷洒的对照增加20.6%。

苄氨基嘌呤与尿素、赤霉酸混用对诱导葡萄无籽结实和增加果粒重量有协同作用。在葡萄开花前用苄氨基嘌呤、赤霉酸单独处理葡萄花序可以形成无籽葡萄，但果粒小且易落果。如果在盛花前10d将苄氨基嘌呤、赤霉酸和尿素混合（100mg/L +100mg/L +1.5%）处理花序，然后在盛花后7d再处理一次，则可明显增加果粒数和果粒大小，增加产量。

　　苄氨基嘌呤与尿素、萘乙酸混用，对"海沃德"和"早鲜"两个品种的花期喷洒，并在花后 10d 和 30d 再各喷幼果 1 次，均能减少猕猴桃果实的种子数，诱导无籽果实的形成，并能降低果实的脱落率。

　　使用 150mg/L 的 6-苄氨基嘌呤溶液或 4000 倍的天然芸薹素溶液将破壳的无籽西瓜种子浸泡 8h，可提高无籽西瓜发芽率和活力指数。

　　在柑橘采收前用苄氨基嘌呤（20mg/L）与春雷霉素（75mg/L）混合喷洒可以提高柑橘的含糖量，增加果实甜度。

　　苄氨基嘌呤与乙烯利混合制成复合玉米专用型生长调节剂，可以使玉米叶片增厚、株型紧凑，提高光合作用效率，并促进玉米根系发育，提高抗倒伏能力，防止早衰，提高玉米产量。

　　苄氨基嘌呤与丁酰肼混用，在龙眼生理分化期处理龙眼两次，可减少冬梢抽生，明显提高花穗抽生率以及花穗的质量。药剂处理后抽生的花序，其"冲梢"比例也明显下降。

　　苄氨基嘌呤与丁酰肼、赤霉酸三者混合使用可以促进温室生长柚的单性结果与增大。在温室生长的幼龄柚在开花单性结实后 1～2 月，用丁酰肼（1000mg/L）进行整株喷洒，用苄氨基嘌呤（200mg/L）、赤霉酸（GA_3，20mg/L）分别处理果实，或三者混合物（1000mg/L + 200mg/L +20mg/L）喷洒柚整株，结果表明只有三者混用对柚单性果的增大和坐果数有明显促进作用。

　　苄氨基嘌呤、赤霉酸和生长素混合使用可以增加新水梨的单果重量。新水梨是一种高品质的日本梨。为了提高新水梨的单果重量，分别用 GA_4（3000mg/L）、GA_4+IAA（3000mg/L+50mg/L）及 GA_4+IAA+6-BA（3000mg/L+50mg/L+500mg/L）的羊毛酯软膏涂抹幼果果梗，结果表明三者混合使用对单果重量增加的作用最明显，并且可以使果实早熟，提早收获 7～8d。

　　苄氨基嘌呤破除柑橘休眠芽的休眠。1000～8000mg/L 的苄氨基嘌呤处理柑橘休眠芽可以打破其休眠，但有些柑橘品种对其不敏感，若在 1000～8000mg/L 的苄氨基嘌呤膏剂中加入 5%二甲亚砜和 2%吐温-20，则可明显提高破除休眠的作用。

　　苄氨基嘌呤、萘乙酸和烟酸混用可打破苹果休眠芽的休眠。含有 0.1%苄氨基嘌呤、5mg/L 萘乙酸和 10mg/L 烟酸的羊毛脂膏剂，在 4～5 月用 1g 该膏剂涂抹 50～100 个苹果休眠芽的 4 周，休眠芽在 1 周后便可萌发并继续伸长生长。

　　苄氨基嘌呤与萘乙酸混用促进菠萝开花。菠萝是一种热带水果，若能诱导早开花能早结果早收获。用浓度为 $1×10^{-6}$mol/L 的萘乙酸与 $1×10^{-3}$mol/L 的苄氨基嘌呤混合液在菠萝开花前 1～2 周处理其顶端，与单用相比，对菠萝开花有明显促进作用。

　　苄氨基嘌呤与吲哚乙酸混用，有利于长芽展叶。金丝小枣茎段离体繁殖 1 年中最佳繁殖时间为 5 月份，4 月份次之。含顶芽的茎段与含腋芽的茎段在枣组培快繁时对试管苗生长无明显差异。

　　苄氨基嘌呤与 2,4-滴混用延长花椰菜的保鲜期。花椰菜收后，单用 2,4-滴（50mg/L）、苄氨基嘌呤（10mg/L）或二者混用处理花椰菜，混用处理延长保鲜的作用更为明显。

　　用 5mg/L 6-苄氨基嘌呤＋3%$CaCl_2$ 对芹菜进行采后保鲜处理，有较好的保鲜效果。

　　收获前 10mg/L 6-苄氨基嘌呤溶液进行田间喷施，或收获后在 10～20mg/L 6-苄氨基嘌呤溶液中浸蘸片刻，可延缓芹菜叶片变色和衰老，延长运输和贮藏时间。

注意事项

（1）苄氨基嘌呤用于绿叶保鲜，单独使用有效果，与赤霉酸混用效果更好。

（2）苄氨基嘌呤移动性小，单作叶面处理效果欠佳，但与某些生长抑制剂混用时效果较为理想。

（3）苄氨基嘌呤与赤霉酸混用作坐果剂效果好，但贮存时间短，若选择一个好的保护、稳定剂，使两种药剂能存放 2 年以上，则会给它们的应用带来更大的生机。

专利与登记

专利名称　*6-N*-Substituted aminopurines

专利号　JP 852659

专利拥有者　Shigeo Okumura

目前公开的或授权的主要专利有 US 2003109043、CN 1154967、US 6610909、US 5744424、US 5455220、US 3833370 等。

登记情况　原药由郑州郑氏化工产品有限公司、河南粮保农药有限责任公司、江西新瑞丰生化股份有限公司等登记；制剂有 2%、3.6%、4%可溶液剂，1.8%、2%、4%、10%、20%水分散粒剂等。

合成方法

苄氨基嘌呤的合成方法主要有 4 种，反应式如下：

方法 1：

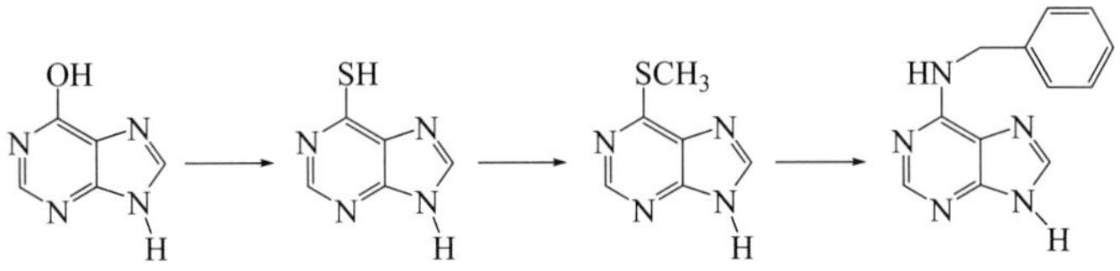

方法 2：

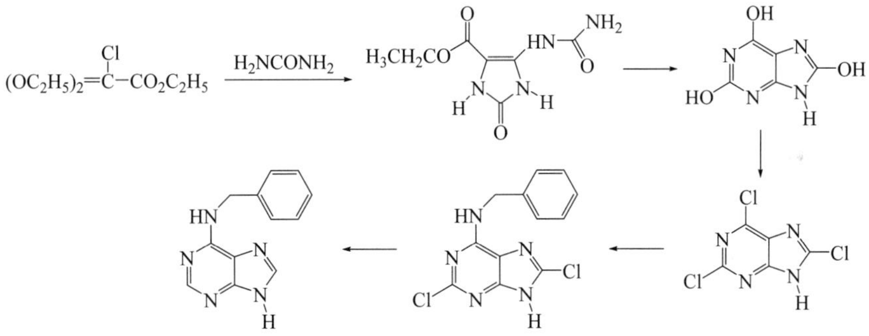

方法 3：

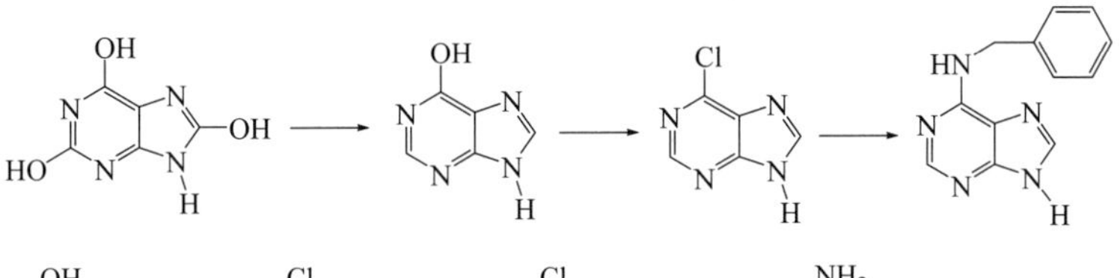

方法 4：

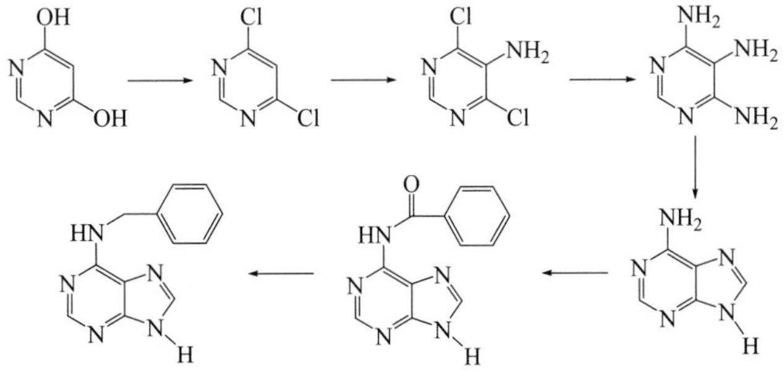

参考文献

[1] WO 03096806, 2003, CA 137: 376663.

[2] Bull. Soc. Bot. Fr., 1968, 115(7-8): 345-352.

[3] GB 1021962, 1965, CA 65: 11309.

[4] HU 197903, 1986, CA 106: 49889.

[5] GB 978295, 1964, CA 60: 14879c.

[6] CN 1143456, 1997, CA 128: 227315.

[7] JP 68-6954, 1983, CA 99: 26623.

[8] JP 50-137971, 1975, CA 85: 32821.

补骨内酯（psoralen）

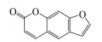

$C_{11}H_6O_3$，186.2，66-97-7

补骨内酯又叫补骨脂素、补骨脂内酯、制斑素，是从植物补骨脂中提取的一种有效成分，属呋喃香豆素类。

产品简介

化学名称　7H-呋喃并[3,2-g]苯并吡喃-7-酮。英文化学名称为 7H-furo[3,2-g]chromen-7-one。美国化学文摘（CA）主题索引名为 7H-furo[3,2-g][1]benzopyran-7-one。

理化性质　本品为固体结晶，熔点 189～190℃。易溶于甲醇、乙醇、氯仿、苯、丙酮和乙醚，能溶于沸水，难溶于冷水。

应用

植物生长调节剂。

专利概况

专利名称　Furocoumarins

专利号　FI 59599

专利拥有者　Maki, Juhani; Nupponen, Heikki

专利申请日　1978-12-27

专利公开日　1981-05-29

目前公开的或授权的主要专利有 FI 7803989、FI 19783989 等。

提取工艺

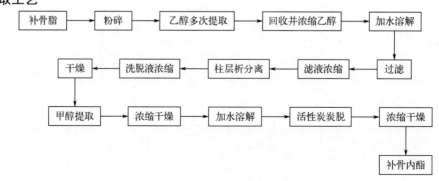

参考文献

[1] 补骨脂化学成分的综述. 中国中药杂志, 1995, 20(2): 120-122.

[2] 补骨脂中活性成分的提取分离与抗癌实验研究. 中药材, 2003, 26(3): 185-186.

[3] FI59599, 1978.

[4] CN 101870702, 2009.

[5] CN 106008541, 2016.

草甘膦（glyphosate）

$$HO\!-\!\underset{HO}{\overset{O}{P}}\!-\!CH_2NHCH_2CO_2H$$

C₃H₈NO₅P，169.1，1071-83-6

$C_3H_8NO_5P$，169.1，1071-83-6

草甘膦（其他名称：Polado），是一种有机膦类化合物。1980 年美国孟山都公司开发，是目前世界上产量和使用量最大的灭生性除草剂，也可以作为植物生长调节剂使用。由浙江新安化工集团股份有限公司、安道麦安邦（江苏）股份有限公司、江苏省南通江山农药化工股份有限公司、江苏省利华农化有限公司、江苏好收成韦恩农药化工股份有限公司等多家企业生产。

产品简介

化学名称　N-(膦酰基甲基)甘氨酸。英文化学名称为 N-(phosphonomethyl)glycine。美国化学文摘（CA）系统名称为 N-(phosphonomethyl)glycine。

理化性质　原药纯度≥95%，白色固体。熔点 189.5℃±0.5℃，加热超过 200℃分解，蒸气压 1.31×10⁻²mPa（25℃），分配系数 $K_{ow}\lg P$＜-3.2（pH 2~5，20℃），Henry 常数＜2.1×10⁻⁷Pa·m³/mol，相对密度 1.705（20℃）。水中溶解度（pH 1.9，20℃）为 10.5g/L，溶于常用的有机溶剂，如丙酮、乙醇和二甲苯。其碱金属和铵盐稳定地溶于水中。稳定性：草甘膦及其所有盐均为非挥发性物质，见光不分解，在空气中稳定存在。在 pH 3、6、9（5~35℃）时稳定不水解。pK_a 2.34（20℃），10.2（25℃），不可燃。

毒性　急性经口 LD₅₀（mg/kg）：大鼠 5600，小鼠 11300，山羊 3530。兔急性经皮 LD₅₀＞5000mg/kg。对眼睛有刺激性，对皮肤无刺激（兔），大鼠急性吸入 LC₅₀（4h）＞4.98mg/L 空气。NOEL 数据：大鼠（2 年）410mg/kg 饲料，狗（1 年）500mg/kg 饲料。ADI 值：0.3mg/kg。不致癌、致畸、致突变，对繁殖无影响。

山齿鹑急性经口 LD₅₀＞3851mg/kg，鹌鹑和绿头鸭饲喂试验 LC₅₀（8d）＞4640mg/kg 饲料，鱼毒 LC₅₀（96h）：鲑鱼 86mg/L，翻车鱼 120mg/L，高体波鱼 168mg/L，杂色鳉＞1000mg/L。水蚤 LC₅₀（48h）780mg/L，海藻 EC₅₀（72h）485mg/L。其他水生生物：LC₅₀（96h）小糠虾＞1000mg/L，草虾 281mg/L，招潮蟹 934mg/L。海胆 EC₅₀（96h）＞1000mg/L；蝌蚪 EC₅₀（48h）111mg/L。蜜蜂：LD₅₀（接触和经口）＞100μg/只。

环境行为　哺乳动物口服，草甘膦迅速被无变化排泄，在体内无积累。草甘膦在植物体内主要的代谢物是氨基甲基膦酸。在田间土壤中，半衰期为 1~130d，取决于土壤和气候条件。在水中，半衰期从几天到 91 天不等。自然条件下，在水中见光分解，半衰期 33~77d。在包括水和沉积物的实验室内体系中，半衰期 27~146d（有氧）、14~22d（无氧）。在土壤和水中主要代谢物是氨基甲基膦酸。

制剂　30%水剂。

作用特性

草甘膦是一种内吸传导型广谱灭生性除草剂，广泛应用于免耕田、果园、茶园、非耕地等场所防除杂草。作为植物生长调节剂可以通过植物的茎叶吸收，传导到分生组织，抑制细胞生长；促进乙烯形成，加速成熟；还可增加甜菜和甘蔗中的含糖量。

应用

草甘膦作为生长抑制剂增加甘蔗、甜菜等作物的含糖量，加速部分作物叶片脱落，促进成熟，见表 2-6。

表 2-6　草甘膦应用方法与生理效果

作物	应用时间	浓度/(mg/L)	应用方法	效果
甘蔗	收获前 4～5 周	200～250	叶片喷药	增加含糖量，加速成熟
甜菜	根开始膨大期	50～90	叶片喷药	增加含糖量
小麦、玉米、水稻、高粱	成熟期	50～150	叶片喷药	加速成熟
花生、大豆、甘薯	收获前	150～250	叶片喷药	促进脱叶

混合使用草甘膦（50～70mg/kg）和增甘膦（900～1000mg/kg）在西瓜幼果直径 7～10cm 时对植株进行整株喷洒，可明显提高西瓜的含糖量。因为这两种调节剂在抑制瓜蔓顶端生长的同时，还可以抑制酸性转化酶的活性，有利于增加蔗糖含量。国内十余年来市场出现的西瓜增甜剂、甜菜增糖剂等其主要成分就是草甘膦和增甘膦。

注意事项

（1）在植物叶片上施药，避免喷到植物其他部位，因为草甘膦会抑制植物幼嫩部位的生长。

（2）药后 6～12h 内下雨，要重喷。

（3）用草甘膦，要看植物的生长情况。植物须生长得健康、旺盛。

专利与登记

专利名称　Regulation of plant growth with *N*-phosphonomethyglycine

专利号　DE 2211489

专利拥有者　Monsanto Co.

专利申请日　1971-03-10

专利公开日　1972-09-14

目前公开的或授权的专利主要有 CN 1181881、WO 9640696、WO 9640697、US 1923、WO 0042846、WO 0110211 等。

登记情况　国内有广西农大生化科技有限责任公司（登记号 PD85159-48）作为除草剂和植物生长调节剂的登记。

合成方法

以氨基乙酸酯为原料，经 Mannich 反应，再经水解得目的物。

$$H_2NCH_2CO_2C_2H_5 + CH_2O + HO-P(OC_2H_5)_2 \longrightarrow \underset{HO}{\overset{HO}{}}\overset{O}{\underset{}{P}}-CH_2NHCH_2CO_2C_2H_5 \longrightarrow \underset{HO}{\overset{HO}{}}\overset{O}{\underset{}{P}}-CH_2NHCH_2CO_2H$$

参考文献

[1] US 3859183, 1975, CA82:98390t.

超敏蛋白（harpin protein）

超敏蛋白，又叫 Harpin 蛋白（3%超敏蛋白微粒剂：商品名 Messenger、康壮素）是由美国伊甸生物技术公司（EDEN）开发的新型植物生长调节剂。

结构与特点

HarpinEa、HarpinPss、HarpinEch、HarpinEcc 分别由 385、341、340 和 365 个氨基酸残基组成，它们的氨基酸序列可从 GeneBank 中获得。从现有分离到的 Harpin 蛋白来看，均富含甘氨酸，缺少半胱氨酸，对热稳定，对蛋白酶敏感。

超敏蛋白作用机理是可激活植物自身的防卫反应，即"系统获得性抗性"，从而使植物对多种真菌和细菌产生免疫或自身防御作用，是一种植物抗病活化剂。可以使植物根系发达，吸肥量特别是吸钾肥量明显增加；促进开花和果实早熟，改善果实品质与产量。

植物病原细菌存在 hrp 基因，决定病原菌对寄主植物的致病性和非寄主植物的超敏反应（HR）。植物病原菌都有 hrp 基因簇，分子量为 2000~4000，包括 3~13 个基因，其既和致病相关，又与诱导寄主的过敏性反应相关。自 1986 年首次报道 hrp 基因以来，人们对植物病原细菌 hrp 基因的分布、结构、功能等进行了大量研究。1992 年首次报道从梨火疫病菌（Erwinia amylovora）中分离到 hrp 基因产物超敏蛋白，之后对细菌产生的超敏蛋白的研究得到广泛开展。

生理功能

超敏蛋白并不直接作用于靶标作物，而是诱导作物产生天然的免疫机制，使得植物能抵抗一系列的细菌、真菌和病毒病害。其作用机理是结合在植物叶子的特殊受体上，产生植物防御的信号。激发子-受体识别是植物抗病防卫反应产生的第一步，然后通过构型变化激活胞内有关酶的活性和蛋白质磷酸化，形成第二信使，信号得到放大，最终通过对特殊基因的调节而激发植物产生防卫反应。

超敏蛋白能诱导多种植物的多个品种产生 HR，如诱导烟草、马铃薯、番茄、矮牵牛、大豆、黄瓜、辣椒以及拟南芥菜产生过敏反应。超敏蛋白既能诱导非寄主植物产生过敏反应，其本身又是寄主的一种致病因子。从病原菌中清除它们的基因，会降低或完全消除病原对寄主的致病力和诱导非寄主产生过敏反应的能力。激发子 HarpinPss 可以激活拟南芥属(Arabidopsis)植物中两种介导适应性反应的酶 AtMPK4 和 AtMPK6。超敏蛋白还具有调节离子通道、引起防卫反应和细胞死亡的功能。此外，超敏蛋白还能激发在细胞悬浮培养中活性氧的产生。已证明活性氧有三方面的抗病功能：①传递诱导防卫反应的互作信号；②修饰寄主的细胞壁以抵御病原菌的侵染；③直接抑制病原菌的侵入。对 Harpin 受体的研究报道不多，已报道烟草细胞壁上存在超敏蛋白的结合位点。

美国 EDEN 生物科学公司报道从一种拟南芥属植物中发现了超敏蛋白的结合蛋白 1（Harpin binding protein l，HrBP 1）。HrBP 1 是一种与现有任何已报道的蛋白质不相似的新蛋白，由 284 个氨基酸残基组成，分子量约为 30kD。对 12 种植物的研究表明，不同植物中存在类 HrBP 1 蛋白。HrBP 1 与类 HrBP 1 蛋白质序列比较表明，类 HrBP 1 蛋白与 HrBP 1 间存在高度相似性，保守的相似区可能包含与 Harpin 相结合的蛋白部分。HrBP 1 在植物中的广泛存在，有助于解释 Harpin 在多种不同作物上均有效果的现象。

Harpin 与 HrBP 1 结合后，会激活多种防卫反应信号传导，从而使植物产生防卫反应。其激活植物防卫反应的途径主要有三种：①一种未知途径激活植物抗细菌反应；②水杨酸途径激活植物的抗细菌/真菌/病毒反应；③乙烯和茉莉酸途径激活抗真菌反应。

制剂　产品 Messenger 是含 3% HarpinEa 蛋白的微粒剂。HarpinEa 蛋白是通过 *E.amylovora* 编码 Harpin 蛋白的 DNA 片段转入 *E.coli* K-12 中表达进行商业化生产而获得的。用于生产 Harpin 蛋白的 *E. coli* 是弱毒株系，不能在人体消化道中生长，也不能在环境中存活。发酵以后，*E.coli* K-12 细胞被杀死和溶解，超敏蛋白和其他细胞成分被提取用来制成 Messenger 产品。

Messenger 的用法用量：施用方法包括叶面喷雾、种子处理、灌溉和温室土壤处理。用量极低，通常每公顷用有效成分 2～11.5g，间隔 14d。

Messenger 的作用机理：对 45 种以上作物进行田间试验，结果表明，Messenger 具有促进作物生长与发育、增加作物生物量的积累、增加净光合效率以及激活多途径的防卫反应等作用。对番茄的试验表明，产量平均增加 10%～22%，化学农药用量可减少 71%。

Messenger 的作用靶标：Messenger 可用于大田或温室的所有农产品，以及草皮、树木和观赏植物，是一种广谱杀菌剂，对大部分的真菌、细菌和病毒病有效，同时具有抑制昆虫、蝶类和线虫以及促进作物生长的作用。作用靶标包括细菌性叶斑病菌(*Xanthomonas campestris*)、细菌性斑点病(*Peseudomonas syringae*)、萎蔫病(*P.solanacearum*)、镰刀菌根茎腐烂病(*Fusarium*)、晚疫病(*Phytophthora*)、茎腐病(*Sclerotium oryzae*)、立枯病(*Rhizocto nia solani*)、苹果黑星病(*Venturia inaequalis*)、火疫病(*Erwinia amylovora*)、串腐病(*Botrytis*)、黑腐病(*Guignardia bidwellii*)、叶黑斑病(*Diplocarpon rosae*)、CMV、根结线虫(*Meloidogyne* spp.)、烟草胞囊线虫(*Globodera solanacearum*)和 TMV 等。

Messenger 的毒性与环境安全性：Messenger 是一种无毒、无害、无残留、无抗性风险的生物农药。由于该产品用量低，且在土壤中容易降解，在实验作物中不出现残留，所以它对人的健康和周围环境无影响。此外，实验证明该产品对野生动物（如鸟、鱼、蜜蜂、水蚤等）和藻类植物无害。Harpin 蛋白对植物病原不具有直接的抑制或毒杀效果，不存在促进有害生物种群抗性发展的选择压力。

专利与登记

2001 年，美国 EDEN 公司从细菌源过敏蛋白中开发出的 Messenger（康壮素）农药产品在美国获得登记，被 EPA 列为免检残留的农药产品，准许在所有作物上使用。2004 年，Messenger 经我国农业部农药检定所（ICAMA）审定，取得了农药临时登记证，推荐在番茄、辣椒、烟草和油菜上使用。

登记情况：美国伊甸生物技术公司在国内登记有 3% 微粒剂，登记号 PD20070120，登记作物有水稻、烟草、番茄和辣椒，用于调节生长；EPA 登记有 006506 及 006477；欧盟 2004 年登记。

参考文献

[1] European Journal of Plant Pathology, 2005, 1: 85-90.

[2] Journal of General Plant Pathology, 2001, 2:148-151.

[3] Planta, 1999, 1: 97-103.

[4] Molecular Biology Reports, 2006, 3: 189-198.

[5] Plant Molecular Biology, 2005, 5: 771-780.

赤霉酸（gibberellic acid）

GA₃：$C_{19}H_{22}O_6$，346.4，77-06-5

GA₄：$C_{19}H_{24}O_5$，332.4，468-44-0

GA₇：$C_{19}H_{24}O_5$，330.4，510-75-8

赤霉酸（其他名称：GA₃、GA₄、GA₇、gibberellin A、"920"）是一种植物体内普遍存在的内源激素，属贝壳杉烯类化合物。1926年，日本黑泽英一确认赤霉酸是赤霉菌的分泌物，1935年，日本东京大学薮田贞次郎进行分离提纯赤霉酸结晶。植物体内内源赤霉酸到目前已发现120多种。人工用赤霉菌生产的赤霉酸多是GA₃，生产上用得较多的还有GA₄和GA₇。1958年前，人们认为GA₃在赤霉酸类中活性最高，把它作为这一类的代表，以后的应用研究表明，在茎蔓伸长上，总的看GA₃作用最大，其次是GA₄、GA₇、GA₁、GA₅等；在促进开花、坐果上GA₇作用最大，其次是GA₄、GA₃等。然而在促进苹果坐果及五棱突起上则是GA₇和GA₄最好，在促进番茄单性结实上是GA₅最好，其次是GA₃、GA₄、GA₇等。这些说明GA₃在赤霉酸家族中是重要一员，而不是唯一代表。20世纪50年代美国雅培（Abbott Laboratories）、英国帝国化学公司（ICI）和日本协和发酵、明治制药等先后投产，1958年中国科学院、北京农业大学组织生产。GA₃现由江苏丰源生物工程有限公司、浙江钱江生物化学股份有限公司、郑州先利达化工有限公司、郑州郑氏化工产品有限公司、山东鲁抗生物农药公司、四川龙蟒福生科技有限责任公司、澳大利亚纽发姆有限公司等生产。

产品简介

化学名称　GA₃：3α,10β,13-三羟基-20-失碳赤霉-1,16-二烯-7,19-双酸-19,10-内酯。英文化学名称为(3S,3aR,4S,4aS,7S,9aR,9bR,12S)-7,12-dihydroxy-3-methyl-6-methylene-2-oxoperhydro-4a,7-methano-9b,3-propenozuleno[1,2-b]furan-4-carboxylic acid。美国化学文摘(CA)系统名称为2β,4α,7-trihydroxy-1-methyl-8-methylene-4aα,4bβ,-gibb-3-ene-1α,10β-dicarboxylic acid 1,4a-lactone(8CI)；(1α,2β,4aα,4bβ,10β)2,4α,7-trihydroxy-1-methyl-8-methylenegibb-3-ene-1,10,-dicarboxylic acid 1,4a-lactone (9CI)。美国化学文摘(CA)主题索引名为gibb-3-ene-1,10,-dicarboxylic acid, 2,4α,7-trihydroxy-1-methyl-8-methylene1,4-lactone, (1α,2β,4aα,4bβ,10β)。

GA₄：3α,10β-二羟-20-失碳赤霉-16-烯-7,19-双酸-19,10-内酯。英文化学名称为(3S,3aR,4R,4aS,7R,9aR,12S)-1,2-dihydroxy-3-methylene-2-oxoperhydro-4a,7-methano-3,9b-propenoazuleno[1,2-*b*]furan-4-carboxylic acid。美国化学文摘（CA）系统名称为 gibbane-1,10-dicarboxylic acid, 2,4α-dihydroxy-1-methyl-8-methylene-,1,4α-lactone, (1α,2β,4αβ,4bβ,10β)-(9CI)；4αβ,4bβ-gibbane-1α,10β-dicarboxylic acid, 2β,4α-dihydroxy-1-methyl-8-methylene-1,4α-lactone (9CI)。美国化学文摘（CA）主题索引名为 gibbane-1,10-dicarboxylic acid, 2,4α-dihydroxy-1-methyl-8-methylene-, 1,4α-lactone, (1α,2β,4αβ,4bβ,10β)-(9CI)；4αβ,4bβ-gibbane-1α,10β-dicarboxylic acid, 2β,4α-dihydroxy -1-methyl-8-methylene-,1,4α-lactone (8CI)。

GA$_7$：3α,10β-二羟-20-失碳赤霉-2,16-二烯-7,19-双酸-19,10-内酯。英文化学名称为 (3S,3aR,4S,4aR,7R,9aR,12S)-1,2-dihydroxy-3-methylene-2-oxoperhydro-4a,7-methano-9b,3-propenoazuleno[1,2-*b*]furan-4-carboxylic acid。美国化学文摘（CA）系统名称为 gibb-3-ene-1,10-dicarboxylic acid, 2,4-α-dihydroxy-1-methyl-8-methylene-,1,4α-lactone, (1α,2β,4αβ,4bβ,10β)-(9CI)；4αβ,4b,4αβ,4bβ-gibb-3-ene-1α,10β-dicerboxylic acid, 2β,4α-dihydroxy-1-methyl-8-methylene-,1, 4α-lactone(8CI)。美国化学文摘（CA）主题索引名为 gibb-3-ene-1,10-dicarboxylic acid, 2,4-α-dihydroxy-1-methyl-8-methylene-,1,4α-lactone, (1α,2β,4αβ,4bβ,10β)-(9CI)；4αβ,4b,4αβ,4bβ-gibb-3-ene-1α,10β-dicarboxylic acid, 2β,4α-dihydroxy-1-methyl-8-methylene-,1,4α-lactone (8CI)。

理化性质　GA$_3$ 纯品为结晶状固体，熔点 223～225℃（分解），溶解性：水中溶解度 5g/L（室温），溶于甲醇、乙醇、丙酮、碱溶液；微溶于乙醚和乙酸乙酯，不溶于氯仿。其钾、钠、铵盐易溶于水（钾盐溶解度 50g/L）。稳定性：干燥的赤霉酸在室温下稳定存在，但在水溶液或者水-乙醇溶液中会缓慢水解，半衰期（20℃）约 14d（pH 3～4）。在碱中易降解并重排成低生物活性的化合物。受热分解。pK_a 4.0。

GA$_4$ 纯品为白色结晶体，熔点 222℃（另一种结晶熔点 255℃），溶于乙醇、乙酸乙酯等。不溶于水、氯仿、煤油。热和碱加速其分解。

GA$_7$ 纯品为白色结晶，熔点 202℃，比旋光度 [α]$_D^{20}$=+20°，溶于乙醇、甲醇、乙酸乙酯，不溶于水、苯、氯仿。

毒性　GA$_3$ 大鼠和小鼠急性经口 LD$_{50}$＞15000mg/kg，大鼠急性经皮 LD$_{50}$＞2000mg/kg。对皮肤和眼睛没有刺激。大鼠每天吸入 2h 浓度为 400mg/L 的赤霉素 21d 未见异常反应。大鼠和狗 90d 饲喂试验＞1000mg/kg 饲料（6d/周）。山齿鹑急性经口 LD$_{50}$＞2250mg/kg，LC$_{50}$＞4640mg/L。虹鳟鱼 LC$_{50}$(96h)＞150mg/L。

GA$_4$ 及 GA$_7$ 鼠急性经口 LD$_{50}$＞5000mg/kg，大鼠急性经皮 LD$_{50}$＞2000mg/kg。对眼睛有轻度刺激，对皮肤无刺激，但有轻度的过敏现象。兔饲养试验每天 300mg/kg 饲料未发现不良反应。

制剂　2.7%脂膏、3%乳油、40%可溶粉剂等。

作用特性

赤霉酸是促进植物生长发育重要的内源激素之一。在植物体内，赤霉酸在萌发的种子、幼芽、生长着的叶、盛开的花、雄蕊、花粉粒、果实及根中合成。根部合成的向上移动，而顶端合成的则向下移动，运输部位是在韧皮部，其快慢与光合产物移动速度相仿。人工生产的赤霉酸主要经由叶、嫩枝、花、种子或果实吸收，然后移动到起作用的部位。它有多种生理作用：改变某些作物雌、雄花的比例，诱导单性结实，加速某些植物果实生长，促进坐果；打破种子休眠，提高种子发芽率，加快茎的伸长生长及有些植物的抽薹；扩大叶面积，加快幼枝生长，有利于代谢物在韧皮部内积累，活化形成层；抑制成熟和衰老、侧芽休眠及块茎的形成。它可促进 DNA 和 RNA 的合成，提高 DNA 模板活性，增加 DNA、RNA 聚合酶的活性和染色体酸性蛋白质，诱导 α-淀粉酶、脂肪合成酶、朊酶等酶的合成，增加或活化 β-淀粉酶、转化酶、异柠檬酸分解酶、苯丙氨酸脱氨酶的活性，抑制过氧化酶、吲哚乙酸氧化酶，增加自由生长素含量，延缓叶绿体分解，提高细胞膜透性，促进细胞生长和伸长，加快同化物和贮藏物的流动。多效唑、矮壮素等生长抑制剂可抑制植株体内赤霉酸的生物合成，赤霉酸也是这些调节剂有效的拮抗剂。

应用

赤霉酸是我国目前农、林、园艺上应用最为广泛的一个调节剂。它的应用技术主要有以下几方面。

（1）促进坐果或无籽果的形成（表2-7）。

表 2-7　赤霉酸促进坐果或无籽果的形成

作物	处理浓度/(mg/L)	处理方式	用药时间	效果
黄瓜	50～100	喷花	开花时一次	促进坐果，增产
茄子	10～50	喷叶	开花时一次	促进坐果，增产
有籽葡萄	20～50	喷幼果	花后7～10d	促进果实膨大、防止落粒、增产
棉花	20	喷幼铃1～3d	3～5次（隔3～4d）	促进坐果，减少落铃
	20	浸种	6～8h	加快发芽，促进全苗
玫瑰露	50～100	浸或喷果穗	开花前10～20d	无核果达90%以上
番茄	10～50	喷花	开花期一次	促进坐果，防空洞果
梨	10～20	喷花或幼果	开花至幼果期一次	促进坐果，增产
番茄	245～490	喷花	开花前一天至当天	防止空心
金丝小枣	15	喷花	盛花末期连喷两次	坐果率为对照的189%
山西大枣	10～20	喷花	盛花期	坐果率比对照高17%～21%
鄂北大枣	20	喷花	盛花期	坐果率为对照的128.6%
樱桃	10～20	喷洒	收获前20d左右	提高坐果率和果实重量
莱阳茌梨	10～20	喷花	盛花期	提高当年的着果率
京白梨	5～15	喷洒	盛花期或幼果期	提高着果率26%
砂梨	50	喷洒	初蕾期	提高着果率2.7倍
砀山酥梨	20	喷洒	盛花期或幼果期	提高坐果率和人工授粉相近
果梅	30	喷洒	盛花末期	提高坐果率
甜瓜	25～35	喷雾	开花前一天或当天	提高坐果率

（2）促进营养体生长（表2-8）。

表 2-8　赤霉酸促进营养体生长

作物	处理浓度/(mg/L)	处理方式	施药时间	效果
芹菜	50～100	喷叶	收获前2周一次	茎叶大，增产
菠菜	10～20	喷叶	收获前3周，1～2次（隔3～5d）	叶片肥大，增产
苋菜	20	喷叶	5～6叶期，1～2次（隔3～5d）	叶片肥大，增产
花叶生菜	20	喷叶	14～15叶期，1～2次（隔3～5d）	叶片肥大，增产
葡萄苗	50～100	喷叶	苗期，1～2次（隔10d）	促进植株向高生长
矮生玉米	50～200	喷叶	营养生长期，1～2次（隔10d）	促进植株向高生长
小麦	10～20	喷叶	小麦的返青期	促进前期分蘖，提高成穗

续表

作物	处理浓度/(mg/L)	处理方式	施药时间	效果
落叶松	10～50	喷苗	苗期喷洒，2～5 次（隔 10d）	促进地上部生长
白杨	10000	涂抹	涂在新梢上或伤口处，1 次	促进生长
元胡	40	喷植株	苗期，2 次（间隔 1 周）	促进生长，防霜霉病，增加块茎产量
白芷	20～50	浸泡种苗	30min	提前 8～10d 开花
苜蓿	25～100	叶面喷洒	生长期	低浓度明显提高植株高度和干、鲜重，高浓度还可提高茎叶蛋白质含量
	10	叶面喷洒	早春季节	促进低温下生长，使叶片发绿
桑树	30～50	叶面喷洒	每次摘桑叶后 7～10d	促进桑树生长，提高桑叶产量和干重
茶	50～100	全株喷洒	1 叶 1 心期	促进生长，增加茶芽密度
	100	均匀喷洒		春茶、夏茶提前开采 2～4d
烟草	15	叶面喷洒	苗期培土 2 次（间隔 5d）	增产，提高烟叶质量
芝麻	10	喷植株	始花期，1 次	增产
大麻	50～200	叶面喷洒	出苗后 30～50d	增加大麻株高，提高大麻产量、出麻率，提高纤维质量
黄麻	50	喷洒	在株高 50cm、花序刚开始发育时，3 次（间隔 1 周）	增加雄株比例，减少结籽株，促进茎秆伸长和增粗，增加纤维产量和品质
苎麻	20～100	喷植株	株高 1m 左右，2 次（间隔 10d）	促进生长，增加株高、茎粗、鲜皮重、出麻率、干纤维长、单株纤维产量，增产幅度 44.7%～72.1%
马蹄莲	20～50	生长点	萌芽后	促进花梗伸长
大丽花	20～100	生长点	萌芽后	促进早熟品种株高增加和开花

（3）打破休眠促进发芽（表 2-9）。

表 2-9　赤霉酸打破休眠促进发芽

作物	处理浓度/(mg/L)	处理方式	施药时间	效果
马铃薯	0.5～1	浸块茎 30min	1 次浸泡	促进休眠芽萌发
大麦	1	浸种	1 次	促进发芽
豌豆	50	浸种	浸 24h	促进发芽
扁豆	10	拌种	均匀拌湿	促进发芽
山茶花	100	浸种	24h	促进发芽和幼苗生长
大叶女贞	550	浸种	48h	促进发芽
玉兰	400 赤霉酸+200（6-苄氨基嘌呤）	浸种	48h	促进发芽，提高发芽率
金丝猴	500	润湿	20d	促进萌发
杜鹃	100	浸种	24h	促进萌发
樱桃	100	浸种	24h	促进萌发
牡丹	100～300	浸种	12～24h	促进萌发
大岩桐	10～300	浸种	12～24h	促进萌发

续表

作物	处理浓度/(mg/L)	处理方式	施药时间	效果
洋桔梗	50	浸种	24h	促进萌发
凤仙花	50～200	浸种	12～24h	促进萌发
美人樱	50～100	浸种	12～24h	提高发芽率和出苗质量
高羊茅	0.2	浸种	36h	促进萌发，出苗整齐
早熟禾、狗牙根	5	浸种	24h	促进萌发
假槟榔、龙胆	100	浸种	24h	促进萌发
铃兰、紫花地丁	250～500	浸种	12h	促进萌发，提高发芽率
仙客来、矮牵牛、报春花	100	浸种	24h	促进萌发，出芽整齐
鸡冠花	50～300	浸种	浸 6h	促进发芽
松树	20～100	浸种	13～60h	促进发芽，减少幼苗落叶
杉木	25	浸种	24h	提高发芽率和田间出苗率
晚香玉	100～200	浸泡休眠球根		促进发芽
萝卜	5～100			促进发芽
草莓	10～50	喷洒		促进花芽分化、开花、匍匐枝形成
黄连	100	浸种		促进发芽
百合鳞茎	500		20～30s	有助于鳞茎萌芽更齐，缩短整个生育期
杜仲	200	浸种	24h	提高发芽率

（4）延缓衰老及保鲜作用（表 2-10）。

表 2-10　赤霉酸延缓衰老及保鲜作用

作物	处理浓度/(mg/L)	处理方式	施药时间	效果
蒜薹	50	浸蒜薹基部	10～30min	抑制有机物质向上运输，保鲜
脐橙	5～20	果着色前 2 周喷果	1 次	防果皮软化，保鲜、防裂
甜樱桃	5～10	收获前 3 周喷果	1 次	迟熟，延长收获期，减少裂果
柠檬	100～500	果实失绿前喷果	1 次	延迟果实成熟
柑橘	5～15	绿果期喷果	1 次	保绿，延长贮藏期
香蕉	10	采收后浸果		延长贮藏期
黄瓜	10～50	采收前喷瓜		延长贮藏期
西瓜	10～50	采收前喷瓜		延长贮藏期

（5）调节开花（表 2-11）。

表 2-11　赤霉酸调节开花

作物	处理浓度/(mg/L)	处理方式	施药时间	效果
菊花	1000	喷叶	春化阶段，1～2 次	代替春化阶段，促进开花
勿忘我	400	喷叶	播种后 9～52d	促进开花
郁金香	300～400	喷洒	株高 5～10cm	促进开花
报春花	10～20	喷洒	现蕾后	促进开花

续表

作物	处理浓度/(mg/L)	处理方式	施药时间	效果
天竺葵	10～100	喷洒		促进开花
白掌	100	喷洒	株高	诱导开花
紫罗兰	100～1000	喷洒	6～8叶片	加速开花
白孔雀草	50～400	喷洒	移栽后40d，3次（间隔1周）	促进花枝伸长，开花提前
绣球花	10～50	喷洒	秋天去叶后	加速茎的生长，提前开花
仙客来	1～50	喷洒	生长点	促进花梗伸长和植株开花
草莓	25～50	喷叶	花芽分化前2周，1次	促进花芽分化
草莓	10～20	喷叶	开花前2周，2次（隔5d）	使花梗伸长，提早开花
仙客来	1～5	喷花蕾	喷开花前的蕾，1次	促进开花
莴苣	100～1000	喷叶	幼苗期，1次	诱导开花
菠菜	100～1000	喷叶	幼苗期，1～2次	诱导开花
黄瓜	50～100	喷叶	1叶期，1～2次	诱导雌花
西瓜	5	喷叶	2叶1心期，2次	诱导雌花
芹菜	5～500	喷洒		促进越冬前抽薹开花
番茄	10～20	喷洒	开花前4～6d	雌蕊花柱伸长
瓠果	5	喷洒	3叶1心，2次	诱导雌花
胡萝卜	10～100	喷柱	生长期	促进抽薹，开花，结籽
甘蓝	100～1000	喷苗		促进花芽分化，早花，早结果
小阳春	50～100			促使花芽饱满，避免小阳春开花
杂交水稻	10～30	喷洒	始穗期至齐穗期	促进穗下节伸长，抽穗早，提高异交结实率和增加千粒重
玉米	40～100	喷洒或灌入苞叶内	雌花受精后，花丝开始发焦时	减少秃尖，促进灌浆，提高千粒重

（6）提高三系杂交水稻制种的结实率　在水稻三系杂交制种中，赤霉酸可以调节花期，促进制种田父母本抽穗，减少包颈，提高柱头外露率，增加有效穗数、粒数，从而明显地提高结实率。一般从抽穗15%开始喷母本，一直喷到25%抽穗为止，处理浓度为25～55mg/L，喷1～3次，先低浓度，后用较高的浓度。

赤霉酸中添加氯化钾可促进烟草种子发芽。赤霉酸有促进烟草种子发芽的作用，氯化钾则没有，但赤霉酸与氯化钾混合（50mg/L+500mg/L）使用，对烟草种子发芽的促进作用显著高于赤霉酸单用。

赤霉酸与尿素等肥料混用有协同作用。在葡萄开花前单用于葡萄花序，可以诱导葡萄单性结实形成无籽葡萄，如果在20mg/L赤霉酸（GA_3）处理液中添加1g/L尿素和1g/L磷酸进行混用，不仅可以诱导无籽果实的形成，还可以减少落果率，增加无籽果实重量和产量。赤霉酸（GA_3）100～200mg/L与0.5%尿素混用喷洒到柑橘、柠檬的幼苗上，可以促进幼苗生长，尿素对其有明显的促进作用。赤霉酸与尿素混用（5～10mg/L+0.5%）在脐橙开花前整株喷洒，可以提高脐橙产量。

赤霉酸与吲哚丁酸混合制成赤·吲合剂，是一种广谱性的植物生长物质，促进植物幼苗的生长。其主要功能是促进幼苗地下、地上部分成比例生长，促进弱苗变壮苗，加快幼苗生长发育，最终提高产量、改善品质。适用于水稻、小麦、玉米、棉花、烟草、大豆、花生等大多数大田作物，各种蔬菜、花卉等植物的幼苗。在种子萌发前后至幼苗生长期，以拌种、淋浇或喷洒等方式使用。

赤霉酸与对氯苯氧乙酸混用可以增加番茄单果重量与产量。在气温比较低的情况下，番茄开花时需要用对氯苯氧乙酸（25～35mg/L）浸花以促进坐果，但其副作用是会产生部分空洞果。如果将赤霉酸（40～50mg/L）与对氯苯氧乙酸（25～35mg/L）混用，则不仅可以增加坐果率和单果重量，也可以减少空洞果与畸形果的比例，提高番茄产量与品质。

赤霉酸与萘氧乙酸、二苯脲混合使用可以促进欧洲樱桃坐果。欧洲樱桃开花坐果率低，自然坐果率仅 4%左右。若用赤霉酸（200～500mg/L）+萘氧乙酸（50mg/L）+二苯脲（300mg/L）的混合液在盛花后喷花，两年后的坐果率可提高到 53.5%～93.8%，不同年份因温度、湿度等差异其促进坐果的效果略有波动，但混用促进坐果的作用显著。

赤霉酸、萘氧乙酸的微肥混合物促进樱桃坐果增产。在樱桃盛花后用 0.4%赤霉酸（GA$_3$）、0.2%萘氧乙酸、0.18%碳酸钾、0.03%硼、0.03%硬脂酸镁混合溶液处理樱桃花器，明显提高樱桃坐果率，增加产量。

赤霉酸与硫代硫酸银混用诱导葫芦着生雄花。赤霉酸可以诱导雄花形成，用乙烯生物合成抑制剂硫代硫酸银也有同样作用，而二者混合使用（200mg/L GA$_3$+200mg/L 硫代硫酸银）有协同作用，诱导雄花的作用更明显。

赤霉酸与氯吡脲混用促进葡萄坐果与果实膨大。赤霉酸（GA$_3$）10mg/L 在葡萄盛花后 7～10d 浸泡或喷雾葡萄花序，可以提高葡萄坐果率，但会引起葡萄穗轴硬化及幼果大小不齐等。将氯吡脲 5mg/L 与赤霉酸（GA$_3$）10mg/L 混合在盛花后 10d 处理葡萄花序，不仅明显提高坐果率，而且还促进幼果膨大，使果粒均一整齐，提高商品性能。但氯吡脲使用浓度应控制在 5～10mg/L 左右有利于改善果实品质，否则会引起果实太大而品质风味降低。

赤霉酸、生长素与激动素混用可以改善番茄果实品质。赤霉酸（GA$_3$）+生长素+激动素（30mg/L+100mg/L+40mg/L）对番茄进行浸花或喷花处理，不仅可以提高温室条件下番茄的坐果率，而且可以提高果实甜度、维生素 C 含量和干物质重量，大大改善果实品质。

赤霉酸与卡那霉素（100mg/L+200mg/L）混合在葡萄开花前处理花序，可以诱导产生无籽果，提高无籽果实比例，增加果实大小，并促进早熟。

赤霉酸的混合物促进番茄坐果。用 20～100mg/L 多种赤霉酸（GA$_1$、GA$_3$、GA$_4$、GA$_7$）的混合物处理番茄花，其坐果率和产量均明显高于同浓度的赤霉酸（GA$_3$）单用的效果。

赤霉素与芸苔素内酯混用提高水稻结实率。在杂交水稻开花时以 5～40mg/L GA$_4$ 与 0.01～0.1mg/L 的芸苔素内酯混合喷洒水稻花序，可以明显提高水稻结实率，增加产量。

赤霉酸与硫脲混用在打破叶芥菜休眠上有相加作用。叶芥菜、紫大芥休眠种子，在有光条件下，单用硫脲（0.5%）浸种发芽率可以从无处理的 4.5%提高到 76.5%，单用赤霉酸（GA$_3$，50mg/L）浸种的发芽率为 72.0%，而硫脲+赤霉酸（0.5%+50mg/L）混用的发芽率为 100%；在无光条件下，单用硫脲（0.5%）浸种发芽率可以从 1.0%提高到 29.0%，单用赤霉酸（GA$_3$，50mg/L）浸种的发芽率为 55.0%，而硫脲+赤霉酸（0.5%+50mg/L）混用的发芽率为 98.5%，二者混用增效作用显著。

10mg/L 赤霉酸和 20mg/kg 2,4-滴喷洒葡萄柚、脐橙，可以减少采前落果。

在龙眼雌花谢花后 50～70d 喷 50mg/kg 赤霉酸和 5mg/kg 2,4-滴能促进保果壮果。

在柿树谢花后至幼果期喷洒 500mg/L 赤霉酸和 15mg/kg 防落素，可提高坐果率，促进果实膨大。

在甘蔗茎收获后 7d 内，用浓度为 20～80mg/L 的赤霉酸和 100～400mg/L 的吲哚丁酸药液喷洒开垄后的蔗头，然后立即盖上土，可以提高发株率，促进幼苗生长，提高宿根蔗产量。

注意事项

（1）赤霉酸在我国杂交水稻制种中使用较多。使用中应注意两点：一是要加入表面活性剂，如 Tween-80 等有助于药效发挥；二是严防使用劣质或含量不足的产品，应选用优质的赤霉酸产品，目前国内登记的赤霉酸有 85%结晶粉、20%可溶粉剂和 4%乳油等。

（2）赤霉酸作坐果剂应在水肥充足的条件下使用。细胞激动素可以扩大赤霉酸的适用期，提高应用效果。

（3）严禁赤霉酸在巨峰等葡萄品种上作无核处理，以免造成僵果。

（4）赤霉酸作生长促进剂，应与叶面肥配用，才会有利于形成壮苗。单用或用量过大会产生植株细长、瘦弱及抑制生根等副作用。

（5）赤霉酸用作绿色部分保鲜，如蒜薹等，与细胞激动素混用其效果更佳。

（6）赤霉酸为酸性，勿与碱性药物混用。

（7）赤霉酸产品随用随配，千万不要加热，因为它易分解，对光、温度敏感，50℃以上易失效，保存要用黑纸或牛皮纸遮光，放在冰箱中，贮存期不要超过 2 年。母液用不完，要放在 0~4℃冰箱中，最多只能保存 1 周。

专利与登记

专利名称　Gibberellic acid and derivatives thereof

专利号　GB 783611

专利拥有者　Imperial Chemical Industries Ltd.

专利申请日　1954-06-30

专利公开日　1957-09-25

目前公开的或授权的专利有 CN 1223245、FR 2480、KR 20013699、US 6287800、WO 0255725、WO 0282902、EP 7240 等。

登记情况　GA_3 国内多家公司获得登记，如江苏丰源生物工程有限公司（登记号 PD20070096）、河南粮保农药有限责任公司（登记号 PD20161562）、郑州郑氏化工产品有限公司（登记号 PD20211122）等；剂型有 3%、4%乳油，2%、4%水剂，3%、4%、6%、10%可溶液剂，20%、40%、60%可溶粉剂等；混剂有 0.4% 24-表芸·赤霉酸+28-表芸·赤霉酸，3.6%、4%苄氨·赤霉酸可溶液剂等；美国 EPA 登记号 911153；欧盟 2022 年 8 月 31 日前有效。

国内 GA_4+GA_7 原药登记厂家有江西新瑞丰生化股份有限公司（登记号 PD20095955）、浙江钱江生物化学股份有限公司（登记号 PD20090091）、浙江拜克生物科技有限公司（登记号 PD20086033）；剂型有 2%、10%可溶液剂，2%脂膏，10%可溶粉剂，2%水分散粒剂；美国 GA_4 与 GA_7 混剂登记 116902 等。

合成方法

GA_3：利用赤霉菌在含有麸皮、蔗糖和无机盐等组分的培养液中进行发酵，赤霉菌代谢产生赤霉酸，发酵液经溶剂萃取，浓缩得赤霉酸晶体。

GA_4：以赤霉酸为原料，在磷酸二氢钾缓冲液中还原得产物。

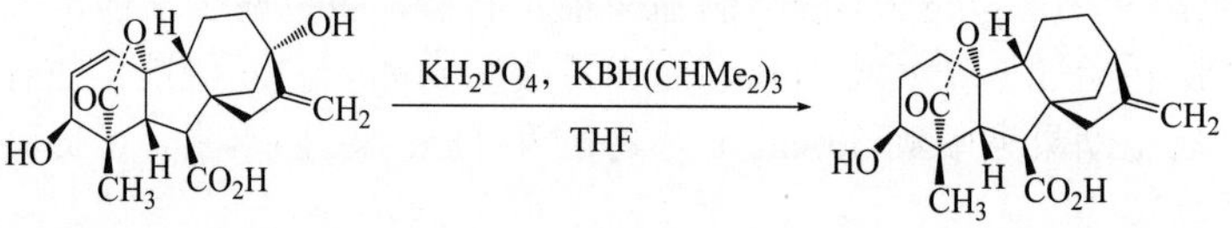

GA_7：以赤霉酸为原料，经乙酰化、甲磺酰化、去甲磺酰化、去乙酰化四步反应得 GA_7。

参考文献

[1]　E. Kurosawa. Trans.Nat.Soc., 1926, 16:213.

[2]　J. N. Turnur. Outlook Agric., 1972, 7:14.

[3]　A.Lang. Annu.Rev.Plant Physiol., 1970, 21:537.

[4]　J. McMillan. Recent Adv. Phytochem., 1974, 7:1.

[5]　US 2906670, US 2906673, US 3021261, US 2842051.

[6]　GB 838032, GB 839652, GB 844341, GB 850018, GB 957634.

[7]　Bull.Agr.Chem.Soc.Japan., 1958, 22: 61-62.

[8]　GB 783611, 1957, CA53: 7504a.

[9]　Tetrahedron Lett., 1981, 22 (48):4871-4872.

[10]　EP 78686, 1983, CA99: P122712y.

[11]　J.Org.Chem., 1990, 55 (16): 4860-4870.

[12]　EP 7240, 1980, CA93: P72031d.

[13]　J.Chem.Res.Synop, 1980, 9:289.

促生酯

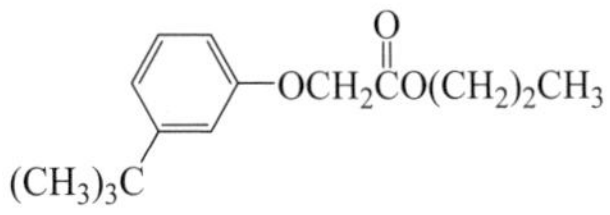

$C_{15}H_{22}O_3$，250.3，66227-09-6

促生酯（商品名称：M&B 25105）是一种由 C. J. Hibbit 和 J. A. Hardisty 报道，May & Baker Ltd.开发的植物生长调节剂。

产品简介

化学名称　3-叔丁基苯氧乙酸丙酯。英文化学名称为 propyl 3-*tert*-butylphenoxyacetate。美国化学文摘（CA）系统名称为 propyl [3-(1,1-dimethylethyl)phenoxy]acetate。美国化学文摘（CA）主题索引名为 acetic acid,[3-(1,1-dimethylethyl)phenoxyl]-,propyl ester。

理化性质　本品为有特殊气味的无色液体，沸点 162℃(2666Pa)，微溶于水。

毒性　大鼠急性经口 LD_{50}：1800mg/kg，日本鹌鹑急性经口 LD_{50}：2160mg/kg，大鼠急性经皮 LD_{50}＞2000mg/kg。对兔皮肤和眼睛有中等刺激。对蜜蜂和蚯蚓无毒。

制剂及分析方法　产品和残留用 GC 分析。

应用

本品通过暂时抑制顶端分生组织生长，促进苹果和梨的未结果幼树和未经修剪幼树侧生枝分枝。

专利概况

专利名称　Propyl-3-*tert*-butyl phenoxy acetate useful as a plantgrowth regulator

专利号　DE 2732141

专利拥有者　May &Baker Ltd.

专利申请日　1976-07-19

专利公开日　1978-12-02

合成方法

由间位叔丁基苯酚在碱性介质中与氯乙酸丙酯反应制得。其反应方程式如下：

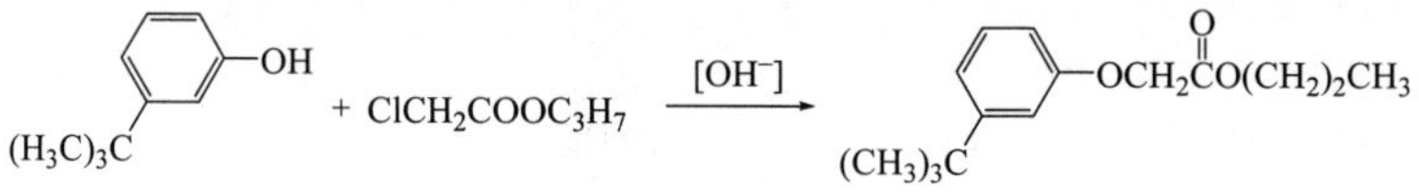

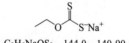

参考文献

[1] G.J.Hibbit, J.A.Hardisty. MeDEd.Fac.Landbouwwet. Rijksuniv.Gent, 1979, 44: 835.

[2] GB 1524320, 1978, CA 88: 152234.

[3] J.hortic.Sci., 1981, 56(1): 89-93.

[4] MeDEd.Fac.Landbouwwet. Rijksuniv.Gent, 1979, 44(2): 835-841.

[5] J. Agric. Food Chem., 1994, 42(10): 2311-2316.

[6] IL 52534, 1981, CA 97: 127290.

促叶黄（sodium ethylxanthate）

$C_3H_5NaOS_2$，144.0，140-90-9

产品简介

化学名称　乙基黄原酸钠。英文化学名称为 sodium ethylxanthate。

理化性质　乙基黄原酸钠纯品是浅黄色粉末，有特殊臭味，极易溶于水。本品在碱性条件下相对稳定，当 pH<9 时，室温下会迅速水解。

毒性　本品对动物，特别是水生动物的口腔和皮肤有中等毒性。因此，在处理本品过程中需严格控制。大白鼠急性经口 LD_{50}>660mg/kg。

应用

用作棉花、水稻、小麦、萝卜等作物的干燥剂。

专利概况

专利名称　Alkali alkylxanthates

专利号　JP 159086

专利拥有者　Industries Co.

专利申请日　1943-12-23

目前公开的或授权的主要专利有 CN 101243800、JP 20070118、JP 2001213973、DE 10160852 等。

合成方法

通过如下反应制得目的物。

$$C_2H_5OH + CS_2 + NaOH \longrightarrow C_2H_5OCSSNa + H_2O$$

参考文献

[1] Marcel Dekker, 1971.

[2] US 1554216.

单氰胺（cyanamide）

$$H-N-C\equiv N$$

H_2CN_2，42.04，420-04-2

单氰胺（其他名称：amidocyanogen，hydrogen cyanamide，cyanogenamide）由 Degussa AG 开发的一种植物生长调节剂。

产品简介

化学名称　氰胺或氨腈。英文化学名称为 cyanamide。美国化学文摘（CA）系统名称为 cyanamide。美国化学文摘（CA）主题索引名为 cyanamide。

理化性质　原药纯度≥97%。纯品为无色易吸湿晶体，熔点 45～46℃，沸点 83℃（66.7Pa），蒸气压（20℃）：500mPa；溶解度：水中 4.59kg/L（20℃）；溶于醇类、苯酚类、醚类，微溶于苯、卤代烃类，几乎不溶于环己烷；甲乙酮 505g/kg，乙酸乙酯 424g/kg，辛醇 288g/kg，氯仿 2.4g/kg（20℃）。对光稳定，遇碱分解生成双氰胺和聚合物，遇酸分解生成尿素；加热至 180℃分解。

毒性　单氰胺原药大鼠急性经口 LD_{50}：雄性 147mg/kg，雌性 271mg/kg，大鼠急性经皮 $LD_{50}>2000$mg/kg。对家兔皮肤轻度刺激性，眼睛重度刺激性，该原药对豚鼠皮肤变态反应试验属弱致敏类农药。大鼠 90d 亚慢性饲喂试验最大无作用剂量 0.2mg/(kg·d)。致突变试验：Ames 试验、小鼠骨髓细胞微核试验、小鼠睾丸细胞染色体畸变试验均为阴性。

环境行为　50%单氰胺水溶液对斑马鱼 LC_{50}（48h）：103.4mg/L；鹌鹑经口 LD_{50}（7d）：981.8mg/kg；蜜蜂（食下药蜜法）LC_{50}（48h）：824.2mg/L；家蚕（食下毒叶法）LC_{50}（2 龄）：1190mg/kg 桑叶。该药对鱼和鸟均为低毒。田间使用浓度为 5000～25000mg/L，对蜜蜂具有较高的风险性，在蜜源作物花期应禁止使用。对家蚕主要是田间飘移影响，对邻近桑田飘移影响的浓度不足实际施用浓度的十分之一，其在桑叶上的浓度小于对家蚕的 LC_{50} 值，对桑蚕无实际危害影响，因此对蚕为低风险性。

制剂　50%可溶液剂。

应用

单氰胺主要作为植物生长调节剂和除草剂使用。可有效抑制植物体内过氧化氢酶的活性，加速植物体内氧化磷酸戊糖（PPP）循环，从而加速植物体内基础物质的生成，起到调节生长的作用。经田间药效试验表明，对葡萄、樱桃可调节生长、增产，在葡萄发芽前 15～20d，均匀喷雾于枝条，使芽眼处均匀着药，可提早发芽 7～10d，对初花期、盛花期、着色期、成熟期等都有提早的作用。在樱桃休眠期均匀喷雾，使芽眼处均匀着药，可打破休眠、促进发芽、提早发芽、提早开花、提早成熟，有明显提高产量和改善品种质量的作用。对葡萄和樱桃安全。

专利与登记

专利名称　Calcium cyanamide production

专利号　CA 342735

专利拥有者　Fur Stickstoffdunger AG

专利公开日　1934-07-03

目前公开的或授权的主要专利有 CN 101423231、CN 101428821、WO 2008030266、CN 101396023 等。

登记情况　陕西喷得绿生物科技有限公司 50%水剂，登记号 PD20173234；浙江泰达作物科技有限公司 50%水剂，登记号 PD20150666；德国阿尔兹化学托斯伯格有限公司 50%可溶液剂，登记号 PD20212779 等。

参考文献

[1] JP 2008189587, CA 149: 267618.

[2] Behavioural Pharmacology, 18(8): 777-784.

[3] WO 2008095635, CA 149: 226199.

[4] Journal of Solid State Chemistry, 182(3): 617-621.

[5] Bulletin of Environmental Contamination and Toxicology, 82(5): 644-646.

稻瘟灵（isoprothiolane）

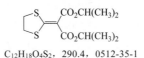

$C_{12}H_{18}O_4S_2$，290.4，0512-35-1

稻瘟灵（商品名称：Fuji-one、富士一号，其他名称：SS11946、IPT、NNF-109）由 F. Araki 等于 1975 年报道了该杀菌剂的性质，由日本农药公司开发。现由日本农药株式会社、内蒙古灵圣作物科技有限公司、江苏中旗科技股份有限公司、四川金珠生态农业科技有限公司等生产。

产品简介

化学名称　1, 3-二硫戊环-2-叉-丙二酸二异丙酯。英文化学名称为 di-isopropyl 1,3-dithiolan-2-ylidenemalonate。美国化学文摘（CA）系统名称为 bis(1-methylethyl)-1,3-dithiolan-2-ylidenepropanedioate。美国化学文摘（CA）主题索引名为 propanedioic acid; 1,3-dithiolan-2-ylidene-, bis(1-methylethyl)ester。

理化性质　纯品为无色结晶体（工业级产品为橘黄色固体）。熔点 54～54.5℃（工业级产品，50～51℃）。沸点 167～169℃（66.5Pa）。蒸气压 18.7mPa（25℃）。分配系数（25℃）$K_{ow}lgP$=3.3，Henry 常数 8.91×10⁻⁹Pa·m³/mol（计算值）。在水中溶解度（25℃）约 54mg/L，易溶于苯、醇、丙酮和其他有机溶剂。对酸、碱、光、热稳定。

毒性　急性经口 LD₅₀（mg/kg）：雄大鼠 1190，雌大鼠 1340，雄小鼠 1340。急性经皮 LD₅₀（mg/kg）：雄、雌大鼠＞10000。对眼睛有轻微刺激，对皮肤无刺激。大鼠急性吸入 LC₅₀（4h）＞2.7mg/L 空气。Ames 试验表明无致突变作用。对大鼠的繁殖及致畸研究表明无影响。急性经口 LD₅₀（mg/kg）：雄性日本鹌鹑 4710，雌性日本鹌鹑 4180。鱼类 LC₅₀（48h，mg/L）：虹鳟鱼 6.8，鲤鱼 6.7。水蚤 LC₅₀（3h）：62mg/L。

制剂　18%微乳剂、30%乳油、30%颗粒剂、30%水乳剂、40%油悬浮剂、40%可湿性粉剂等。本品可用带 FID 的 GC 分析，残留可用带 ECD 的 GC 分析。

作用特性

可通过植物茎叶吸收，然后传导到植物的基部和顶部。可阻止病菌通过植物的叶片和穗感染作物，对于水稻有壮苗的作用。与噁霉灵混用，可以提高水稻防御某些疾病的能力。

应用

在日本，稻瘟灵主要用于稻田起壮苗作用。每 5L 土壤用 50 倍该油悬浮剂的稀释液500mL。

专利与登记

专利名称　Fungicidal cyclic sulfides

专利号　DE 2316921

专利拥有者　Nihon Nohyaku Co.Ltd.

专利申请日　1972-04-04

专利公开日　1973-10-25

目前公开的或授权的专利主要有 JP 7426281、JP 7333749、JP 7413174、JP 7657831 等。

登记情况　国内仅作为杀菌剂登记，有 PD20080334、PD307-99 等；美国 EPA 登记号 068300；欧盟已禁用。

合成方法

丙二酸二异丙酯在含氢氧化钠的四氢呋喃中与二硫化碳反应，生成黄色胶体，再与二氯乙烷在室温下反应 2h，然后回流 2h，制得稻瘟灵。反应式如下：

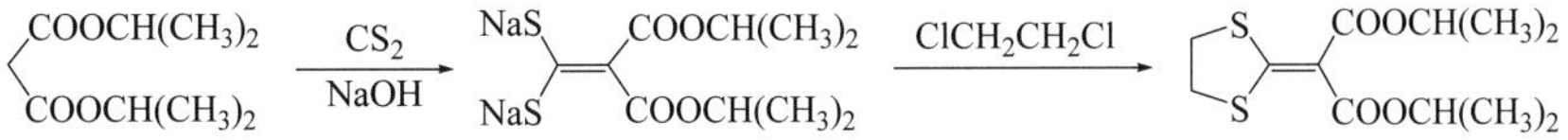

参考文献

[1] JP 7333749, 1973, CA 80: 120903.

[2] Proc. Insect. Fung. Conf. 8th, 1975, 2: 715.

[3] DE 2316921, 1973, CA 80: 14935.

2,4-滴（2,4-D）

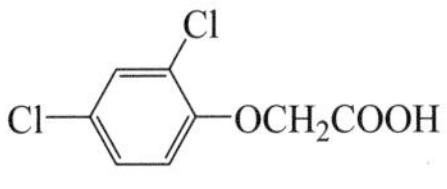

$C_8H_6Cl_2O_3$，221.0，94-75-7

2,4-滴（其他名称：Agrotect、Albar、Amicide）是一种苯氧乙酸类植物生长调节剂。1941年由美国朴康合成，美国 Amchem Products 开发，1942年梯曼肯定了它的生物活性。2,4-滴作为除草剂开创了世界化学除草的新历史。现由江苏凯晨化工有限公司、山东滨农科技有限公司、宁夏格瑞精细化工有限公司等生产。

产品简介

化学名称　2,4-二氯苯氧乙酸。英文化学名称为(2,4-dichlorophenoxy)acetic acid。美国化学文摘（CA）系统名称为(2,4-dichlorophenoxy)acetic acid。美国化学文摘（CA）主题索引名为 acetic acid，2,4-dichlorophenoxy。

理化性质　2,4-滴原药为白色粉末，略带酚的气味，熔点 140.5℃。25℃时水中的溶解度 620mg/L，可溶于丙酮和乙醇中，不溶于石油。不吸湿，有腐蚀性。2,4-滴的盐溶解度大些，如 2,4-滴钠盐在水中的溶解度为 4.5%。

毒性　2,4-滴属低毒性植物生长调节剂。2,4-滴大白鼠急性经口 LD_{50} 为 639～764mg/kg。对兔皮肤和眼睛有刺激性。对大鼠的急性经皮 $LD_{50}>1600mg/kg$，兔急性经皮 $LD_{50}>2400mg/kg$。大鼠急性吸入 LC_{50}（24h）$>1.79mg/L$ 空气。NOEL 数据（mg/kg）：大鼠和小鼠

5（2 年），狗 1（1 年）。ADI：0.01mg/kg。急性经口绿头鸭 $LD_{50}>1000$mg/kg，日本鹌鹑 668mg/kg。鱼毒 LC_{50}（96h）：虹鳟鱼>100mg/L。水蚤 EC_{50}（21d）235mg/L。海藻 EC_{50}（5d）33.2mg/L。蚯蚓 LC_{50}（7d）860mg/kg 土壤。对蜜蜂无毒。

环境行为　在推荐剂量下，原药未对任何受试种类动物产生直接毒性效果。大鼠口服吸收后被迅速排泄掉，原药未发生变化。剂量增加到 10mg/kg，经过 24h，原药完全被排泄掉。在植物体内的代谢产物包括：羟基化产物，脱羧产物，离去侧链酸产物，开环产物。在土壤中，微生物降解产物包含羟基化产物，脱羧产物，离去侧链酸产物，开环产物。在土壤中 $DT_{50}<7d$。

制剂　20%乳油，1%水剂。

作用特性

2,4-滴可经由植物的根、茎、叶片吸收，然后传导到生长活跃的组织内起作用，它是一种类生长素，其生理活性高，促进某些作物的子房膨大，单性结实，作用浓度仅 2.5~15mg/L，它也可使柑橘等果蒂保绿，有一定的保鲜作用。

应用

2,4-滴高浓度使用时是广谱的阔叶除草剂，低浓度使用时可作植物生长调节剂，具有促进生根、保绿、刺激细胞分化、提高坐果率等多种生理作用（表 2-12）。

表 2-12　2,4-滴应用方法

作用	应用作物	用量/（mg/L）	使用方法
促进单性结实	菠萝、西葫芦	5~10	浸花、喷花
	黄瓜、番茄、茄子	2.5~15	
防止落花落果，促进坐果和增产	番茄、茄子、辣椒	30~50	浸花、喷花
促进早熟	香蕉	200~1600	喷果
防止采前脱落	柑橘	5~20	叶面喷洒
防止脱帮或脱叶	大白菜、甘蓝、花椰菜	20~50	收后全面喷洒
促进分泌松脂	松树	100~200	切口处涂抹
延长储存时间	黄瓜、西瓜	10~100	喷果
保鲜延长贮藏	柑橘、甜橙、蕉柑、脐橙	2,4-滴 100＋多菌灵 500　2,4-滴 100＋甲基硫菌灵 500　2,4-滴 200＋小苏打 1.25kg/50kg 水	浸果
诱导组织分化出根	烟草等多种作物	0.1~1.0	加入培养基中
防止冬季低温落果，抑制果皮衰老	果树、柑橘	2,4-滴和赤霉酸各 10	喷洒
提高坐果率，防止生理落果	金丝小枣、灰枣、山西大枣、柿子、荔枝	5~10	盛花期喷洒
保果壮果	西葫芦、龙眼、芒果	20~30mg/L 2,4-滴和赤霉酸混合液加 0.1%腐霉利	涂抹开放的雌花花柱基部一圈
诱导形成无籽或少籽果实	猕猴桃		
提高禾谷科作物的产量	水稻	10~25	齐穗期喷洒
促进生根和出苗	玉米	30	浸种

一些难以插枝生根的树如柏、松等，在 IBA、NAA 中加入少量 2,4-滴，可诱导插枝更快地生根。

有些国家在柑橘采前进行保鲜处理，使柑橘不用摘下来而挂在树上一段时间，这样既可调节柑橘淡旺季矛盾，也可缓解劳力、节省库房。具体方法是在柑橘果实由绿转黄前，以赤霉酸和 2,4-滴混合液（5～15mg/L+8～12mg/L）喷洒果实，由于赤霉酸可以抑制叶绿素的降解，延迟果实变黄，2,4-滴可阻止成熟柑橘果实脱落，所以二者混用表现出良好的挂果保鲜作用。

注意事项

（1）2,4-滴植物生长调节活性极高，浓度在几十毫克每升对棉花、瓜类、葡萄等作物就会造成严重药害，因此使用时要十分小心。一是各作物使用浓度不能随意加大，作坐果剂只能对花器处理，勿沾到新叶上；二是防药液飘移；三是使用过 2,4-滴的喷雾机械要特别洗净后才能作他用，最好专一使用。

（2）巨峰葡萄对 2,4-滴很敏感，应严禁在巨峰葡萄上作坐果剂。

（3）2,4-滴在番茄上用作坐果剂，浓度稍大易形成畸形果，建议停用。

专利与登记

专利名称　Chlorinated phenoxy compounds

专利号　GB 573476

专利拥有者　Imperial Chemila Industries Ltd.

专利申请日　1943-04-21

专利公开日　1945-11-22

目前公开的或授权的主要专利有 US 2002142463、WO 0294723、WO 0234047、US 2002160916、US 2002107149 等。

登记情况　85%可溶粉剂，登记厂家为四川润尔科技有限公司，登记号 PD20102168；重庆依尔双丰科技有限公司，登记号 PD20101776；重庆树荣作物科学有限公司，登记号 PD20181769。2%水剂，登记厂家四川润尔科技有限公司，登记号 PD20131016。

合成方法

（1）以 2,4-二氯苯酚为原料，与氯乙酸反应得到其钠盐，再酸化得到产品。反应式如下：

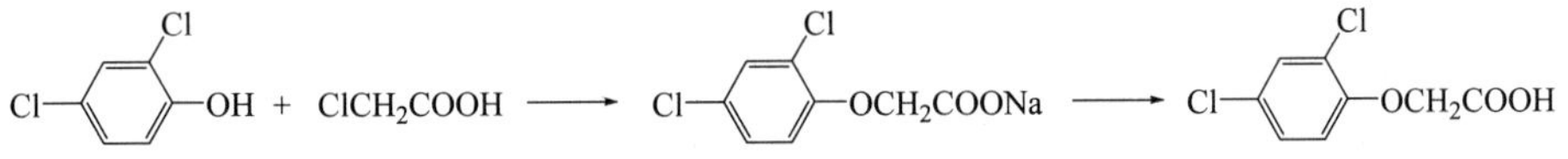

（2）以苯酚为原料，与氯乙酸反应得到中间体，再氯化得到产品。反应式如下：

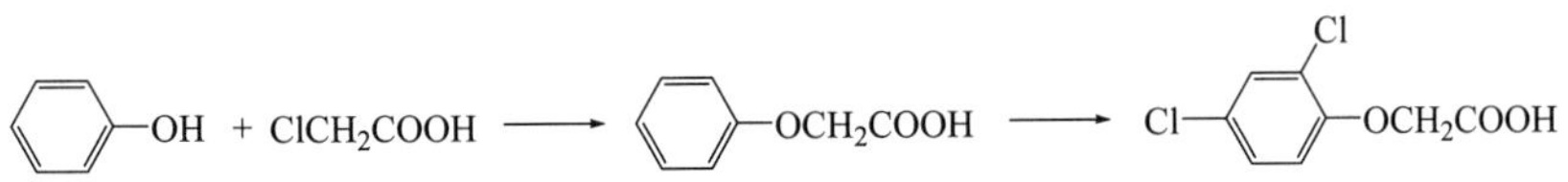

参考文献

[1] US 2723993, 1954, CA50: 10779e.

[2] DA 78535, 1955, CA50: 1916h.

[3] Contrib. Boyce. Thompson. Inst., 1942, 12: 21.

2,4-滴丙酸（dichlorprop）

$C_9H_8Cl_2O_3$，235.1，120-36-5

2,4-滴丙酸（商品名称：Fernoxone、Cornox RK、RD-406，其他名称：2,4-DP、Hormatox、Kildip、BASF-DP、Vigon-RS、Redipon、防落灵）是一种苯氧丙酸类植物生长调节剂，1983年由日本日产化学公司开发。

产品简介

化学名称　(RS)-2-(2,4-二氯苯氧基)丙酸。英文化学名称为(RS)-2-(2,4-dichlorophenoxy) propanoic acid。美国化学文摘（CA）系统名称为(±)-2-(2,4-dichlorophenoxy)propanoic acid (9CI)。美国化学文摘（CA）主题索引名为 propionic acid；2-(2,4-dichlorophenoxy)（RS）。

理化性质　纯品为白色无嗅晶体，熔点 117.5～118.1℃，在室温下无挥发性。在20℃水中溶解度为350mg/L，易溶于大多数有机溶剂。在光、热下稳定。

毒性　2,4-滴丙酸原药的大鼠急性经口 LD_{50} 为 825～1470mg/kg，小鼠急性经口 LD_{50} 为 400mg/kg。急性经皮 LD_{50}：大鼠＞4000，小鼠为1400mg/kg。大鼠急性经口吸入 LC_{50}(4h)＞0.65mg/L 空气。对兔眼睛和皮肤有刺激性，但不是皮肤致敏物。日本鹌鹑急性经口 LD_{50}：504mg/kg。虹鳟鱼 LC_{50}（96h）：521mg/L。蚯蚓 LC_{50}（14d）约 1000mg/kg 干土，对蜜蜂无毒。

环境行为　动物代谢研究表明 2,4-滴丙酸被吸收代谢后基本未发生本质变化。在土壤中代谢主要包括：侧链降解变成 2,4-二氯苯酚、苯环的羟基化和开环产物。DT_{50} 为 21～25d。

制剂　95%粉剂。

作用特性

2,4-滴丙酸为类生长素的植物生长调节剂，它主要经由植株的叶、嫩枝、果吸收，然后传导到叶、果的离层处，抑制纤维素酶的活性，从而阻抑离层的形成，防止成熟前果和叶的脱落。

应用

2,4-滴丙酸除了用于谷类作物田中防除蓼及其他双子叶杂草（2.5kg/hm²）外，还可作苹果、梨的采前防落果剂，以 20mg/L 浓度于采收前 15～25d，作全面喷洒（亩药液 75～100L），红星、元帅、红香蕉苹果采前防落效果一般达到 59%～80%，且有着色作用；此外在葡萄、番茄上也有采前防落果作用。

2,4-滴丙酸与乙酸钙混用既促进苹果着色又延长储存期。新红星、元帅苹果采收前落果严重，在采收前 14～21d 用 2,4-滴丙酸和乙酸钙混合药液喷洒，可以防止采前落果、促进着色、增加硬度、改善果实品质，并可以减少储藏中软腐病的发生，延长贮藏期。在梨上使用也有类似效果。

注意事项

（1）表面活性剂如 0.1%Tween-80 可提高 2,4-滴丙酸的作用效果。

（2）用作苹果采前防落果剂，与钙离子混用可增加防落效果及防治苹果软腐病。

（3）喷后 24h 内避开降雨，否则影响效果。

专利概况

专利名称　　*α*-Phenoxyalkanoic acids

专利号　　GB 822199

专利拥有者　　Boot Puredrug Co.

专利申请日　　1956-09-18

专利公开日　　1959-10-21

目前公开的或授权的主要专利有 US 2723993、GB 822199 等。

合成方法

以 2,4-二氯苯酚及氯丙酸为原料反应得到产品。反应式如下：

参考文献

[1] US2723993, 1955, CA50: 10779e.

[2] GB 822199, 1959, CA55: 2575i.

敌草快（diquat dibromide）

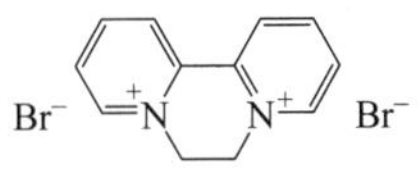

C₁₂H₁₂Br₂N₂，344.05，85-00-7

敌草快（商品名称：Reglone、aquacide、Pathclear，其他名称：Dextrone、Reglox）1957年由英国 ICI 公司开发，现由英国先正达有限公司、南京第一农药集团有限公司、浙江永农化工有限公司等生产。

产品简介

化学名称　　1,1*S'*-亚乙基-2,2*S'*-双吡啶二溴盐。英文化学名称为 1,1*S'*-ethylene-2,2*S'*-bipyridldiylium；9,10-dihydro-8*a*,10*a*-diazoniaphenanthrene；6,7-dihydrodipyrido-[1,2-*α*:2′,1′-*c*]pyrazine-5,8-diium。美国化学文摘（CA）系统名称为 6,7-dihydrodipyrido[1,2-*α*:2′,1′-*c*]pyrazinediiumdibromide。美国化学文摘（CA）主题索引名为 dipyrido[1,2-*α*:2′,1′-*c*]pyrazinediium；6,7-dihydro-，dibromide。

理化性质　　敌草快二溴盐以单水合物形式存在，是无色至浅黄色结晶体。在 325℃时分子开始分解。蒸气压<0.01mPa（一水合物），分配系数（20℃）$K_{ow}\lg P= -4.60$，Henry 常数 $5×10^{-9}$Pa•m³/mol（计算值）。相对密度 1.61（25℃）。20℃，水中溶解度 700g/L，微溶于乙醇和羟基溶剂（25g/L），不溶于非极性有机溶剂（<0.1g/L）。稳定性：在中性和酸性溶液中稳定，在碱性条件下易水解。DT₅₀：pH 7，模拟光照下约 74d；pH 5～7 时稳定；黑暗条件下 pH 9 时，30d 损失 10%；pH 9 以上时不增加降解。对锌和铝有腐蚀性。

毒性　　二溴盐急性经口 LD₅₀（mg/kg）：大鼠 408，小鼠 234。大鼠急性经皮 LD₅₀＞793mg/kg。延长接触时间后，人的皮肤能吸收敌草快，引起暂时的刺激，可使伤口愈合延迟。对眼睛、皮肤有刺激。如果吸入可引起鼻出血和暂时性的指甲损伤。NOEL 数据：大鼠 0.47mg/

（kg·d）（2 年），狗 94mg/kg 饲料（4 年）。ADI 值：0.002mg（阳离子）/kg。急性经口 LD_{50}（mg/kg）：绿头鸭 155，鹌鹑 295。镜鲤 LC_{50}（96h）125mg/L，虹鳟鱼 LC_{50}（96h）39mg/L。水蚤 EC_{50}（48h）2.2μg/L，海藻 EC_{50}（96h）21μg/L。蜜蜂 LD_{50}（经口，120h）：22μg/只。蚯蚓 LC_{50}（14d）：243mg/kg 土壤。

环境行为 本品对大鼠经口处理，可在 4d 通过尿和粪便完全排出；本品在大豆、葡萄、玉米和欧洲龙牙草中代谢物不少于 9 种，脲是最终代谢物；在 22℃条件下，本品施于土壤 6d 后，降解到 5.3%（砂壤土）、7.85%（黏土壤），DT_{50} 7～8 周。

制剂与分析方法 Midstream（ICI Agrochemicals）胶体剂（Gel，藻酸盐）；Reglex（Siapa），Regline（ICI），可溶粉剂（二溴盐）；Torpedo（ICI NZ），胶体剂[Gel，187g（二溴盐）/kg]。产品分析采用紫外分光光度法，纯化合物采用 GC 法；残留物分析采用比色法。

作用特性

敌草快可使叶片干枯，作用机制同百草枯。敌草快茎叶处理后，会产生氧自由基，破坏叶绿体膜，使叶绿素降解，导致叶片干枯。

应用

主要用作马铃薯或棉花的脱叶剂，见表 2-13。

表 2-13 敌草快脱叶应用方法

作物	剂量/(kg/hm²)	应用时间	应用方法	效果
马铃薯	0.6～0.9	收获前 1～2 周	叶面喷洒	叶片干枯
棉花	0.6～0.8	60%棉荚张开	叶面喷洒	加速脱叶

敌草快与尿素混用促进马铃薯干燥与脱叶。马铃薯收获前一般需要干燥脱叶，单用 0.4kg/hm² 敌草快干燥脱叶效果一般，但若将敌草快与尿素混合（0.4kg/hm²+20kg/hm²）使用，脱叶与干燥效果明显好于单用。

专利与登记

专利名称 di-pyridyl derivatives

专利号 GB 785732

专利拥有者 Imperial Chemical Industries Ltd.

专利申请日 1955-07-20

专利公开日 1957-11-06

目前公开的或授权的主要专利有 GB 815348、GB 857501、US 2823987、GB 1185559 等。

登记情况 国内有山东三农生物科技有限公司（登记证号：PD20170726，200g/L 水剂）、河南省开封市浪潮化工有限公司（登记证号：PD20171361，20%水剂）、南京华洲药业有限公司（登记证号：PD20171305，150g/L 水剂）、河北荣威生物药业有限公司（登记证号：PD20171215，10%水剂）、济南赛普实业有限公司（PD20171209，20%水剂）等公司登记生产。美国 EPA 登记号为 032201，欧盟未登记。

合成方法

吡啶在兰尼镍的作用下氢化偶联得到联吡啶，再与 1,2-二溴乙烷反应得到产品，反应式如下：

参考文献

[1] GB 815348,1959,CA53: 20679i.

[2] Pestic.Sci., 1970, 1: 101.

敌草隆（diuron）

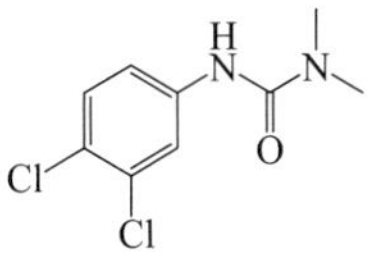

$C_9H_{10}Cl_2N_2O$，233.1，330-54-1

敌草隆（商品名称：Karmex、Marmex，其他名称：Diurex）是一种脲类植物生长调节剂。1954 年由美国杜邦公司生产。现由安道麦安邦（江苏）有限公司、山东潍坊润丰化工股份有限公司、南通罗森化工有限公司、山东华阳农药化工集团有限公司等生产。

产品简介

化学名称　3-(3,4-二氯苯基)-1,1-二甲基脲。英文化学名称为 3-(3,4-dichlorophenyl)-1,1-dimethylurea。美国化学文摘（CA）系统名称为 N'-(3,4-dichlorophenyl)-N,N-dimethylurea。美国化学文摘（CA）主题索引名为 urea, N'-(3,4-dichlorophenyl)-N,N-dimethyl。

理化性质　纯品为无色结晶固体，熔点 158～159℃，蒸气压 1.1×10^{-3}mPa（25℃），分配系数 $K_{ow}\lg P$=2.85±0.03（25℃），Henry 常数 7.04×10^{-6}Pa·m³/mol（计算）。相对密度 1.48。水中溶解度 5.4mg/L（25℃）。在有机溶剂（如热乙醇）中的溶解度随温度升高而增加。敌草隆在 180～190℃和酸、碱中分解。不腐蚀，不燃烧。

毒性　大鼠急性经口 LD_{50}：3400mg/kg。大鼠以 250mg/kg 饲料饲喂两年，无影响。敌草隆对皮肤无刺激。

制剂　噻苯·敌草隆 540g/L 悬浮剂，75%、68%可湿性粉剂，81%水分散粒剂，12%、24%、30%可分散油悬浮剂；敌·苯·乙烯利 65%悬浮剂。

作用特性

敌草隆是一种触杀性的除草剂，土壤处理可防除一年生禾本科杂草。作为植物生长调节剂，它可提高苹果的色泽；也可作为甘蔗的开花促进剂。

应用

敌草隆以 4×10^{-5}～4×10^{-4}mol/L 药液（用柠檬酸调 pH 值 3.0～3.8）喷洒，可促进苹果果皮花青素的形成；作为甘蔗开花促进剂，要在甘蔗开花早期，以 500～1000mg/L 喷洒花。

敌草隆与噻唑隆混剂可作棉花脱叶剂。敌草隆与噻唑隆可以制成混合制剂，用于棉花脱叶，并抑制顶端生长，促进吐絮。

敌草隆与柠檬酸或苹果酸混用（药液 pH 3.8～3.0）在苹果着色前处理，能诱导花青素的产生，从而不仅可以增加苹果的着色面积，还可以提高优级果率。敌草隆的使用浓度以 4×10^{-5}～4×10^{-4}mol/L 为宜，在敌草隆与柠檬酸混合液中加入 0.1%吐温-20 更有利于药效的发挥。

注意事项

（1）不要使敌草隆飘移到棉田、麦田及桑树上。

（2）不要和碱性试剂接触，否则会降低敌草隆的效果。

（3）用过敌草隆的喷雾器要彻底清洗。

专利与登记

专利名称　3-(halophenyl)-1-methyl-1-(methyl or ethyl) ureas and herbicidal compositions and methods employing same

专利号　US 2655445

专利拥有者　E. I. du Pont de Nemours & Co.

专利申请日　1952-02-14

专利公开日　1953-10-13

目前公开的或授权的主要专利有 US 2689861、US 2729677 等。

登记情况　国内有山东奥坤作物科学股份有限公司（登记证号：PD20171366，80%可湿性粉剂）、南京高正农用化工有限公司（登记证号：PD20171360，80%可湿性粉剂）、四川润尔科技有限公司（登记证号：PD20171110，540g/L 悬浮剂）、捷马化工股份有限公司（登记证号：PD20210931，80%可湿性粉剂）、浙江天丰生物科学有限公司（登记证号：PD20170796，540g/L 悬浮剂）等公司登记生产。美国 EPA 登记号为 035505。

合成方法

敌草隆的制备方法主要有两种。

（1）以 3,4-二氯苯胺为原料，经过异氰酸酯中间体得到产品。反应式如下：

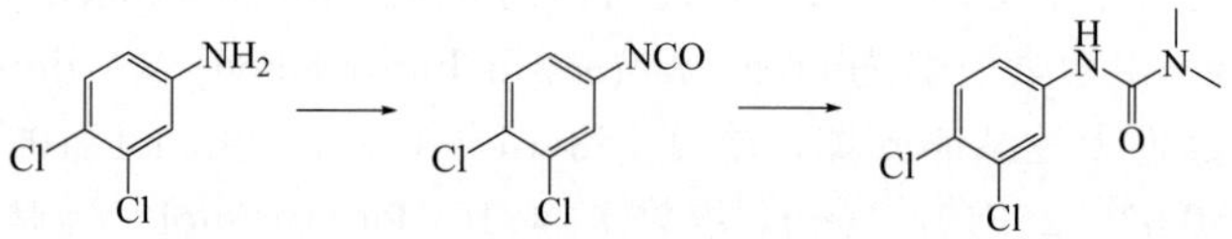

（2）以 3,4-二氯苯胺、脲、二甲胺为原料直接反应得到产品。反应式如下：

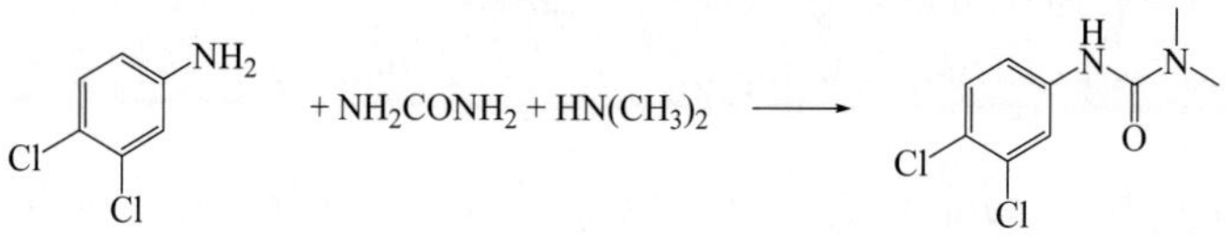

参考文献

[1] US 2689861, 1954, CA49: 11712.

[2] US 2729677, 1956, CA51: 470c.

[3] Science, 1951, 144: 193.

[4] J.Agric.Food Chem., 1960, 12: 30.

地乐酚（dinoseb）

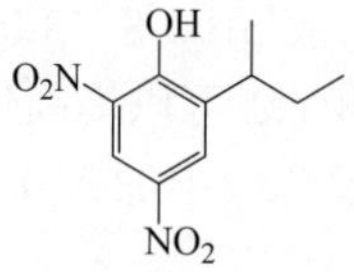

$C_{10}H_{12}N_2O_5$，240.2，88-85-7

地乐酚[商品名称 Premerge（Dow）、Aretit、Ivosit（Hoechst），其他名称：DN 289、Hoe

26150、Hoe 02904]是硝基苯类化合物，1945 年由 A.S.Craffts 报道地乐酚的除草活性，1960 年由 H.Hartel 报道其乙酸盐的除草活性。曾被广泛用作除草剂，是一种用于防除阔叶杂草的广谱接触性除草剂。基于抑制糖分解生化途径的毒性，对植物、动物和真菌具有类似影响，因此，EPA 根据 1986 年发布的紧急命令，中止了地乐酚的注册。

产品简介

化学名称　2-仲丁基-4,6-二硝基苯酚。英文化学名称为 2-sec-butyl-4,6-dinitophenol。美国化学文摘（CA）系统名称为 2-(1-methylpropyl)-4,6-dinitrophenol。美国化学文摘（CA）主题索引名为 phenol,2-(1-methylpropyl)-4,6-dinitrophenyl（9CI）。

理化性质　橙褐色液体，熔点 38～42℃。原药（纯度约 94%）为橙棕色固体；熔点 30～40℃。溶解度（室温下）：水中约 100mg/L；溶于石油和大多数有机溶剂。本品为酸性，pK_a: 4.62，可与无机或有机碱形成可溶性的盐。在水存在下对低碳钢有腐蚀性。其盐溶于水，对铁有腐蚀性。

毒性　对哺乳动物高毒。大鼠急性经口 LD_{50}: 58mg/kg。兔急性经皮 LD_{50}: 80～200mg/kg；以 200mg/kg 涂于兔皮肤上（5 次），没有引起刺激作用。180d 饲喂试验表明：每日 100mg/kg 饲料对大鼠无不良影响；两年饲养试验表明：地乐酚乙酯对大鼠的无作用剂量为 100mg/kg 饲料；狗为 8mg/kg 饲料；鲤鱼 LC_{50}（48h）为 0.1～0.3mg/L。

应用

地乐酚曾用作除草剂。作为植物生长调节剂主要有以下两个应用：

（1）收获前使用可加速马铃薯和其他豆类失水。

（2）液面施药可刺激玉米生长，提高产量。

注意事项

（1）地乐酚应放在通风良好的地方，远离食物和热源。

（2）避免直接接触该药品。

专利概况

专利名称　Dinitro-alkyl-phenols

专利号　US 2192197

专利拥有者　Dow Chemical Co.

专利申请日　1936-09-03

专利公开日　1940-03-05

目前公开的或授权的主要专利有 US 2192197、US 2048168 等。

合成方法

以苯酚为原料，经过烷基化，硝化得到产品。反应式如下：

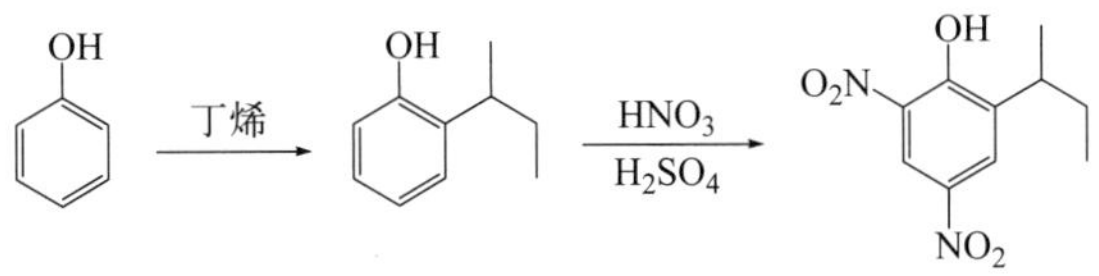

参考文献

[1] US 2192197,1940,CA34:4528.

[2] US 2048168,1936,CA30:6009.

[3] Science,1945,101:417.

丁酰肼（daminozide）

$$\text{HO} - \overset{\displaystyle O}{\underset{\displaystyle O}{C}} \diagdown \diagup \overset{\displaystyle O}{C} - \text{NHN(CH}_3)_2$$

$C_6H_{12}N_2O_3$，160.2，1596-84-5

丁酰肼（商品名称：Alar，其他名称：比久、B$_9$、B-995、SADH）是一种琥珀酸类植物生长调节剂，1962 年瑞德报道了它的生物活性，美国橡胶公司首先开发，1973 年化工部沈阳化工研究院进行合成。现由爱利思达生物化学品有限公司、河北晶标作物科学有限公司等厂家生产。

产品简介

化学名称 N-二甲氨基琥珀酰胺。英文化学名称为 N-dimethylaminosuccinamic acid。美国化学文摘（CA）系统名称为 butanedioic acid mono(2,2-dimethylhydrazide)（9CI）；succinic acid mono(2,2-dimethylhydrazide)（8CI）。美国化学文摘（CA）主题索引名为 succinic acid，hydrazines，mono(2,2-dimethylhydrazide)；butanedioic acid，hydrazines，mono (2,2-dimethylhydrazide)。

理化性质 纯品为微带有类似氨气味的白色结晶，不易挥发，熔点 157～164℃，蒸气压 22.7mPa（23℃）。在 25℃时，蒸馏水中溶解度为 100g/kg，丙酮中溶解度为 25g/kg，甲醇中溶解度为 50g/kg。它在 pH 5～9 范围内较稳定，在酸、碱中加热分解。

毒性 丁酰肼工业品的大鼠急性经口 LD$_{50}$ 为 8400mg/kg。家兔的急性经皮 LD$_{50}$＞5000mg/kg。NOEL 数据[mg/(kg·d)，1 年]：狗 188，大鼠 5。ADI 值：0.5mg/kg。绿头鸭饲喂试验 LC$_{50}$(8d)>10000mg/kg 饲料。虹鳟鱼 LC$_{50}$(96h)是 149mg/L，蓝鳃翻车鱼 LC$_{50}$(96h)是 423mg/L。水蚤 EC$_{50}$(96h)76mg/L，海藻 EC$_{50}$(96h)180mg/L。对蜜蜂无毒。

环境行为 在动物体内迅速吸收代谢，最终以粪便和尿液的形式排泄掉。在植物体内的代谢产物含有 1,1-二甲基肼。在好氧土壤中经过 17h 有一半已经消失，在厌气土壤中需要 7.5d。田间研究表明 7d 后有 90%的药品已经消失。水解和光解是其主要降解途径。

制剂 50%、85%丁酰肼可溶粉剂。

作用特性

丁酰肼是一种生长延缓剂，可经由根、茎、叶吸收，具有良好的内吸、传导性能，易被土壤固定。在叶片中，丁酰肼可使叶片栅栏组织伸长、海绵组织疏松，提高叶绿素含量，增强叶片的光合作用。在植株顶部可抑制顶端分生组织的有丝分裂。在茎枝内可缩短节间距离，抑制枝条的伸长。丁酰肼的作用机理尚未确定，它既影响内源赤霉酸的生物合成，也抑制内源生长素的生物合成。

应用

丁酰肼是一个广谱性的生长延缓剂，可以作矮化剂、坐果剂、生根剂及保鲜剂等。

苹果在盛花后三周用 1000～2000mg/L 药液喷洒全株 1 次，可抑制新梢旺长，有益于坐果，促进果实着色，在采前 45～60d 以 2000～4000mg/L 药液喷洒全株 1 次，可防采前落果，延长贮存期。葡萄在新梢 6～7 片叶时以 1000～2000mg/L 药液喷洒 1 次，可抑制新梢旺长，促进坐果；采收后以 1000～2000mg/L 药液浸泡 3～5min，可防止落粒，延长贮藏期。

桃在成熟前以 1000～2000mg/L 药液喷洒 1 次，增加着色，促进早熟。

梨盛花后两周和采前三周各用 1000～2000mg/L 药液喷洒 1 次，可防止幼果及采前落果。

成龄枣树施用 3000～4000mg/L 药液能有效地保证花期坐果，提高坐果率，并可以增加单果重。

用 800～1000mg/L 药液在 12 月及次年的 2 月，每隔 15 天喷 1 次，连续 3～4 次可促进芒果成花。

用 0.5%药液对甜瓜幼苗进行叶面喷洒处理，植株生长类型可由攀缘型转变为丛生型，且有效地使性别转变成两性花。甜瓜成熟后用 400mg/kg 药液浸种可以延长储存期。

草莓移植后用 1000mg/L 药液喷 2～3 次，可促进坐果增加产量，还可以提高抗寒能力。

用 1000～4000mg/L 药液喷洒秧苗植株可以促进番茄壮苗。

当莴苣开始伸长生长时用 4000～8000mg/L 药液喷洒植株 2～3 次可以抑制抽薹，增加茎的粗度；用 5～1000mg/L 药液浸叶或莴苣茎有延缓衰老、保持新鲜的效果。

马铃薯盛花期后两周以 3000mg/L 药液喷洒 1 次，可抑制地上部徒长，促进块茎膨大。

樱桃盛花两周以 2000～4000mg/L 药液喷洒 1 次，可促进着色、早熟且果实均匀。

生长 2～3 年人参在生长期以 2000～3000mg/L 药液喷洒 1 次，促进地下部分生长。

在对节白蜡生长期用 1000mg/L 药液喷洒，每隔 10 天喷 1 次，连续 3 次，能有效控制株高。

在盆栽金盏菊播种后 4～5 周和显芽阶段用浓度为 1000mg/L 药液喷洒，可通过降低花梗和节间长度而获得理想的高度，而对开花时间则有明显的影响。

在杜鹃上盆后，在打尖后 4～6 周，用 0.3%左右药液喷洒处理叶面，可以使株型紧凑、开花提早、花芽数增多。

在日本女贞春季出芽后 1～2 周或修剪后，用浓度为 2500～5000mg/L 40%的药液喷洒叶面，可抑制植株伸长，抑制侧枝生长，改善株型。

用 2500mg/L 药液土壤浇灌大岩桐根部，可缩短株高，并延迟开花。

盆栽紫薇当年生的枝抽发长至 5cm 时，用 1000mg/L 药液喷洒叶面可矮化植株，提高观赏价值。

在冬春时用 0.25%～0.5%药液叶面喷洒紫菀、藿香蓟植株，可降低其株高，多次处理比一次处理效果好。

使用 0.3%～0.5%药液叶面喷洒波斯菊、万寿菊、百日草，可使株高明显缩短，观赏价值提高。

将石刁柏基部浸泡在 125～500mg/L 药液中可延缓植株褪绿。

菊花移栽后用 3000mg/L 药液喷洒 2～3 次，可矮化植株，增加花朵数。

菊花、一品红、石竹、茶花、葡萄等插枝基部在 5000～10000mg/L 药液中浸泡 15～20s，可促进插枝生根，在这些花卉生长初期以 5000～10000mg/L 药液喷洒叶面可矮化株高、缩短节间，使株型紧凑、花多、花大。从初花期至结荚期喷洒 2000mg/L 能增加大豆分枝，提高结荚数和结实率及增加粒重。用浓度为 0.001%～0.1%的丁酰肼水溶液浸泡鲜菇 10min，取出晾干贮存在塑料袋内，在 5～22℃温度条件下，能防止变褐，延缓衰老，可保鲜 7～8d。

丁酰肼与乙烯利混用可提高苹果结果数。在苹果开花后用 1000mg/L 丁酰肼与 500～1000mg/L 乙烯利混合液喷洒苹果植株，可以提高单位枝条的结果数。在樱桃上使用也有同样效果。在欧洲甜樱桃花后 2 周，用 2000mg/L 丁酰肼与 100mg/L 乙烯利混合液喷洒树冠，可以控制樱桃树冠顶端生长，促进坐果，提高产量。

丁酰肼、乙烯利与萘乙酸混用可促进苹果着色并提高硬度。在苹果采收前 1 个月，单用丁酰肼（1000mg/L）、乙烯利（600mg/L）、萘乙酸（20mg/L）或三者混合使用喷洒苹果整株，结果三者混用效果最好，既减少采前落果、促进着色，又增加了果实的硬度。用 2,4-二氯苯氧丙酸代替萘乙酸也有同样效果。

注意事项

（1）丁酰肼是国内外应用较为广泛的植物生长调节剂，由于它在矮化坐果上与乙烯利、甲萘威、6-BA 巧妙地混用，在生根上与一些生根剂混用，使用效果一直比较平稳，说明合理混用可保持一个品种的生命力。20 世纪 80 年代，人们怀疑丁酰肼有致畸作用，有些国家曾禁用或限制使用。1992 年世界卫生组织（WHO）进行第二阶段评估，认为产品中的偏二甲基肼＜30mg/L，可以进行使用。勿食用刚处理的果实。

（2）丁酰肼的应用效果与植株长势有关，水肥充足呈旺长趋势时使用效果好，水肥不足、干旱或植株长势瘦弱时使用反而减产。

（3）丁酰肼不能与湿展剂、碱性物质、油类和含铜化合物混用。

专利与登记

专利名称　Succinic acid *N,N*-dimethylhydrazide

专利号　SU 309004

专利拥有者　Terent'ev A.P.et al.

专利申请日　1970-02-06

专利公开日　1971-07-09

目前公开的或授权的主要专利有 SU 309004、CN 1127067、WO 0122814 等。

登记情况　50%可溶粉剂：四川省兰月科技有限公司，登记号 PD20120786；四川润尔科技有限公司，登记号 PD20102040；92%可溶粉剂：西安航天动力试验技术研究所，登记号 PD20096469；河北晶标作物科学有限公司，登记号 PD20090704。登记用于观赏菊花调节生长。

合成方法

以丁二酸酐为原料，与二甲基肼反应得到产品。反应式如下：

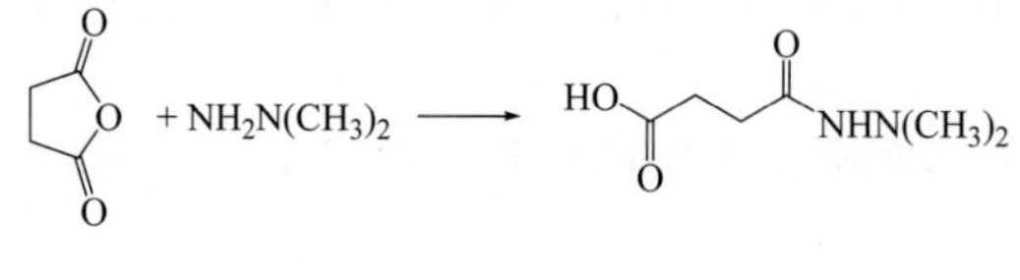

参考文献

[1] Science, 1962, 136: 391.

[2] US 3257414, 1966, CA65: 38173.

对氯苯氧乙酸（4-CPA）

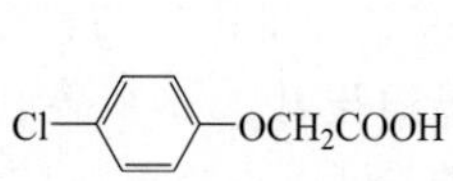

$C_8H_7ClO_3$，186.6，122-88-3

对氯苯氧乙酸（商品名称：Tomato Fix Concentrate、Marks 4-CPA、Tomatotone、Fruitone，其他名称：PCPA、防落素、番茄灵、坐果灵、促生灵、防落粉等）是一种苯氧乙酸类植物生长调节剂。1944 年合成，之后由美国道化学公司、阿姆瓦克公司、英国曼克公司、日本石原、日产公司开发。我国于 20 世纪 70 年代初合成，现由四川润尔科技有限公司生产。

产品简介

化学名称　对氯苯氧乙酸。英文化学名称为 4-chlorophenoxyacetic acid。美国化学文摘（CA）系统名称为 4-chlorophenoxy acetic acid (9CI)。美国化学文摘（CA）主题索引名为 acetic acid，4-chlorophenoxy。

理化性质　纯品为无色结晶，熔点 157℃。能溶于热水、酒精、丙酮，其盐水溶性更好，商品多以钠盐形式加工成水剂使用。在酸性介质中稳定，耐贮藏。

毒性　属低毒性植物生长调节剂。大鼠急性经口 LD_{50} 为 850mg/kg。鲤鱼 LC_{50} 为 3～6mg/L，泥鳅为 2.5mg/L（48h），水蚤 EC_{50}＞40mg/L。ADI：0.022mg/kg。

制剂　商品有 15%可溶粉剂，10%、2.5%、0.11%可溶液剂。

作用特性

对氯苯氧乙酸可经由植株的根、茎、叶、花、果吸收，生物活性持续时间较长，其生理作用类似内源生长素，刺激细胞分裂和组织分化，刺激子房膨大，诱导单性结实，形成无籽果实，促进坐果及果实膨大。

应用

对氯苯氧乙酸是一个较为广谱的植物生长调节剂。主要用途是促进坐果、形成无籽果实。番茄、茄子、瓠瓜，在蕾期以 20～30mg/L 药液浸或喷蕾，可在低温下形成无籽果实；在花期（授粉后）以 20～30mg/L 药液浸或喷花序，可促进在低温下坐果；在正常温度下以 15～25mg/L 浸或喷蕾或花，不仅可形成无籽果促进坐果，还加速果实膨大植株矮化，果实生长快，提早成熟。葡萄、柑橘、荔枝、龙眼、苹果，在花期以 25～35mg/L 药液整株喷洒，可防止落花促进坐果增加产量。南瓜、西瓜、黄瓜等瓜类作物以 20～25mg/L 药液浸或喷花，防止化瓜促进坐果。辣椒以 10～15mg/L 药液喷花，四季豆等以 1～5mg/L 药液喷洒全株，均可促进坐果结荚，明显提高产量。对氯苯氧乙酸可抑制柑橘果蒂叶绿素的降解，从而有促使柑橘保鲜的作用。对氯苯氧乙酸再与 0.1%磷酸二氢钾混用，以上效果更佳。用 30mg/L 对氯苯氧乙酸在盛花末期喷洒可以提高果梅、金丝小枣的坐果率。

注意事项

（1）对氯苯氧乙酸作坐果剂，要注意水肥充足，长势旺盛时用效果好。

（2）巨峰葡萄对对氯苯氧乙酸较为敏感，勿用它作叶面喷洒。

（3）对氯苯氧乙酸作坐果剂，适量增加些微量元素效果更好，但不同作物配比不同，勿任意使用。

专利与登记

专利名称　Substituted chlorophenoxyacetic acid

专利号　GB 813367

专利拥有者　Rhone-poulene

专利申请日　1957-06-06

专利公开日　1959-05-13

目前公开的或授权的主要专利有 CN 1298643、CN 1050304、WO 9721801 等。

登记情况　四川润尔科技有限公司登记有 96%原药，登记号 PD20151572；1%和 8%可溶液剂，登记号分别为 PD20212731、PD20151570。

合成方法

对氯苯氧乙酸的合成方法主要有 2 种。

（1）以苯氧乙酸在 pH 小于 8 的条件下氯化得到，反应式如下。

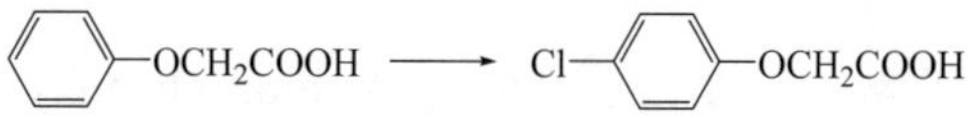

（2）以对氯苯酚为原料，与氯乙酸反应得到。反应式如下。

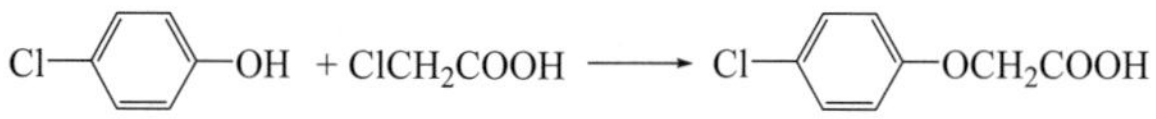

参考文献

[1] GB 688659, 1955, CA 49: 7000.

[2] Ukrain. Khim. Zhur., 1953, CA 49: 6231.

对溴苯氧乙酸（PBPA）

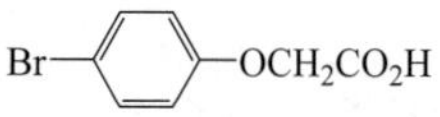

$C_8H_7BrO_3$，231.0，1878-91-7

对溴苯氧乙酸是苯氧羧酸类的一种植物生长调节剂。

产品简介

化学名称　4-溴苯氧乙酸。英文化学名称：*para*-bromophenoxyacetic acid; 4-bromo-phenoxyacetic acid。美国化学文摘（CA）主题索引名：2-(4-bromophenyl)oxyacetic acid。

理化性质　亮白色的结晶粉末，熔点 160～161℃。微溶于水，溶于乙醇和丙酮。对溴苯氧乙酸盐溶于水。20 世纪 70～80 年代在中国应用广泛。

作用特性

对溴苯氧乙酸通过植物茎、叶吸收。

应用

对溴苯氧乙酸属于生长素类，对植物有促进生长作用，可增加产量，见表 2-14。

表 2-14　对溴苯氧乙酸应用作物与用途

作物	处理浓度/(mg/L)	应用时间	使用方法	效果
水稻	30		叶片喷雾	增加产量
玉米	30	开花前	叶片喷雾	增加产量
小麦	27	抽穗期	叶片喷雾	增加产量
甘薯	30	茎膨大期	叶片喷雾	增加产量
大麻	20	植株 2.28m 高	叶片喷雾	增加产量

注意事项

（1）加入表面活性剂（如 0.1%Tween-80）可提高对溴苯氧乙酸的作用效果。

（2）磷酸单钾可增加对溴苯氧乙酸的作用效果。

专利概况

专利名称　Noncorrosive (Halophenoxy) acetic acid-basedherbicidal compositions

专利号　DE 2137783

专利拥有者　Dow Chemical Co.

专利公开日　1972-02-03

专利申请日　1970-07-28

合成方法

通过如下反应制得。

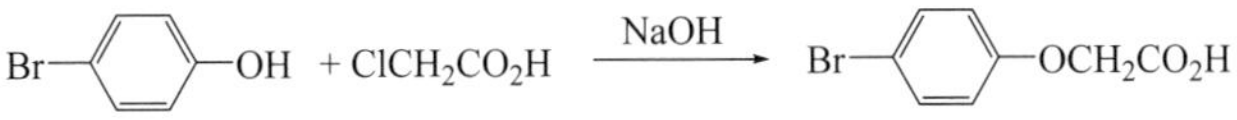

$$Br\text{—}\bigcirc\text{—OH} + ClCH_2CO_2H \xrightarrow{NaOH} Br\text{—}\bigcirc\text{—OCH}_2CO_2H$$

参考文献

[1] J. Prakt. Chem., 1879, 20: 295.

[2] Coll. Czech. Chem. Comm., 1967, 32: 1197.

乙二醇缩糠醛（furalane）

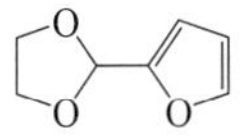

$C_7H_8O_3$，140.1，1708-41-4

乙二醇缩糠醛（多效缩醛）是从植物的秸秆中分离精制而成的新型低毒植物生长调节剂，其生物活性是促进植物的抗旱和抗盐能力。

产品简介

化学名称　乙二醇缩糠醛。英文化学名称为 2-(2-furyl)-1,3-dioxolane。美国化学文摘（CA）主题索引名为 2-(2-furanyl)-1,3-dioxolane。

理化性质　本品为浅黄色油状液体，密度：$1.189g/cm^3$，沸点：206.3℃（1.01×10^5Pa），闪点：90.6℃，折射率：1.485，蒸气压：45.752Pa（25℃）。低毒。

作用特性

乙二醇缩糠醛的作用机制是在光照条件下表现出很强的还原能力。叶面喷药后，能够吸收作物叶面的氧自由基，使植物叶面细胞质膜免受侵害，在氧自由基催化下发生聚合反应，生成单分子薄膜，封闭一部分叶面气孔，减少植物水分的蒸发，增强作物的保水能力，起到抗旱作用；作物在遭受干旱胁迫时，使用该药后，可提高作物幼苗的超氧化物歧化酶、过氧化氢酶和过氧化物酶的活性，并能持续保持较高水平，有效地消除自由基；还可促进植物根系生长，尤其次生根的数量明显增加，提高作物在逆境条件下的成活力。

应用

适用于西北、华北等干旱、半干旱地区，主要应用于小麦、玉米、棉花、大豆等作物，通过浸种处理能够提高作物的发芽率，达到出苗整齐的效果；在作物生长期间进行叶面喷施，能起到抗旱增产的作用。

田间药效试验表明，于小麦播种前使用20%乙二醇缩糠醛乳油250～500mg/kg，浸种10～12h，晾干后再播种，能增强小麦对逆境（干旱、盐碱）的抵抗能力，促进小麦生长，提高小麦产量。在小麦生长期喷药4次，即在小麦返青、拔节、开花和灌浆期各喷1次药，能有效地调节小麦生长、增加产量，对小麦品质无不良影响，未见药害发生。

注意事项

（1）光照下接触空气不稳定，应尽量密封，避光储存。

（2）喷药时防止药液沾染眼睛，药后余液不要污染水源。

（3）施药后要认真清洗喷雾器。

专利概况

专利名称　Agent for plant resistance increase to salinization,fruit kernel cultures and sugar beet to the drought and winter wheat to the drought and fungous disease damage

专利号　RU2042326

专利拥有者　Nenko Nataliyai,Kosulina Tatyanap

专利申请日　1992-09-04

专利公开日　1995-08-27

合成方法

通过如下反应制得目的物。

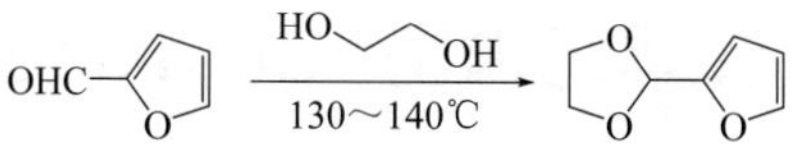

参考文献

[1] 两种新型的植物生长调节剂的应用. 农药市场信息，2011.

[2] 糠醛缩乙二醇的合成研究. 应用化工，2005, 34(11): 700-701.

[3] 乙二醇缩糠醛的气相色谱分析. 农药，2002, 41(12): 24-26.

[4] 新型农药安全妙用. 郑州：中原农民出版社，2011: 356-357.

[5] CN102311428, 2010.

[6] RU2042326, 1992.

多效唑（paclobutrazol）

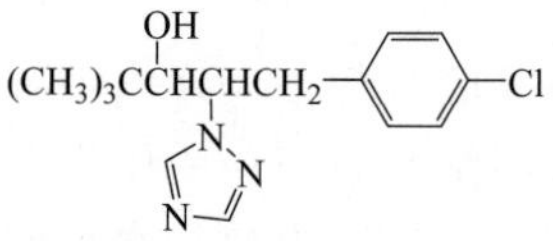

$C_{15}H_{20}ClN_3O$，293.8，76738-62-0

多效唑（试验代号：PP333，商品名称：Bonzi、Clipper、Cultar、Smarect、氯丁唑，混剂 Parlay）是一种三唑类植物生长调节剂。1982 年由 B. G. Lever 报道其生物活性，英国卜内门化学工业有限公司开发。现由江苏中旗科技股份有限公司、山东潍坊润丰化工股份有限公司、沈阳科创化学品有限公司、江苏七洲绿色化工股份有限公司等厂家生产。

产品简介

化学名称　(2RS,3RS)-1-(4-氯苯基)-4,4-二甲基-2-(1H-1,2,4-三唑-1-基)戊-3-醇。英文化学名称为(2RS,3RS)-1-(4-chlorophenyl)-4,4-dimethyl-2-(1H-1,2,4-triazol-1-yl)pentan-3-ol。美国化学文摘（CA）系统名称为(R,R)-(±)-β-[(4-chlorophenyl)methyl]-α-(1,1-dimethylethyl)-1H-1,2,4-triazole-1-ethanol。美国化学文摘（CA）主题索引名为 1H-1,2,4-triazole-1-ethanol-β-[(4-chloro-phenyl)methyl]-α-(1,1-dimethylethyl)-(R,R)。

理化性质　纯品为白色结晶体，熔点 165～166℃，蒸气压 0.001mPa（20℃），分配系数 $K_{ow}\lg P$=3.2，Henry 常数 $1.13×10^{-5}$Pa·m³/mol（计算值）。密度 1.22g/mL。水中溶解度（20℃）

26mg/L；有机溶剂中溶解度（20℃，g/L）：甲醇 150，丙二醇 50，丙酮 110，环己酮 180，二氯甲烷 100，己烷 10，二甲苯 60。稳定性：纯品在 20℃下存放 2 年以上稳定，在 50℃下至少稳定 6 个月。在 pH 4～9 水中稳定；在 pH 7 条件下紫外光照射 10d 不降解。

毒性　急性经口 LD_{50}（mg/kg）：雄大鼠 2000，雌大鼠 1300；雄小鼠 490，雌小鼠 1200；豚鼠 400～600；雄兔 840，雌兔 940。大鼠和兔急性经皮 $LD_{50}>1000$mg/kg。对兔皮肤轻度刺激性，对兔眼睛中度刺激性，对豚鼠皮肤无致敏性。大鼠急性吸入 LC_{50}（4h，mg/L 空气）：雄 4.79，雌 3.13。NOEL 数据：大鼠（2 年）250mg/kg 饲料，狗（1 年）75mg/kg 饲料。ADI 值：0.1mg/kg，无致突变作用。绿头鸭急性经口 $LD_{50}>7900$mg/kg。虹鳟鱼 LC_{50}（96h，mg/L）27.8。水蚤 LC_{50}（48h，mg/L）33.2。海藻 EC_{50} 180μmol/L。蜜蜂急性经口无作用剂量 >0.002mg/只，急性经皮无作用剂量 >0.040mg/只。

环境行为　一般而言，土壤 DT_{50} 0.5～1 年；含钙黏壤土（pH 8.8，有机质含量 14%）$DT_{50}<$ 42d；粗砂壤土（pH 6.8，有机质含量 4%）$DT_{50}>140$d。

制剂与分析方法　单剂如 5%、25%悬浮剂，10%、15%、40%、50%可湿性粉剂。混剂：本品+吡啶衍生物，本品+赤霉酸，本品+三唑衍生物，本品+N-苯甲酰苯胺。产品分析用 GC 或 HPLC 法，残留物测定用 TLC 法。

作用特性

多效唑可由植物的根、茎、叶吸收，然后经木质部传导到幼嫩的分生组织部位，抑制赤霉酸的生物合成。

应用

多效唑是一个广谱的植物生长调节剂，主要生理作用是矮化植株、促进花芽形成、增加分蘖、保花保果、促根系发达。也有一定的防治植物病害的作用。

（1）水稻　始穗期每亩喷洒 10mg/L 药液 50L，可抑制单穗间的顶端优势，增加每穗实粒数，提高结实率和千粒重。在拔节前用 150～200mg/L 药液进行茎叶喷洒，可使节间缩短，茎壁增厚，机械组织发达，能有效防止倒伏。二季晚稻秧苗，用 300mg/L 药液于稻苗一叶一心前，落水后淋洒，施 12～24h 后灌水；早稻用 187mg/L 药液于稻苗一叶一心前，落水后淋洒，12～24h 后灌水。达到控苗促蘖、"带蘖壮秧"、矮化防倒、增加产量的功效。低温下用多效唑处理的秧苗，根系发达，成活率显著提高，对解决早稻烂秧具有重要意义。早季杂交稻在 3 叶 1 心期，中季杂交稻、晚季杂交稻和晚粳稻在 1 叶 1 心期用 300mg/L 药液喷雾即可。多效唑的杀菌能力很强，对植物病原真菌有一定的抑制作用，且具有广谱性，据报道，66mg/L 的多效唑处理可抑制水稻的稻瘟菌等病菌。使用时取 15%多效唑可湿性粉剂对水稀释 2000 倍喷雾处理即可。

（2）小麦　播前用 200mg/L 药液浸种 10～12h，可促进根系生长、壮苗增蘖，增强抗逆性。在 3～5 叶期，每亩叶面喷洒 100～150mg/L 药液 50L，可以增强分蘖力，提高成穗率，增加有效穗，降低株高，减轻倒伏。在小麦拔节期用 200～300mg/L 药液喷雾，可明显降低株高，提高抗倒伏能力。拔节或孕穗期喷洒 150mg/L 药液 40L/亩，并与锌、镁、硼等元素肥混用，可增产，并有利于改善品质。如小麦冬前应用多效唑，可促进氮素向籽粒中输送，提高籽粒蛋白质和赖氨酸含量。在小麦分蘖末期和旗叶出现阶段，使用 15%多效唑可湿性粉剂 8～12g/亩，加水 30～50L 喷洒，可有效缩短麦秆节间长度，提高抗倒伏能力，同时提高抗霜冻能力。

干热风是小麦生育后期的主要灾害，尤其是在北方冬麦区，每年为害面积达 74%，一般年份减产 10%左右，严重时减产 30%以上。大于 30℃的高温条件是诱发干热风的主要因素，因此干热风实质上主要是高温胁迫。受干热风危害的小麦，植株体内水分散失加快，正常的生理代谢进程被破坏，导致植株死亡，或叶片、籽粒含水量下降，同时，根系吸收能力减弱，因灌浆时间缩短，干物质积累提早结束，千粒重下降，致使产量锐减。因此，积极采取有效措施防御小麦干热风，是保证小麦高产稳产的重要方面。

已有研究证明，植物生长调节剂在提高作物的抗旱能力方面大有用武之地。由于20%甲哌鎓·多效唑微乳剂处理增加植株的根量，促进根系下扎，因而可以显著提高小麦植株抵抗拔节后干旱的能力，有效减缓穗粒数和粒重的下降，增产效果明显。

（3）大麦　在大麦1叶1心期使用300mg/L药液进行叶面喷洒，可明显促进分蘖、控长壮秆、增穗增粒，达到抗倒增产的目的。在大麦拔节期每亩叶面喷洒50L 600～800mg/L药液，可减轻早春低温的危害，提高产量。

（4）玉米　用200mg/L药液浸种12h（1kg药液浸种0.8～1kg玉米种子），或在玉米5～6片叶时喷洒叶面，可防止麦套玉米苗弱易倒，达到增产目的。

（5）谷子　在拔节期或抽穗期，叶面喷洒300mg/L药液50L，可延缓叶片衰老，增加后期叶片的光合生产率，促进灌浆籽粒的干物质积累量，比对照增产10%左右。

（6）油菜　以200mg/L浓度于油菜3叶期进行叶面喷雾，每亩喷药液100L，可抑制油菜根茎伸长，使茎秆矮化、叶色深绿、叶片厚实，促使根茎增粗，培育壮苗。用200mg/L药液浸种10h，用于直播，出苗率高，苗齐苗壮，中后期仍能维持明显的生长优势；用于移栽，则可提高成活率30%以上，茎增粗5mm，根长和根数明显增多。

（7）大豆　以100～200mg/L药液于大豆4～6叶期叶面喷雾，植株矮化、茎秆变粗、叶柄短粗，叶柄与主茎夹角变小，绿叶数增加，光合作用增强，防落花落荚，增加产量。用200mg/L药液拌种（药液：种子=1:10），阴干种皮不皱缩即可播种，效果较好。在大豆开花后的第7天，每亩喷50～100L 100～200mg/L药液，可以调节大豆株型，显著地降低大豆株高和抑制叶柄伸长，使茎秆增粗、叶柄变短、株型紧凑。我国南方的大多数土壤中微量元素硼和钼都十分缺乏，可用1%钼酸铵+2%稀土元素肥料+0.5%硼砂混合拌种，再在盛花期喷洒100mg/L药液，具有较好的增产效果。也可在喷洒多效唑时，向药液中加入微量元素，即每亩喷洒浓度为100mg/L多效唑+0.02%钼酸铵+0.03%稀土+0.02%硼砂的混合液50L。春大豆于封行期、夏大豆于盛花期用100～200mg/L药液，能降低株高提高产量。另在北京、新疆、辽宁等地试验，于大豆初花期叶面喷洒100～200mg/L药液，可增加籽粒中的蛋白质含量。另据丹东试验，在大豆生长60d或初花期喷200mg/L药液，脂肪含量比对照提高11%～18%。多效唑可与镁、硫、磷等元素的肥料混合施用，比多效唑单独处理的成本更低，增产效果更显著。

（8）甘薯　在薯块膨大初期，用50～150mg/L药液喷洒，可提高产量和淀粉含量，并可促使甘薯提早成熟。另据贵州试验表明，在甘薯套种玉米模式中，于甘薯的花蕾期每亩用90～120mg/L药液50L喷洒，则甘薯和玉米都能增产。

（9）马铃薯　株高25～30cm时，使用250～300mg/L药液，每亩喷洒50L药液，可抑制茎秆伸长，促进光合作用，改善光合产物在植株器官的分配比例，起到控上促下的作用，促进块茎膨大，增加产量。但该药剂适用于旺长田块。

（10）辣椒、茄子　用10～20mg/L多效唑药液进行叶面喷施；或选取带花蕾、具有2次分枝的辣椒壮苗，用100mg/L多效唑溶液浸根15min后再移栽，可提高抗寒、抗病能力。辣椒在2叶1心期用25～50mg/L多效唑喷苗，可增加果数。

（11）西瓜　育苗时为防止出真叶前徒长，下胚轴过长，可对子叶喷50～100mg/L药液。

伸蔓至 60cm 左右，对生长过旺植株用 200～500mg/L 药液全株喷洒，每次相隔 10d，喷 2～3 次，可控制蔓长，提高坐瓜率。

（12）西葫芦 苗期采用 4～20mg/L 药液淋苗，可使瓜苗节间缩短，叶片增厚、增绿、植株抗寒、抗旱。

（13）甘蓝 在甘蓝 2 叶 1 心期喷施 50～75mg/L 多效唑溶液，可使甘蓝壮苗。用 200mg/L 多效唑溶液在紫甘蓝 3 叶期进行喷施，可防紫甘蓝徒长，增加产量。

（14）大白菜、小白菜 生长后期喷施 50～100mg/L 的多效唑溶液，可抑制抽薹。

（15）莴苣 在莴苣莲座期喷施 200mg/L 多效唑溶液，可防莴苣徒长。

（16）菜豆 初花期喷 100mg/L 多效唑，可显著提高菜豆产量。菜豆生长中期喷施 20mg/L 的矮壮素、150mg/L 多效唑、100mg/L 三碘苯甲酸或 500mg/L 丁酰肼，能减少郁闭与病虫害的发生，提高产量。

（17）扁豆 生长中期喷施 20mg/L 的矮壮素、150mg/L 多效唑、500mg/L 丁酰肼或 100mg/L 三碘苯甲酸，能减少郁闭与病虫害的发生，提高产量。

（18）萝卜 幼苗 3～4 片叶时喷施浓度为 30mg/L 的赤霉素（GA₃）溶液或 10mg/L 的多效唑溶液，或萝卜根膨大期（肉质根直径 4～5cm）喷施 50mg/L 的多效唑溶液，能提高萝卜产量。

（19）杏树 在 7 月至 9 月上旬，对适龄不结果大树、幼旺树，可连续喷布 2～3 次 500～1000mg/L 的多效唑溶液，间隔期为 15～20 天，有明显控梢促花作用。发芽前土壤施用 8～10g/株的多效唑能抑制杏树枝条生长，有利于提高当年坐果率和提高当年成花率。花后 3 周在土壤中每平方米树冠投影面积使用 0.5～0.8g 的多效唑水溶液，可以控制枝梢生长，促进花芽分化。对于杏的幼树，在 5 月中下旬短枝叶片长成以后，喷洒 1000mg/L 药液，或者花后 3 周在土壤中每平方米树冠投影面积使用 15%可湿性粉剂 0.5～0.8g 的水溶液，可以控长促花。对于盛果期大树，当新梢长到 10cm 时，叶面喷洒 100～300mg/L 药液；果实采收完毕接棚后，在秋梢旺长初期再喷洒 200～500mg/L 药液，达到控长促花的目的。

（20）樱桃树 每株 0.5～1.6g（a.i.）的剂量土施，或以 200～2000mg/L 药液进行叶面喷洒，可以明显抑制樱桃树的营养生长，并有利于生殖器官的形成，且药效期长。用 200mg/L 药液在落花后喷洒于叶面，使具有花芽的短果枝数明显地增加。

（21）李树 李树谢花后 20～30 天之间，用多效唑药液均匀地涂抹整个主干表皮或树冠投影面积每平方米施用 0.5～1g 多效唑或叶面喷施 300～500mg/L 的多效唑药液,均可控制新梢旺长。在维多利亚李树盛花期（或 6 月初）喷施 1000～2000mg/L 的多效唑溶液，可以疏果，使果实体积增大。

（22）苹果、梨 土壤施用（树四周沟或穴施），15%可湿性粉剂 15g/株，使用时间为春季萌芽前至正当萌芽时，叶面喷雾。在植株旺盛生长前，处理浓度为 500mg/L，控制营养生长，促进生殖生长，促进坐果，明显增加果实数量。库尔勒香梨在花蕾露红期喷洒 600mg/L 药液，能使秃顶果由 83.8%降至 8.7%，果形指数由 1.25 降至 1.05，多数果实由纺锤形变为宽卵形；多效唑控制茌梨和罐梨秃顶也有类似的效果。

（23）柑橘 小年树花蕾期喷洒 1000mg/L 药液，可明显提高坐果率，增加产量。5 月 24 日（夏梢前 1 周），以 10mg（a.i.）/株土壤施用，6 月 15 日（夏梢发生后 2 周）以 30mg（a.i.）/株土壤施用，8 月 11 日（秋梢发生前）以 100mg（a.i.）/株土壤施用，伸长生长明显得到控制。柑橘增甜，色泽好。在 5 月 24 日和 6 月 15 日分别叶面喷雾 500mg/L 药液，梢的伸长生长也明显得到抑制，同样有增甜着色作用。暗柳橙在夏梢发生前喷洒 250～750mg/L 药液，可使夏梢缩短，抑制效果随施用浓度增加而加强，对果实发育及品质无影响。应用 100mg/L 药液可使盆栽"代代"生长缓慢而粗壮，对叶片中氮磷钾钙铁及锰等元素含量无影响，可抑制根系生长。

（24）桃　在新梢旺盛生长前，以 15%可湿性粉剂 15mg（a.i.）/株土壤施用，或用 500mg/L 药液进行叶面喷雾，抑制新梢伸长，促进坐果，促进着色，增加产量。在花期喷洒 500～1000mg/L 药液，亦有显著的疏除效果，因抑制了花粉萌发和幼果膨大，成熟时处理果的重量高于对照。大棚栽培中，桃 1 年生长 3～5 次，为了抑制生长，减少修剪次数，使树冠矮小紧凑和长势中庸，可应用多效唑调节，施用方法有三种：一是叶面喷洒，二是土施，三是树干涂抹法。

（25）枇杷　7 月上旬和 8 月上旬各喷一次 500～700mg/L 的多效唑，有良好的控促效果。在果实采收后的夏梢抽生期喷洒 500～700mg/L 药液，对夏梢生长有明显的抑制效果，有利于营养的积累。同时对花芽分化、延迟花期和减少冻害均有好处。

（26）龙眼　多效唑是一种生长延缓剂，它通过抑制赤霉酸的生物合成而起作用。龙眼叶片喷施多效唑，使节间变短、叶片增厚，提高叶绿素含量使叶片光合速率加快。在龙眼末次秋梢老熟期喷施 400～600mg/L 的多效唑，以后每隔 20～25d 喷一次，可抑制冬梢的抽生。在秋末冬初花芽生理分化期用多效唑处理可促进花穗形成。花穗发生"冲梢"初期，可采用 300mg/L 药液，也可以抑制红叶的长大。龙眼枝梢老熟、冬梢全部抹去后，对树冠喷施 500～550mg/L 的多效唑或 400mg/L 乙烯利，有促进开花与成熟的作用。龙眼控梢Ⅱ号药（主要成分为多效唑）也能有效控制龙眼花穗小叶，防止"冲梢"，促进花穗正常发育。该药为华南农业大学园艺系化学调控中心经多年研制而成，生产上已大面积使用。

（27）荔枝　用 5000mg/L 的多效唑喷洒新抽生的冬梢，或在冬梢萌发前 20 天土施多效唑，可抑制冬梢生长，促进抽穗开花，增加雌花比例。用华南农业大学园艺系生产的荔枝控梢促花素Ⅱ号药（主要成分为多效唑）喷洒，可有效控制荔枝花穗上的小叶。

（28）芒果　早抽的花序人工摘除后每隔 7 天喷 1 次 500mg/L 的多效唑，连喷 3～4 次，花可延迟花期约 40 天。用 750～1000mg/L 的多效唑点喷刚萌发的幼蕾可推迟花期 40～60 天。50mg/L 的赤霉素（GA₃）处理可推迟花期 35 天，1000～7000mg/L 的丁酰肼处理可推迟花期 20～84 天。在芒果花芽分化前（11～12 月）连续喷 2～3 次 30mg/L 的赤霉酸（GA₃），翌年春季（2～3 月）再土施 5～10g 多效唑，可将花期推迟至 6 月以后，成熟期推迟至 10 月中旬以后。

反季节生产。当春梢刚转绿时土施 15%多效唑，每株 8～20g，可使 6～7 月现蕾，11 月果实开始成熟。在冬季用 30mg/L 的赤霉酸（GA₃）喷施树冠，可抑制芒果树开花，次年 4 月再土施多效唑促进芒果树开花，以调节花期，实现反季节栽培。

（29）杨梅　多效唑适用于 5 年以上生长势旺盛的未投产树、进入结果期的幼年树、生长势偏旺结果数量少的成年树及旺长无产树。施用方法分土壤施用和叶面喷施两种。土壤施用时施用量视树势和品种而异，东魁杨梅以有效成分每平方米施 0.35g，荸荠种杨梅 0.15～0.2g、晚稻杨梅和深红杨梅 0.2～0.25g、水梅类 0.1g 为宜。叶面喷洒时，未结果的旺长树在春梢或夏梢将停止生长时，即花芽分化前喷洒 1000mg/L 药液为宜，喷至叶面滴水为止。多效唑抑梢促花效果明显，一般 5 年生以下的幼树不能使用；土施后要隔 4～5 年才能再施，叶面喷洒 1 次后的也要隔 1～2 年再喷。施用多效唑后还需配合人工拉大主枝和副主枝的角度，才能发挥更大的效应。若多效唑过度抑制了杨梅生长，首先在春梢 2～3cm 长时，喷洒浓度为 40～50mg/L 的赤霉酸，促使春梢伸长生长；其次在结果期疏去所有幼果，至下一年可以适量挂果。

（30）柿子　6月上旬喷施1000mg/L的多效唑，有控制树体生长、增加短枝数量、促进幼龄柿树提早结果的作用。4月中下旬，柿树按树冠投影面积每平方米土施多效唑1～2g，可抑制单叶面积、干周增长及次年的枝条生长量，且能使花期提早3～4天，果实成熟期提前20多天。

（31）猕猴桃　于4月底5月初喷一次2000～3000mg/L的多效唑，可明显抑制新梢的生长，但对侧径和横径无显著影响，平均单果重有明显的增加。用土施多效唑方法控制猕猴桃枝梢生长，施用最佳时期是萌芽期或头年秋季，施用量以2.0～4.0g/株为宜。

（32）葡萄　土壤施用和叶喷多效唑都能起到抑旺、促壮、提高坐果率、增加树体抗性、改善果实品质等作用。土施应在秋季落叶后至春季发芽前。叶喷应在新梢（结果蔓）长达65cm时进行。用15%可湿性粉剂600倍液喷雾。在巨峰葡萄盛花期或花后3周，叶面喷布0.3%～0.6%多效唑，能明显抑制当年或第2年的新梢生长，增加单枝花序量、果枝比例和产量，但第3年的产量有所下降。

（33）花生　在春花生始花后25～30天，叶面喷施25～100mg/L多效唑，可促进根系生长，并提高根系的吸水、吸肥能力；叶片里面的贮水细胞体积加大，蒸腾速率下降，叶片含水量增多，有利于抵抗水分胁迫，提高抗旱能力。花生应用多效唑的浓度和药液量由花生植株长势而定。用50～100mg/L药液拌种，用量以浸湿种子为度，闷种1h后晾干播种于大田，可以调控花生苗期的生长发育。

（34）油橄榄　在落叶前，用200mg/L的多效唑或6-BA，能提高叶片SOD（超氧化物歧化酶）活性，降低了叶片超氧自由基的产生速率，延缓叶片衰老，把叶片脱落始期和脱落高峰期都推迟了15d，从而有利于开花和果实发育。

（35）烟草　在烟草幼苗3叶1心期，多效唑使用浓度为150～200mg/L、烯效唑使用浓度20mg/L，每亩幼苗喷洒60～80L药液，可降低烟苗高度，使茎粗壮，叶片较绿，光合效率增加，烟苗素质提高，抗逆性增强。

（36）枸杞　在枸杞树冠地面范围外缘挖开对称环状沟，沟深15cm，长30～50cm，将定量的多效唑（1～4年幼枸杞树每株树0.15g，5年以上成龄树0.3g）与清水按1∶10000比例稀释后，均匀撒入沟内后覆土，可控制徒长，促进生殖生长，达到早期丰产、稳产和产品优质的目的。

（37）人参　在出苗末期，用200～336mg/L药液喷洒或用0.03～0.05g（a.i.）/m²施入土壤，每年喷洒或土施两次（间隔15d），可控制人参的营养消耗，加快生殖生长，增加叶绿素含量，减轻病害，控制杂草危害，提高产量和优质率。

（38）水仙　在9月下旬地栽前2d，用20～50mg/L药液浸泡36～48h后，待鳞茎的根盘上长出有半粒米长短的白根时，捞出鳞茎在清水中浸泡5～8h，再进行播种，成苗率高，出苗整齐，且叶绿花大，花期可延长1～2周。

（39）马缨丹　用40%可湿性粉剂（0.5～1.0g/盆）对盆栽马缨丹进行土壤处理，可使植株生长量降低，枝条缩短，而不处理的植株则需要进一步修剪。

（40）盆栽柑橘　用125～250mg/L药液浇施观赏盆栽柑橘，可有效控制其枝梢生长，增加短枝比例，提高当年坐果率和第二年花芽分化率。

（41）丁香　在丁香扦插定植1周后，用40%制剂每盆20mg配成药液浇灌土壤，1个月后浇灌第二次，可矮化植株，并促进侧枝生长。

此外，多效唑还可矮化草皮，减少修剪次数；还可矮化菊花、一品红等许多观赏植物使之早开花，花朵大。

多效唑与尿素混合使用有协同增效作用。每平方米早熟禾草坪用 5.9g 尿素+0.007～0.054g 多效唑混合喷洒，可使早熟禾叶片绿而宽、侧枝多，明显提高草坪质量，而多效唑单用仅有矮化作用，单用尿素则促进草坪长高而叶色淡。

多效唑与多种其他植物生长调节剂混合使用具有协调作用。如多效唑与烯效唑混合组成多效·烯效合剂，是一种增强矮化作用的复合型生长调节剂。

注意事项

多效唑是我国应用广泛的一种植物生长调节剂。开始人们先看到它的奇妙作用，如矮化、分蘖多、叶绿、花多、果多，但经过几年连续使用，一些后茬敏感作物生长受到抑制，苹果等果变小，形状变扁。其副作用要应用几年之后才暴露出来。由于其副作用的发现，有人认为应限制它的应用，有人则主张禁用。但只要注意如下几个方面，就可扬长避短，发挥其有效调控作用。

（1）用于果树矮化坐果，作叶面处理时，应注意与细胞激动素、赤霉酸、疏果剂等混用或交替应用，既矮化植株，控制新梢旺长，促进坐果，又不使果实结得太多，并让果型保持原貌；可以发展树干注射，以减少对土壤的污染，也要注意与上述调节剂合理配合使用。

（2）用于水稻、小麦、油菜矮化分蘖、防倒伏，应注意与生根剂混用，以减少多效唑的用量，或者制成含有机质的缓慢释放剂作种子处理剂，既对种子安全，又会大大减轻对土壤的污染。

（3）在草皮、盆栽观赏植物及花卉上，多效唑有应用前景。建议制剂为乳油、悬浮剂、膏剂、缓释剂，尽量作叶面处理或涂抹处理，以减轻对周围敏感花卉的不利影响。

专利与登记

专利名称　Fungicidal and plant-growth regulating pure optically active triazoles

专利号　JP 55105672

专利拥有者　Imperial Chemica Industries Ltd.

专利申请日　1979-02-09

专利公开日　1980-08-13

目前公开的或授权的主要专利有 CN 1032008、CN 85102994、DE 2737448、JP 0269405、DE 3102588、DE 3221700 等。

登记情况　国内原药登记厂家有江苏中旗科技股份有限公司（登记号 PD20150667）、山东潍坊润丰化工股份有限公司（登记号 PD20150318）、沈阳科创化学品有限公司（登记号 PD20085249）、江苏七洲绿色化工股份有限公司（登记号 PD20081265）等。其他剂型登记厂家有广州市广农化工有限公司（登记证号 PD20171231，25%悬浮剂）、江苏苏斌生物农化有限公司（登记证号 PD20171080，15%可湿性粉剂）、江西鑫臻科技有限公司（登记证号 PD20170863，96%原药）、江苏东宝农化股份有限公司（登记证号 PD20170582，25%悬浮剂）、浙江泰达作物科技有限公司（登记证号 EX20220015，0.4%悬浮剂）等。美国的 EPA 登记号为 125601，欧盟法规为 Reg.(EC)No540/2011、Reg.(EU)2018/1266、Reg.(EU)2018/155。

合成方法

多效唑的合成方法主要有两种，反应式如下：

（1）以三唑和一氯频哪酮为原料，合成 α-三唑基频哪酮，再与对氯氯苄进行综合反应，然后用硼氢化钠还原，即得产品。

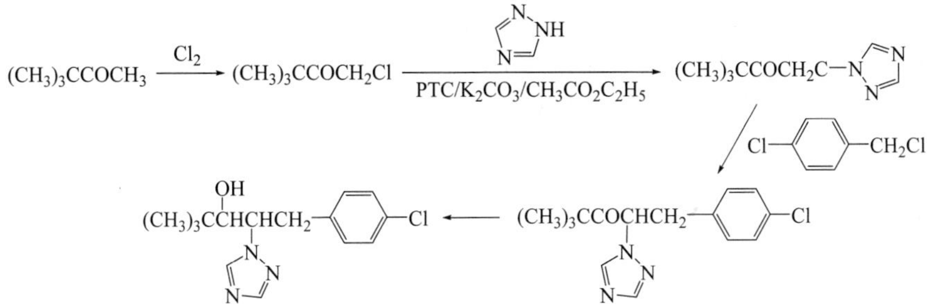

$$(CH_3)_3CCOCH_3 \xrightarrow{Cl_2} (CH_3)_3CCOCH_2Cl \xrightarrow[PTC/K_2CO_3/CH_3CO_2C_2H_5]{} (CH_3)_3CCOCH_2-N \text{(三唑)}$$

（2）以对氯苯甲醛和频哪酮为原料，生成烯酮，经加氢、溴化和与三唑反应，最后用硼化钠还原，即得产品。

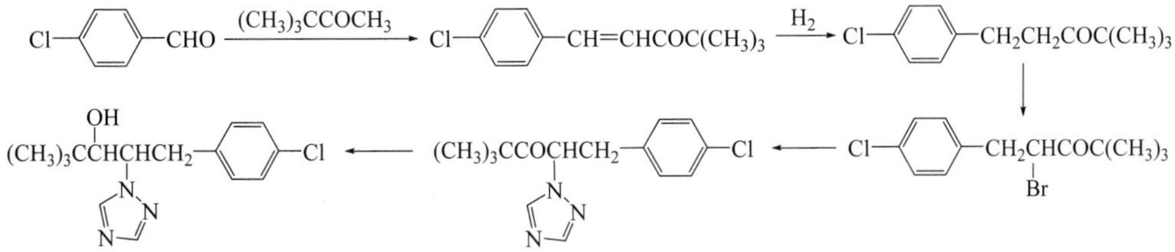

$$Cl-C_6H_4-CHO \xrightarrow{(CH_3)_3CCOCH_3} Cl-C_6H_4-CH=CHCOC(CH_3)_3 \xrightarrow{H_2} Cl-C_6H_4-CH_2CH_2COC(CH_3)_3$$

参考文献

[1] 1595697, 2004, CA 56: 12345.
[2] Stic. Sci., 1984, 15(3): 296-302.
[3] 化学，1986(4): 291-294.
[4] 大学学报（自然科学版），1990, 29(3): 305-308.
[5] 化学，1988(2): 169-170.
[6] Plant Growth Regul., 1987, 6: 233-244；1988, 7: 27-36.

噁霉灵（hymexazol）

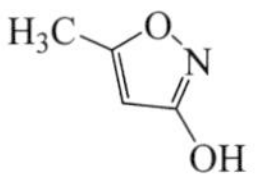

$C_4H_5NO_2$，99.1，10004-44-1

噁霉灵（商品名称：Tachigaren、土菌消，其他名称：F-319、SF-6505）是 1970 年日本三共制药开发的产品。

产品简介

化学名称　5-甲基异噁唑-3-醇；5-甲基-1,2-噁唑-3-醇。英文化学名称 5-methylisox-azol-3-ol。美国化学文摘（CA）系统名称为 5-methyl-3(2H)-isozolone（9CI），5-methyl-3-isozolol（8CI）。美国化学文摘（CA）主题索引名为 3(2H)-isozolone; 5-methyl-（9CI），3-isozolol; 5-methyl-。

理化性质　无色结晶体，熔点 86～87℃，沸点（202±2）℃，蒸气压 182mPa（25℃），分配系数 $K_{OW}lgP$=0.480，Henry 常数 $2.77×10^{-4}Pa·m^3/mol$（20℃，计算值）。溶解度（g/L，20℃）水中为 65.1（纯水）、58.2（pH 3）、67.8（pH 9），丙酮 730，二氯甲烷 602，乙酸乙酯 437，己烷 12.2，甲醇 968，甲苯 176。稳定性：在碱性条件下稳定，酸性条件下相对稳定，对光、热稳定。酸解离常数 pK_a 5.92（20℃），闪点（205±2）℃。

毒性　噁霉灵对人和动物安全。急性经口 LD_{50}（mg/kg）：雄大鼠 4678，雌大鼠 3909，雄小鼠 2148，雌小鼠 1968。急性经皮 LD_{50}：雌、雄大鼠＞10000mg/kg，雌、雄小鼠＞2000mg/kg。对皮肤无刺激性，对眼睛及黏膜有刺激性。NOEL 数据（mg/kg 饲料，2 年）：雄大鼠 19，雌大鼠 20，狗 15。无致突变、致癌、致畸作用。急性经口 LD_{50}：日本鹌鹑 1085mg/kg，绿头鸭＞2000mg/kg。虹鳟鱼 LC_{50}（96h）：460mg/L，鲤鱼 LC_{50}（48h）：165mg/L。水蚤 EC_{50}（48h）：28mg/L。对蜜蜂无毒，LD_{50}（48h，经口，接触）＞100μg/只。蚯蚓 LC_{50}（14d）＞15.7mg/kg 土壤。

环境行为　进入哺乳动物体内的本品，代谢为葡（萄）糖苷酸；本品在植物体内降解为 N-葡糖苷和 O-葡糖苷。本品施于土壤降解为 5-甲基-2-(3H)噁唑酮，DT_{50} 2～25d。

制剂与分析方法　产品可用 GC、HPLC 分析。

作用特性

可能的作用机理是 DNA/RNA 合成抑制剂，可由植物的根和萌芽种子吸收，传导到其他组织。在生长早期可预防真菌疾病及由镰刀状细菌引起的植物病害。Kamimura 等（1974）发现噁霉灵 O-糖苷代谢物具有体外抗真菌活性，但微弱于噁霉灵，而 N-糖苷代谢物基本丧失了体外的抗真菌活性。但 Ogawa 等（1973）研究了噁霉灵和两个糖苷代谢物对水稻幼苗生长活性的影响，实验结果表明 N-糖苷代谢物在 1000μg/mL 的时候对水稻幼苗都没有毒害作用，而噁霉灵和氧糖苷代谢物表现出了 100%的毒害作用。另外，氮糖苷代谢物能促进种子发芽和幼苗生长，其促进作用超出噁霉灵和氧糖苷代谢物数倍。因此在植物体内，噁霉灵的这两种植物代谢物可通过协同作用防治病原真菌的侵害。

应用

噁霉灵是土壤杀真菌剂和植物生长促进剂。当用 300～600mg/L 有效成分的药剂施用于栽种稻苗、甜菜、树苗等的地中则能防治由镰刀霉菌、丝囊霉属、腐霉属和伏革菌属引起的病害。含噁霉灵 0.5%～1%有效成分的药剂可作甜菜的种子处理剂。

主要应用于水稻。每 5L 土壤混拌 4～8g 40%该剂装入盒子中，培养幼苗。水稻移栽后可促进根的形成。另一应用方法是在移栽前用 10mg/L 噁霉灵和 10mg/L 生长促进剂浸根。日本有 80%水稻田都应用该技术。

噁霉灵与萘乙酸混合使用，对栀子插枝生根有明显促进作用。单用 10mg/L 萘乙酸或 300mg/L 噁霉灵浸栀子扦插条基部，基本没有促进生根的效果，而萘乙酸与噁霉灵混合（10mg/L+300mg/L）使用，处理栀子插枝基部，不仅促进生根，根的数量也明显增加。

注意事项

（1）不要用噁霉灵浸种。

（2）用于水稻田壮苗和防病，和稻瘟灵混用可提高作用效果。

专利概况

专利名称　Hydroxyisoxazoles

专利号　NL 6511925

专利拥有者　Sankyo Co. Ltd

专利申请日 1964-09-14

专利公开日 1966-03-15

合成方法

噁霉灵的制备方法主要有两种。

（1）以丙炔为原料，合成 2-丁炔酸乙酯，再与羟胺反应即得产品。反应式如下。

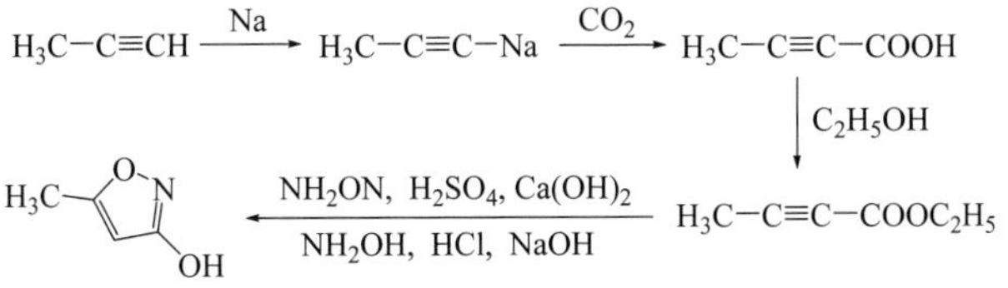

（2）以乙酰乙酸乙酯为原料，经过如下反应制得产品。反应式如下。

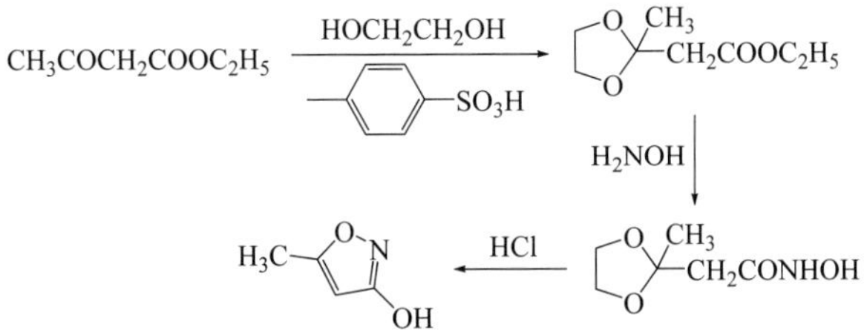

参考文献

[1] NL 6511925, 1966, CA 65: 16974.

[2] JP73 81856, 1973, CA 80: 27237.

[3] Chem. Phem. Bull, 1966, 14: 1277.

[4] Bull. Soc. Chim. Fr, 1978, 5: 1970.

[5] NL 6516875, 1967, CA 65: 15383.

二苯基脲磺酸钙（diphenylurea sulfonic calcium）

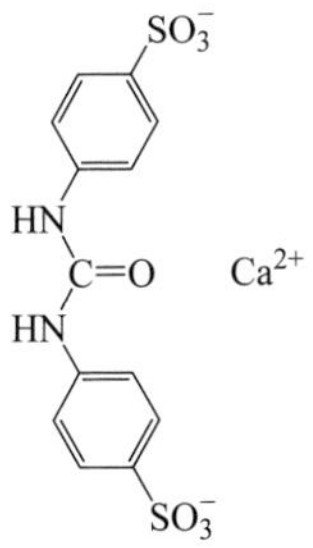

$CaC_{13}H_{10}N_2O_7S_2$，410.4

1955 年，Shantz 等报道了 *N,N'*-二苯基脲表现出促进离体培养的植物细胞分裂的活性。此后的研究表明，一些苯基脲衍生物具有与细胞分裂素完全相同或相近的生理功能。山西大学郝建平等对二苯基脲磺酸钙（DSC）进行了研究，发现其在促进组织培养物的器官分化和生长、促进植株根系的生长、提高小麦幼苗叶绿素含量和硝酸还原酶活性以及提高气孔导度和蒸腾速率、提高净光合速率等方面有明显的效果。

产品简介

化学名称　(N,N'-二苯基脲)-4,4'-二磺酸钙。英文化学名称为 diphenylurea sulfonic calcium。

理化性质　原药（含量≥95%）外观为浅棕黄色固体，分解温度300℃（常压），水中溶解度为122.47g/L（20℃），密度为1.033g/mL（20℃）。对酸、碱、热稳定，光照分解。

毒性　该药属于低毒植物生长调节剂，原药急性经口 LD_{50}>5000mg/kg，急性经皮 LD_{50}>4640mg/kg，对兔皮肤、眼睛无刺激性，为弱致敏性；致突变试验：Ames 试验、小鼠骨髓细胞微核试验均为阴性；大鼠 90d 饲喂亚慢性试验无作用剂量为 2mg/(kg·d)。6.5%水剂对大鼠急性经口 LD_{50}>5000mg/kg，急性经皮 LD_{50}>2150mg/kg，对兔皮肤、眼睛无刺激性。

作用特性

该产品可影响植物细胞内核酸和蛋白质的合成，促进或抑制植物细胞的分裂和伸长。还可调节控制植物体内多种酶的活性、增加叶绿素含量、促进根叶茎和芽的发育，从而提高农作物的产量。对棉花、小麦、蔬菜等作物有增产效果。

应用

（1）6.5%二苯基脲磺酸钙水剂对棉花用量为 50～75mg/kg（每亩用药液量 45kg），于棉花苗期、蕾期、初花期喷 3 次药，对棉花的生长发育有促进作用，增加植株抗旱能力，减少蕾铃脱落，提高单株结铃数，促进棉花纤维发育及干物质积累，使棉花的产量和质量有明显提高，对棉花安全。

（2）6.5%二苯基脲磺酸钙水剂对小麦的用量为 100～150mg/kg（每亩用药液量 30kg），于小麦出齐苗后，拔节前、扬花期连续喷 3 次药，对小麦生长有一定促进作用，可促进小麦有效分蘖，提高成穗率，增加穗粒数和千粒重，明显提高小麦产量，对小麦安全。

（3）6.5%二苯基脲磺酸钙水剂对黄瓜的用量为 10～20mg/kg（每亩用药液量 30kg），于黄瓜苗期 7 叶期后开始喷药，以后每隔 20 天喷药 1 次，共喷药 3～4 次，可调节黄瓜生长，增加黄瓜产量，使植株健壮，增强抗病性。对品质无不良影响，对黄瓜安全、未见药害发生。

（4）玉米、燕麦、大豆等旱地作物只拌种，不喷雾，也能获得增产效果。

注意事项

（1）6.5%二苯基脲磺酸钙水剂可与一般农药混合使用，不能与叶肥混合使用。

（2）应通过试验来确定最佳浓度，特别在苗期更是不宜稀释过浓，以免产生药害。

（3）喷药后 8 小时内遇雨，需重喷。

（4）最佳喷施时间为上午 10 点前下午 4 点以后。

专利概况

专利名称　一种植物源杀虫剂及其制备方法

专利号　CN201611071144.1

专利拥有者　广西大学

专利申请日　2016-11-29

专利公开日　2017-04-26

参考文献

[1] 张宗俭，邵振润，束放. 植物生长调节剂科学使用指南（第三版）. 北京：化学工业出版社，2015.

二苯脲（DPU）

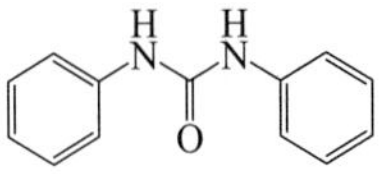

C$_{13}$H$_{12}$N$_2$O，212.2，102-07-8

二苯脲（商品名称：Carbanilide、Diphenyl carbamide）是一种脲类的植物生长调节剂。

产品简介

化学名称 1,3-二苯基脲。英文化学名称为 1,3-diphenylurea。美国化学文摘（CA）系统名称为 1,3-diphenylurea。美国化学文摘（CA）主题索引名为 urea, 1,3-diphenyl-；carbanilide。

理化性质 纯品无色，菱形结晶体。熔点 238～239℃，相对密度 1.239，沸点 260℃，200℃升华。二苯脲易溶于醚、冰乙酸，但不溶于水、丙酮、乙醇和氯仿。

毒性 二苯脲对人和动物低毒。不影响土壤微生物的生长，不污染环境。

作用特性

二苯脲可通过植物的叶片、花、果实吸收。二苯脲可促进细胞分化。可延长果实在植株上的停留时间。这种作用效果在与赤霉酸混用下提高。

应用

二苯脲可延长果实在植株上的停留时间，可促进细胞、组织分化，混用方法见表 2-15。可促进植株新叶的生长，延缓老叶片内叶绿素分解。

表 2-15 二苯脲混用方法

作物	混配药剂	浓度/（mg/L）	应用时间
樱桃	DPU+GA+BNOA	50+250+50	早期和开花盛期
樱桃	DPU+GA	50+250	早期和开花盛期
李子	DPU+GA+BNOA	50+250+10	开花盛期
桃	DPU+GA+BNOA	150+100+15	开花盛期
苹果	DPU+GA+BNOA	300+200+10	开花盛期

注：BNOA 为 2-萘氧乙酸。

注意事项

（1）混配药剂不要和碱性药物接触，否则二苯脲在碱性条件下会分解。

（2）混配药剂喷洒要均匀，且只能在花和果实上喷洒。

（3）在施药 8～12h 内不要浇水，如下雨，要重喷。

专利概况

专利名称 Substituted ureas

专利号 US 2877268

专利拥有者 Monsanto Co.

专利申请日 1956-03-10

专利公开日 1959-03-01

目前公开的或授权的专利主要有 DE 1058510、US 2877268、US 857430 等。

合成方法

苯胺与光气在碱性条件下加热即得到产品，反应式如下：

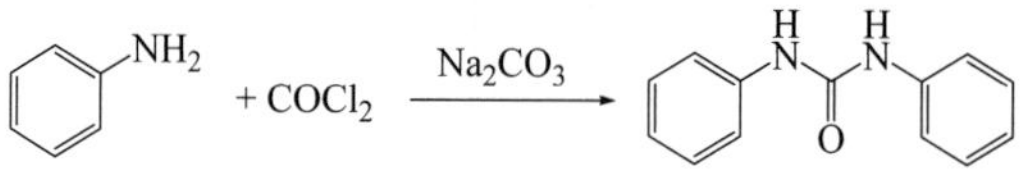

参考文献

[1] US 2806062, 1957, CA52: 2907d.

1,4-二甲基萘（1,4-dimethylnaphthalene）

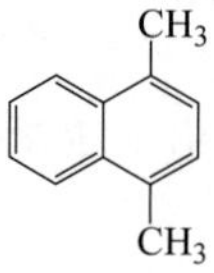

C₁₂H₁₂，156.2，571-58-4

$C_{12}H_{12}$，156.2，571-58-4

产品简介

化学名称　1,4-二甲基萘。IUPAC 名称为 1,4-dimethylnaphthalene。

理化性质　本品为淡黄色液体，熔点-18℃，沸点 262～264℃，水溶解度 11.4mg/L（25℃）。55℃下，暗处理 14d 稳定，光处理 14d 有 14%降解。

毒性　大鼠急性经口 LD_{50} 2730mg/kg，对皮肤和眼刺激中等。

作用特性

本品与其他发芽抑制剂作用机制不同，通过加强马铃薯自然休眠来控制发芽。一旦残留量降低到临界浓度以下，抑制可以发生逆转。

应用

主要用于控制马铃薯的发芽。

注意事项

（1）可以和氯苯胺灵或者任何储存期用消毒剂共存，但是要单独使用。

（2）液体产品与马铃薯直接接触时，会产生药害。

专利与登记

专利名称　Polymerizable cyclic compounds

专利号　US2777005

专利拥有者　Errede,Louis A

专利公开日　1957-01-08

目前公开的或授权的主要专利有 DE 1081461 等。

登记情况　未在国内登记，EPA 登记号 055802，欧盟 Reg. (EC) No 1107/2009，埃利奥特化学品有限公司注册商品名 SIGHT®，登记作物马铃薯。

合成方法

通过如下反应制得目的物。

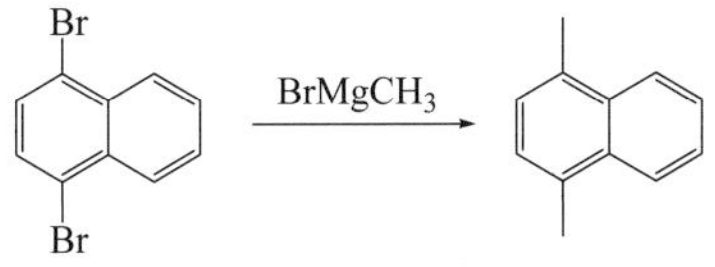

参考文献

[1]　Malamentd S,Carcinogenesis,1981,2(8): 723-729.

[2]　Ampbell Michael A,Functional & Integrativegenomics,2012,12(3):533-541.

二硝酚（DNOC）

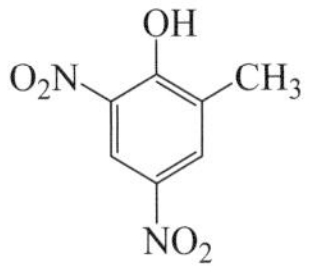

$C_7H_6N_2O_5$，198.1，534-52-1

二硝酚（商品名称：Antinnonin、Sinox，其他名称：DNC）是一种硝基苯类化合物。1892年由 Fr Bayer & Co.（现 Bayer AG）作为杀虫剂开发，并长期生产和销售，1932 年由 G. Truffaut et Cie 作为除草剂开发使用。

产品简介

化学名称　4,6-二硝基邻甲酚。英文化学名称为 2-methyl-4,6-dinitrophenol。美国化学文摘（CA）系统名称为 2-methyl-4,6-dinitrophenol。美国化学文摘（CA）主题索引名为 phenol, 2-methyl-4,6-dinitro-。

理化性质　纯品为浅黄色无嗅的结晶体，熔点 88.2～89.9℃。水中溶解度（24℃）：6.94g/L。溶于大多数有机溶剂。二硝酚和胺类化合物、碳氢化合物、苯酚可发生化学反应。易爆炸，有腐蚀性。

毒性　急性经口 LD_{50}：大鼠 25～40mg/kg，山羊 100mg/kg，DNOC 钠盐绵羊 200mg/kg。对皮肤有刺激性，急性经皮 LD_{50}（mg/kg）：大鼠 200～600，兔 1000。NOEL 数据（mg/kg 饲料，0.5 年）：家兔＞100，狗 20。日本鹌鹑 LD_{50}（14d）：15.7mg/kg。绿头鸭 LD_{50}：23mg/kg。水蚤 EC_{50}（24d）：5.7mg/L。海藻 EC_{50}（96h）：6mg/L。蜜蜂 LD_{50}：1.79～2.29mg/只。

环境行为　原药通过口服摄入，经动物体内代谢后，最终以葡糖酰胺和 2-甲基-4,6 二氨基苯酚形式排出体外。对人 DT_{50} 为 150h。在植物体内，硝基还原成氨基。在土壤中，硝基被还原成氨基。DT_{50}：土壤中 0.1～12d（20℃），水中 3～5 周（20℃）。

应用

二硝酚曾用作除草剂。作为植物生长调节剂可加速马铃薯和某些豆类作物在收获前失水。用量是 3～4kg/hm²。

注意事项

二硝酚对人和动物有毒，操作过程中避免接触。

专利概况

专利名称　Dinitro-o-cresol

专利号　US 2256195

专利拥有者　E. I.du Pont de Nemous & Co.

专利申请日　1939-05-16

专利公开日　1942-09-16

目前公开的或授权的主要专利有 GB 573241、US 2422658 等。

合成方法

通过如下反应制得目的物。

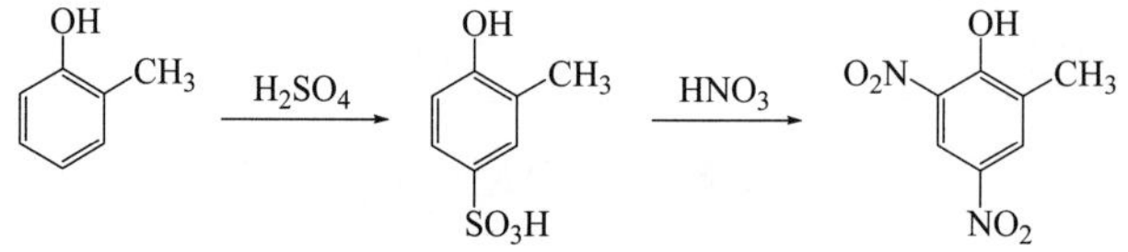

参考文献

[1]　US 2256195, 1942, CA36: 100.

[2]　Notiz.Chim.Ind., 1928, 3(11): 112.

[3]　GB 425295, 1935, CA29: 42963.

放线菌酮（cycloheximide）

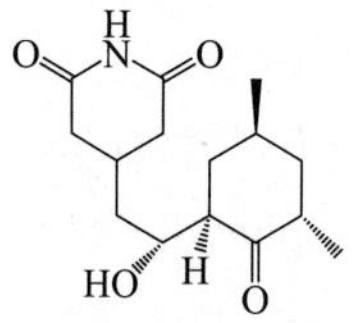

$C_{15}H_{23}NO_4$，281.3，66-81-9

放线菌酮的商品名称为 Actidione。其他名称为 Acti-dione RE、Acti-dione TGF、Acti-dione PM、KaKen、Actispray、Hizarocin、Naramycin A。1946 年，A.Whitten 报道了该化合物。

产品简介

化学名称　4-{(2R)-2-[(1S,3S,5S)-(3,5-二甲基-2-氧代环己基)]-2-羟基乙基}-哌啶-2,6-二酮。英文化学名称为{1S-[1α(S^*),3α,5β]}-4-{2-[(3,5-dimethyl)-2-oxocyclohexyl]-2-hydroxyethyl}-2,6-piperidinedione。美国化学文摘（CA）系统名称为{1S-[1α(S^*),3α,5β]}-4-{2-[(3,5-dimethyl)-2-oxocyclohexyl]-2-hydrxyethyl}-2,6-piperidinedione。美国化学文摘（CA）主题索引名为 2,6-piperidinedione, {1S-[1α(S^*),3α,5β]}-4-{2-[(3,5-dimethyl)-2-oxocyclohexyl]-2-hydrxyethyl}。

理化性质　纯品是无色、薄片状的结晶体，熔点 119～121℃。相对密度 0.945（20℃）。其稳定性与 pH 有关。在 pH 4～5 最稳定，pH 5～7 较稳定。pH＞7 时分解。在 25℃ 条件下，丙酮中溶解度 33%，异丙醇 5.5%，水中 2%，环己胺 19%，苯＜0.5%。

毒性　急性经口 LD_{50}：小鼠 133mg/kg，豚鼠 65mg/kg，猴子 60mg/kg。

作用特性

放线菌酮不仅可作为杀菌剂，又是良好的植物生长调节剂。其作用机制是刺激乙烯的形成和加速落果和脱叶。

应用

放线菌酮主要用来促进成熟的橘子落果。其使用浓度是 20mg/L，均匀地喷在水果上。处理后在水果梗和茎间产生离层，因此，容易脱落。在橄榄树上应用也可产生同样的效果。

注意事项

（1）勿与碱性药物混用。

（2）放线菌酮对哺乳动物毒性较高。

（3）放线菌酮在 20～30mg/L 浓度施用可使作物抵御疾病和加速落果。但剂量过高，可能会产生相反的结果。

专利概况

专利名称　Cycloheximide

专利号　US 3915803

专利拥有者　Upjohn Co.

专利申请日　1974-08-19

专利公开日　1975-10-28

目前已公开或授权的主要专利有 JP 63225646、JP 63225659、JP 63225672 等。

合成方法

通过下面合成路线制得目的物。

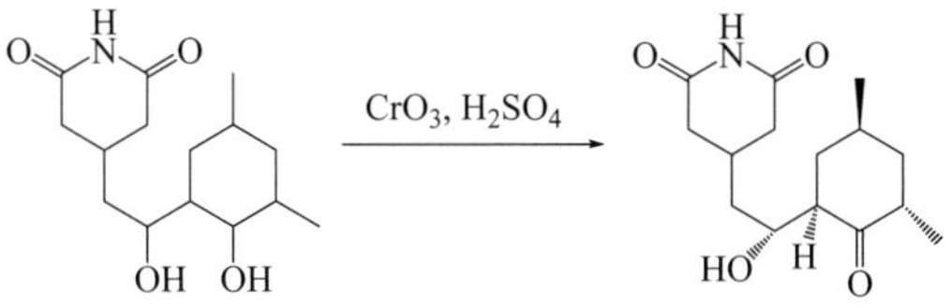

参考文献

[1] GB 800170, 1959, CA53: 25306.

丰啶醇（pyridyl propanol）

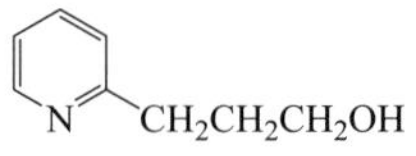

$C_8H_{11}NO$，137.2，2859-68-9

丰啶醇（其他名称：PGR 1、7841、78401）是一种吡啶类具有生长调节剂作用的化合物。1986 年由南开大学开发。

产品简介

化学名称　3-(2-吡啶基)丙醇。英文化学名称为 pyridyl propanol。美国化学文摘（CA）系统名称为 2-pyridinepropanol。美国化学文摘（CA）主题索引名为 2-pyridinepropanol。

理化性质　纯品为无色透明油状液体，具有特殊臭味，沸点在 133Pa 时为 98℃，折光率 1.5326，难溶于水，可溶于氯仿、甲苯等有机溶剂，不溶于石油醚。

毒性　雄大鼠急性经口 LD_{50}：111.5mg/kg；雄小鼠：154.9mg/kg。具弱蓄积性，蓄积系数＞5。大鼠致畸试验表明，高浓度对孕鼠胚胎有一定胚胎毒性，但未发现致畸、致突变、致癌作用。亚急性试验大鼠以每千克饲料含 223mg（a.i.）饲喂两个月，肾、肝功能未见异常。对鱼有毒，白鲢 LC_{50}（96h）为 0.027mg/L。

制剂与分析方法　80%、90%丰啶醇乳油。

作用特性

丰啶醇可被根、茎、叶及萌发的种子吸收，可使植株矮化、茎秆变粗，具增大叶面积及刺激生根等作用。作用机理尚不清楚。

应用

丰啶醇主要应用在大豆、花生上，其他作物上也有应用效果。使用方法见表 2-16。

表 2-16　丰啶醇使用方法

作物	处理浓度	处理方式	效果
大豆	200mg/L 药液	浸种 2h	矮化、荚多、粒重
	10.4g 有效成分对水 0.5L	拌 50kg 豆种	矮化、荚多、粒重
	23g 有效成分对水 30～40L	盛花期全株喷	矮化、荚多、粒重
花生	200mg/L 药液	浸种 2h	增加产量
	400mg/L 药液	全株喷洒	增加产量
芝麻	250mg/L 药液	浸种 4h	增加产量
	500mg/L 药液	初花期，全株喷洒	增加产量
向日葵	300mg/L 药液	浸种 2h	促进幼苗生长，籽增重、增产

注意事项

这是我国商品化的生长调节剂品种，它的急性毒性较高，为此：

（1）处理时防止药液吸入口腔，勿让药液沾到皮肤、眼上，勿与食品接近，勿让儿童接近。

（2）药品放在低温、干燥处。

（3）施药田块要加强水肥管理，防止缺水干旱和缺肥而影响植物的正常生长。

专利概况

专利名称　Preparation of 3-(2'-pyridinyl) propanol

专利号　CN 85102587

专利申请日　1985-04-01

专利拥有者　NanKai University

专利公开日　1986-02-10

合成方法

（1）2-甲基吡啶与钠、环氧乙烷反应而得产品。

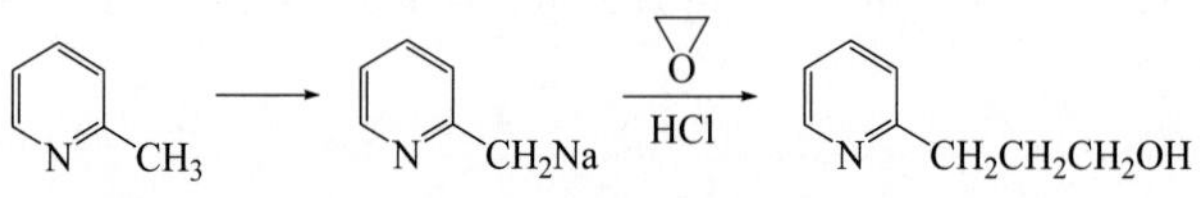

（2）3-(2-吡啶基)-2-丙炔-1-醇以乙酸乙酯和乙醇为溶剂，以钯碳为催化剂催化加氢而得产品。方程式如下：

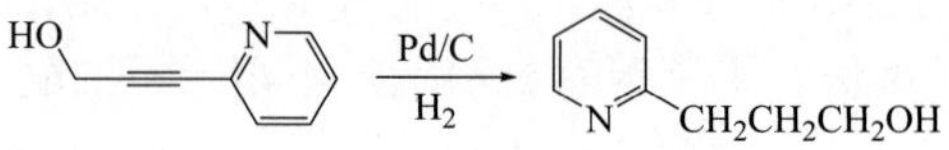

参考文献

[1] Helv. Chim. Acta., 1982, 65(6): 1886-86.

[2] CN 85102587, 2000, CA 134: P38367r.

[3] US 6312662, 2001, CA 135: P348869d.

[4] EP 372941, 1989, CA 133: P231198.

呋苯硫脲（fuphenthiourea）

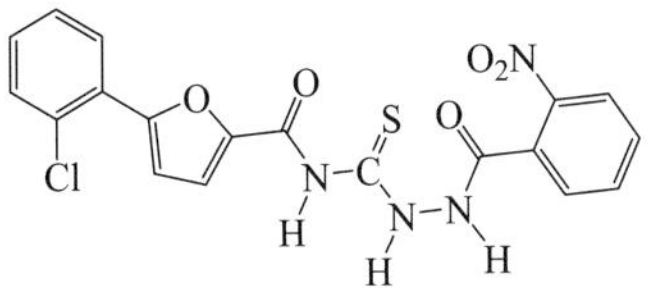

$C_{19}H_{13}ClO_5N_4S$，444.8，1332625-45-2

呋苯硫脲是具有我国自主知识产权的新型植物生长调节剂，由中国农业大学创制。

产品简介

化学名称　N-(5-邻氯苯基 2-呋喃甲酰基)-N'-(邻硝基苯甲酰氨基)硫脲。美国化学文摘（CA）系统名称为 5-(2-chlorophenyl)-N-{[N'-(2-nitrophenylcarbonyl)hydrazine]-thiocar- bonyl}- furan-2-carboxamide。美国化学文摘（CA）主题索引名为 2-nitrobenzoic acid -2-[[[5-(2- chlorophenyl)-2-furanyl]carbonyl]amino]thioxomethyl hydrazide。

理化性质　原药为浅棕色固体粉末，纯品为淡黄色结晶，纯品熔点 207～209℃。不溶于水，微溶于醇、芳香烃，在乙腈和二甲基甲酰胺中有一定的溶解度。一般情况下，对酸、碱、热均比较稳定。

毒性　原药对大鼠急性经口 LD_{50}＞5000mg/kg、急性经皮 LD_{50}＞2000mg/kg，均为低毒。

作用特性

从生物化学方面看，呋苯硫脲呋喃环中的氧原子可参与生物体中氢键的形成，增加受体间分子亲和性，其导入可能有助于提高化合物的生物活性。初步的实验表明，呋苯硫脲对大田主要粮食作物水稻和小麦有促进生长和增产的作用。该药不仅对水稻、小麦的营养生长有良好的促进作用，而且对生殖生长和籽粒发育亦有较好作用。

应用

呋苯硫脲使用主要作物是水稻，用 10% 乳油稀释 100 倍液浸种 48h，并用此浸种液育秧即可。该药能促进根部发育，增强光合作用，提高水分利用率，增加分蘖，提高抗逆（抗寒、抗旱、抗倒伏）能力，具有增产作用（一般增产 6.1%～14.6%），对品质无不良影响。

注意事项

从产品本身及初步应用情况看，应注意如下几点：

（1）呋苯硫脲的制剂为 10%乳油，使用剂量为 1000 倍稀释，使用方法为浸种 48h 后沥干种植。

（2）呋苯硫脲的制剂（10%乳油）每亩地用量最多为 2～3g。

专利概况

专利名称　含取代呋喃环的酰氨基硫脲的合成

专利号　CN 99126216.6

专利拥有者　司宗兴，程卫华

专利申请日　1999-12-15

专利公开日　2003-02-26

目前公开的或授权的主要专利有 CN 1102146C、CN 1303849A 等。

合成方法

以邻氯苯基呋喃甲酸为原料，经氯化亚砜氯化、硫氰酸钾酯化，最后与邻硝基苯甲酰肼加成得到目的产物。

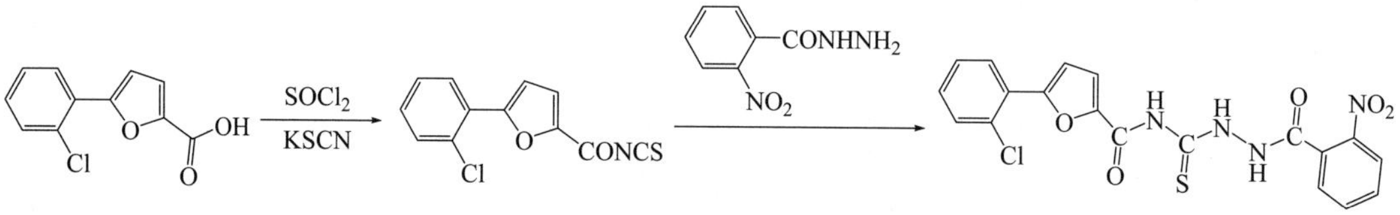

参考文献

[1] 程卫华. 应用化学，2000, 17(4): 444-446.

[2] 司宗兴. 现代农药，2005, 5(1): 12-14.

[3] 朱平. 现代农药，2003, 2(4): 14.

[4] 王静. 中国职业医学，2006, 4(33): 273.

[5] CN 99126216.6.

呋嘧醇（flurprimidol）

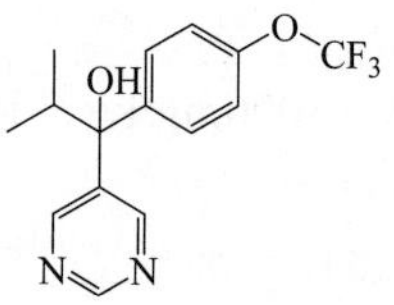

$C_{15}H_{15}F_3N_2O_2$，312.3，56425-91-3

呋嘧醇（其他名称：调嘧醇，商品名：Cutless、EL-500 等），由 R. Cooper 等报道，由 Eli Lilly & Co.（现 Dow AgroSciences）开发，1989 年在美国投产，2001 年由 SePRO 公司收购。

产品简介

化学名称　(RS)-2-甲基-1-嘧啶-5-基-1-(4-三氟甲氧基苯基)丙-1-醇。英文化学名称为 (RS)-2-methyl-1-pyrimidin-5-yl-1-(4-trifluoromethoxyphenyl)propan-1-ol。CAS 名称 α-(1-methyl-ethyl)-α-[4-(trifluoromethoxy)phenyl]-5-pyrimidinemethanol。

理化性质　白色至淡黄色晶体，熔点 93～95℃，沸点 264℃。蒸气压 4.85×10^{-2}mPa（25℃），$K_{ow}\lg P$ 3.34（pH 7，20℃），相对密度 1.34（24℃）。水中溶解度（25℃）：120～140mg/L（pH 4、7、9）；有机溶剂中溶解度（g/L，25℃）：正己烷 1.26，甲苯 144，二氯甲烷 1810，甲醇 1990，丙酮 1530，乙酸乙酯 1200。其水溶液遇光分解。

毒性　急性经口 LD_{50}（mg/kg）：（大鼠）雄 914，雌 709；（小鼠）雄 602，雌 702。兔急性经皮＞5000mg/kg。对兔皮肤和眼睛有轻度到中度刺激性，对豚鼠皮肤无致敏性。大鼠急性吸入 LC_{50}（4h）＞5mg/L。NOEL（1 年）：狗 7mg/(kg・d)；NOEL（2 年）大鼠 4mg/(kg・d)、小鼠 1.4mg/(kg・d)。鹌鹑急性经口 LD_{50}＞2000mg/kg。鲤鱼 LC_{50}（48h）13.29mg/L，大翻车鱼 LC_{50} 17.2mg/L。蜜蜂 LD_{50}（接触，48h）＞100μg/只。

制剂与分析方法　制剂有乳油、粒剂、悬浮剂、可湿性粉剂等。产品用带 FID 的 GC 分析，土壤中的残留用带 ECD 的 GC 测定。

应用

（1）草坪　可使禾本科草皮、结缕草、狗牙根、黑麦草、剪股颖、早熟禾、鸭茅、梯牧草降低高度，减少修剪次数，每公顷用 50%可湿性粉剂 1～3kg（有效成分 0.5～1.5kg），夏末，加水 750L 喷雾处理（即亩用 67～200g，加水 50L 处理）。早熟禾混合草皮以呋嘧醇每公顷有效成分 0.84kg 加 0.07kg 伏草胺桶混施药可减少早熟禾混合草皮生长，与未处理对照相比，效果达 72%。

（2）树干涂抹或注射　2 年火炬松和湿地松喷于叶面或涂于树皮，每公顷用有效成分 0.5～2kg，能减缓生长速率、降低高度。

（3）水稻　抗倒伏水稻分蘖盛期用 50%可湿性粉剂每公顷 1～2kg（有效成分 0.5～1kg）加水 750L，均匀喷雾，可促进根生长，促分蘖，降低植株高度，提高抗倒伏能力。

专利概况

专利名称　Fluoroalkoxyphenyl substituted nitrogen containing heterocycles

专利号　US 4002628

专利拥有者　Eli Lilly And Company

专利申请日　1973-06-18

专利公开日　1977-01-11

目前公开的或授权的主要专利有 AU 479091B、DE 2428372C2 等。

合成方法

将对溴苯基三氟甲基醚转化为格氏试剂，与丁腈反应，生成对三氟甲氧基苯基异丁酮，再与 5-溴代嘧啶在四氢呋喃-乙醚溶液中，氮气保护下冷却至−70℃，并加丁基锂反应即得。

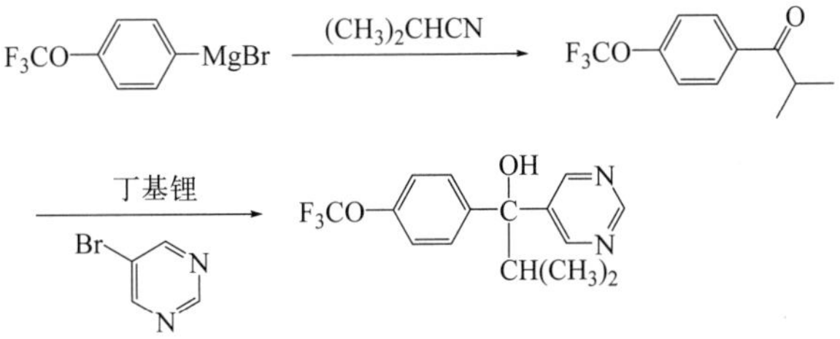

参考文献

[1] IL 121670, 2000.

[2] WO 2012128965, 2012.

[3] FR 2272079, 1975, CA 84: 180273.

[4] DE 2428372, 1976, CA 84: 16483.

氟磺酰草胺（mefluidide）

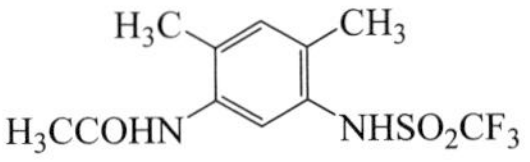

$C_{11}H_{13}F_3N_2O_3S$，310.3，53780-34-0

氟磺酰草胺（商品名称：Embark，其他名称：MBR-12325）是一种酰胺类植物生长调节剂，氟磺酰草胺最早由 3M 公司于 1974 年开发。1975 年 L. Fridinger 在美国申请专利。

产品简介

化学名称　5′-(1,1,1-三氟甲基磺酰基氨基)乙酰-2′,4′-二甲苯胺。英文化学名称为 5′-(1,1,1-trifluoromethanesulfonamido)aceto-2′,4′-xylidide。美国化学文摘（CA）系统名称为 *N*-[2,4-dimethyl-5-[[(trifluoromethylsulfonyl)]amino]phenyl]acetamide。美国化学文摘（CA）主题索引名为 acetamide,*N*-[2,4-dimethyl-5-[[(trifluoromethyl)sulfonyl]amino]phenyl]-。

理化性质　纯品为无色无嗅结晶固体，熔点：183～185℃，蒸气压＜10mPa（25℃）。分配系数 $K_{ow}lgP$=2.02（25℃），Henry 常数＜$1.72×10^{-2}$Pa·m^3/mol（计算值）。溶解度：水中（23℃，mg/L）：180；有机溶剂中（23℃，g/L）：丙酮 350，苯 0.31，二氯甲烷 2.1，甲醇 310，正辛醇 17。本品对热稳定，在酸或碱性溶液中回流则乙酰胺基团水解，水溶液在紫外光照射下降解。

毒性　急性经口 LD_{50}：大鼠 4000mg/kg，小鼠 1920mg/kg。兔急性经皮 LD_{50}＞4000mg/kg。对兔眼有中等刺激，对兔皮肤没有刺激。NOEL 数据（90d）：大鼠 6000mg/kg 饲料，狗 1000mg/kg 饲料。无致畸、致突变作用。对鼠伤寒沙门（氏）杆菌没有致突变性。绿头鸭和山齿鹑急性经口 LD_{50}＞4620mg/kg。绿头鸭和山齿鹑饲喂试验 LC_{50}（5d）＞10000mg/kg 饲料。虹鳟鱼和蓝鳃翻车鱼 LC_{50}（96h）＞100mg/L。对蜜蜂无毒。

环境行为　哺乳动物经口服用，药物残留能完整地被排出体外。在土壤中很快降解，DT_{50}＜1 周，代谢产物为 5-氨基-2,4-二甲基三氟甲基磺酰苯胺。

作用特性

本品经由植株的茎、叶吸收，抑制分生组织的生长和发育。在草坪、牧场、工业区等场所抑制多年生禾本科杂草的生长以及杂草种子的产生。作为生长调节剂可以抑制观赏植物和灌木的顶端生长和侧芽生长，增加甘蔗含糖量。也可作为除草剂使用。

应用

主要作为草皮、观赏植物、小灌木的矮化剂。一般用量为 300～1100g/hm²。也可作为烟草腋芽抑制剂。另外，在甘蔗收获前 6～8 周，以 600～1100g/hm² 喷洒，可增加含糖量。

专利与登记

专利名称　Herbicidal trifluoromethanesulfonanilides

专利号　DE 2406475

专利拥有者　Minnesota Mining and Mfg.Co.,Ltd.

专利申请日　1973-02-12

专利公开日　1974-08-29

目前公开的或授权的主要专利有 US 4013444、EP 47947、CA 9723289、US 4300945、JP 61254505、EP 338986 等。

登记情况　国内未见登记；美国登记为植物生长调节剂及除草剂，PC 号 114001、387100；欧盟无登记。

合成方法

2,4-二甲基-5-硝基苯胺先与乙酐反应，再加氢还原，最后与三氟甲基磺酰氟反应制得产品。其反应方程式如下：

参考文献

[1] US 4380464, 1983, CA 99:22111.

[2] EP 48551, 1982, CA 97: 23289.

氟节胺（flumetralin）

$C_{16}H_{12}ClF_4N_3O_4$，421.7，62924-70-3

氟节胺（试验代号：CGA 41065，商品名称：Prime，其他名称：抑芽敏）是由 M.Wilcox 等于 1977 年报道其生物活性，由 Ciba-Geigy AG 开发并于 1983 年商品化的植物生长调节剂。现由江西禾田科技有限公司、浙江禾田化工有限公司、安道麦辉丰（江苏）有限公司等生产。

产品简介

化学名称　*N*-（2-氯-6-氟苄基）-*N*-乙基-*α*,*α*,*α*-三氟-2,6-二硝基-对甲苯胺。英文化学名称为 *N*-（2-chloro-6-fluorobenzyl）-*N*-ethyl-*α*,*α*,*α*-trifluoro-2,6-dinitro-*p*-toluidine。美国化学文摘（CA）系统名称为 2-chloro-*N*-[2,6-dinitro-4-(trifluoromethyl)phenyl]-*N*-ethyl-6-fluoro- benzenemethanamine。美国化学文摘（CA）主题索引名为 benzenemethanamine-; 2-chloro-*N*-[2,6-dinitro-4-(trifluoro-methyl)phenyl]-*N*-ethyl-6-fluoro-。

理化性质　纯品为黄色至橙色无嗅晶体，熔点 101～103℃（工业品 92.4～103.8℃），分配系数 $K_{OW}lgP$=5.45（25℃），Henry 常数 0.19Pa·m³/mol（计算值）。相对密度 1.54，蒸气压 0.032mPa。溶解度（25℃，g/L）：水中 0.00007，甲苯 400，丙酮 560，乙醇 18，正辛醇 6.8，正己烷 14。稳定性：在 pH 5～9 时对水解稳定，250℃以下稳定。

毒性　大鼠急性经口 LD_{50}＞5000mg/kg，大鼠急性经皮 LD_{50}＞2000mg/kg。制剂乳油（150g/L）对兔皮肤中等刺激性，对兔眼睛强烈刺激性。大鼠急性吸入 LC_{50}＞2.13g/m³ 空气，NOEL 数据（2 年）：大、小鼠 300mg/kg 饲料。在试验剂量内对动物无致畸和突变作用。ADI 值：0.17mg/kg。山齿鹑和绿头鸭急性经口 LD_{50}＞2000mg/kg。山齿鹑和绿头鸭饲喂试验 LC_{50}＞5000mg/L 饲料。蓝鳃翻车鱼和虹鳟鱼 LC_{50} 分别为 18μg/L 和 25μg/L。水蚤 LC_{50}（48h）＞66μg/L。海藻 EC_{50}＞0.85mg/L。对蜜蜂无毒。蚯蚓 LC_{50}＞1000mg/kg 土壤。

环境行为　在动物体内，本品的代谢包括：硝基还原、氨基乙酰化和苯环羟基化。本品在烟草中代谢很快。土壤对本品吸附性很大，遇光分解，在 pH 5、7 和 9 时稳定。

制剂　乳油、悬浮剂、水乳剂等。

作用特性

氟节胺是接触兼局部内吸型烟草侧芽抑制剂。它经由烟草的茎、叶表面吸收，有局部传导性能。当它进入烟草腋芽部位后，抑制腋芽内分生细胞的分裂、生长，从而控制腋芽的萌发。具体作用机理尚不清楚。

应用

氟节胺是烟草上专用抑芽剂。在生产上，当烟草生长发育到花蕾伸长期至始花期时，便要进行人工摘除顶芽（打顶），但不久各叶腋的侧芽会大量发生，通常须进行人工摘侧芽 2～3 次，以免消耗养分，影响烟叶的产量与品质。氟节胺可以代替人工摘除侧芽，在打顶后 24h，每亩用 25%乳油 80～100mL 稀释 300～400 倍，可采用整株喷雾法、杯淋法或涂抹法进行处理，都会有良好的控侧芽效果。从简便、省工角度来看，顺主茎往下淋为好，从省药和控侧芽效果来看，应用毛笔蘸药液涂抹到侧芽上。

氟节胺在调节棉花生长和柑橘树控梢方面也有应用和登记。

注意事项

（1）本品对鱼类等水生生物有毒，远离水产养殖区施药，避免药液流入河塘等水体中，作业完毕应充分清洗喷雾器具，禁止在河塘等水域清洗施药器具，切忌污染水源；废弃物应妥善处理，不可做它用，也不可随意丢弃。

（2）它对人畜皮肤、眼、口有刺激作用，防止药液飘移，操作时注意劳动保护，器械用后洗净。

（3）勿与其他农药混用，误服本药可服用医用活性炭解毒。

（4）本品在 0～35℃条件下存放。

专利与登记

专利名称　*N*-(*o*-Substituted benzyl) dintrotrifluoromethyl anilines useful as plantgrowth regulator

专利号　FR 2295011

专利拥有者　Ciba-Geigy A-G

专利申请日　1974-10-16

专利公开日　1976-07-16

目前公开的或授权的主要专利有 BE 891327、GB 2128603、US 4169721、EP 498694、WO 9400985、EP 753256 等。

登记情况　国内原药登记厂家有江西禾田科技有限公司（登记号 PD20080271）、浙江禾田化工有限公司（登记号 PD20150794）、安道麦辉丰（江苏）有限公司（登记号 PD20091108）等。剂型有：25%、30%、40%悬浮剂，25%、125g/L 乳油，40%、50%水分散粒剂等；登记作物有杨梅、柑橘树、棉花、烟草、荔枝树。

合成方法

通过如下反应制得目标物。

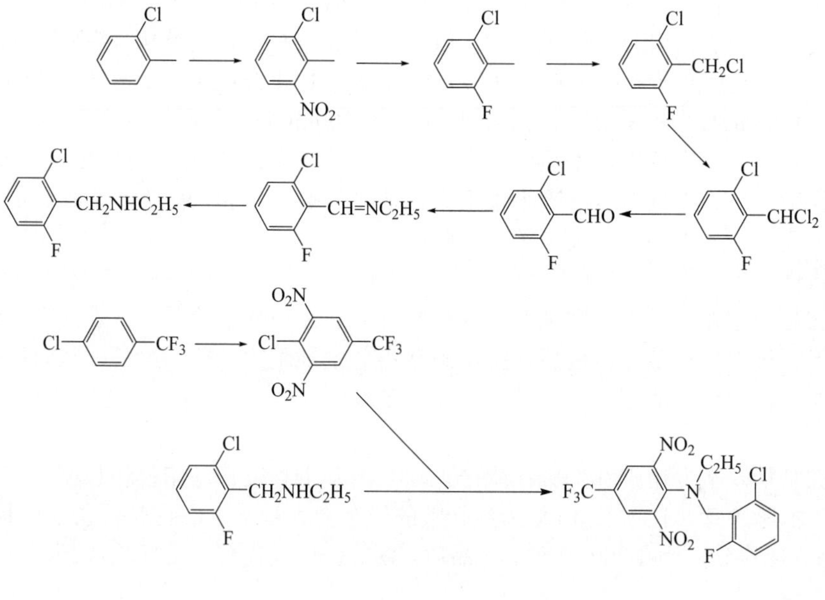

参考文献

[1] BE 891327, 1982, CA 97: 162554.
[2] FR 2295011, 1976, CA 87: 67956.
[3] EP 487454, 1992, CA 117: 106366.
[4] EP 257771, 1988, CA 109: 2486.

腐植酸（humic acid）

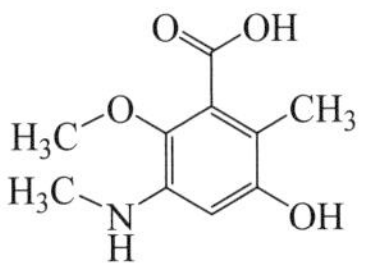

腐植酸分子基本结构单元

腐植酸是动植物遗骸（主要是植物的遗骸）经过微生物的分解和转化，以及地球化学的一系列过程积累起来的一类有机物质。腐植酸大分子的基本结构是芳环和脂环，环上连有羧基、羟基、羰基、醌基、甲氧基等官能团。主要作为抗旱剂使用，商品名有富里酸、抗旱剂一号、旱地龙等，也可以作为微肥或叶面肥使用。

产品简介

理化性质　为黑色或棕黑色粉末，含有碳（50%左右）、氢（2%～6%）、氧（30%～50%）、氮（1%～6%）和硫等，主要官能团有羧基、羟基、甲氧基、羰基等。相对密度为1.330～1.448。可溶于水、酸、碱。

毒性　对人畜安全，对环境污染小。

作用特性

腐植酸能被植物的根、茎、叶吸收，可促进生根，提高植物呼吸作用，减少叶片气孔开张度，降低作物蒸腾，调节某些酶如过氧化氢酶、吲哚乙酸氧化酶等的活性。

应用

腐植酸可以用于改良土壤。以300mg/L浸种，可以使水稻苗呼吸作用加强，促进生根和生长；葡萄、甜菜、甘蔗、瓜果、番茄等以300～400mg/L浇灌，可不同程度提高含糖量或甜度；杨树等插条以300～500mg/L浸渍，可促进插枝生根；小麦在拔节后以400～500mg/L喷洒叶面，可提高其抗旱能力，提高产量。

腐植酸与核苷酸混合使用，研制成3.52%腐植·核苷酸水剂。在小麦生长发育期以150～200倍液喷洒2～3次，可提高小麦抗旱能力，增加叶绿素含量及光合作用效率，又可健壮植株，促进根系发育，最终提高产量；以400～600倍液喷洒黄瓜植株，可加快植株生长发育进程，促进营养生长和生殖生长，增加黄瓜产量。

注意事项

（1）这类物质有一定生理活性，但又达不到显而易见的程度，在不同地区和作物上的应用效果也不够稳定，有待与某些其他有抗旱作用等的生长调节剂混用，以保证其应用效果。

（2）应用时添加表面活性剂有助于效果的发挥。

参考文献

[1] 张宗俭，邵振润，束放. 植物生长调节剂科学使用指南（第三版）. 北京：化学工业出版社，2015.

复硝酚钠（sodium nitrophenolate）

复硝酚钠（其他名称：特丰收、丰产素、爱多收）是 20 世纪 60 年代日本旭化学工业株式会社研发的高效植物生长调节剂，是一种复合型植物生长调节剂，主要成分有邻硝基苯酚钠、对硝基苯酚钠、5-硝基邻甲氧基苯酚钠。

产品简介

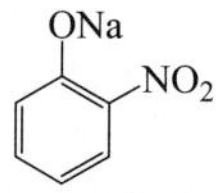

$C_6H_4NO_3Na$，161.09，824-39-5

化学名称　2-硝基苯酚钠，英文化学名称为 2-nitrophenol sodium salt。

理化性质　98%为红色针状晶体，有芳香烃气味。熔点 44.9℃，沸点 215.8℃（1.01×10^5Pa），闪点 97.1℃，蒸气压 13.127Pa（25℃）。易溶于水，可溶于甲醇、乙醇、丙酮等溶剂。常温下稳定。

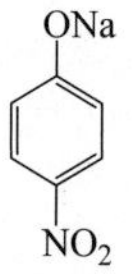

$C_6H_4NO_3Na$，161.09，824-78-2

化学名称　4-硝基苯酚钠，英文化学名称为 4-nitrophenol sodium salt。

理化性质　98%为橙黄色或淡黄色结晶，无味。熔点 300℃，沸点 279℃（1.01×10^5Pa），闪点 141.9℃。溶于水、多数有机溶剂。加热失水。

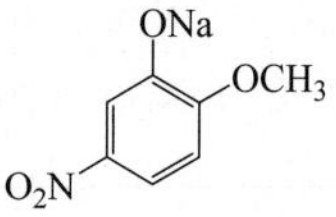

$C_7H_6NO_4Na$，191.12，67233-85-6

化学名称　5-硝基邻甲氧基苯酚钠，其他名称：5-硝基愈创木酚钠，英文化学名称为 2-methoxy-5-nitrophenol sodium salt。

理化性质　98%为橘红色片状或者枣红色片状结晶，无味。熔点 105~106℃（游离酸），沸点 291℃（1.01×10^5Pa），闪点 147.1℃。易溶于水，可溶于乙醇、甲醇、丙酮等有机溶剂。常规条件下储存稳定。

毒性　2-硝基苯酚钠大鼠 LD_{50} 为 1460mg/kg（雌）、2050mg/kg（雄），对眼、皮肤无刺激作用，亚慢性毒性小白鼠经口无作用剂量为 1350mg/（L·d），无"三致"作用。4-硝基苯酚钠大鼠 LD_{50} 为 482mg/kg（雌）、1250mg/kg（雄），对眼、皮肤无刺激作用，3 个月喂养无作用剂量小白鼠为 480mg/（L·d），无"三致"作用。5-硝基邻甲氧基苯酚钠大鼠 LD_{50} 为 3100mg/kg（雄）、1270mg/kg（雌），对眼和皮肤无刺激作用，3 个月喂养无作用剂量为 400mg/

（L·d），无"三致"作用。对鱼低毒，鲤鱼 TLm（48h）＞10mg/L。复硝酚钠 LD$_{50}$ 为 1210mg/kg（雄大鼠），1000mg/kg（雌大鼠）；对雄性和雌性大鼠经皮 LD$_{50}$ 均大于 2050mg/kg，属于低毒性。对大耳白兔眼刺激试验呈现无刺激；对豚鼠急性皮肤刺激试验呈现无刺激；对豚鼠皮肤致敏率强度分级为Ⅰ级，属弱致敏物。

制剂　98%原药。单剂为 0.7%、1.4%、1.8%、2.85%水剂。混剂有 2.85%硝钠·萘乙酸水剂、3%硝钠·萘乙酸悬浮剂、3%硝钠·胺鲜酯水剂。

作用特性

复硝酚钠为单硝化愈创木酚钠盐植物细胞赋活剂。可经由植株的根、叶及种子吸收，很快渗透到植物体内，以促进细胞原生质流动。对作物各个发育阶段均有不同程度的促进作用。尤其对于花粉管的伸长的促进，帮助受精结实的作用尤为明显。可促进植物的发根、生长、生殖和结果。复硝酚钠是一个广谱的植物生长调节剂。广泛用于粮、棉、豆、果、蔬菜等作物喷雾和浸种处理。

应用

该产品可以采取叶面喷洒、浸种、苗床灌注及花蕾撒布等方式进行使用。由于其与植物激素不同，在植物播种开始至收获之间的任何时期，皆可使用。

（1）水稻　用 3mg/L 复硝酚钠水溶液浸种 12h，阴干后播种，可提高种子发芽率，而且芽壮根粗整齐，促使种子发芽达到快、齐、匀、壮的效果。复硝酚钠浸种处理的种子能提前出苗 1 天以上，秧田分蘖比对照明显增多，秧苗素质好。在水稻幼穗形成期、齐穗期各喷 1 次，花穗期、花前后各喷 1 次。喷施浓度为 1.8%复硝酚钠水剂 1000～2000 倍液，即 15～30mL 对水 30kg，能调节水稻生长并提高产量。早稻受低温寒流侵袭后稻叶普遍落黄，用 1.8%复硝酚钠水剂对水稀释 6000 倍液进行喷雾后叶色很快转青，恢复正常生长。高海拔山区抽穗期受低温影响，常出现包颈现象，抽穗不畅，及时喷施复硝酚钠，包颈率下降 49.2%。抽穗期每亩喷施 6mg/L 的复硝酚钠水溶液 50kg 能使纹枯病明显减轻，病情指数降低，黄叶病发病率下降 40%左右。生产上一般使用 1.8%复硝酚钠水剂对水稀释 3000 倍液进行喷雾即可。

（2）棉花　在棉花蕾期和花铃期使用 1.8%复硝酚钠水剂，稀释 2000～3000 倍，用药液量 25～30kg 进行叶面喷雾 2～3 次，促进棉花植株快发，增强光合作用，可提高产量、改善品质并提早收获。

（3）大豆　在大豆生长期喷施 1.8%复硝酚钠水剂，稀释 3000～4000 倍，使用 3 次，可以促进大豆植株快发，增强光合作用，提高产量。

（4）甘蔗　插苗时用 8000 倍药液浸苗 8 小时。分蘖时，用 2500 倍药液叶面喷雾。

（5）果树　在发新芽之后，花前期 20 天至开花前夕、结果后，用 5000～6000 倍药液处理两次。此浓度范围适用于葡萄、李、柿、梅、龙眼、番石榴。但是，梨、桃、橙、荔枝则需 1500～2000 倍液。

（6）茄子　在茄子苗期、开花期喷施 3mg/L 的复硝酚钠溶液，可使茄子明显增产。

（7）黄瓜　赤霉酸（GA$_3$）或复硝酚钠促进黄瓜种子发芽。用 150～250mg/L 赤霉酸（GA$_3$）溶液浸泡黄瓜种子 3 小时或用 1600mg/L 复硝酚钠溶液浸种 12 小时，能明显促进种子发芽，提高种子活力和发芽率。

（8）南瓜　用复硝酚钠促进美洲南瓜（西葫芦）生根。美洲南瓜播种前，用 1.4%复硝酚钠水剂 160mg/L 浸种 5～12 小时，可提高发芽率，促进幼苗生根。

（9）番茄　在番茄生长期和花蕾期用 160mg/L 复硝酚钠溶液喷洒 1～2 次，可提高番茄植株的抗性。

（10）辣椒　用复硝酚钠 900 倍液加 0.2%磷酸二氢钾进行叶面喷施，能促进植株生长，提高坐果率。在辣椒苗期、开花期施用 3mg/L 复硝酚钠，有明显增产效果。

（11）豇豆、菜豆　生长期叶面喷施 250mg/L 复硝酚钠溶液，可使豇豆条荚饱满，增加产量。

（12）韭菜、葱韭　苗期喷 2 次复硝酚钠或兑水后灌根，可促进发根，使幼苗苗壮。

（13）平菇　用 1.8%复硝酚钠水剂配制成 2mg/L 的溶液，或用 0.04%油菜素内酯水剂，配制成 2mg/L 的溶液，一次性拌入培养料中，料水比为 1∶1.2，处理后对平菇有显著的增产效应。

（14）苹果　在苹果花蕾显现期，喷施 4000～6000 倍液的复硝酚钠，可提高坐果率。

（15）梨　菊水、吾妻锦、博多青、黄花梨等品种在开花前至初花期施用复硝酚钠（丰产素）水剂 1500～2000 倍液，可提高坐果率，于谢花后至幼果期喷施 2000 倍液，可减轻幼果脱落，增大果实。

（16）梅树　开花前与结果后，用复硝酚钠 5000～6000 倍溶液喷洒全株，可防止落花落果，促进果实增大。

（17）樱桃　红灯、先锋、美早、滨库等大樱桃于初花期、盛花期各喷 1 次 5000 倍复硝酚钠药液（若遇冻害则在幼果期再喷 1 次 250 倍液的 PBO），可提高大樱桃坐果率。

注意事项

（1）制剂使用时浓度过高，将会对作物幼芽及生长有抑制作用。

（2）可与一般农药化肥混用。喷洒处理时要注意均匀，蜡质多的植物要适当加入展着剂后再喷。

（3）球茎类叶菜和烟草，应在结球前和收烟叶一个月前停止使用。

（4）烟草采收前一个月停用，免使生殖生长过旺。

（5）存放在阴凉处。

（6）复硝酚钠有生物活性，应用范围较广，但就其效果而言，直观性较差，各地使用有好有差，且处理要多次。

登记情况

国内原药登记厂家有浙江天丰生物科学有限公司（登记号 PD20151546）、德州祥龙生化有限公司（登记号 PD20092648）、郑州郑氏化工产品有限公司（登记号 PD20081294）。剂型有 0.7%、1.4%、1.8%、2.85%、3%水剂，登记厂家有重庆依尔双丰科技有限公司（登记证号 PD20083021）、重庆依尔双丰科技有限公司（登记证号 PD20080554）、山东澳得利化工有限公司（登记证号 PD20097133）等。欧盟法规为 Reg. (EU) No 540/2011。

合成方法

通过如下反应制得目的物。

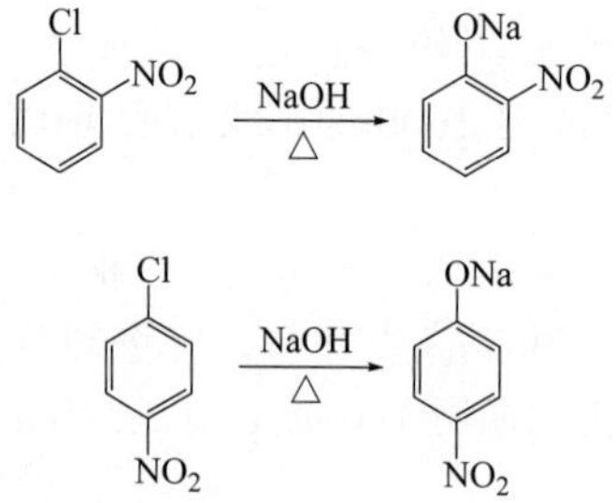

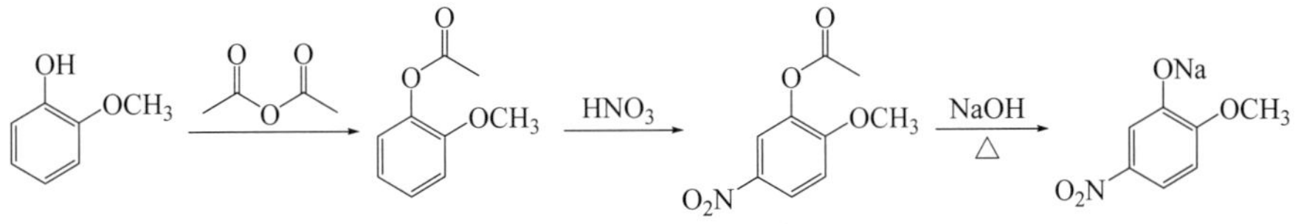

参考文献

[1] 河南农业大学学报，2007, 41(1): 73-76.

冠菌素（coronatine，COR）

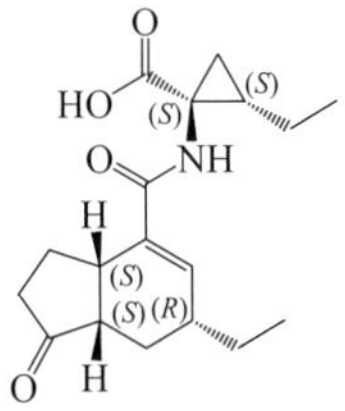

$C_{18}H_{25}NO_4$，319.395，62251-96-1

　　冠菌素是 1976 年由 Koushi Nishiyama 等发现，丁香假单胞菌绛红致病变种(*Pseudomonas syingae* pv. *atropurpurea*）所产生的一种植物毒素，并将其命名为 coronatine；随后 1977 年 Akitami Ichihara 等探明了其结构式。我国"植物生长调节剂、生物除草剂研究与产品创制"课题组在国家"863 计划"支持下，由来自中国农业大学等单位的多学科专家联合攻关，构建了高产冠菌素的基因工程菌，比国内外报道的产率水平提高 5～10 倍以上；建立并优化了发酵工艺，经 5t 和 20t 液体发酵条件下试生产，发酵周期 7～8d，在成都新朝阳生物化学有限公司建立了世界上第一条冠菌素发酵生产线，制得含量 50%以上的冠菌素粗品和 95%以上纯品。2013 年经全国农药标准化技术委员会审定首次命名为"冠菌素"。

　　冠菌素是茉莉酸（JA）的结构类似物，由一个含氨基酸的冠烷酸（1-氨基，1-甲酸基，3-乙基环丙烷，coronamic acid，CMA）和一个聚酮结构的冠菌酸（2-甲酸基，4-乙基，7-羧基二环[4.3.0]壬烷，coronafacic acid，CFA）以酰胺键联结而成的新型植物生长调节物质。高浓度时能够引发植物萎黄、膨大，具有致病性，低浓度时具有调节植物生长作用，尤其在提高植物抗逆性方面表现突出。

　　产品简介

　　化学名称　　2-乙基-1-[(6-乙基-1-氧-2,3,3a,6,7,7a-六羟茚-4-基)羧基氨基]环丙烷-1-羧酸。英文化学名称为 coronatine。美国化学文摘（CA）系统名称为(1S,2S)-2-ethyl-1-[[[(3aS, 6R,7aS)-6-ethyl-2,3,3a,6,7,7a-hexahydro-1-oxo-1H-inden-4-yl]carbonyl]amino]cyclopropanecarboxylic acid。美国化学文摘（CA）主题索引名为 cyclopropanecarboxylic acid, 2-ethyl-1-[[(6-ethyl-2,3,3a,6,7,7a-hexahydro-1-oxo-1H-inden-4-yl)carbonyl]amino]-, [3aS-[3aα,4(1R*,2R*),6β,7aα]]-。

　　理化性质　　纯品为淡黄色粉末晶体，熔点 151～153℃，极难溶于水。

　　稳定性　　对温度和 pH 具有良好的耐受性；对可见光稳定，对紫外敏感，对氧化剂反应敏感；溶于甲醇及二甲基亚砜，难溶于水（0.077g/L，25℃），油水分配系数 $\lg P$ 为 2.69840。

作用特性

冠菌素信号分子参与植物生长发育众多生理过程的调控，尤其是作为环境信号分子能有效地诱导植物对病原菌、食草动物及非生物胁迫等的防御反应，促进一系列防御基因的表达和防御反应化学物质的合成，并调节植物的"免疫"和"应激"反应。活性可高达茉莉酸类物质的 100～10000 倍，用量少且效果显著，使用后无残留，对环境和农产品更安全，广泛适用于有机和绿色农业生产，是一种潜力极大的环境友好型植物生长调节剂。

应用

应用于小麦、棉花、番茄诱导并激活植物多种抗逆基因的表达，增强植物抵抗逆境的能力，提高作物光合作用，促进植物生长、提高产量，在葡萄上促进着色。

本品应于番茄开花期至幼果期均匀喷施全株 2～3 次；棉花现蕾期、初花期、盛花期、盛铃期均匀喷施全株 3～4 次；于水稻破口期、灌浆期各喷施一次，共 2 次；于柑橘果实转色初期（整体转色 5%～10%）施药一次，间隔 15～20 天再用一次，共 2 次，均匀喷施全株，以确保效果；在小麦拔节期、灌浆期喷雾施药各 1 次；在葡萄转色初期喷雾施药 1 次，喷果穗及近穗部叶片，注意喷雾均匀周到，以确保效果。大风天或预计 1 小时内降雨，请勿施药。

专利与登记

专利名称　一种用于生产冠菌素的基因工程菌及其构建方法

专利号　CN200510085280.1

专利拥有者　中国农业大学

专利申请日　2005-07-22

国内登记情况　原药 PD20211351 登记于成都新朝阳作物科学股份有限公司，含量 98%；制剂 PD20211370 登记于成都新朝阳作物科学股份有限公司，0.006%可溶液剂。

合成方法

冠菌素合成有两种方法，一种是化学合成法，但成本高产量低，达不到工业化要求；另一种是生物合成法，即微生物发酵法。

化学合成：COR 全合成包括 CFA 和 CMA 的化学合成，目前 CFA 合成路径均较长，产率普遍较低；与 CFA 化学合成相比，CMA 的合成路径有所缩短，但依旧产量不高，存在非对映异构体等影响工业生产的问题。相对于 CFA、CMA 全合成，二者的组装过程相对简单，产量可达到 80%。整个合成过程，费用较高，无法工业生产，具体步骤从略。

生物合成，如下图：

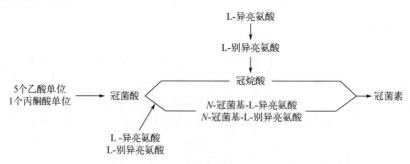

参考文献

[1] Nishiyama K. JJPhytopath, 1976, 42(5):613-614.

硅丰环（chloromethylsilatrane）

$C_7H_{14}O_3NSiCl$，223.7，42003-39-4

硅丰环是一种具有特殊分子结构的高活性、应用范围广、作用机理独特的有机硅类植物生长调节剂。

产品简介

化学名称　1-氯甲基-2,8,9-三氧杂-5-氮杂-1-硅三环(3,3,3)十一碳烷。英文化学名称为chloromethylsilatrane。美国化学文摘（CA）主题索引名为 1-(chloromethyl)-2,8,9-trioxa-5-aza-1-silabicyclo(3,3,3)undecane。

理化性质　原药质量分数≥98%，外观为均匀的白色粉末，熔点 211～213℃，溶解度：1g（20℃，100g 水）、2.4g（25℃，100g 丙酮），微溶于乙醇，易溶于 N,N-二甲基甲酰胺（DMF）。堆积密度 0.544g/mL。在干燥环境下稳定，在酸性溶液中稳定，遇碱易分解。50%硅丰环湿拌种剂外观为组成均匀的白色或灰白色粉末，润湿时间为 120s；细度（通过 125μm 实验筛）≥90.0%；产品热贮稳定性（54℃±2℃，14d）合格，常温贮存 2年稳定。

毒性　硅丰环原药和 50%硅丰环湿拌种剂均为低毒植物生长调节剂。硅丰环原药大鼠急性经口 LD_{50}：雄性为 926mg/kg，雌性为 1260mg/kg。大鼠急性经皮 LD_{50}＞2150mg/kg。对兔皮肤、眼睛无刺激性。豚鼠皮肤变态反应（致敏）试验结果致敏率为 0，无皮肤致敏作用。大鼠 12 周亚慢性喂养试验最大无作用剂量：雄性为 28.4mg/(kg·d)，雌性为 6.1mg/(kg·d)。致突变试验结果：Ames 试验、小鼠骨髓细胞微核试验、小鼠睾丸细胞染色体畸变试验、小鼠精子畸形试验均为阴性，无致突变作用。50%硅丰环湿拌种剂大鼠急性经口 LD_{50}＞5000mg/kg，大鼠急性经皮 LD_{50}＞2150mg/kg。对兔皮肤、眼睛均无刺激性。豚鼠皮肤变态反应（致敏）试验的致敏率为 0，无致敏作用。

制剂　98%原药，50%硅丰环湿拌种剂（妙福）。

作用特性

硅丰环是一种具有特殊分子结构及显著生物活性的有机硅化合物，分子中配位键具有电子诱导功能，其能量可以诱导作物种子细胞分裂，使生根细胞的有丝分裂及蛋白质的生物合成能力增强，在种子萌发过程中，生根点增加，因而植物发育幼期就可以充分吸收土壤中的水分和营养成分，为作物的后期生长奠定物质基础。当作物吸收该调节剂后，其分子进入植物的叶片，电子诱导功能逐步释放，其能量用以光合作用的催化作用，即光合作用增强，使叶绿素合成能力加强，通过叶片不断形成碳水化合物，作为作物生存的储备养分，并最终供给植物的果实。

应用

该产品进行田间药效试验，结果表明对冬小麦具有调节生长和增产作用。施药方法为拌种或浸种。用 1000～2000mg/kg 药液，拌种 4h（种子：药液=10：1）；或用 200mg/kg 药液浸种 3h（种子：药液=1：1）；50%硅丰环湿拌种剂 2g 加水 0.5～1L，拌 10kg 种子，或加水5L 浸 5kg 种子，浸 3h，然后播种。可以增加小麦的分蘖数、穗粒数及千粒重，有明显的增产作用。

水稻拌种使用时，从成本和效益上考虑，建议水稻拌种应优先选择 50%硅丰环湿拌种剂处理，于种子催芽露白时进行药剂拌种，注意药液与种子充分搅拌混合，使药液均匀分布在种子上，然后堆闷 3～4h 至播种。

注意事项

（1）药剂应使用洁净的容器现用现配，并充分混匀，配制时有少量漂浮物和沉淀，但不影响使用效果。

（2）其他田间管理（施肥、除草、杀虫）正常进行。影响出苗的因素除了拌种外，还有干旱、阴雨、水涝、土壤板结、播种太深或太浅、种子发芽势低等因素。

（3）剩余的药剂及清洗器具的水禁止倾入水源。废弃物要妥善处理，不能随意丢弃。

（4）所有接触过的器具使用后均应仔细冲洗。禁止在河塘等水体中清洗施药器具。

（5）处理后的种子禁止供人畜食用，也不要与未处理种子混合或一起存放。

（6）使用本产品时应穿长裤、戴口罩和手套，施药期间不可饮食和吸烟。

专利与登记

专利名称　1-(Chloromethyl)silatrane for the treatment of dermatitis and woundhealing

专利号　DE 2530255

专利拥有者　Irkutsk Institute of Organic Chemistry, USSR

专利申请日　1975-07-07

专利公开日　1977-01-20

目前公开的或授权的主要专利有 GB 1465455、US 4055637、JP 51133233、DE 2615654、SU 935051、HU 56109 等。

国内登记情况　98%硅丰环原药和 50%硅丰环湿拌种剂均在我国获得正式登记，登记号分别为 PD20101274 和 PD20101273，登记厂家为辽宁山水益农科技有限公司，其中 50%硅丰环湿拌种剂的登记作物为冬小麦。

合成方法

通过如下两种反应路线制得目的物。

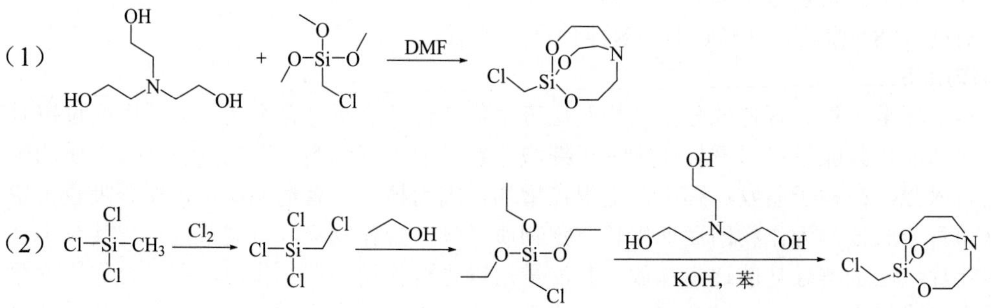

参考文献

[1] 农药科学与管理, 2007, 28(6): 59.

[2] 现代农药, 2009, 8(5): 55-56.

[3] RU 2096412, 1997.

[4] 化工信息材料, 2010, 38: 166-168.

果绿啶（glyodin）

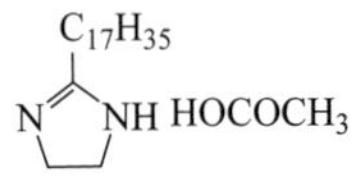

$$C_{22}H_{44}N_2O_2，368.6，556-22-9$$

果绿啶商品名称为 Glyoxide Dry、果绿定；其他名称为 Crag Fruit Fungicide 314、Glydex、Glyodex、Glyoxalidine。

产品简介

化学名称 乙酸-2-十七烷基-2-咪唑啉（1：1）。英文名称：acetic acid-2-heptadecyl-2-imidazoline（1：1）。美国化学文摘（CA）系统名称：2-heptadecyl-4,5-dihydro-1*H*-imidazolyl-monoacetate；2-heptadecyl-2-imidazolinemonoacetate。

理化性质 纯品是柔软的蜡状物质，熔点94℃。乙酸盐是橘黄色粉末，熔点62～68℃。不溶于水，二氯乙烷和异丙醇中溶解度39%。在碱性溶液中分解。

毒性 大鼠急性经口 $LD_{50} > 6800mg/kg$。对鱼和野生动物低毒。狗 210mg/（kg·d）饲喂1年，大鼠 270mg/（kg·d）饲喂 2 年无不良反应。

作用特性

果绿啶可由植物茎叶和果实吸收。曾作为杀菌剂被使用。作为植物生长调节剂，可促进水分吸收，及增加吸附和渗透性。因此，它可提升叶面施用的植物生长调节剂的效果。

专利概况

专利名称 Fungicide

专利号 US 2540171

专利拥有者 Union Carbide and Carbon Corp

专利申请日 1948-02-18

专利公开日 1951-02-06

合成方法

硬脂酸与乙醇生成硬脂酸乙酯，后者与乙二胺反应，得到 *N*-（2-氨基乙酯）硬脂酰胺，将该酰胺加热环合得到果绿啶。反应式如下：

$$C_{17}H_{35}COOC_2H_5 + H_2NCH_2CH_2NH_2 \longrightarrow C_{17}H_{35}CONHCH_2CH_2NH_2 + C_2H_5OH$$

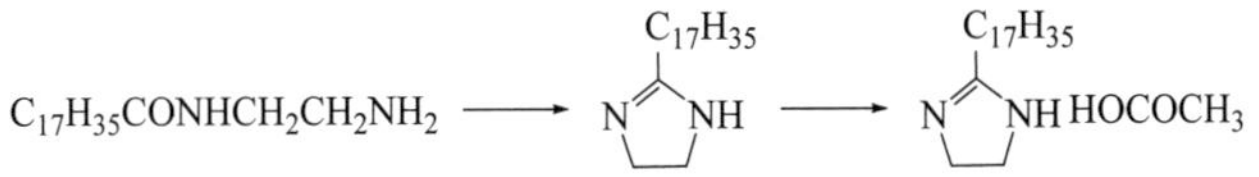

参考文献

[1] US2540171, 1951, CA 45:P4872f.

核苷酸（nucleotide）

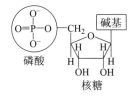

核苷酸是一类由嘌呤碱或嘧啶碱，核糖或脱氧核糖以及磷酸三种物质组成的化合物。

产品简介

理化性质　核苷酸干制剂容易吸水，但并不溶于水，在稀碱液中能完全溶解。核苷酸不溶于乙醇，能在水溶液 pH 2.0～2.5 时形成沉淀。

毒性　核苷酸为核酸水解产物，属天然生物制剂，它对人、畜安全，不污染环境。

作用特征

可经由植物的根、茎、叶吸收，它进入体内的主要生理作用：一是促进细胞分裂；二是提高植株的细胞活力；三是加快植株的新陈代谢。从而表现为促进根系增多、叶色较绿，加快地上部分生长发育，最终可不同程度地提高产量。

应用

核苷酸为核酸的分解混合物，一类是嘌呤或嘧啶-3'-磷酸；另一类是嘌呤或嘧啶-5'-磷酸。核苷酸是一个旧的农业应用产品。籼稻在移栽前 1～3 天苗期、幼穗分化期、抽穗始期、灌浆初期，叶面喷洒 5～100mg/L 核苷酸都有一定增产效果，以苗期处理增产效果较为稳定。黄瓜用 0.05%药液稀释 400 倍，喷洒幼苗提高瓜果产量。其他作物也在试用。

核苷酸与腐植酸混合研制成 3.52%腐植（酸）·核（苷酸）合剂，在小麦生长发育期以 150～200 倍液喷洒 2～3 次，可提高小麦抗旱能力，增加叶绿素含量及光合作用效率，又可健壮植株，促进根系发育，最终提高产量；以 400～600 倍液喷洒黄瓜植株，可加快植株生长发育进程，促进营养生长和生殖生长，增加黄瓜产量。

调节果梅树落叶。喷洒 300mg/L 的多效唑+30mg/L 的核苷酸+0.2%的高效叶面肥溶液，每次抽梢期喷洒一次，可提高叶片的质量和抗逆性，可防止果梅过早落叶。

提高果梅树坐果率。在盛花末期喷施 30mg/L 的对氯苯氧乙酸溶液，在第一次生理落果后第二次生理落果开始前喷施 30mg/L 对氯苯氧乙酸+70mg/L 复合核苷酸的药液，对果梅的保果效果良好。

注意事项

（1）核苷酸使用对作物安全，使用浓度安全范围宽，可多次喷洒，不同水解产品效果有差异。

（2）核苷酸应用后确有作用，但外观上表现不很明显。

参考文献

[1] 张宗俭，邵振润，束放. 植物生长调节剂科学使用指南（第三版）. 北京：化学工业出版社，2015.

琥珀酸（succinic acid）

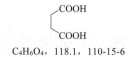

C₄H₆O₄，118.1，110-15-6

$C_4H_6O_4$，118.1，110-15-6

琥珀酸广泛存在于动物与植物体内。

产品简介

化学名称　丁二酸。英文化学名称为 succinic acid 或 butanedioic acid。美国化学文摘（CA）系统名称为 succinic acid。美国化学文摘（CA）主题索引名为 succinic acid。

理化性质 纯品白色无臭菱形结晶体，有酸味。熔点 187～189℃。沸点 235℃，相对密度 1.572。溶于水、乙醇和甲醇。不溶于苯、二硫化碳、石油醚和四氯化碳。

毒性 大鼠急性经口毒性 LD$_{50}$：2260mg/kg。给猫 1g/kg 剂量，未见不良影响。猫最小的致死注射剂量为 2g/kg。

作用特性

琥珀酸可作为杀菌剂、表面活性剂、增味剂。作为植物生长物质，琥珀酸可通过植物根、茎、叶吸收，加速植物体内的代谢，可加快作物生长。

应用

在 20 世纪 80 年代，琥珀酸就广泛应用于农业。琥珀酸 10～100mg/L 浸种或拌种 12h 可促进根的生长，增加棉花、玉米、春大麦、大豆、甜菜的产量。

注意事项

（1）琥珀酸和其他生根剂混用效果更佳。

（2）琥珀酸低剂量多次施用或和其他叶面肥混合施用效果更佳。

（3）遇明火、高热可燃。受高热分解，放出刺激性烟气。粉体与空气可形成爆炸性混合物，当达到一定的浓度时，遇火星会发生爆炸。

专利概况

专利名称 Succinic acid

专利号 US 2121406

专利拥有者 Hercules Powder Co.

专利申请日 1938-06-21

专利公开日 1938-12-27

目前公开的或授权的主要专利有 CA 1339017、CA 1334583、GB 1442979、RU 2158510 等。

合成方法

琥珀酸的制备方法主要有四种。

（1）乙酸发酵得琥珀酸。

$$H_3C-COOH \xrightarrow{\text{发酵}} HOOCCH_2CH_2COOH$$

（2）乙炔、一氧化碳、水催化缩合得琥珀酸。

$$\equiv + CO + H_2O \xrightarrow{\text{催化}} HOOCCH_2CH_2COOH$$

（3）富马酸氢化得琥珀酸。

$$HOOCH_2C-CH=CH_2COOH \xrightarrow{H_2} HOOCCH_2CH_2COOH$$

（4）苯或萘氧化得马来酸，再电解还原得琥珀酸。

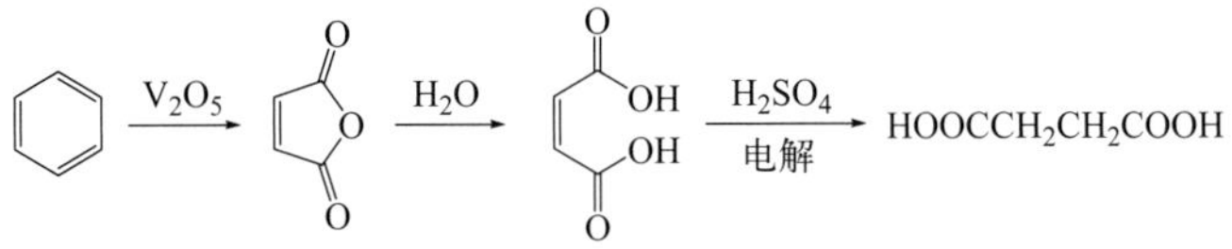

$$\text{苯} \xrightarrow{V_2O_5} \text{马来酸酐} \xrightarrow{H_2O} \text{马来酸} \xrightarrow[\text{电解}]{H_2SO_4} HOOCCH_2CH_2COOH$$

参考文献

[1] US 2121406, 1938, CA 33: 25394.
[2] CA 1339017, 1997.
[3] GB 949981, 1964, CA 60: 90394.

环丙嘧啶醇（ancymidol）

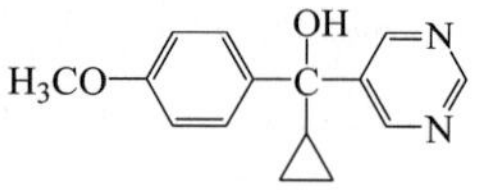

$C_{15}H_{16}N_2O_2$，256.3，12771-68-5

环丙嘧啶醇（商品名称：A-Rest、Reducymol，其他名称：EL-531、嘧啶醇），由 M. Snel 和 J. V. Gramlich 报道，1973 年由 Eli Lilly & Co.开发，现由 SePRO 公司生产。

产品简介

化学名称　α-环丙基-4-甲氧基-α-(嘧啶-5-基)苯甲醇。英文化学名称为 α-cyclopropyl-4-methoxy-α-(pyrimidin-5-yl)benzyl alcohol。美国化学文摘（CA）系统名称为 α-cyclopropyl-α-(p-methoxyphenyl)-5-pyrimidinemethanol; α-cyclopropyl-α-(4-methoxyphenyl)-5-pyrimidinemethanol; cyclopropyl-α-(p-methoxyphenyl)-5-pyrimidinemethanol。

理化性质　本品为无色晶体，熔点 110～111℃。原药蒸气压 0.133mPa（50℃）。分配系数 $K_{ow}\lg P$=1.9（pH 7，25℃）。溶解度（25℃）：水中约 650mg/L，丙酮、甲醇＞250g/L，己烷 37g/L，易溶于乙醇、乙酸乙酯、氯仿和乙腈。52℃以下稳定，紫外线下稳定。水溶液在 pH 7～11 稳定。

毒性　大鼠急性经口 LD_{50}＞5000mg/kg，狗和猴子急性经口 LD_{50}＞500mg/kg。在 200mg/kg 对兔皮肤有非常轻微的刺激，一次 56mg 对兔眼睛中等刺激。大鼠在 5.6mg/L 空气急性吸入（4h）无死亡。90d 饲喂试验中，大鼠和狗接受 8000mg/kg 饲料无不良影响。小鸡急性经口 LD_{50}＞500mg/kg。鱼毒 LC_{50}（mg/L）：蓝鳃翻车鱼苗 146，虹鳟鱼苗 55，金鱼苗＞100。对蜜蜂无毒。

环境行为　在土壤中被微生物降解。

制剂与分析方法　可溶液剂。产品及残留分析用带 FID 的 GC 方法。

应用

环丙嘧啶醇可防止多种植物的节间伸长，促进开花。其生长抑制作用可被赤霉酸所抵消，叶面或土壤施药均可。在菊花、百合花 5～15cm 株高（摘心后 2 周）、一品红摘心后 4 周、大丽菊栽后 2 周或郁金香出芽前 1 周到出芽后 2 天，以 33～132mg/L 的浓度进行叶面喷撒，可实现明显的矮化和促花作用。

环丙嘧啶醇与矮壮素混合（75mg/L +1000mg/L）在大麦拔节前使用，有明显的矮化和抗倒伏作用。

注意事项

（1）不可与酸性药剂混用。
（2）浓度过高会延迟开花。

专利概况

专利名称　Plantgrowth regulating composition

专利号　DE 2505912

专利拥有者　BASF A.G.

专利申请日　1975-02-13

专利公开日　1976-09-02

目前公开的或授权的主要专利有 WO 9832718、DE 2505912、DE 3442690、JP 0272105、GB 1218625 等。

合成方法

通过如下反应制得目的物。

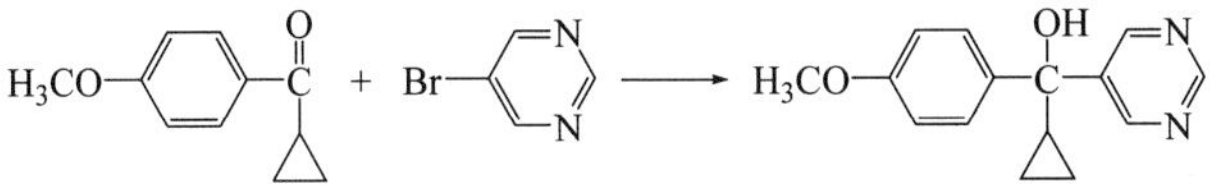

参考文献

[1]　Meded. Fac.Landbouww Rijksunivgent, 1973, 38: 1033.

[2]　GB1218623, 1971, CA75: 151826.

[3]　Anal.Methods Pestic. Plantgrowth Regul., 1976, 8: 475-482.

[4]　J. Assoc.Off. Anal. Chem., 1977, 60: 904.

[5]　J. Assoc.Off. Anal. Chem., 1975, 58: 850-851.

环丙酰草胺（cyclanilide）

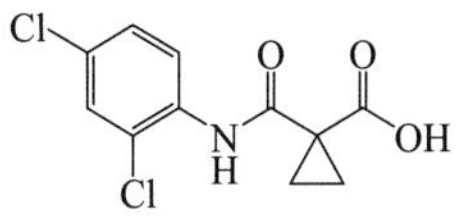

$C_{11}H_9Cl_2NO_3$，274.1，113136-77-9

环丙酰草胺（试验代号：RPA-090946，商品名称：Finish）是由罗纳-普朗克公司（现为拜耳公司）开发的酰胺类植物生长调节剂。

产品简介

化学名称　1-(2,4-二氯苯氨基羰基)环丙羧酸。英文化学名称为 1-(2,4-dichloroanilinocarbonyl)cyclopropanecarboxylic acid。美国化学文摘（CA）系统名称为1-[[(2,4-dichlorophenyl)amino]carbonyl]cyclopropanecarboxylic acid。美国化学文摘（CA）主题索引名为 cyclopropane-carboxylic acid-,1-[[(2,4-dichlorophenyl)amino]carbonyl]-。

理化性质　纯品为白色粉状固体，熔点 195.5℃。蒸气压：$<1×10^{-5}$Pa（25℃）、$8×10^{-6}$Pa（50℃），分配系数 K_{ow}lg$P$=3.25（21℃），Henry 常数$≤7.41×10^{-5}$Pa·m³/mol（计算）。相对密度1.47（20℃）。水中溶解度（20℃，g/100mL）：0.0037（pH 5.2）、0.0048（pH 7）、0.0048（pH 9）；有机溶剂中溶解度（20℃，g/100mL）：丙酮 5.29，乙腈 0.50，二氯甲烷 0.17，乙酸乙酯 3.18，正己烷<0.0001，甲醇5.91，正辛烷6.72，异丙醇6.82。稳定性：本品相当稳定。pK_a 3.5（22℃）。

毒性　大鼠急性经口 LD_{50}（mg/kg）：雌性 208，雄性 315。兔急性经皮 $LD_{50}>2000$mg/kg。对兔眼睛无刺激性，对兔皮肤有中度刺激性。大鼠急性吸入 LC_{50}（4h）>5.15mg/L 空气。

NOEL 数据（2 年）：大鼠 7.5mg/kg。急性经口 LD_{50}（mg/kg）：绿头鸭＞215，山齿鹑 216。饲喂试验 LC_{50}（8d，mg/L 饲料）：绿头鸭 1240，山齿鹑 2849。鱼毒 LC_{50}（96h，mg/L）：虹鳟鱼＞11，大翻车鱼＞16，羊头鲷 49。蜜蜂 LD_{50}（接触）＞100μg/只。

环境行为　进入动物体内的本品迅速排出，残留在植物上的主要是未分解的本品，在土壤中有氧条件下，DT_{50} 约 15～49d。主要由土壤微生物降解，移动性差，不易被淋溶至地下水。

作用特性

主要抑制极性生长素的运输。

应用

植物生长调节剂，主要用于棉花、禾谷类作物、草坪和橡胶等。与乙烯利混用，促进棉花吐絮、脱叶。使用剂量为 10～200g（a.i.）/hm²。

专利概况

专利名称　Synergistic plantgrowth regulator compositions

专利号　DE 3780897

专利拥有者　Rhone Poulenc BV (NL)

专利申请日　1987-03-04

专利公开日　1992-09-10

目前公开的或授权的主要专利有 WO 8705898、US 5334747、DE 19834627、DE 19834629、US 5478796 等。

合成方法

通过如下反应制得目的物。

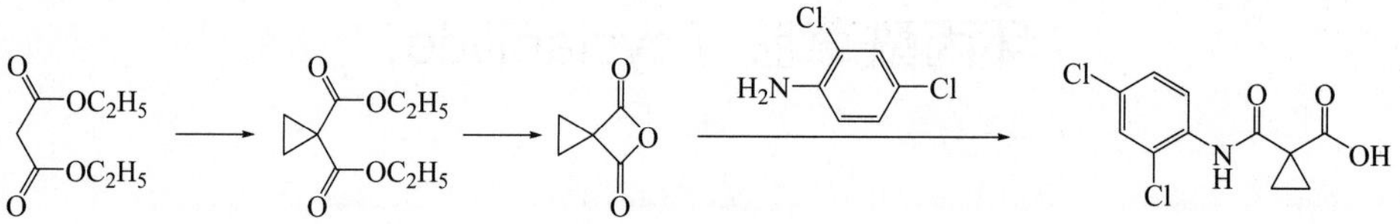

参考文献

[1] US 4736056, 1988, CA 109: 190039.

[2] WO 8705898, 1987, CA 109: 37517.

[3] US 5334747, 1992, CA 118: 191354.

[4] US 5123951, 1987, CA 108: 182222.

磺草灵（asulam）

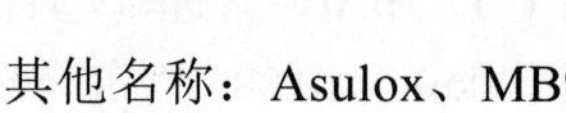

$C_8H_{10}N_2O_4S$，230.2，3337-71-1

磺草灵（商品名称：Asilan。其他名称：Asulox、MB9057）是 1968 年 May 和 Baker 公司开发的产品，现在拜耳公司生产。

产品简介

化学名称　对氨基苯磺酰氨基甲酸甲酯。英文化学名称为 methyl sulfanilycarbamate; methyl 1-aminophenylsulfonylcarbamate; methyl 4-aminobenzenesulfonylcarbamate。美国化学文

摘（CA）系统名称为 methyl N-[(4-aminophenyl)sulfonyl]carbamate。

理化性质　纯品为无色无嗅的结晶体，熔点 142～144℃。蒸气压＜1mPa（20℃）。溶解度（g/L，20～25℃）：水 5，乙醇 120，甲醇 280，丙酮 340，二甲基甲酰胺＞800。

毒性　本品对人和动物相对低毒。大鼠和小鼠急性经口 LD_{50}＞4000mg/kg。大鼠急性经皮 LD_{50}：1200mg/kg。大鼠 400mg/kg 饲料，饲喂 90d 无不良影响。绿头鸭、野鸡和鸽子急性经口 LD_{50}＞4000mg/kg。虹鳟、金鱼 LC_{50}（96h）＞5000mg/L。对蜜蜂无毒。

环境行为　大鼠体内 3d 后 85%～96%的药剂被排出体外。土壤环境中有少量残存，DT_{50} 6～14d。通过土壤降解，分子失去氨基、氨基甲酸酯裂解和氨基乙酰化。

作用特性

磺草灵可通过植物根、茎和叶吸收，传导到生长部位。抑制生长活跃组织的代谢，如抑制植物呼吸系统，可控制植物尖端的生长。

应用

磺草灵主要用途是作为除草剂防除菠菜、油菜、苜蓿、甜菜等作物田以及香蕉、咖啡、茶等园林作物的多种一年生和多年生杂草。

作为植物生长调节剂主要应用于甘蔗田，增加含糖量。在收获前 8～10 周，以 600～2000g/hm² 整株喷洒施药。

专利概况

专利名称　Benzenesulfonamide derivatives as antimicrobial agents

专利号　JP 7348636

专利拥有者　Shionogi and Co., Ltd.

专利申请日　1971-10-15

专利公开日　1973-07-10

目前公开的或授权的主要专利有 US 3823008、JP 8259855、DE 2735001、DD 152275、JP 63135305 等。

合成方法

通过如下反应制得目的物：

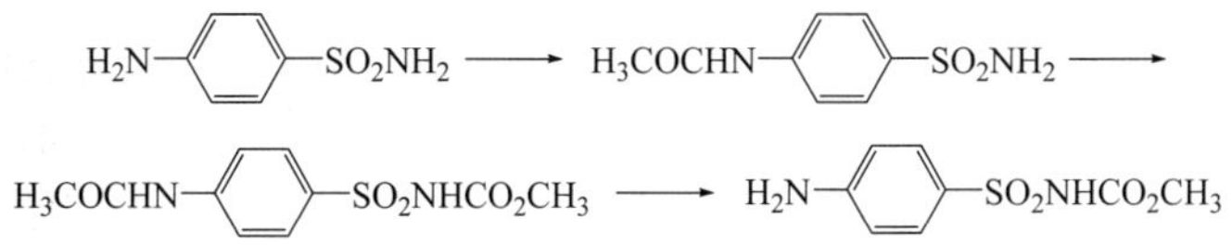

H₂N—⬡—SO₂NH₂ ⟶ H₃COCHN—⬡—SO₂NH₂ ⟶

H₃COCHN—⬡—SO₂NHCO₂CH₃ ⟶ H₂N—⬡—SO₂NHCO₂CH₃

参考文献

[1] Nature, 1965, 207: 655.

[2] GB 1040541, 1963, CA 59: 68936.

[3] US 3978104, 1977, CA 86: 56152.

[4] Anal. Methods Pesti. Plantgrowth Regul., 1984, 13: 197.

磺菌威（methasulfocarb）

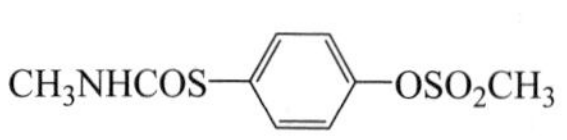

CH₃NHCOS—⬡—OSO₂CH₃

$C_9H_{11}NO_4S_2$，261.3，66952-49-6

磺菌威（商品名称：Kayabest，NK-191）是一种磺酸酯类杀菌剂和植物生长调节剂，由日本化药公司发现并生产。

产品简介

化学名称　S-（4-甲基磺酰氧基苯基）-N-甲基硫代氨基甲酸酯。英文化学名称为 S-(4-methylsulfonyloxyphenyl)-N-methylthiocarbamate。美国化学文摘（CA）系统名称为 S-[4-(methylsulfonyl)]phenyl]methylcarbamothioate。美国化学文摘（CA）主题索引名为 carbamothioic acid,methyl S-[4-[(methylsulfonyl)oxy]phenyl]ester。

理化性质　纯品为无色晶体，熔点 137.5～138.5℃。水中溶解度为 480mg/L，溶于苯、醇类和丙酮。对日光稳定。

毒性　急性经口 LD_{50}（mg/kg）：大鼠 112～119，雄小鼠 342，雌小鼠 262。大、小鼠急性经皮 LD_{50}＞5000mg/kg。大鼠急性吸入 LC_{50}（4h）＞0.44mg/L 空气。对小鼠无诱变性，对大鼠无致畸性。鲤鱼 LC_{50}（48h）1.95mg/L，水蚤 LC_{50}（3h）24mg/L。

制剂与分析方法　10%粉剂。产品分析及残留物测定均用 GC 法。

应用

本品属磺酸酯类杀菌剂和植物生长调节剂。该杀菌剂用于土壤，尤其用于水稻的育苗箱，对于防治由根腐属、镰孢属、腐霉属、木霉属、伏革菌属、毛霉属、丝核霉属和极毛杆菌属等病原菌引起的水稻枯萎病很有效。将 10%粉剂混入土内，剂量为每 5L 育苗土 6～10g，在播种前 7d 之内或临近播种时使用。它不仅是杀菌剂，而且还可以提高水稻根系的生理活性。

专利概况

专利名称　Phenylthiocarbonilides

专利号　DE 2626111

专利拥有者　Nippon Kayakn Co.,Ltd.

专利申请日　1975-06-11

专利公开日　1976-12-30

目前公开的或授权的主要专利有 DE 2745229、JP 6226266、US 4126696、GB 2092120、JP 82106604、JP 8291901 等。

合成方法

磺菌威的合成方法主要有两种。

（1）以苯酚为原料，与二氯二硫反应后，经还原，制得对巯基苯酚，然后在含三乙胺的甲苯中，与甲基异氰酸酯反应，制得 $HOC_6H_4SC(O)NHCH_3$，最后在含三乙胺乙腈中，与 CH_3SO_2Cl 在 0～5℃反应 1h，即得产品。总收率86%。反应方程式如下。

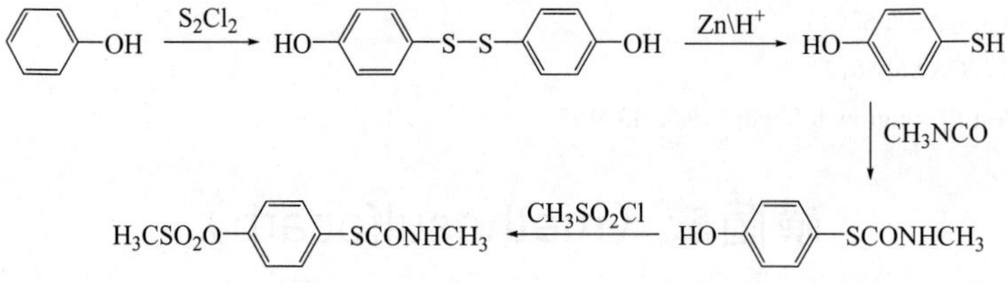

（2）4-甲磺酸基苯磺酰氯溶于甲醇中，在 60～70℃下用锌粉还原，得到 4-甲磺酸基苯硫酚，后者与异氰酸甲酯、三乙胺在苯中，于室温下反应，制得 90%的磺菌威。反应方程式如下。

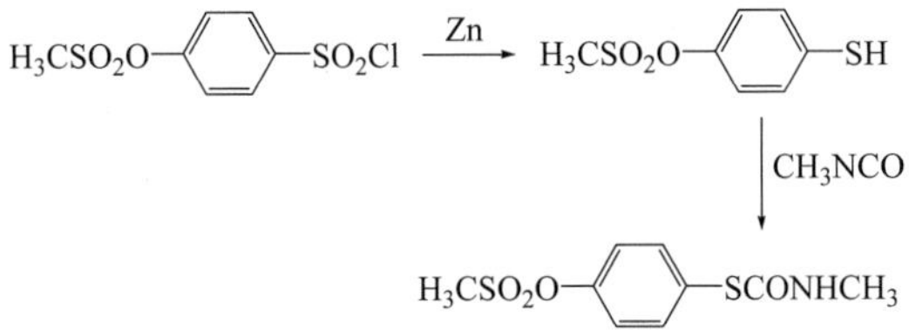

$$H_3CSO_2O-\!\!\!\bigcirc\!\!\!-SO_2Cl \xrightarrow{Zn} H_3CSO_2O-\!\!\!\bigcirc\!\!\!-SH$$

$$\downarrow CH_3NCO$$

$$H_3CSO_2O-\!\!\!\bigcirc\!\!\!-SCONHCH_3$$

参考文献

[1] Japan pesticide Information, 1985, 46: 17-21.
[2] DE 2745229, 1978, CA89: 108632.
[3] JP 6289655, 1987, CA107: 1997788.
[4] 日本农药学会志, 1986, 11(2): 213-218.

几丁聚糖（chitosan）

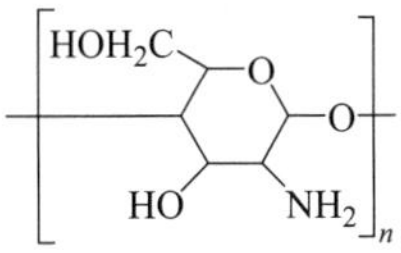

$[C_6H_{11}NO_4]_n$，$(161.1)_n$，9012-76-4

几丁聚糖（其他名称：甲壳胺、甲壳素、壳聚糖）广泛分布在自然界的动植物及菌类中。例如甲壳动物的甲壳（约含甲壳素 15%～20%），如虾、蟹、爬虾，昆虫的表皮内甲壳（含甲壳质 5%～8%），如鞘翅目、双翅目昆虫，真菌的细胞壁，如酵母菌、多种霉菌以及植物的细胞壁。地球上几丁聚糖的蕴藏量仅次于纤维素，每年产量达 1×10^{11} t。

早在 1811 年法国科学家 Braconnot 就从霉菌中发现了甲壳素，1859 年 Rouget 将甲壳素与浓 KOH 共煮，得到了几丁聚糖。几丁聚糖广泛分布在自然界，但有关几丁聚糖的结构直到 1960～1961 年才由 Dweftz 真正确定。几十年前发现了几丁聚糖的生物学应用价值。

产品简介

化学名称　β-(1→4)-2-氨基-2-脱氧-*D*-葡聚糖。英文名称为 chitosan。美国化学文摘（CA）系统名称为 chitosan。美国化学文摘（CA）主题索引名为 chitosan。

理化性质　几丁聚糖纯品为白色或灰白色无定形片状或粉末，无嗅无味。几丁聚糖可以溶解在许多稀酸中，如水杨酸、酒石酸、乳酸、琥珀酸、乙二酸、苹果酸、抗坏血酸等，加工成的膜具有透气性、透湿性、渗透性及防静电作用，拉伸强度大。总之分子越小，脱乙酰度越大，溶解度越大。几丁聚糖有吸湿性，几丁聚糖的吸湿性大于 500%。几丁聚糖在盐酸水溶液中加热到 100℃，能完全水解成氨基葡萄糖盐酸盐；甲壳质在强碱水溶液中可脱去乙酰成为几丁聚糖；几丁聚糖在碱性溶液或在乙醇、异丙醇中可与环氧乙烷、氯乙醇、环氧丙烷生成羟乙基化或羟丙基化的衍生物，从而更易溶于水；几丁聚糖在碱性条件下与氯乙酸生成羧甲基甲壳质，可制造人造红细胞；几丁聚糖和丙烯腈的加成反应在 20℃发生在羟基上，在 60～80℃发生在氨基上；几丁聚糖还可与甲酸、乙酸、草酸、乳酸等有机酸生成盐。它在化学上不活泼，不与液体发生变化，对组织不引起异物反应。它具有耐高温性，经高温消毒后不变性。

毒性　长期毒性试验均显示非常低的毒性，也未发现有诱变性、皮肤刺激性、眼黏膜刺激性、皮肤过敏性、光敏性。表 2-17 列举了几丁聚糖的安全性。

表 2-17　几丁聚糖的安全性

项目	方法			结果
	动物	给药途径	操作方法	
急性毒性 LD$_{50}$	大白鼠			
	小白鼠、大白鼠	皮下		＞10g/kg
	小白鼠	腹腔		5.2g/kg
	大白鼠	腹腔		3.0g/kg
亚急性毒性	大白鼠	皮下	连续给药三个月	除给药处有肥厚、结节外，无生理、生化、病理变化
诱变性	—	—	大肠杆菌变异试验，Ames 试验	无诱变性
皮肤一次刺激性	豚鼠	皮肤给药	2d	无刺激性
皮肤累积刺激性	豚鼠	皮肤给药	5 周	无刺激性
眼黏膜一次刺激	豚鼠	黏膜给药法		无刺激性,角膜、虹膜、眼底未见异常
光毒性	裸鼠	皮肤给药	—	无光毒性
皮肤过敏性	豚鼠	皮肤给药		无
光敏性	豚鼠	皮肤给药		无
人皮肤粘贴试验	人	皮肤给药		无刺激性
透波吸收性	人	皮肤给药	涂布后测定血、尿中浓度	不吸收

制剂　0.5%、2%可溶液剂，0.2%悬浮剂、0.5%悬浮种衣剂。

作用特性

几丁聚糖分子中的游离氨基对各种蛋白质的亲和力非常强，因此可以用来作酶、抗原、抗体等生理活性物质的固定化载体，使酶、细胞保持高度的活力；几丁聚糖可被甲壳酶、甲壳胺酶、溶菌酶、蜗牛酶水解，其分解产物是氨基葡萄糖及 CO_2，前者是生物体内大量存在的一种成分，故对生物无毒；几丁聚糖分子中含有羟基、氨基，可以与金属离子形成螯合物，在 pH 2~6 范围内，螯合最多的是 Cu^{2+}，其次是 Fe^{2+}，且随 pH 增大而螯合量增多。它还可以与带负电荷的有机物，如蛋白质、氨基酸、核酸起吸附作用。值得一提的是几丁聚糖和甘氨酸的交联物可使螯合 Cu^{2+} 的能力提高 22 倍。

应用

（1）几丁聚糖广泛用于处理种子，在作物种子外包衣一层，不但可以抑制种子周围霉菌病原体的生长，增强作物对病菌的抵抗力，而且还有生长调节剂作用，可使许多作物增加产量。如将几丁聚糖的弱酸稀溶液用作种子包衣剂的黏附剂，具有使种子透气、抗菌及促进生长等多种作用，是种子现配现用优良的生物多功能吸附性包衣剂。例如：用 11.2g 几丁聚糖和 11.2g 谷氨酸混合物处理 22.68kg 作物种子，增产可达 28.9%；又如用 1%几丁聚糖+0.25%乳酸处理大豆种子，促进早发芽。

（2）由于几丁聚糖的氨基与细菌细胞壁结合，从而它有抑制一般细菌生长的作用。低分子量的几丁聚糖（分子量≤3000）可有效控制梨叶斑病、苜蓿花叶病毒。如以 0.05%浓度的几丁聚糖可抑制尖孢镰刀菌的生长，其具体情况见表 2-18。

表 2-18　不同浓度几丁聚糖对尖孢镰刀菌生长的影响

几丁聚糖浓度/%	尖孢镰刀菌生长情况/%		
	3d 后	4d 后	6d 后
对照	100	100	100
0.025	84	87	92
0.050	17	35	54
0.100	0	0	0

（3）几丁聚糖以 25μg/g 药液加入土壤，可以改进土壤的团粒结构，减少水分蒸发，减少土壤盐渍作用。梨树用 50mL 几丁聚糖、300g 锯末混合施用，有改良土壤作用。此外几丁聚糖的 Fe^{2+}、Mn^{2+}、Zn^{2+}、Cu^{2+}、Mo^{2+} 液肥可作无土栽培用的液体肥料。

（4）用 N-乙酰几丁聚糖可使许多农药起缓释作用，一般时间延长 50～100 倍。

（5）在苹果采收时，用 1%几丁聚糖水剂包衣后晾干，在室温下贮存 5 个月后，苹果表面仍保持亮绿色没有皱缩，含水量和维生素 C 含量明显高于对照，好果率达 98%；用 2%几丁聚糖 600～800 倍液（25～33.3mg/L）喷洒黄瓜，可增加产量，提高抗病能力。

几丁聚糖水溶液也可在鸡蛋上应用，延长存放期。

专利与登记

专利名称　Chitosan

专利号　JP 7013599

专利拥有者　Nippon Suisan Kaisha，Ltd.

专利申请日　1966-09-03

专利公开日　1970-05-15

目前公开的或授权的主要专利有 KR 200047003、JP 2001355184、KR 2003190、JP 2002194168、WO 0278445 等。

登记情况　成都特普生物科技股份有限公司登记 0.5%可溶液剂（登记号 PD20120349）、四川利尔作物科学有限公司登记 0.2%悬浮剂（登记号 PD20211590）等。登记作物有水稻、烟草、番茄、茶、葡萄、马铃薯和黄瓜等。

合成方法

将甲壳质在强碱和加热条件下脱去乙酰基可得到可溶性甲壳素——几丁聚糖。

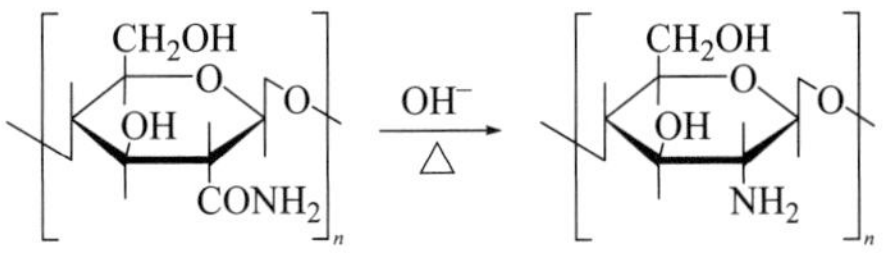

参考文献

[1] 日用化学工业, 1987(2): 70-74.

[2] Przem. Spozyw., 1980, 34(4): 136-137(Pol).

[3] Phys.Prop.Appl., [Proc. Int. Conf.], 1988, 4th: 23-25(Eng).

[4] Yiyaogongye, 1988, 19(7): 328-333(Ch).

甲苯酞氨酸（NMT）

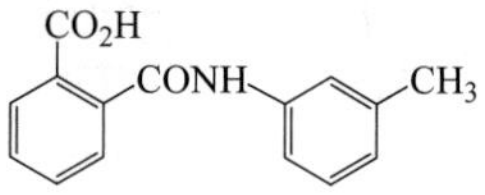

$C_{15}H_{13}NO_3$，255.3，85-72-3

甲苯酞氨酸（其他名称：Duraset、Tmomaset）由 U. S. Rubber 开发。

产品简介

化学名称　N-间甲苯基邻氨羰基苯甲酸。英文化学名称为 *N-meta*-tolyphthalamic acid。美国化学文摘（CA）系统名称为 2-[[(3-methylphenyl)amino]carbonyl]benzoic acid。

理化性质　结晶固体，在 25℃水中溶解度为 1g/L，在 25℃丙酮中溶解度为 130g/L。

毒性　雄性大鼠急性经口 LD_{50} 5230mg/kg。

制剂　20%可湿性粉剂。

作用特性

甲苯酞氨酸是内吸性植物生长调节剂，有防止落花和增加坐果率的作用，在不利的气候条件下，可防止花和幼果的脱落。

应用

用于番茄、白扁豆、樱桃、梅树等，能促使植物多开花，增加坐果率。果树在开花 80%时喷药，施药浓度为 0.01%～0.02%。蔬菜则在开花盛期喷药，如在番茄花簇形成初期喷 0.5%药液，使用药液量为 500～1000L/hm²，可增加坐果率。

注意事项

（1）在高温天气条件下，喷药宜在清晨或傍晚进行。

（2）施药要注意勿过量，不宜与其他农药混合使用。

专利概况

专利名称　Methods for derespression control in crops using plant regulators

专利号　EP 50504

专利拥有者　Sampson，Michael James

专利申请日　1980-10-20

专利公开日　1982-04-28

目前公开的或授权的主要专利有 HU 18824、DE 3308394、HU 39416 等。

合成方法

以苯酐和间氨基甲苯为原料，一步生成产品。

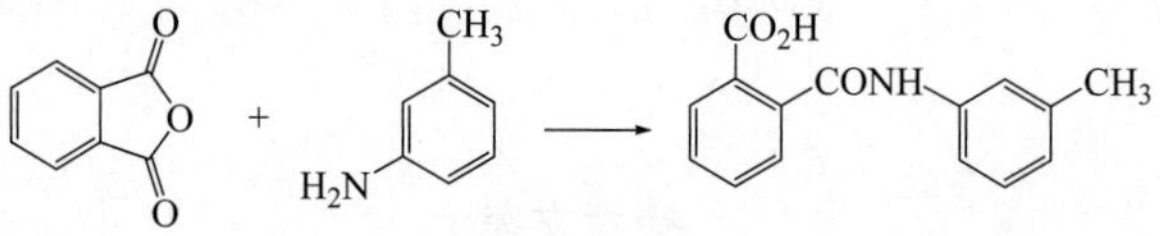

参考文献

[1] Am. Chem.Soc., 1928, 50: 477.

[2] 62153283, CA 107: 217623.

[3] Em. Prum., 1980, 30(9): 473.

甲草胺（alachlor）

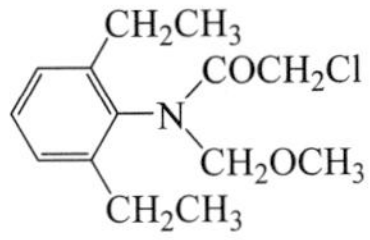

$C_{14}H_{20}ClNO_2$，269.8，15972-60-8

甲草胺（商品名称：拉索、Lasso，其他名称：CP50144）是 1966 年美国孟山都公司开发的产品。主要用作除草剂，也可以作为抗旱剂。现江苏省南通江山农药化工股份有限公司、莱科作物保护有限公司、上虞颖泰精细化工有限公司、山东滨农科技有限公司等生产。

产品简介

化学名称　2-氯-2',6'-二乙基-N-甲氧基甲基乙酰替苯胺。英文化学名称为 2-chloro-2',6'-diethyl-N-(methoxmethyl)acetamide。美国化学文摘（CA）系统名称为 2-chloro-N-(2,6-diethyl-phenyl)-N-(methoxmethyl)acetamide。

理化性质　纯品是结晶固体，熔点 40.5～41.5℃，沸点 100℃（2.67Pa），蒸气压 2.0mPa（25℃），相对密度 1.133。溶于乙醚、丙酮、苯、氯仿、乙醇和乙酸乙酯，微溶于己烷。水中溶解度 170.31mg/L（pH 7，20℃）。在强酸或强碱溶液中水解。105℃时分解。紫外线下稳定，对铁有腐蚀性，不腐蚀铝。

毒性　甲草胺对人和动物低毒。急性经口 LD_{50}：大鼠 930～1350mg/kg，小鼠 1100mg/kg。兔急性经皮 LD_{50}：13300mg/kg，对兔皮肤和眼睛无刺激。大鼠急性吸入 LC_{50}（4h）：1.04mg/L 空气。在 90d 饲喂试验中，对大鼠和狗饲喂 200mg/kg 饲料无不良影响。山齿鹑急性经口 LD_{50}＞1536mg/kg，绿头鸭和山齿鹑饲喂 LC_{50}（5d）＞5620mg/kg 饲料，虹鳟鱼 LC_{50}（96h）＞1.8mg/L，蓝鳃翻车鱼 LC_{50}（96h）＞2.8mg/L，水蚤 EC_{50}（48h）＞10mg/L，对蜜蜂无毒。蚯蚓 LC_{50}（14d）387mg/kg 土壤。

环境行为　本品可被大鼠肝脏微粒体氧化酶快速氧化成 2,6-二乙基苯胺。在植物体内或土壤环境中快速转变为 N-氯乙酰基-2,6-二乙基苯胺，再降解为苯胺衍生物。

作用特性

甲草胺可由植物的根、茎和叶吸收。叶片吸入可抑制 α-淀粉酶的活性，导致气孔关闭，减少水分蒸发。因此，可作为抗蒸腾剂。

应用

本品作为除草剂应用于玉米、烟草、大豆、油菜、白菜、花生等作物田防除禾本科和部分阔叶杂草。

作为玉米抗蒸腾剂是在玉米叶片萎蔫前以 20mg/L 剂量叶面施药。可减少叶片水分蒸发，提高玉米忍受干旱的能力，最终增加产量。

专利与登记

专利名称　Plantgrowth regulator

专利号　NL 6602564

专利拥有者　Monsanto Co.

专利申请日　1965-10-14

专利公开日　1967-04-17

目前公开的或授权的主要专利有 NL 6602564、HU 48202、JP 6323822、ZA 6807943、FR 2040736、US 3547620、WO 9100010 等。

登记情况　作为植物生长调节剂未见登记。

合成方法

通过如下方法制备。

参考文献

[1] GB 2048886, 1981, CA 95: 480514.

[2] Proc. North Cent.Weed Control Conf., 1966, 21: 44.

[3] J. Assoc. Off. Anal. Chem., 1985, 68: 370.

[4] Anal. Methods Pestic. Plant Regul., 1978, 10: 255.

甲基环丙烯（1-methylcyclopropene）

H_3C△

C₄H₆，54.09，3100-04-7

甲基环丙烯（其他名称：1-甲基环丙烯）是由美国罗门哈斯公司开发、1999 年首次在美国登记的一种用于水果保鲜的植物生长调节剂。是近年来人们研究发现的一种作用效果最为突出的保鲜剂。

20 世纪 90 年代美国生物学家发现了一种新型乙烯抑制剂——甲基环丙烯。实验结果表明：在果实内源乙烯大量合成之前使用甲基环丙烯，能抢先与这些乙烯受体结合，结合牢固不易脱落，进而阻断乙烯与其受体的结合。只有当新的乙烯受体生成后，果实内源乙烯才有机会与之结合。

使用甲基环丙烯保鲜剂的果实，检测不到残留物，因此对人体无害，也不会对环境产生污染。2002 年甲基环丙烯通过了美国环境保护署生物杀虫管理处的评估，在美国获得正式注册登记，允许在苹果商业贮运中应用，美国环境保护署免除了甲基环丙烯乙烯阻封剂的应用限制。这项技术的诞生，被认为是世界上果蔬贮运保鲜技术领域的一大突破。

产品简介

化学名称　甲基环丙烯。英文化学名称为 1-methylcyclopropene。美国化学文摘（CA）系统名称为 1-methylcyclopropene。美国化学文摘（CA）主题索引名为 1-methyl-cyclopropene。

理化性质　纯品为无色气体，沸点 4.68℃，蒸气压（20～25℃）2×10⁵Pa。溶解度（mg/L，20～25℃）：水 137，庚烷＞2450，二甲苯 2250，丙酮 2400，甲醇＞11000。水解 DT₅₀（50℃）2.4h，光氧化降解 DT₅₀ 4.4h。其结构为带 1 个甲基的环丙烯，常温下，为一种非常活跃的、易反应、十分不稳定的气体，当超过一定浓度或压力时会发生爆炸，因此，在制造过程中不能对甲基环丙烯以纯品或高浓度原药的形式进行分离和处理，其本身无法单独作为一种产品（纯品或原药）存在，也很难贮存。

　　毒性　大鼠急性经口 LD_{50}＞5000mg/kg，大鼠急性吸入 LC_{50}（4h）＞165μL/L 空气。根据毒性分类，属于实际无毒的物质。

　　制剂　0.03%粉剂，1%可溶液剂，0.03%、3.3%粉剂，0.014%、0.03%微囊粒剂，3.3%颗粒剂，0.18%水分散片剂，12%发气剂等。

　　作用特性

　　甲基环丙烯（1-MCP）是一种非常有效的乙烯产生和乙烯作用的抑制剂。作为促进成熟衰老的植物激素——乙烯，既可由部分植物自身产生，又可在贮藏环境甚至空气中存在一定的量，乙烯与细胞内部的相关受体相结合，才能激活一系列与成熟有关的生理生化反应，加快衰老和死亡。甲基环丙烯可以很好地与乙烯受体结合，并较长时间保持束缚在受体蛋白上，因而有效地阻碍了乙烯与其受体的正常结合，致使乙烯作用信号的传导和表达受阻。但这种结合不会引起成熟的生化反应，因此，在植物内源乙烯产生或外源乙烯作用之前，施用甲基环丙烯就会抢先与乙烯受体结合，从而阻止乙烯与其受体的结合，很好地延长了果蔬成熟衰老的过程，延长了保鲜期。

　　应用

　　处理果蔬、花卉时，甲基环丙烯的使用浓度极低，空气中浓度仅为 1mg/L 空气（百万分之一）左右。据专家介绍：甲基环丙烯的使用量很小，以微克来计算，方式是熏蒸。只要把空间密封 6～12h 然后通风换气，就可以达到贮藏保鲜的效果。尤其是呼吸跃变型水果、蔬菜，在采摘后 1～7d 进行熏蒸处理，可以延长保鲜期至少一倍的时间，以苹果、梨为例，其保鲜期可以从原来的正常贮藏 3～5 个月，延长到 8～9 个月。对大多数苹果品种来说，甲基环丙烯处理后，其保鲜效果普遍好于气调贮藏。不但效果显著，而且经济、操作方便，甲基环丙烯是目前最先进的延长储藏期和货架期的保鲜剂。在发达国家果业生产中已开始普遍应用。截至目前，欧盟、新西兰、澳大利亚、美国、加拿大、英国、智利、阿根廷、巴西、危地马拉、尼加拉瓜、哥斯达黎加、中国、南非、以色列、墨西哥、瑞士、土耳其等 25 个国家和地区已批准使用。有人预言，商业运作中至少在部分果品与蔬菜上甲基环丙烯与普通恒温库结合使用，可以替代气调库贮藏。由于普通恒温库在我国已普及，因此，甲基环丙烯这种乙烯阻封剂在我国果蔬贮藏保鲜上的应用推广，是缩短我国与发达国家之间差距的一条捷径。

　　如用 1.0μL/L 浓度的甲基环丙烯处理八月红梨，可使果实保持较高的硬度、可溶性固形物（TSS）含量和可滴定酸（TA）含量，明显降低果实的呼吸强度和乙烯释放速率，能完全抑制八月红梨果实黑皮病的发生，显著降低果心褐变率，推迟果实的后熟和衰老，延长贮藏和货架期。

　　用 25μL/L 浓度的甲基环丙烯分别对底色转白期和成熟期桃果实进行处理，然后置于（0±1）℃冷库中贮藏 24d。结果表明，经过甲基环丙烯处理，能够延缓底色转白期和成熟期果实的后熟软化进程，降低乙烯释放量，并抑制了果实快速软化阶段的多聚半乳糖醛酸酶（PG 酶）活性。

　　火村红杏果实经甲基环丙烯真空渗透处理后，能有效地抑制货架期杏果实呼吸强度和乙烯释放量，延缓果实硬度、可滴定酸和抗坏血酸含量的下降，抑制类胡萝卜素的合成积累和推迟果实色泽的转变；明显延缓货架期杏果实后熟软化，使果实的品质和风味更加突出。

　　用 0.1mg/L 浓度的甲基环丙烯分别对东方百合、西伯利亚和亚洲百合普丽安娜花枝处理4h，再用蔗糖 30g/L+8-羟基喹啉硫酸盐（8-HQ）200mg/L 的配比保鲜液对其切花瓶插保鲜处理后，两种切花的瓶插寿命和观赏品质均有所改善，瓶插寿命比对照长，约延长 2d，其中东方百合优于亚洲百合，其瓶插寿命较长，约 16d。甲基环丙烯处理一定程度上能保持百合细胞膜的完整性，具有延长百合瓶插寿命，提高观赏价值，延迟花瓣质膜相对透性增加等效应。同时对百合花瓣 MDA 含量、蛋白质含量变化都有一定的影响。

用 100mL/L、300mL/L 药液处理河套蜜瓜，能明显抑制河套蜜瓜乙烯的合成和生理作用，与对照相比乙烯释放高峰和呼吸高峰推迟了 6d，乙烯高峰仅为对照的 49.6% 和 43.8%，呼吸高峰为对照的 80.0% 和 78.4%，可溶性固形物降解得到抑制，延迟了多聚半乳糖醛酸酶（PG）和 β-半乳糖苷酶活性高峰出现的时间，有效延缓了河套蜜瓜硬度的下降速度。10mL/L、30mL/L 药液对河套蜜瓜后熟和软化没有明显的抑制作用。

"白玉"枇杷采后用 0.01% 的 1-甲基环丙烯（1-MCP）室温熏蒸处理 14h 后，6℃冷藏保存，有利于枇杷保鲜。

对采后八成熟的翠冠梨使用有效浓度为 1μL/L 的 1-甲基环丙烯，室温下密封处理 15h，有利于其在室温下的贮藏。对黄金梨采后当天用 0.5～1μL/L 的 1-甲基环丙烯常温密闭熏蒸 12h，对采后丰水梨在有效浓度为 1μL/L 的 1-甲基环丙烯室温下密封处理 15h，可延缓梨果实的硬度、可滴定酸含量的下降，有利于果实外观、风味的保持。

"秦光 2 号"油桃和"秦王"桃采收后置于浓度约为 1μL/L 的 1-MCP 容器内，室温下密封 12h，能延长储存时间，但对品质无明显影响。"雨花三号"桃果实采收后，室温下用 0.5μL/L 的 1-MCP 密闭处理 24h，而后贮藏于聚乙烯薄膜塑料袋中，能够延缓果实后熟软化进程。

用 0.5μL/L 的 1-MCP 在密闭容器中处理柿果 12～24h，然后通风，能阻止硬度的下降，推迟其成熟软化，延长贮藏期。

台湾青枣采后用 0.25mg/L 的 1-MCP 处理果实 24h，常温下贮藏，可有效抑制果实腐烂和褐变。

猕猴桃果实用 50～100μL/L 的 1-MCP 处理 12～24h，20℃下贮藏，能够延长贮藏期。

专利与登记

专利名称　Inhibition of ethylene response in plants

专利号　WO 9533377

专利拥有者　North Carolina State Univ.

专利申请日　1994-06-03

专利公开日　1995-10-14

目前公开的或授权的主要专利有 CN 1721420、RU 2267477、WO 2004005263、EP 1597968、US 2004082480、WO 2008071714 等。

登记情况　国内有多种含量和剂型登记，如 0.03%、3.3%、4% 粉剂；0.03%、0.014%、3.3% 微囊粒剂等；美国 EPA 登记 PC 号 224459；欧盟注册有苹果用植物生长调节剂 FYSIUM，归属法条 (EC) No 1107/2009。

合成方法

（1）甲基环丙烯是一种含双键的环状碳氢化合物，当超过一定的浓度或压力时会发生爆炸，其本身无法单独作为一种产品存在，也不能贮存。在制造过程中，当 1-甲基环丙烯有效成分一经形成，便立即为环糊精分子吸附，形成十分稳定的微胶囊（美国罗门哈斯公司用此方法生产）。

（2）在室温下（25℃最佳），把配备机械搅拌和恒压滴液漏斗的 2L 三颈圆底烧瓶用氮气充分冲洗，然后保持瓶内氮气正压下，迅速加入氨基钠（90%NaNH₂，100g）和白油（1200mL）。启动搅拌，开始往烧瓶内滴加 3-氯-2-甲基丙烯（180g），滴加速度控制在约 1 滴/s，滴加完后，继续搅拌 2～3h，此时有黄色固体粉末析出，静置片刻，在干燥的环境中迅速过滤，抽干。

得到的固体用 60 目网筛过筛，除去未反应的氨基钠固体（用白油浸没保存），收集通过筛眼的浅黄色固体粉末（甲基环丙烯钠盐，MCPNa），并迅速转入预先准备好的充满氮气的锥形瓶中，塞好磨口塞，缠好封胶带，蜡封后，放入干燥器内保存，合成得率是 65%。

参考文献

[1] 1-甲基环丙烯钠的合成方法及其产品, CN1721420.

[2] J. Org. Chem., 1971,36: 1320.

[3] 1-MCP 对八月红梨防褐保鲜的效应. 江苏农业学报，2008, 24(3): 338-343.

[4] 1-甲基环丙烯(1-MCP)真空渗透处理对货架期杏果实采后生理和品质的影响. 食品工业科技，2008, 29(4): 254-257.

[5] 新颖保鲜剂——甲基环丙烯的开发. 世界农药，2005, 27(3): 5-7.

[6] Effect of 1-methylcyclopropene on ripe-ning of Canino'apricots and'Royal Zee'plums. Postharvest Biol. Technol, 2002(24): 135-145.

[7] Inhibition of ethylene action by 1-methylcyclopropeneprolongs storage life of apricots. Postharvest Biology and Technology, 2000, 20(2): 135-142.

[8] Effect of 1-methylcyclopropene on fruit quality and physiologicaldisorders in Yali pear(*Pyrus bretschneideri* Rehd.)during storage. Food Science and Technology International, 2007(13): 49-54.

[9] 1-MCP controls ripening induced by impact injury on apricots by affecting SOD and POX activities. Postharvest Biology and Technology, 2006, 39: 38-47.

[10] Inhibitors of ethylene responses in plants at the receptor level: Recent developments. Physiologia Plantarum, 1997, 100: 577-582.

甲基抑霉唑（PTTP）

$C_{16}H_{20}ClN_3O$，305.8，77666-25-2

甲基抑霉唑是一种三唑类植物生长调节剂，1981 年由 BASF A.G.开发。

产品简介

化学名称 1-(4-氯苯基)-2,4,4-三甲基-3-(1*H*-1,2,4-三唑-1-基)-1-戊酮。英文化学文名称为 1-(4-chlorophenyl)-2,4,4-trimethyl-3-(1*H*-1,2,4-triazol-1-yl)-1-pentanone。美国化学文摘（CA）系统名称为 1-(4-chlorophenyl)-2,4,4-trimethyl-3-(1*H*-1,2,4-triazol-1-yl)-1-pentanone。美国化学文摘（CA）主题索引名为 1-(4-chlorophenyl)-2,4,4-trimethyl-(1*H*-1,2,4-triazol-1-yl)-1-pentanone。

制剂与分析方法 产品用 HPLC 法分析。

应用

本品为三唑类植物生长调节剂，可降低水稻、豌豆、玉米、大豆芽中赤霉酸的活性。在南瓜胚乳的无细胞制品中，$1\times10^{-7}\sim1\times10^{-5}$mol/L 浓度可抑制赤霉酸的生物合成。这些化合物的作用机制涉及抑制由贝壳杉烯至异贝壳杉烯酸的氧化反应。

专利概况

专利名称 Triazolyl derivatives and their use in plantgrowth regulating compositions

专利号 DE 2921168

专利申请日　1979-05-25

专利拥有者　BASF A.G.

专利公开日　1980-12-11

合成方法

甲基抑霉唑的合成方法，反应式如下：

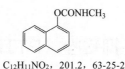

参考文献

[1]　DE 2921168, 1980, CA 94: 208875.

[2]　3011258, 1981, CA 96: 35250r.

[3]　DE 3011258, 1980, CA 102: 57666.

甲萘威（carbaryl）

C$_{12}$H$_{11}$NO$_2$，201.2，63-25-2

甲萘威（试验代号：UC 7744，商品名称：Hexarin，其他名称：Denapon、Dicarbam、Karbtox）是一种萘类植物生长调节剂。

20 世纪 50 年代由美国联合碳化公司开发，现由江苏省常州市有机化工厂等生产。

产品简介

化学名称　1-萘基甲基氨基甲酸酯。英文化学名称为 1-naphthyl methyl earbamate。美国化学文摘（CA）系统名称为 1-naphthalenyl *N*-methylcarbamate。美国化学文摘（CA）主题索引名为 1-naphthalenol methyl carbamate。

理化性质　原药纯度≥99%，无色至浅褐色结晶，熔点 142℃，闪点 193℃，相对密度 1.232（20℃），蒸气压 4.1×10^{-2}mPa（23.5℃）。分配系数 K_{ow}lg$P$=1.85，Henry 常数 7.39×10^{-5}Pa·m^3/mol（计算值）。水中溶解度 120mg/L（20℃），易溶于二甲基甲酰胺、二甲亚砜、丙酮、环己酮等有机溶剂。在中性和弱酸性条件下稳定，在碱性介质中水解为 1-萘酚。对光、热稳定。

毒性　急性经口 LD$_{50}$（mg/kg）：雄大鼠 264，雌大鼠 500，兔 710。急性经皮 LD$_{50}$（mg/kg）：大鼠＞4000，兔＞2000。对兔眼轻度刺激，对皮肤中度刺激。大鼠急性吸入 LC$_{50}$（4h）3.28mg/L 空气。NOEL 数据（2 年）：大鼠 200mg/kg 饲料。ADI 值：0.003mg/kg。鸟毒 LD$_{50}$（mg/kg）：小绿头鸭＞2179，小野鸡＞2000，日本鹌鹑 2230，鸽子 1000～3000。鱼毒 LC$_{50}$（96h，mg/L）：虹鳟鱼 1.3，蓝鳃翻车鱼 10，米诺鱼 2.2。水蚤 LC$_{50}$（48h）0.006mg/L，海藻 EC$_{50}$（5d）1.1mg/L。对蜜蜂高毒，蚯蚓 LC$_{50}$（28d）106～176mg/kg 土壤，对益虫有毒。

环境行为　甲萘威在哺乳动物的体内组织中并不蓄积，而是很快代谢为没有毒性的物质，主要为 1-萘酚，它和葡萄糖醛酸结合，主要通过尿和粪便排出。在植物体内主要代谢为 4-

羟基甲萘威、5-羟基甲萘威和甲氧基甲萘威。在好氧条件下，DT_{50}沙壤土地为7～14d，黏壤土地为14～28d。

制剂　25%、40%、50%、80%可湿性粉剂，10%悬浮剂，25%糊剂。

作用特性

甲萘威可经茎、叶吸收，传导性差。曾作为苹果疏果剂使用，此外它还是广谱触杀、胃毒性杀虫剂。

应用

应用见表2-19。

表2-19　甲萘威主要用于苹果、梨

作物	处理浓度/(mg/L)	处理时间/d	处理方式	效果
秋白梨	1500	在盛花后至成花后	从上向下叶面喷洒到滴水为止	大年疏果效果好
国光苹果	750～100	盛花后	从上向下叶面喷洒到滴水为止	大年疏果效果好
金冠苹果	1500	盛花后	从上向下叶面喷洒到滴水为止	大年疏果效果好
红星苹果	1500～2000	盛花后	从上向下叶面喷洒到滴水为止	大年疏果效果好

注意事项

（1）用甲萘威作疏果剂，在我国有多年历史，总的看效果波动较大，同一果树品种在不同果园因种植条件、树龄、开花时期、管理水平不一样，即使用同一浓度甲萘威作用也不一样，另外同一果树上、中、下部分，果树膛内、膛外也不一样。因此用甲萘威作疏果剂时人员要进行专门培训。

（2）温度、湿度、光照也影响它的疏果作用，上午湿度大、无风、天气好，喷洒效果好。

专利概况

专利名称　Herbicidal composition

专利号　US 3425820

专利拥有者　Hodogaya Chemical Co.，Ltd

专利申请日　1966-03-12

专利公开日　1969-02-04

目前公开的或授权的主要专利有US 5284962、BR 8502202、EP 200506、JP 5124907、WO 9400984、WO 9510183等。

合成方法

甲萘威可由下列两条路线制成。

（1）1-萘酚和甲基异氰酸酯在含有弱碱的离子交换树脂催化下，合成产品，收率85.3%。

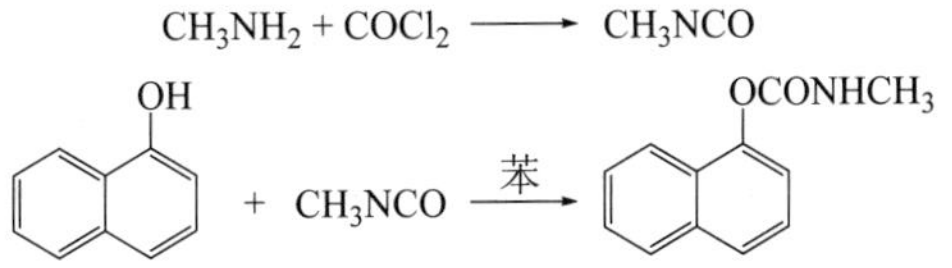

CH3NH2 + COCl2
CH3NCO
OH
+ CH3NCO
苯
OCONHCH3

（2）甲基氨基甲酰氯在60～70℃加入1-萘酚中得到95%的产品。

OH
+ CH3NHCOCl
OCONHCH3

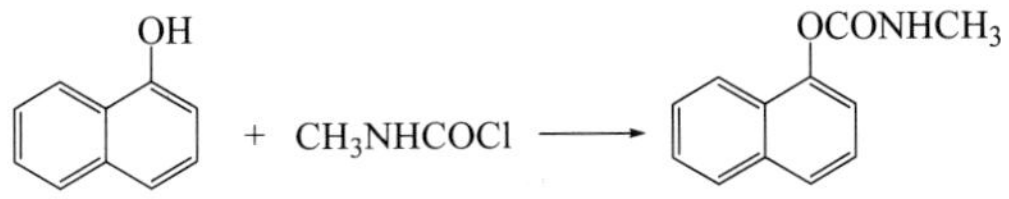

参考文献

[1] Anal. Methods Pestic. Plantgrowth Regul., 1984, 13: 157.

[2] J. Assoc. Off. Anal. Chem., 1981, 64:733.

[3] Chem. Ind.(London), 1987, 17: 627-628.

[4] Synth. Commun., 1990, 20(18): 2865-2885.

[5] US 4987233, 1991, CA 114: 247286.

[6] DE 1910295, CA72: 43289.

[7] PI 80 06173, 1981, CA 95: 42762.

甲哌鎓（mepiquat chloride）

C₇H₁₆ClN，149.7，15302-91-7

$C_7H_{16}ClN$，149.7，15302-91-7

甲哌鎓商品名称为 Pix，其他名称为 BAS-08300、甲哌啶、调节啶、缩节胺、助壮素、棉壮素，是一种哌啶类植物生长调节剂，1972 年由巴斯夫公司首先开发，1979 年由化工部沈阳化工研究院和北京农业大学进行合成研究。现由北京市龙城化工有限公司、河南安阳小康农药有限公司、张家口长城农化有限公司、常州市江南农药厂、江苏南通金陵农化有限公司、成都新朝阳生物化工有限公司、四川国光农化有限公司、青岛农药厂等生产。

产品简介

化学名称　1,1-二甲基哌啶鎓氯化物。英文化学名称为 1,1-dimethylpiperidinium chloride。美国化学文摘（CA）系统名称为 1,1-dimethylpiperidinium chloride。美国化学文摘（CA）主题索引名为 piperidinium, 1,1-dimethyl chloride-。

理化性质　纯品为无色无嗅结晶，熔点 223℃（工业品），密度 1.187g/cm³（工业品，20℃）。蒸气压＜0.01mPa（20℃）。分配系数 K_{ow}lg$P$=-2.82（pH 7），溶解度（20℃，g/kg）：水中＞500，乙醇 162，氯仿 10.5，丙酮、苯、乙酸乙酯、环己烷＜1.0。其水溶液性质稳定（7d 在 pH 1～2 和 pH 12～13 下，95℃）；在 285℃分解；在人工日光下稳定。

毒性　大鼠急性经口 LD₅₀：464mg/kg，大鼠急性经皮 LD₅₀＞2000mg/kg，对兔眼和皮肤没有刺激性，无皮肤过敏性。大鼠急性吸入 LC₅₀（7h）＞3.2mg/L 空气，NOEL 数据（mg/kg 饲料）：大鼠 3000，小鼠 1000。ADI 值：1.5mg/kg。山齿鹑急性经口 LD₅₀＞2000mg/kg，绿头鸭、山齿鹑饲喂试验 LC₅₀＞10000mg/kg 饲料。虹鳟鱼 LC₅₀（96h）：4300mg/L。水蚤 LC₅₀（48h）：68.5mg/L。海藻 EC₅₀（72h）＞1000mg/L。对蜜蜂无毒，蚯蚓 LC₅₀（14d）：440mg/kg 土壤。

环境行为　大鼠经口服用，其中约 48%的甲哌鎓以尿的形式排出，约 38%以粪便的形式排出，组织中的残留物小于 1%。在土壤中，18～22℃的条件下，DT₅₀ 为 10～97d，水中的最高含量为 40%。

制剂　10%可溶粉剂，25%、27.5%水剂，3.8%、22.5%、27.5%可溶液剂等。

作用特性

甲哌鎓可经由根、嫩枝、叶片吸收，然后很快传导到作用部位，其生理作用可抑制赤霉酸的生物合成，控制徒长，矮化植株，促进根系生长，缩短节间长度，增加叶绿素含量，使株型紧凑，促进坐果及早熟、增产等。

应用

甲哌鎓是一个广谱多用途的植物生长调节剂，其对棉花在不同生长期的使用技术与生理作用见表 2-20。棉花于初花期以 100mg/L 作均匀喷洒（每亩药液 50L），可以协调营养生长和生殖生长、协调根系和茎枝生长、矮化植株、紧凑株型、防蕾铃脱落、提早结桃、增加纤维产量和改善品质，提高棉花种植效益，还可以在一定程度上减轻枯黄萎病、棉铃虫等病虫害的发生或危害。一般在棉花始花期到盛花期容易徒长时，或发现明显徒长时，根据长势和天气情况，用含量≥97%甲哌鎓原药 150～300mg，加水 15～25L，进行叶片喷洒，做到株株着药，间隔 15～20d，若仍旺长，可按上述浓度重喷，即可达到防止棉花徒长的目的。

表 2-20 甲哌鎓对棉花在不同生长期的使用技术与生理作用

生育期	形态指标	浓度和用量	处理方法	主要作用	注意事项
播种前		脱绒种子 100～200mg/kg，不脱绒种子 200～300mg/kg	浸种 6～8h	促进萌发，促进壮苗，提高和增加侧根发生，增强根系活力，增加抗性	适当晾干再播种
苗蕾期	春棉 8～10 叶至 4～5 个果枝；短季棉 3～4 叶至现蕾	春棉 4.5～22.5g/hm²；两熟棉 7.5～30g/hm²	加水 150L/hm² 叶面喷洒	促根、壮苗稳长，定向整形，壮蕾早发，增加抗性，协调肥水，简化前期整枝	喷洒均匀，株株着药
初花期	棉田见花	22.5～45g/hm²	加水 225～300L/hm² 叶面喷洒	塑造株型，促进早结铃和棉铃发育，推迟封垄，增强根系活力，简化中期整枝	
盛花期	大量开花，已有成铃	45～75g/hm²	加水 225～300L/hm² 叶面喷洒	增加伏桃和早秋桃，增加铃重，防止贪青晚熟，简化后期整枝	

在棉花系统化控中应用甲哌鎓后，对叶片、茎等器官的形态和功能都有一定的影响，下面进行介绍。

（1）叶片　应用甲哌鎓5～7 天后，在田间可明显观察到叶色变绿、叶片增厚、叶片寿命延长、衰老延迟 1 周左右。

（2）茎　甲哌鎓的典型作用是"缩节"，就是延缓棉花主茎和果枝伸长，使它们的节间缩短，可以防止徒长。

（3）根系　甲哌鎓浸种后幼苗发根能力显著提高，促进棉株根系吸收水分、无机元素（氮、磷、钾、硼等），促进氨基酸和细胞分裂素的合成能力提高，因而根系干重增加，根系活力增强。

（4）成铃结构和棉铃发育　改善了棉铃营养和生态条件，减少脱落，一般单株结铃数增加 0.5～2 个。最佳结铃部位中下部结铃数和内围铃比例增加；早期蕾铃的脱落减少，最佳结铃期结铃比例增加，从而使多数棉铃处于较好的光照、温度、营养条件，提高了棉铃质量。甲哌鎓处理后单铃重提高 0.21～0.90g，铃期平均缩短 1～2 天。

（5）种子品质　应用甲哌鎓对种子品质有所提高，在棉花繁种田可以放心使用。棉仁中脂肪、氨基酸、蛋白质等物质含量提高，使用后对后代种子活力无不良影响。

（6）纤维品质　甲哌鎓对棉花纤维长度、细度、断裂长度等品质指标没有显著影响。棉花结铃吐絮集中，僵烂霉桃减少，棉花整体品质和商品品质提高。

（7）幼苗抗性　甲哌鎓浸种处理可以提高种子活力，加强棉籽的吸水能力和保水能力，提高棉花对低温和盐的抵抗能力。

用浓度 200～400mg/L 甲哌鎓喷青椒幼苗 2 次，间隔 5～7 天，可增强植株抗寒、抗旱能力。用 100～200mg/L 甲哌鎓在初花期全株喷洒 1～3 次，能有效减少辣椒落花落果，增加产量。对甘蓝幼苗喷浓度 200～400mg/L 甲哌鎓，可增强植株抗寒、抗旱能力。用 100～300mg/L 甲哌鎓或 10～20mg/L 烯效唑喷洒菜豆全株 1～2 次，可促进菜豆花芽分化，提前结角。番茄从开花到结果，以 100mg/L 作整株均匀喷洒（每亩 10L 药液），降低株高，增加果重，增加产量，提高含糖量；苗期以 300～500mg/L 叶面喷洒，可壮苗、提高抗寒能力。黄瓜、西瓜等在开花到结瓜期，以 100mg/L 整株喷洒（每亩 10L 药液），可抑制蔓的旺长，促进坐果增加产量，改善品质。苹果、山楂、葡萄在开花前后以 100～300mg/L 叶面喷洒（每亩 75L 药液），促进坐果增加产量。花生在扎针前期、地瓜蔓长到 0.5～1m 长时，以 100～150mg/L 作叶面喷洒（每亩 50L 药液），控制营养生长，促进生殖生长，明显增加产量。甲哌鎓用于花生浸种和苗期叶面喷施，可以调节根系生理活性，促进根系生长，增加根重，促进地上生长，增加分枝数；能使叶片增厚、增绿，有利于增强同化能力和营养物质的积累与利用。可明显抑制主茎生长，增加结果数，提高饱果率。施用得当，一般可增产 10%左右。用于浸种和初花期叶面喷施，以甲哌鎓有效成分 800mg/kg 浓度的水溶液为宜，结荚期喷施以 1000mg/L 为宜。花生在播种前，用含有 150mg/L 有效成分的甲哌鎓药液进行浸种处理，可以促进根系的生长，提高根系活力；提高苗期叶片的光合速率，最终取得花生壮苗丰产的效果。大豆、绿豆、豇豆在开花到结荚期，以 100～200mg/L 作叶面喷洒（每亩 50L 药液），抑制株高，促进结荚，增加产量。玉米在大喇叭口期以 200～300mg/L 作叶面喷洒（每亩 50L 药液），控制旺长，使果穗增长，减少秃顶，增加产量。在油菜抽薹期喷洒 40～80mg/L 药液，可延长中下部的光合作用时间，提高群体光合速率，提高产量。在芝麻 5 层蒴果时，喷洒 70mg/L 药液，能使芝麻株高降低、单株蒴果数增加，成果率提高，蒴果粒数增加，提高产量。在小麦、谷子上应用也有增产作用。

甲哌鎓可以与多种其他植物生长调节剂混合使用或组成混合制剂。如甲哌鎓与多效唑混合组成一种具有抑制作用的复合制剂，对小麦有矮化、促蘖和抗倒伏作用，比二者单用更为安全有效。中国农业大学开发的壮丰安 1 号，用于冬小麦拌种或在返青拔节期喷雾使用，可以控制小麦基部 1～3 节间伸长，使茎秆粗壮，抗倒伏能力增加，促进分蘖，提高光合作用效率，增加产量。也可应用于大豆、花生和薯类作物。

冬小麦播种前用 150mg/L 的 20%甲哌鎓·多效唑微乳剂浸种 4～6h 或用 3mL 20%甲哌鎓·多效唑微乳剂拌 10kg 种子，在阴凉处堆闷 2～3h，然后摊开晾晒至种子互相之间不粘连即可播种。可明显改善冬前幼苗根系和叶片的发育及功能；加快叶龄进程和促进分蘖发生，增强抵抗低温逆境的能力；对培育冬前壮苗、提高麦苗适应不良环境有益。

注意播种深度绝不能超过 3～4cm，否则造成烂种、烂苗和黄芽苗。

小麦生长的拔节初期，使用 20.8%甲哌鎓·烯效唑微乳剂 30～40mL，对水 30kg 进行叶面喷雾一次，能有效调节生长，防止倒伏，提高穗粒数和粒重，提高产量。

冬小麦抗性包括对环境逆境（如干旱、干热风等）和生物逆境（如病害等）的抵抗能力。20%甲哌鎓·多效唑微乳剂可提高小麦的抗性，处理后植株根系发达、茎秆粗壮、叶片素质全面改善，对不良环境的抵抗能力大大提高。

干热风是小麦生育后期的主要灾害，尤其是在北方冬麦区，每年为害面积达 74%，一般年份减产 10%左右，严重时减产 30%以上。大于 30℃ 的高温条件是诱发干热风的主要因素，因此干热风实质上主要是高温胁迫。受干热风危害的小麦，植株体内水分散失加快，正常的生理代谢进程被破坏，导致植株死亡，或叶片、籽粒含水量下降，同时，根系吸收能力减弱，因灌浆时间缩短，干物质积累提早结束，千粒重下降，致使产量锐减。因此，采取积极有效措施防御小麦干热风，是保证小麦高产稳产的重要方面。

用 20%甲哌鎓·多效唑微乳剂处理能增加植株的根量，促进根系下扎、茎秆粗壮、叶片素质全面改善，因而可以显著提高小麦植株拔节后抵抗干旱的能力，有效减缓穗粒数和粒重的下降，增产效果明显。

注意事项

甲哌鎓是一个较为温和、在作物花期使用对花器没有副作用的一个调节剂。一般可与杀虫剂、杀菌剂和叶面肥混用，不足之处是对于旺长的作物需多次叶面喷洒，为此建议：

（1）用于禾本科作物特别是作玉米矮化剂时可与乙烯利混用，可扩大乙烯利的适用期。

（2）用于棉花、果树、葡萄等抑制营养生长、促进生殖生长时，能与生长素、激动素进行混用，综合经济性状更为理想。

（3）叶面使用注意适当加入表面活性剂，如平平加、吐温 80 等。

专利与登记

专利名称　Plantgrowth retarding salts

专利号　DE 2207575

专利拥有者　BASF A.G.

专利申请日　1972-02-18

专利公开日　1973-08-23

目前公开的或授权的主要专利有 DE 3720391、CN 1215714、CN 1230340、DE 2755940、EP 167776、DE 3442690 等。

登记情况　国内原药登记厂家有成都新朝阳作物科学股份有限公司（登记号 PD20081454）、江苏省激素研究所股份有限公司（登记号 PD20131597）、四川润尔科技有限公司（登记号 PD20082601）、上虞颖泰精细化工有限公司（登记号 PD20095757）。剂型有 10%、80%、98%可溶粉剂；22.5%、25%、27.5%可溶液剂；25%水剂等。美国 EPA 登记为植物生长调节剂，PC 号 109101；欧盟登记有 15.5%及 30.5%可溶液剂。

合成方法

主要通过如下反应制得：哌啶与氯甲烷、氢氧化钠反应生成产品。其反应方程式如下：

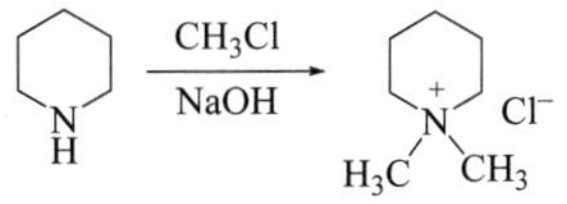

参考文献

[1] B. Zeeh, et al., Kem-Kemi., 1974,1: 621.

[2] DE 2207575, 1973, CA 80: 23537.

[3] 农药译丛, 1981, 2: 61.

甲氧隆（metoxuron）

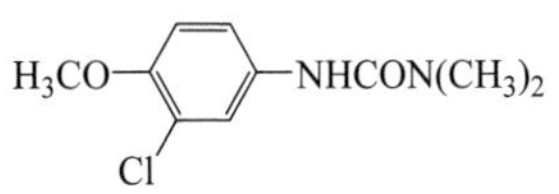

$C_{10}H_{13}ClN_2O_2$，228.7，19937-59-8

甲氧隆（商品名称：Purival，开发代码 SAN6915H、SAN7102H）是 1968 年 Sandoz 公司开发的产品。

产品简介

化学名称 3-(3-氯-4-甲氧基苯基)-1,1-二甲基脲。英文化学名称为 3-(3-chloro-4-methoxylphenyl)-1,1-dimethylurea。美国化学文摘（CA）系统名称为 N'-(3-chloro-4-methoxylphenyl)-N,N-dimethylurea。美国化学文摘（CA）主题索引名为 urea,N'-(3-chloro-4-methoxylphenyl)-N,N-dimethyl-。

理化性质 纯品为无色结晶固体，熔点 126～127℃，相对密度 0.80（20℃），蒸气压 4.3mPa（20℃），分配系数 K_{ow}lg$P$=1.60±0.04（23℃）。水中溶解度 678mg/L（24℃），溶于丙酮、环己酮、乙腈和热乙醇，在乙醚、苯、甲苯、冷乙醇中溶解度中等，不溶于石油醚。贮存稳定（54℃下 4周）。在强酸和强碱条件下水解，DT_{50}（50℃）18d（pH 3）、21d（pH 5）、24d（pH 7）、>30d（pH 9）、26d（pH 11）。其溶液对紫外光敏感。

毒性 大鼠急性经口 LD_{50} 3200mg/kg，白化大鼠急性经皮>2000mg/kg。大鼠急性吸入 LC_{50}（2 周）>5mg/L 空气。大鼠 1250mg/kg 饲料、狗 2500mg/kg 饲料，饲喂 90d 无不良反应。小鸡 1250mg/kg 饲料饲喂 42d，显示没有明显的异常。虹鳟鱼 LC_{50}（96h）18.9mg/L，海藻 LC_{50}（24h）215.6mg/L。对蜜蜂无毒，蚯蚓 LC_{50}>1000mg/kg 土壤。

环境行为 本品在植物体内的降解包括氮原子上的脱甲基化反应和脲基水解。在土壤中，降解包括氮原子上的脱甲基化反应，进而降解为 3-氯-4-甲氧基苯胺，以及环上水解和开环反应。

作用特性

甲氧隆可通过植物根和叶片吸收，传导到其他组织。抑制光合作用，加速叶片枯萎和叶片脱落，详细的作用机制有待于进一步研究。

应用

作为植物生长调节剂，主要用于马铃薯，在收获前几周以 2～5kg/hm² 剂量叶面施药。可加速成熟和增加产量。甲氧隆还用于大麻、黄麻和柿子上作为脱叶剂。此外，甲氧隆还可作为除草剂苗前或苗后处理防除小麦、大麦和黑麦等作物田一年生阔叶杂草和部分禾本科杂草。

专利概况

专利名称 Selective urea herbicide

专利号 FR 1497867

专利拥有者 Sandoz Ltd.

专利申请日 1965-10-28

专利公开日 1967-10-13

目前公开的或授权的主要专利有 CS 269845、CS 247568、DD 263192、JP 6323805、EP 264736、WO 9619110 等。

合成方法

甲氧隆的制备主要有以下两种方法。

（1）以 3-氯-4-甲氧基苯异氰酸为原料，与二甲胺反应，生成产品。

（2）以 3-氯-4-甲氧基苯胺为原料，与 N,N-二甲基甲酰氯反应制得。

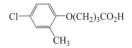

参考文献

[1] HU 19950, 1979, CA 95: 203585.

[2] AOAC Methods, 1984, 6: 532-536.

[3] M. Wisson. Anal. Methods Pestic. Plantgrowth Regul., 1976, 8: 417.

[4] FR 1501293, 1967, CA70:3516.

[5] Khim.Ind., 1983, 7: 293-294.

2甲4氯丁酸（MCPB）

$C_{11}H_{13}ClO_3$，228.6，94-81-5

2甲4氯丁酸（其他名称：Bexane、France、Lequmex、MCPD、Thistrol、Triol、Tropotox、Trotox）是苯氧羧酸类的一种植物生长调节剂。

产品简介

化学名称 4-(4-氯邻甲苯氧基)丁酸。英文化学名称为 4-(4-chloro-o-tolyoxy)butyric acid。美国化学文摘（CA）系统名称为 4-(4-chlor-o-2-methylphenoxy)butanoic acid。美国化学文摘（CA）主题索引名为 butanoic acid，4-(4-chlor-o-2-methylphenoxy)-。

理化性质 纯品为无色结晶固体，熔点101℃，沸点＞280℃，密度1.233g/cm³（22℃），蒸气压$5.77×10^{-2}$mPa（20℃）。分配系数$K_{ow}lgP$＞2.37（pH 5）、1.32（pH 7）、−0.17（pH 9），Henry常数$5.28×10^{-4}$Pa·m³/mol（计算）。溶解度（20℃，g/L）：水中0.11（pH 5）、4.4（pH 7）、444（pH 9）；有机溶剂（g/L，室温）：丙酮313，二氯甲烷169，乙醇150，正己烷0.26，甲苯8。本品具有很好的化学稳定性，在pH 5～9（25℃）的条件下不易水解，日照下固体原药稳定，其水溶液DT_{50} 2.2d，最高温度达到150℃时，对铝、锡和铁金属无腐蚀。可形成溶于水的铵盐和碱金属盐，但在硬水中产生钙盐、镁盐沉淀。pK_a 4.84。

毒性 纯品大鼠急性经口LD_{50} 4700mg/kg，大鼠急性经皮LD_{50}＞2000mg/kg。对眼睛有刺激，对皮肤无刺激，皮肤无过敏。大鼠急性吸入LC_{50}（4h）＞1.14mg/L空气。NOEL数据：大鼠（90d）100mg/kg饲料。鸟类LC_{50}＞20000mg/kg饲料。鱼毒LC_{50}（48h）：虹鳟鱼75mg/L，黑头呆鱼11mg/L。对蜜蜂无毒。

环境行为 对牛的研究表明，本品主要通过尿液，以原药化合物或者2-甲基-4-氯苯氧乙酸的形式排泄，牛奶中检测出的含量接近规定剂量或之下。在敏感植物体内首先降解为2-甲基-4-氯苯氧乙酸，随后降解为2-甲基-4-氯苯酚，再后来发生环水解和开环反应。土壤中的代谢产物包括侧链降解的产物2-甲基-4-氯苯酚、环水解和开环的产物等。土壤中残留活性约6周，DT_{50}约5～7d（5种土壤类型，pH 6.2～7.3，有机质含量0.9%～3.9%，水分含量2.6%～25.9%）。

作用特性

通过茎叶吸收，传导到其他组织。高浓度下，可作为除草剂。低浓度下，作为植物生长调节剂，可防止收获前落果。

应用

可防止落果，且可延长苹果、梨和橘子的贮存时间。

（1）苹果收获前 15～20d，20%制剂 6000 倍稀释液以 300～600L/1000m² 喷两次，防止落果。

（2）梨收获前 7d，20%制剂 6000 倍稀释液以 200～300L/1000m² 喷两次，防止落果。

（3）橘子收获前 20d 以 20mg/L 剂量喷洒，防止落果，延长收获后贮存时间。

注意事项

（1）严格按照推荐剂量使用，不能随意增加使用剂量。

（2）用过 2 甲 4 氯丁酸的喷雾器械要彻底清洗。

专利与登记

专利名称　2-Methyl-4-chlorophenoxybutyric acid

专利号　DE 1126403

专利拥有者　R.L.Wain et al.

专利申请日　1957-08-01

专利公开日　1962-05-20

目前公开的或授权的主要专利有 GB 758980、WO 9201663、EP 657099、EP 273668、FR 398455 等。

登记情况　国内未见登记；美国 EPA 登记为除草剂，PC 号 019201；欧盟注册为除草剂 400g/L 可溶液剂，商品名 Gorsac 及 Butoxone，归属法条(EC) No 1107/2009。

合成方法

2 甲 4 氯丁酸的合成主要有以下两种方法:

（1）在碱性条件下，2-甲基-4-氯苯酚与 γ-丁内酯反应，即得产品。其反应方程式如下:

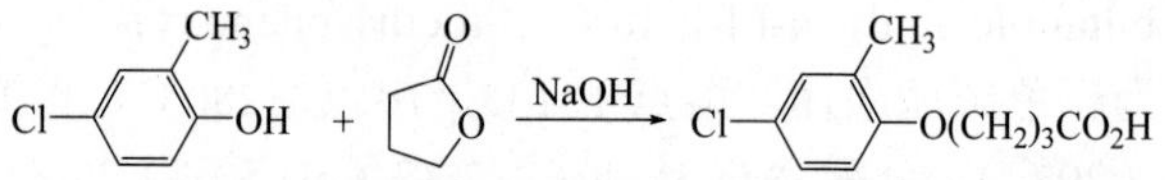

（2）在乙醇钠存在下，2-甲基-4-氯苯酚与 4-氯丁腈反应，然后水解，制得产品。其反应方程式如下:

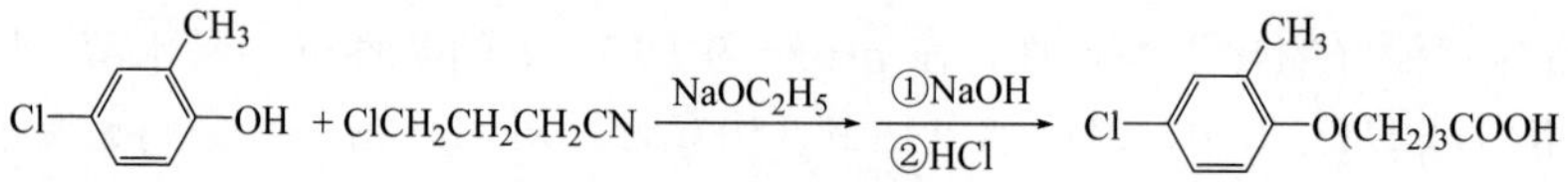

参考文献

[1] Collect. Czech. Chem. Commun., 1989, 54(8): 2121-2132(Eng).

[2] Hochsch. "KarlLbknecht" Potsdam., 1997, 21(1): 29-46(Ger).

[3] CIPAC Proc., 1981, 3: 277.

[4] A.Smith. Weed Res., 1981, 21: 179.

精 2,4-滴丙酸（dichlorprop-P）

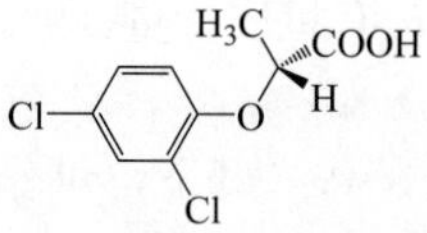

$C_9H_8Cl_2O_3$，235.1，15165-67-0

产品简介

化学名称　精 2,4-滴丙酸。IUPAC 名称为(*R*)-2-(2,4-dichlorophenoxy)propionic acid。

理化性质　无色晶体，具有较弱的内在气味。熔点 121～123℃，溶解度：水 0.59g/L（pH 7，20℃），丙酮、乙醇＞1000，乙酸乙酯 560。对光和热稳定。

毒性　为植物体内的天然物质，大白鼠急性经口 LD_{50}＞2500mg/kg，对生物和环境安全。

剂型　粉剂、乳油、可溶液剂等。

作用特性

选择性、内吸传导性、激素型除草剂，被叶子吸收，转移至根部。

应用

本产品为苗后阔叶除草剂，对蓼属杂草有特别好的防效，同时对猪殃殃和繁缕有比较好的防效。可以单独使用，也可以和其他除草剂混用。可阻止水果早落。

专利概况

专利名称　Herbicidal phenoxyalkanoic acid derivatives

专利号　DE 2734667

专利拥有者　Scott, Richard Mark

专利申请日　1977-08-01

专利公开日　1978-02-09

目前公开的或授权的主要专利有 BE 857192、CA 1159468、DE 2949728 等。

合成方法

通过如下反应制得目的物。

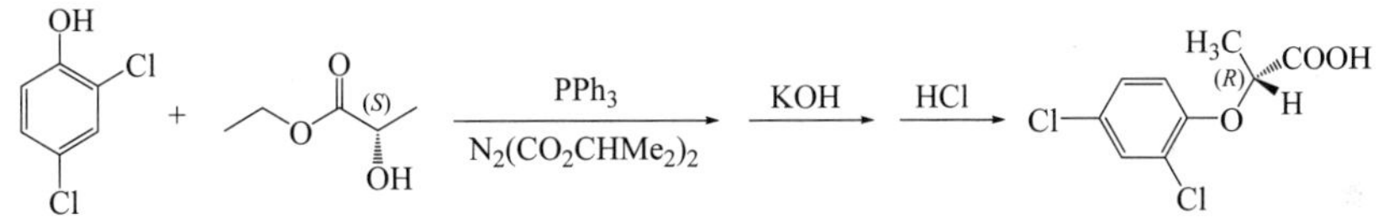

参考文献

[1] S. T. Collins, F. E. Smith. J. Sci. Food Agric., 1952, 3: 248.

[2] M. S. Smith et al.Nature(London), 1952, 169: 883.

[3] W. O.G. Nuyken et al.MeDEd. Fac.Landbouwwet. Rijksuniv.Gent, 1987, 52: 1139.

菊乙胺酯（bachmedesh）

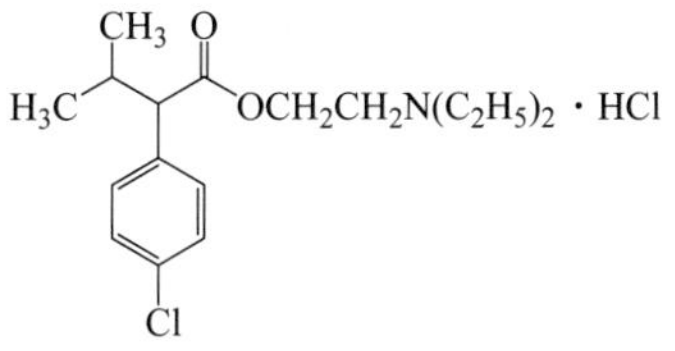

$C_{17}H_{27}Cl_2NO_2$，348.3，172351-12-1

菊乙胺酯是武汉大学、湖北省化工研究设计院共同研制开发出来的一种对小麦、油菜、棉花、芝麻等作物有较好增产作用的化合物。

产品简介

化学名称　2-(二乙氨基)乙基(2*RS*)-2-(4-氯苯基)-3-甲基丁酸酯盐酸盐。英文化学名称为 2-(diethylamino)ethyl(2*RS*)-2-(4-chlorophenyl)-3-methylbutyrate hydrochloride。美国化学文摘（CA）系统名称为 2-(diethylamino)ethyl 4-chloro-α-(1-methylethyl)benzeneacetate hydrochloride。

理化性质　白色晶体，熔点 157～158℃。

毒性　菊乙胺酯对斑马鱼的 LD_{50}（48h）为 8.18mg/L，对鱼是中毒，对蜂、鸟、蚕、鼠的毒性都是低毒，对环境生物安全。

制剂　混剂为烯效唑+菊乙胺酯+二苯脲、多效唑+二苯基脲磺酸钙+菊乙胺酯。

应用

（1）菊乙胺酯对小麦使用安全，增产作用明显。菊乙胺酯于小麦拔节期和初花期各施药一次，可提高单穗结粒数、千粒重量及小区产量，从而起到不同程度的增产作用。

（2）菊乙胺酯分别在小麦孕穗期和抽穗期各施药一次，可增加小麦的小穗数、穗粒数和千粒重，从而使产量增加。

（3）于小麦分蘖期、拔节期、抽穗期三个时期分别施药一次，每亩用质量分数为 0.5×10^{-4}、1.0×10^{-4}、1.5×10^{-4} 的药液，增产效果分别为 14.6%、24.0%、3.3%。

专利概况

专利名称　*N,N*-二乙氨基乙基-4-氯-α-异丙基苄基羧酸酯盐酸盐及其合成和应用

专利号　ZL 93102043.3

专利拥有者　武汉大学

专利申请日　1993-02-18

专利公开日　1994-08-24

目前公开的或授权的主要专利有 CN 105145603、CN 105104400 等。

国内登记信息于 2003 年 1 月取得农药登记证 LS20030232、LS20030206。

合成方法

通过如下反应制得目的物。

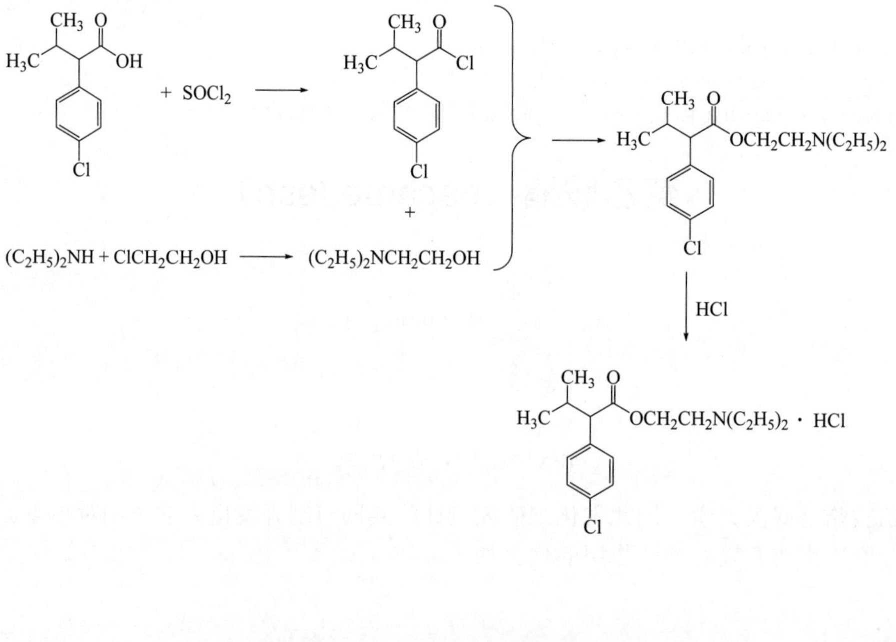

参考文献

[1] 现代化工, 2003(SI): 252-254.

[2] CN 1091123, 1993.

[3] 现代农药, 2003(04)18-20.

[4] 农药, 2003(09)39.

[5] 现代农药, 2004(03)30-32.

糠氨基嘌呤（kinetin）

$C_{10}H_9N_5O$，215.2，525-79-1

糠氨基嘌呤（其他名称：激动素、KT、KN 等）是由 I. Shapiro 和 B. Kilin 于 1955 年对其化学结构做了确定，并进行了合成。

产品简介

化学名称　6-糠基氨基嘌呤。英文化学名称为 6-furfurylaminopurine，*N*-furfuryladenine。美国化学文摘（CA）系统名称为 *N*-（2-furanylmethyl）-1*H*-purin-6-amine。美国化学文摘（CA）主题索引名为 1*H*-purin-6-amine,*N*-(2-furanylmethyl)-。

理化性质　纯品为白色片状固体，熔点 266～267℃。在密闭管中 220℃时升华。pK_{a_1}=2.7 和 pK_{a_2}=9.9。溶于强酸、碱和冰乙酸，微溶于乙醇、丁醇、丙酮、乙醚，不溶于水。

毒性　纯品毒理学数据未见报道，由于它是微生物、植物体内含有的，对人、畜安全。另外，含有糠氨基嘌呤的细胞激动素混液对大白鼠急性经口 LD_{50}＞5000mg/kg。

制剂与分析方法　制剂有 0.4%水剂；可用紫外吸收光谱分析或用强酸水解后以纸上层析法或 HPLC 法分析。

作用特性

本品为植物内源细胞分裂素，能诱导花芽分化，提高花芽质量，催花促花，增加有效花数，保花保果，稳果壮果；加速细胞分裂，促幼果发育，膨大果实，减少裂果；提高作物授粉性，促进结实；延缓植物衰老，促进灌浆；促进侧枝侧芽的发育，增加叶绿素含量，提高光合效率。可用于水稻、菜豆、茶树、棉花、小麦、柑橘树、花生、苹果树、油菜、玉米、荔枝树、芒果树等调节生长。

应用

糠氨基嘌呤是具有多种应用效果的生长促进剂。最早以 0.5mg/L 放入愈伤组织培养基内（需生长素的配合）诱导长出芽；用 20mg/L 药液喷洒多种作物的幼苗有促进生长的作用；用 300～400mg/L 处理开花苹果，促进坐果；以 40～80mg/L 处理玉米等离体叶片，延长叶片变黄的时间。以 10～20mg/L 喷洒花椰菜、芹菜、菠菜、莴苣、芥菜、萝卜、胡萝卜等植株或在收获后浸蘸植株，能延缓绿色组织中蛋白质和叶绿素的降解，防止蔬菜产品的变质和衰老，达到延迟运输和贮藏时间，起到保鲜的作用。以 40mg/L 浓度喷洒白菜、结球甘蓝叶片，延长存放期。用 0.01%药液浸泡鲜蘑 10～15min，能延缓衰老，保持新鲜。用 50～250mg/L 浓度的药液涂于叶片和腋芽，或以 75mg/L 浓度的药液进行叶面喷洒，从茶芽膨大起，每周喷 1 次，到茶季结束，可促进新枝伸长，增加茶苗侧枝长度和侧枝数。如果与赤霉酸混合使用，可以促进嫩枝和叶生长，增加采茶次数，提高茶叶产量，对质量无明显影响。在葡萄雄花簇开花前以 1000mg/L 的激动素浸蘸，可诱导雄性花变为两性花。

注意事项

糠氨基嘌呤与其他促进型激素混用，应用效果更为理想。

专利与登记

专利名称　6-Furfurylaminopurine

专利号　GB 794540

专利拥有者　Wisconsin Alumni Research Foundation

专利申请日　1956-03-28

专利公开日　1958-05-07

目前公开的或授权的主要工艺和制剂专利有 JP 606616、JP 6807955、DE 1960707、JP 08109104、JP 06256110、US 2542370、US 5242892 等。

登记情况　国内注册有 99%原药（PD20241436、PD20240013、PD20170011）、98.7%原药（PD20230680）及 0.4%水剂（PD20170016）。2022 年 12 月增加荔枝树调节生长、芒果树调节生长等功能。2023 年 3 月变更原持有人为湖北省天门易普乐农化有限公司；美国 EPA 登记号 116802。

合成方法

通过如下两种反应方法制得。

参考文献

[1] Collet Czech.Chem.Commun, 1994, 59(10): 2303.

[2] Synthesis, 1982, 6: 480.

[3] J.Am.Chem. Soc., 1955, 77: 2662.

[4] J.Am.Chem.Soc., 1980, 102(2): 770.

[5] J.Agric.Food Chem., 1991, 39(3): 549.

[6] CN 105634, 1987, CA109: 83938.

[7] JP 606616. 1985, CA102: 172658.

[8] 吴田荣. 江苏化工, 1993, 21(1): 22-23.

抗倒胺（inabenfide）

$C_{19}H_{15}ClN_2O_2$，338.8，82211-24-3

抗倒胺（试验代号：CGR-811，商品名称：Seritard、依纳素）于 1987 年由 K. Nakamura 报道其生物活性，1986 年由日本中外制药公司开发的植物生长调节剂。

产品简介

化学名称　4′-氯-2′-（α-羟基苄基）异烟酰替苯胺。英文化学名称为 4′-chloro-2′-(α-hydroxybenzyl)isonicotinanilide。美国化学文摘（CA）系统名称为 N-[4-chloro-2-(hydroxyphenylmethyl)phenyl]-4-pyridinecarboxamide。美国化学文摘（CA）主题索引名为 4-pyridinecarboxamide-，N-[4-chloro-2-(hydroxyphenylmethyl)phenyl]-，未明确说明立体化学构型。

理化性质　纯品为淡黄色至棕色晶体，熔点 210～212℃，蒸气压 0.063mPa（20℃），分配系数 $K_{ow}lgP$=3.13。溶解度（30℃，g/L）：水 0.001，丙酮 3.6，乙酸乙酯 1.43，乙腈和二甲苯 0.58，氯仿 0.59，二甲基甲酰胺 6.72，乙醇 1.61，甲醇 2.35，己烷 0.0008，四氢呋喃 1.61。稳定性：本品对光和热稳定，对碱稳定性较差。水解率（2 周，40℃）：16.2%（pH 2）、49.5%（pH 5）、83.9%（pH 7）、100%（pH 11）。

毒性　大鼠及小鼠急性经口 LD_{50}＞15000mg/kg，大鼠及小鼠急性经皮 LD_{50}＞5000mg/kg。对兔皮肤和眼睛无刺激性，对豚鼠皮肤无过敏反应。大鼠急性吸入 LC_{50}（4h）＞0.46mg/L 空气。NOEL 数据：兔和大鼠的 3 代繁殖毒性试验表明无致畸作用，狗和大鼠分别 6 个月和 2 年饲喂试验表明无毒副作用。Ames 试验表明无诱变性。鱼毒 LC_{50}（48h，mg/L）：鲤鱼＞30，鲻鱼 11。水蚤 LC_{50}（3h）＞30mg/L。

环境行为　本品在大鼠体内的主要代谢物是 4-羟基抗倒胺，通过尿排出体内；在植物上代谢为抗倒胺的酮化合物；在日本稻田 DT_{50} 约 4 个月。大鼠体内的代谢主要通过尿液以葡萄糖醛酸化偶合物形式排泄，给药后 48h 内几乎能排泄完全。在动物组织和器官中无累积趋势。在水稻植株、土壤和天然水中的代谢几乎与在大鼠体内所研究的结果一致。

分析方法　产品分析和残留物测定均采用 HPLC 法。

作用特性

抑制植株赤霉酸的生物合成。对水稻具有很强的选择性抗倒伏作用，而且无药害。主要通过根部吸收。

应用

在漫灌条件下，以 1.5～2.4kg/hm² 施用于土表，能极好地缩短稻秆长度，通过缩短节间和上部叶长度，从而提高其抗倒伏能力。应用后，虽每穗谷粒数减少，但谷粒成熟率提高，千粒重和每平方米穗数增加，使实际产量增加。

专利概况

专利名称　Isonicotinanilide derivatives and plantgrowth regulators containing them

专利号　EP 48988

专利拥有者　Chugai Pharmacetical Co.，Ltd.

专利申请日　1980-09-30

专利公开日　1982-04-07

目前公开的或授权的主要专利有 JP 61109769、JP 62153272、JP 6363663、JP 6032703、JP 58164502、JP 0140406 等。

合成方法

制备方法主要有下述 2 种：

（1）以异烟酸、2-氨基-5-氯二苯甲酮为原料，经下列反应制得抗倒胺。

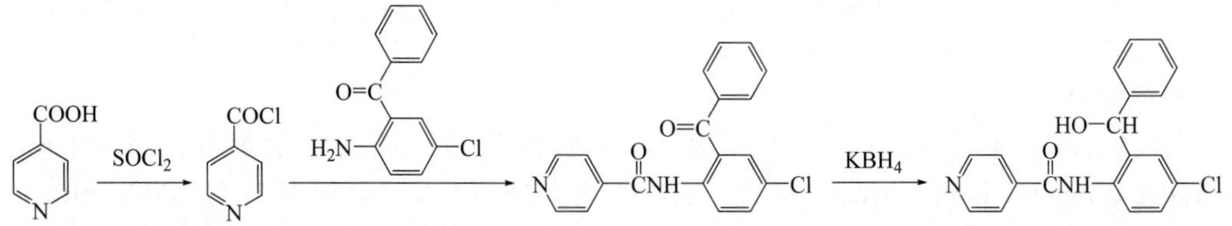

（2）以二氯甲烷为溶剂，在三乙胺存在下，对氯苯胺与苯甲醛在室温下搅拌反应 4h，加入氢氧化钠水溶液，再搅拌 1h，制得 2-氨基-5-氯二苯甲醇，熔点 105～107℃。以 1,2 二氯乙烷和二甲基甲酰胺为溶剂，异烟酸与氯化亚砜回流反应 4h，冷却至室温，与上述 2-氨基-5-氯-二苯甲醇搅拌反应 2h，制得抗倒胺。或先将异烟酸变成异烟酸酯，而后与 2-氨基-5-氯-二苯甲醇进行氨解反应，即制得抗倒胺。反应式如下。

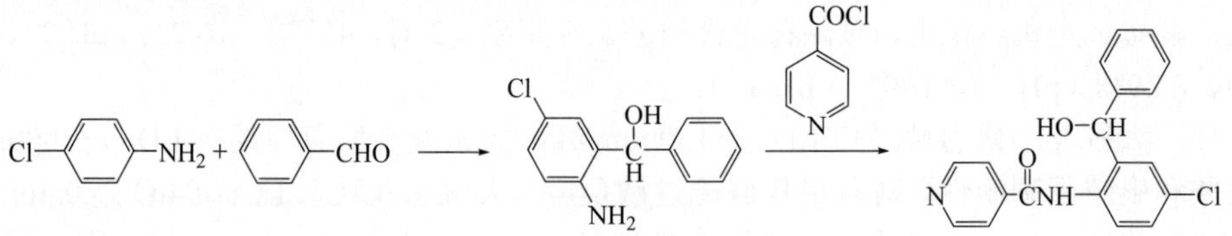

参考文献

[1] JP 60112771, 1985, CA104: 68757.

[2] JP 61109759, CA106: 4889.

[3] EP 48988, 1982, CA97: 14032.

[4] Japan Pesticide Information, 1987, 51: 23-26.

[5] JP 62153272, 1987, CA108: 55896.

[6] 日本农药学会志, 1988, 13(2): 391-394.

[7] 日本农药学会志, 1990, 15(2): 283-296.

[8] 日本农药学会志, 1987, 12(2): 261-264.

抗倒酯（trinexapac-ethyl）

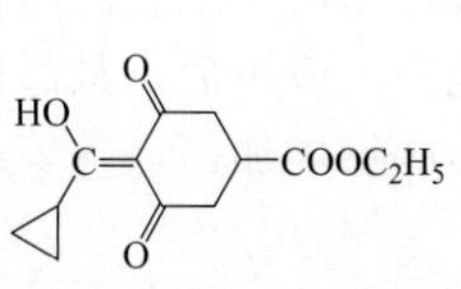

$C_{13}H_{16}O_5$，252.3，95266-40-3

抗倒酯（试验代号：CGA163935，商品名称：Modus、Omega、Primo、Vision，其他名称：挺立）于 1989 年由 E. Kerber 等报道其生物活性，由 Ciba-Geigy AG（现称 Syngenta AG）开发并于 1992 年上市的植物生长调节剂。现由江苏优嘉植物保护有限公司、江苏中旗科技股份有限公司、迈克斯（如东）化工有限公司、安道麦辉丰（江苏）有限公司、山东潍坊润丰化工股份有限公司等公司生产。

产品简介

化学名称　4-环丙基（羟基）亚甲基-3,5-二氧代环己烷羧酸乙酯。英文化学名称为 ethyl 4-cyclopropyl(hydroxy)methylene-3,5-dioxocyclohexanecarboxylate。美国化学文摘（CA）系统名称为 ethyl 4-(cyclopropylhydroxymethylene)-3,5-dioxocyclohexanecarboxylate。美国化学文摘（CA）主题索引名为 cyclohexanecarboxylic acid-，4-(cyclopropylhydroxymethylene)-3,5-dioxo-ethyl ester。

理化性质　原药纯度为 92%或更高，黄棕色液体（30℃）或固液混合物（20℃）。纯品为白色无嗅固体，熔点 36℃，沸点＞270℃。蒸气压 1.6mPa（20℃）、2.16mPa（25℃），分配系数 K_{ow}lg$P$=1.60（pH 5.3，25℃），Henry 常数 $5.4×10^{-4}$Pa·m^3/mol。密度 1.215g/cm^3（20℃）。水中溶解度（20℃，g/L）：2.8（pH 4.9）、10.2（pH 5.5）、21.1（pH 8.2），乙醇、丙酮、甲苯、正辛醇为 100%，己烷为 5%。稳定性：对冷、热稳定。抗倒酯 250g/L 乳油外观为黄色至红褐色液体；乳液稳定性合格；常温贮存 2 年稳定；pK_a 4.57，闪点：133℃。

毒性　大鼠急性经口 LD_{50} 4460mg/kg。大鼠急性经皮 LD_{50}＞4000mg/kg。对兔皮肤和眼睛无刺激性，对豚鼠皮肤无致敏性。大鼠急性吸入 LC_{50}（48h）＞5.3mg/L。NOEL 数据：大鼠（2 年）115mg/(kg·d)，小鼠（1.5 年）451mg/(kg·d)，狗（1 年）31.6mg/(kg·d)。ADI 值：0.316mg/kg。鸭和鹌鹑急性经口 LD_{50}＞2000mg/kg，鸭和鹌鹑饲喂实验 LC_{50}（8d）＞5000mg/kg 饲料。鱼毒 LC_{50}（96h）：虹鳟鱼、鲤鱼、大翻车鱼 35～180mg/L。水蚤 LC_{50}（96h）142mg/L。蜜蜂 LD_{50}＞293μg/只（经口）、＞115μg/只（接触）。蚯蚓 LC_{50}＞93mg/L 土壤。

环境行为　在植物中的本品很快代谢为酸。土壤中 DT_{50}＜1d，最终代谢物为二氧化碳。

制剂与分析方法　25%乳油、11.3%可溶液剂、250g/L 乳油。采用 HPLC 法分析。

作用特性

赤霉素生物合成抑制剂。通过降低赤霉素的含量，控制作物旺长。

应用

植物生长调节剂。施于叶部，可转移到生长的枝条上，控制节间的伸长。在禾谷类作物、甘蔗、油菜、蓖麻、向日葵和草坪上施用，可明显抑制生长。使用剂量通常为 100～500g(a. i.)/hm^2。以 100～300g (a. i.)/hm^2 施用于禾谷类作物和冬油菜，苗后施用可防止倒伏和改善收获效率。以 150～500g (a. i.)/hm^2 施用于草坪，可减少修剪次数。以 100～250g(a. i.)/hm^2 用于甘蔗，作为成熟促进剂。在小麦分蘖末期，用 400～700mg/L 的抗倒酯药液进行叶面喷雾处理。通过降低赤霉素的含量控制植物旺长，可以降低小麦株高，促进根系发达，防止小麦倒伏。

专利与登记

专利名称　Cyclohexanedionecarboxylic acid derivatives with herbicidal and plant growth regulating properties

专利号　EP 012671

专利拥有者　Ciba-Geigy Corp

专利申请日　1983-05-18

专利公开日　1984-11-28

目前公开的或授权的主要专利有 DE 2437622、EP 177450、WO 9748691、DE 19834269、WO 9819544、WO 9854964 等。

登记情况　国内原药登记厂家有江苏优嘉植物保护有限公司（登记号 PD20171371）、江苏中旗科技股份有限公司（登记号 PD20171158）、迈克斯（如东）化工有限公司（登记号 EX20210043）、安道麦辉丰（江苏）有限公司（登记号 PD20160684）、山东潍坊润丰化工股份有限公司（登记号 PD20183223）；剂型有 11.3%、25%微乳剂；250g/L、25.2%乳油；11.3%可溶液剂；25%可湿性粉剂；登记作物有冬小麦田、小麦、玉米、高羊茅草坪。

合成方法

经如下反应制得目的物。

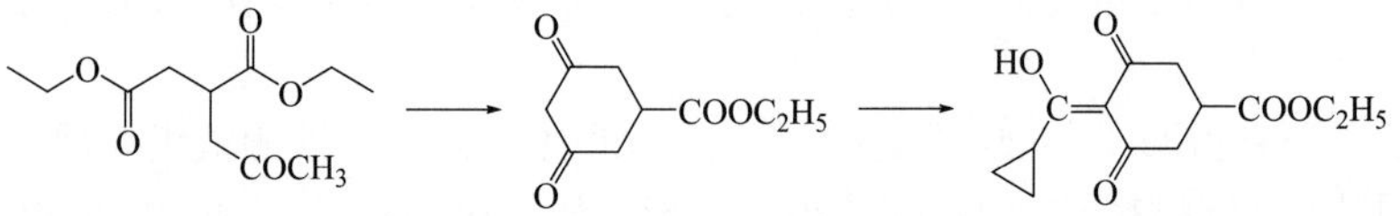

参考文献

[1] Proc.Brighton Crop Prot.Conf, 1989, 1: 83.

[2] DE 2437622, 1975, CA 83: 131201.

[3] WO 9748691, 1997, CA128: 88781.

[4] EP 126713, 1984, CA102: 112934.

[5] Pestic. Sci., 1994. 41(3): 259-267.

[6] EP 177450, 1986, CA105: 133410.

[7] EP 607094, 1994, CA121: 127860.

[8] WO 9800008, 1998, CA128: 111903.

[9] EP 0338986, 1989, CA114: 116910.

抗坏血酸

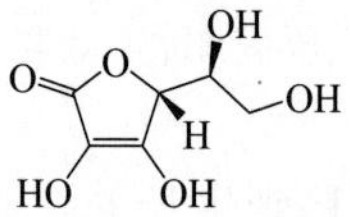

$C_6H_8O_6$，176.1，50-81-7

抗坏血酸（商品名称：vitamin C、Asocoribic acid、丙种维生素、L-抗坏血酸等）是一种广泛分布在植物的果实以及茶叶里的维生素物质。

抗坏血酸在 1928 年从植物中分离出来，1933 年鉴定其结构，同年进行了人工合成。它广泛存在于植物的果实中，茶叶中也富含抗坏血酸，是天然存在的维生素 C。

产品简介

英文化学名称为 L-asocoribic acid。美国化学文摘（CA）系统名称为 L-asocoribic acid。美国化学文摘（CA）主题索引名为 L-asocoribic acid。

理化性质　纯品为白色结晶，熔点 190～192℃，易溶于水（100℃，溶解度为 80%；45℃，溶解度为 40%），稍溶于乙醇，不溶于乙醚、氯仿、苯、石油醚、油脂类。其水溶液呈酸性，溶液接触空气很快氧化成脱氢抗坏血酸。溶液无嗅，是较强的还原剂。贮藏时间较长后变淡黄色。

毒性　抗坏血酸对人畜安全，每日以 0.5～1.0g/kg 饲喂小鼠一段时间，未见有异常现象。

制剂　6%抗坏血酸水剂。

作用特性

抗坏血酸在植物体内参与电子传递系统中的氧化还原作用，促进植物的新陈代谢。它与吲哚丁酸混用在诱导插枝生根上往往表现比单用更好的效果。抗坏血酸也有捕捉体内自由基的作用，提高番茄抗灰霉病的能力。

应用

抗坏血酸作为维生素型的生长物质，一方面用作插枝生根剂，如万寿菊、波斯菊、菜豆等以抗坏血酸 $3×10^{-5}$mol + 吲哚丁酸 $3×10^{-5}$mol 混用处理，在促进插枝生根上表现有增效作用。另一方面，抗坏血酸以 0.1～1.1mmol 喷洒到番茄果实上，可提高抗灰霉病的能力。此外，6%抗坏血酸水剂，稀释 2000 倍后喷洒到烟草叶片上，共喷 2 次，可增加烟叶的产量。

专利与登记

专利名称　L-Asocorbic acid from β-glucurone-γ-lactone

专利号　JP 75111063

专利拥有者　Indtitute of Physical and Chemical Research

专利申请日　1974-02-16

专利公开日　1975-09-01

目前公开的或授权的主要专利有 CN 1316282、WO 0266603、GB 871500、SU 159681、FR 6859、US 3359259 等。

登记情况　国内有贵州省贵阳市花溪茂业植物速丰剂厂（登记号 PD20131347，6%水剂）；登记作物烟草。

合成方法

采用如下方法得到目标化合物。

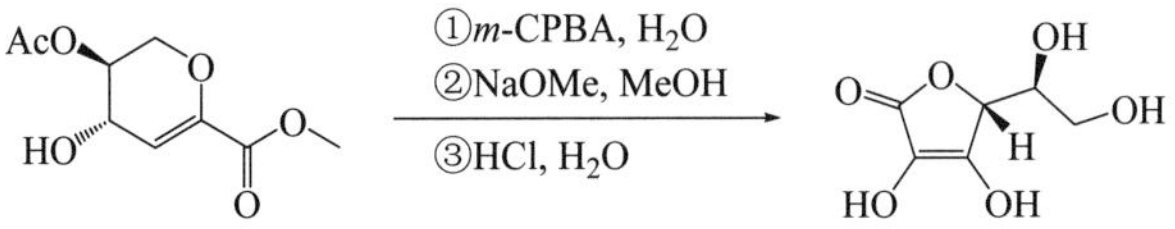

参考文献

[1] Tetrahedron, 1992, 48(30): 6273-6284.

[2] US 3626065, 1972, CA 76: 90046.

[3] Int. J. Vit. Nutr. Res., 1982, 23: 294.

枯草芽孢杆菌（*Bacillus subtilis*）

枯草芽孢杆菌（*Bacillus subtilis*）是一类广泛分布于各种不同生活环境中的革兰氏阳性杆状好氧型细菌，可以产生内生芽孢，耐热抗逆性强，在土壤和植物的表面普遍存在，同时还是植物体内常见的一种内生菌，对人畜无毒无害，不污染环境。枯草芽孢杆菌生长速度快、营养需求简单，易于存活、定殖与繁殖，无致病性，并可以分泌多种酶和抗生素，而且还具有良好的发酵基础，用途十分广泛。

产品简介

化学名称　枯草芽孢杆菌。

　　理化性质　枯草芽孢杆菌属于芽孢杆菌属。单个细胞大小为（0.7～0.8）μm×（2～3）μm，着色均匀，周生鞭毛，能运动。芽孢位于菌体中央或稍偏，椭圆至柱状，大小为（0.6～0.9）μm×（1.0～1.5）μm。制剂外观有紫红、金黄等；密度为 1.15～1.18g/mL（20℃）；pH 为 5～8；悬浮率为 75%；无可燃性、无爆炸性，冷热稳定性合格；常温贮存能稳定 1 年。

　　毒性　低毒，大鼠急性经口 LD_{50}＞10000mg/kg，急性经皮 LD_{50}＞4640mg/kg。

　　制剂　1 万亿活芽孢/g、3000 亿活芽孢/g 等母药。单剂有 10 亿活芽孢/g、100 亿芽孢/g、200 亿芽孢/g、1000 亿芽孢/g 可湿性粉剂。复配制剂有 5%井冈·枯芽菌水剂。

　　作用特性

　　专用于包衣处理水稻种子，具有激活作物生长，减轻水稻细菌性条斑病、白叶枯病、恶苗病等病菌危害的作用。对黄瓜、辣椒等病害也有防治作用。其作用方式包括以下几方面：①形成抗生素；②诱导作物体内抗逆基因的表达；③促进根系的生长；④产生植物激素或具有植物激素活性的代谢物。

　　应用

　　枯草芽孢杆菌是生物制剂类的植物生长调节剂。菌种从土壤或植物茎上分离得到，属于短杆菌属。广泛分布在土壤及腐败的有机物中，易在枯草浸汁中繁殖，故名枯草芽孢杆菌。可应用于三七、人参、地黄、大白菜、小麦、柑橘、棉花、水稻、烟草、玉米、甜瓜、番茄、白术、白菜、花生、苹果树、茄子、茶树、草莓、西瓜、辣椒、香蕉、马铃薯、黄瓜等作物。可防治黄瓜白粉病，辣椒枯萎病，烟草黑胫病，三七根腐病，水稻纹枯病、稻曲病、稻瘟病等。列举如下：

　　（1）黄瓜　防治白粉病用 840～1260g 制剂（1000 亿孢子/g 可湿性粉剂）/hm² 进行喷雾。

　　（2）辣椒　防治枯萎病用 2～4g 制剂（10 亿孢子/g 可湿性粉剂）/100g 种子进行拌种。

　　（3）水稻　防治稻瘟病用 375～450g 制剂（1000 亿孢子/g 可湿性粉剂）/hm² 进行喷雾。

　　注意事项

　　（1）宜密封避光，在低温（15℃左右）条件贮藏。

　　（2）在分装或使用前，将本品充分摇匀。

　　（3）不能与含铜物质或链霉素等杀菌剂混用。

　　（4）包衣用种子需经加工精选达到国家等级良种标准，且含水量宜低于国标 1.5%左右。

　　（5）本产品保质期 1 年，包衣后种子可贮存一个播种季节。若发生种子积压，可浸泡冲洗后转作饲料。

　　专利与登记

　　专利名称　Process for the recovery of ferments

　　专利号　DE 487701

　　专利拥有者　Paul Loeffler DR

　　专利申请日　1925-10-13

　　专利公开日　1929-12-16

　　目前公开的或授权的主要专利有 US 1882112、US 2011095、US 2529061、JP 28003476、IT 474457、GB 725938 等。

　　国内登记情况　登记厂家有德强生物股份有限公司、陕西恒田生物农业有限公司、浙江泰达生物科技有限公司和浙江浙丰种衣剂有限公司等。登记剂型有母药、可湿性粉剂、悬浮剂、水分散粒剂、水乳剂等。

　　合成方法

　　枯草芽孢杆菌常用培养基配方为 1L 水＋20g 葡萄糖＋15g 蛋白胨＋5g 氯化钠＋0.5g 牛肉

膏+20g 琼脂。

菌种培养方法为将枯草芽孢杆菌菌种在无菌条件下接种于营养琼脂培养基斜面上，然后在恒温箱内 37℃培养 24h，即可见到一层白色、圆形规整、边缘光滑的枯草芽孢杆菌菌落。将固体培养基上已培养好的芽孢杆菌无菌接种到 5mL 营养肉汤培养基中，摇匀，37℃摇床内培养 24h，然后接种到 100mL（含 5%黄豆）的豆浆中，37℃振荡培养 24h 备用。

参考文献

[1] 中山大学研究生学刊, 2012, 33(3): 14-23.

蜡质芽孢杆菌（*Bacillus cereus*）

蜡质芽孢杆菌（其他名称：广谱增产菌、叶扶力、BC752 菌株）由中国农业大学植物生态工程研究所开发。母药现由江西田友生化有限公司、上海农乐生物制品股份有限公司生产。

产品简介

蜡质芽孢杆菌在光学显微镜下检验菌体为直杆状，单个菌体甚小，一般长 3～5μm，宽 1～1.5μm；单个菌体无色，透明，孢囊不膨大，原生质中有不着色的球状体，革兰氏反应阳性。琼脂培养基平板培养，菌落呈乳白至淡黄色，边缘不整齐，稍隆起，菌落蜡质；无光泽，为兼性厌氧菌。蜡质芽孢杆菌是活体，以 5%的水分为最佳保存状态，且具有较强的耐盐性（能在 7%NaCl 水溶液中生长），在 50℃条件下不能生长。

毒性 蜡质芽孢杆菌属低毒生物农药。原液大鼠急性经口 LD_{50}>7000 亿蜡质芽孢杆菌/kg；兔急性经皮和眼睛刺激试验表明用量 100 亿菌体无刺激性。豚鼠致敏试验用 1000 亿菌体/kg，连续 7d 均未发生致敏反应。大鼠 90d 亚慢性喂养试验，剂量为 100 亿菌体/(kg·d)，未见不良反应。雌大鼠用 500 亿菌体/(kg·d) 喂养 5d 进行生殖毒性试验，结果表明对孕鼠、仔鼠均未见明显病变。急性经口、经呼吸道、经皮三种感染试验和亚慢性感染试验，均表明无致病性的特异性，且一般不会影响试验动物生殖功能。

制剂 300 亿蜡质芽孢杆菌/g 可湿性粉剂。产品为蜡质芽孢杆菌活体吸附粉状制剂。外观为灰白色或浅灰色粉末，细度90%通过 325 目筛，水分含量≤5%，悬浮率≥85%，pH 7.2。与假单芽孢菌混合制剂外观为淡黄色或浅棕色乳液体，略带黏性，有特殊腥味，密度 1.08g/cm³，pH 6.5～8.4，45℃以下稳定。

作用特性

据报道蜡质芽孢杆菌能诱导油菜体内 SOD（超氧化物歧化酶）的活性，该菌株与油菜具有良好的亲和性，在与油菜宿主建立密切关系的过程中，在生物分子水平引起了油菜 SOD 的应答，激发了油菜体内的生理代谢和生化反应，能提高作物对病菌和逆境危害引发体内产生对游离氧的清除能力，减轻过量的氧对膜质和生物分子的损害，调节细胞微生境，维持细胞正常的生理代谢和生化反应，提高作物的抗逆性，增加作物的保健作用，以促进作物生长，提高产量。在某些病虫害胁迫下，诱抗素诱导植物叶片细胞 *Pin* 基因活化，产生蛋白酶抑制物阻碍病原或害虫进一步侵害，减轻植物机体的受害程度。

应用

蜡质芽孢杆菌作为生物杀菌剂取得登记，其主要成分蜡质芽孢杆菌能通过体内的 SOD 酶，调节作物细胞微生境，提高抗逆性，可有效防治姜、小麦、水稻、番茄、茄子等病害。

在油菜播种前，每千克种子用 300 亿菌体/g 可湿性粉剂 15～20g 拌种，拌均匀后晾干，然后播种。在抽薹期或始花期，每公顷用 1.5～2.25kg 可湿性粉剂，加水 450L 均匀喷雾于油菜叶面，可增加油菜的分枝数、角果数及籽粒数，有一定的增产作用，并可降低油菜霜霉病及油菜立枯病的发病率，有一定的防病作用。

注意事项

（1）本剂在 50℃以上失活，不可置于高温条件下。

（2）本剂应贮存在阴凉、干燥处，切勿受潮。

参考文献

[1] J. Bio. Chem., 2002, 277(21): 18849-18859.

氯苯胺灵（chlorpropham）

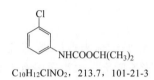

$C_{10}H_{12}ClNO_2$，213.7，101-21-3

氯苯胺灵（试验代号：ENT18060，商品名称：Atlas Indigo、Decco Aerosol 273、Neostop、Prevanol、Warefog，其他名称：戴科）系一种氨基甲酸酯类植物生长调节剂，1951 年 E.d. Witman 和 W. F. Newton 报道其生物活性，由 Columbia-Southern Chemical Corp 开发。现美国仙农有限公司、南通泰禾化工股份有限公司、美国阿塞托农化有限公司、四川润尔科技有限公司生产。

产品简介

化学名称　3-氯苯基氨基甲酸异丙酯。英文化学名称为 isopropyl-3-chlorophenyl carbamate。美国化学文摘（CA）系统名称为 1-methylethyl-(3-chlorophenyl) carbamate。美国化学文摘（CA）主题索引名为 carbamic acid, (3-chlorophenyl)-1-methylethyl ester。

理化性质　原药纯度为 98.5%，熔点 38.5～40℃。纯品为无色固体，熔点 41.4℃，沸点 256～258℃（纯度＞98%），蒸气压 24mPa（20℃，纯度 98%），相对密度 1.180（30℃）。水中溶解度为 89mg/L（25℃），可与低级醇、芳烃和大多数有机溶剂混溶，在矿物油中有中等溶解度（如煤油 100g/kg）。稳定性：对紫外线稳定，150℃以上分解。在酸性和碱性介质中缓慢水解。

毒性　急性经口 LD_{50}（mg/kg）：大鼠 5000～7500，兔 5000。兔急性经皮 $LD_{50}＞2000mg/kg$。对豚鼠眼睛和皮肤无刺激，但对皮肤有致敏性。狗和大鼠 2000mg/kg 饲料饲喂 2 年无不良反应。ADI 值：0.03mg/kg。绿头鸭急性经口 $LD_{50}＞2000mg/kg$。鱼毒 LC_{50}（48h，mg/L）：蓝鳃翻车鱼 12，鲈鱼 10。水蚤 EC_{50}（48h）3.7mg/L。海藻 EC_{50}（96h）3.3mg/L。对蜜蜂低毒，蚯蚓 LC_{50}：62mg/kg 土壤。

环境行为　本品经口进入动物体内后，主要是氯苯胺灵对位羟基化，然后生成氯苯胺灵硫酸酯和一些氯苯胺灵的异丙基羟基化物。在豌豆中，本品代谢为 N-4-羟基-3-氯苯基氨基甲酸异丙酯、N-5-氯-2-羟基苯基氨基甲酸异丙酯和 1-羟基-2-丙基-3-氯苯基异氰酸异丙酯。在黄瓜中，主要代谢物为 N-4-羟基-3-氯苯基氨基甲酸异丙酯。进入土壤中的本品，经微生物分解为 3-氯苯胺，最后分解为二氧化碳，DT$_{50}$ 约 65d（15℃）、30d（29℃）。

制剂与分析方法　单剂如 33%、40%、80%乳油，4%、5%、8%颗粒剂，0.7%马铃薯抑芽粉剂、2.5%抑芽粉剂、49.65%抑芽气雾剂。混剂如本品+戊酰苯草胺，本品+苯胺灵，本品+利谷隆，本品+敌草隆。产品分析采用 GC 或紫外分光光度法、水解滴定等方法，残留物分析采用 GC 或衍生物 HLPC 法。

作用特性

氯苯胺灵可由芽尖、根和茎吸收，向上传导到活跃的分生组织，抑制细胞分裂、蛋白质和 RNA 的生物合成，抑制 β-淀粉酶的活性，最终导致抑制发芽。

应用

氯苯胺灵为选择性除草剂和植物生长调节剂。作为生长调节剂主要在欧洲使用，抑制马铃薯发芽。使用剂量：氯苯胺灵 1.75～2g(a.i.)/100kg 马铃薯，在马铃薯发芽前或收获后 2～4 周浸渍或拌块茎。

专利与登记

专利名称　Method for producing chloropropham

专利号　CN 1587256

专利拥有者　中国林业科学院

专利申请日　2004-07-28

专利公开日　2005-03-02

目前公开的或授权的主要专利有 DD 158900、HU 31101、ES 2142278、NZ 333224、US 5965489 等。

登记情况　美国仙农有限公司在我国取得 49.65%氯苯胺灵热雾剂（PD20093161）和 2.5% 粉剂（PD20081113）的登记，商品名为戴科，用于马铃薯抑芽；美国阿塞托农化有限公司登记 99%熏蒸剂（PD20160437）和 50%热雾剂（20131814）；迈克斯（如东）化工有限公司登记有 99%原药（PD20151022）、55%热雾剂（PD20170975）等。

合成方法

由间氯苯胺与氯甲酸异丙酯或异丙醇与间氯苯基异氰酸酯反应制得。

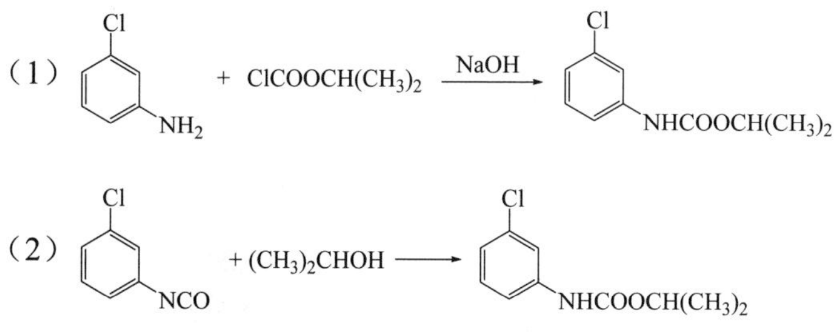

参考文献

[1] FR 2740004, 1997, CA 127: 132299.

[2] CA 1225533, 1987, CA 108: 17775.

[3] Sb.Ved.Pr., Vys.Sk.Chemickotechnol.Pardubice, 1991, 55: 121-128, CA118: R59382.

[4] EP 0180313, 1986, CA 105: 74395.

氯吡脲（forchlorfenuron）

$C_{12}H_{10}ClN_3O$，247.7，68157-60-8

氯吡脲（试验代号：CN-11-3183、KT-30、4PU-30，商品名称：Fulmet、Sitofex，其他名称：吡效隆、调吡脲、施特优）是由美国 Sandoz Crop Protection Corp.报道的取代脲类植物生长调节剂，由日本协和发酵工业株式会社开发。现由鹤壁全丰生物科技有限公司、四川施特优化工有限公司、浙江大鹏药业股份有限公司、四川省兰月科技有限公司、四川润尔科技有限公司、重庆依尔双丰科技有限公司等生产。

产品简介

化学名称　1-（2-氯-4-吡啶基）-3-苯基脲。英文化学名称为 1-（2-chloro-4-pyridyl)-3-phenylurea。美国化学文摘（CA）系统名称为 N-(2-chloro-4-pyridinyl)-N'-phenylurea。美国化学文摘（CA）主题索引名为 urea;N-(2-chloro-4-pyridinyl)-N'-phenyl-。

理化性质　纯品为白色至灰白色结晶粉末，熔点 165～170℃，蒸气压 $4.6×10^{-5}$mPa（25℃），分配系数 $K_{ow}lgP$=3.2（20℃）。相对密度 1.3839（25℃）。溶解度（g/L）：水中 0.039（pH 6.4，21℃），甲醇 119，乙醇 149，丙酮 127，氯仿 2.7。稳定性：对光、热和水稳定。

毒性　急性经口 LD_{50}（mg/kg）：雄大鼠 2787，雌大鼠 1568，雄小鼠 2218，雌小鼠 2783。兔急性经皮 LD_{50}＞2000mg/kg。大鼠吸入 LC_{50}（4h）：在饱和空气中无死亡。NOEL 数据：7.5mg/kg 饲料。山齿鹑急性经口 LD_{50}＞2250mg/kg。山齿鹑饲喂试验 LC_{50}（5d）＞5000mg/kg 饲料。鱼毒 LC_{50}（mg/L）：虹鳟鱼（96h）9.2，鲤鱼（48h）8.6，金鱼（48h）10～40。水蚤：LC_{50}（48h）8.0mg/L。海藻：EC_{50}（3h）11mg/L。

制剂与分析方法　0.1%、0.5%、0.8%可溶液剂等。分析用高效液相色谱法，用通常使用的 ODS C_{18} 柱。

作用特性

氯吡脲可经由植物的根、茎、叶、花、果吸收，然后运输到起作用的部位。主要生理作用是促进细胞分裂，增加细胞数量，增大果实；促进组织分化和发育；打破侧芽休眠，促进萌发；延缓衰老，调节营养物质分配；提高花粉可孕性，诱导部分果树单性结实，促进坐果、改善果实品质。氯吡脲是目前促进细胞分裂活性最高的一个人工合成激动素，它的生物活性大约是氨基嘌呤的 10 倍。

应用

氯吡脲是广谱多用途的植物生长调节剂。它在 1mg/L 浓度下诱导多种作物的愈伤组织生长出芽。在桃开花后 30d 以 20mg/L 喷幼果，增加果实大小，促进着色改善品质。扩大赤霉酸处理适用时期，在葡萄盛花前 14～18d，氯吡脲以 1～5mg/L+赤霉酸 100mg/L 浸果，提升赤霉酸的效果；盛花后 10d，施用氯吡脲 3～5mg/L+赤霉酸 100mg/L，促进葡萄果实肥大。防止葡萄落花，在始花至盛花期以 2～10mg/L 浸花效果较好。中华猕猴桃在开花后 20～30d，以 5～10mg/L 浸果，促进果实肥大。甜瓜在开花前后以 200～500mg/L 涂果梗，促进坐果。马铃薯种植后 70d 以 100mg/L 喷洒处理，能增加产量。可以增加番茄、茄子、苹果等水果和蔬菜的产量。于生理落果期，用 500 倍液喷施脐橙树冠或用 100 倍液涂果梗蜜盘。猕猴桃谢花后 20～25d，用 50～100 倍液浸渍幼果。可改善蔬果品质和加速落叶。可增加蔬果产量，提高质量，使果实大小均匀。就棉花和大豆而言，落叶可以使收获易行。还可喷洒叶菜类蔬菜，防止叶绿素降解，延长鲜活产品保鲜期。在苹果生长期（7～8 月），以 50mg/L 氯吡脲处理侧芽，可诱导苹果产生分枝，但它诱导出的侧枝不是羽状枝，故难以形成短果枝，这是它与氨基嘌呤的不同之处。浓度高时可以作除草剂。促进棉花干枯，增加甜菜和甘蔗糖分等。

注意事项

（1）氯吡脲用于坐果，主要用于花器、果实处理。在甜瓜、西瓜上应慎用，尤其在浓度偏高时会有副作用产生。提高小麦、水稻千粒重，也是从上向下喷洒小麦、水稻植株上部为主。

（2）氯吡脲与赤霉酸或其他生长素混用，其效果优于单用，但须在专业人员指导下或先试验后示范的前提下进行，勿任意混用。

（3）处理后 12～24h 内遇下雨须重新施药。

专利与登记

专利名称　　*N*-(2-Chloro-4-pyridyl)ureas useful in plantgrowth regulating compositions

专利号　　DE 2843722

专利拥有者　　Shudo, Koichi

专利申请日　　1977-10-08

专利公开日　　1979-04-19

目前公开的或授权的主要专利有 JP 81135474、JP 81131506、DE 2843722、JP 04173701 等。

登记情况　　国内原药登记厂家有四川省兰月科技有限公司（登记号 PD20070454）、重庆依尔双丰科技有限公司（登记号 PD20094483）、鹤壁金丰生物科技有限公司（登记号 PD20184313）、四川润尔科技有限公司（登记号 PD20080993）等；剂型有 0.1%、0.3%、0.5%、1.4% 可溶液剂等；登记作物有枇杷、枇杷树、猕猴桃、甜瓜、脐橙、芒果树、荔枝树、葡萄、西瓜、黄瓜。美国 EPA 登记号 128819。

合成方法

氯吡脲的合成方法主要有 3 种，反应式如下。

（1）2-氯-4-氨基吡啶与异氰酸苯酯反应。

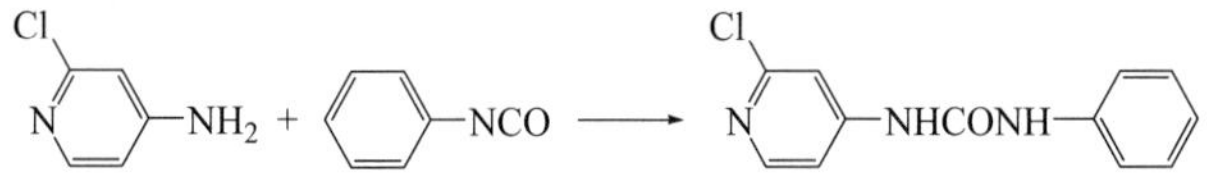

（2）2-氯-4-吡啶基异氰酸酯与苯胺反应。

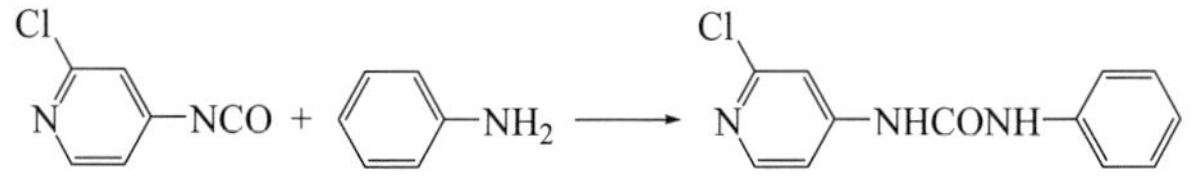

（3）2-氯异烟酸叠氮化合物与苯胺在干燥器皿中反应。

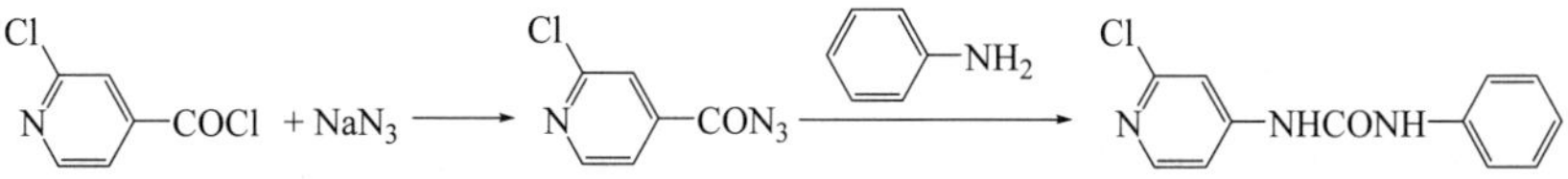

上述三条线路中以第一条最为实用，该路线的关键是制备中间体 2-氯-4-氨基吡啶。

$$\text{Cl-pyridine} \xrightarrow[\text{CH}_3\text{COOH}]{\text{H}_2\text{O}_2} \text{2-Cl-pyridine N-oxide} \xrightarrow[\text{HNO}_3]{\text{H}_2\text{SO}_4} \text{4-NO}_2\text{-2-Cl-pyridine N-oxide} \xrightarrow{[\text{H}]} \text{4-NH}_2\text{-2-Cl-pyridine}$$

参考文献

[1] Phytochemistry, 1978, 17(8): 1201-1207.

[2] DE 2843722, 1979, CA91: 39340.

[3] JP 81135474, 1981, CA96: 47562.

[4] JP 62106003, 1987, CA107: 193028.

[5] JP 81131506, 1981, CA96: 104098.

氯化胆碱（choline chloride）

$$\left[\begin{array}{c} \text{CH}_3 \\ \text{H}_3\text{C}-\overset{+}{\text{N}}-\text{CH}_2\text{CH}_2\text{OH} \\ \text{CH}_3 \end{array}\right] \text{Cl}^-$$

$C_5H_{14}ClNO$，139.6，67-48-1

氯化胆碱（其他名称：高利达、好瑞）是一种胆碱类植物生长调节剂，1964 年由日本农林水产省农业技术所开发，后日本三菱瓦斯化学公司、北兴化学公司 1987 年注册作为植物生长调节剂。

产品简介

化学名称　(2-羟乙基)三甲基氯化铵。英文化学名称为 2-hydroxy-*N*,*N*-trimethy ethanaminium chloride。美国化学文摘（CA）主题索引名为 ethanaminium，2-hydroxy-*N*,*N*,*N*-trimethyl-,chloride。

理化性质　纯品为白色结晶，熔点 240℃。易溶于水，有吸湿性。进入土壤易被微生物分解，无环境污染。

毒性　氯化胆碱为低毒性植物生长调节剂，急性经口 LD_{50}：雄大鼠 2692mg/kg，雌大鼠 2884mg/kg，雄小鼠 4169mg/kg，雌小鼠 3548mg/kg。鲤鱼 LC_{50}（48h）＞5100mg/L。

制剂　30%、40%、60%水剂；50%氯胆・萘乙可溶粉剂。

作用特性

氯化胆碱可经由植物茎、叶、根吸收，然后较快地传导到起作用的部位，其生理作用可抑制 C_3 植物的光呼吸，促进根系发育，可使光合产物尽可能多地累积到块茎、块根中去，从而增加产量、改善品质。有关它的作用机理尚不清楚，有待进一步研究。

应用

氯化胆碱是一个较为广谱的植物生长调节剂，也可以用作饲料添加剂。甘薯在移栽时，在 20mg/L 药液中，将切口浸泡 24h，促进甘薯发根和早期块根膨大；水稻种子在 1000mg/L 药液中浸 12～24h，可促进生根、壮苗；白菜和甘蓝种子以 50～100mg/L 浸 12～24h，明显增加营养体产量；萝卜以 100～200mg/L 药液浸种 12～24h，促进生长；在北方冬春茬棚室栽培黄瓜，大部分生长期处在低温情况下，长时间低温严重影响了黄瓜产量。用 1000mg/L 药液在 10～12 片真叶期喷施叶面，不仅起到控长作用，而且提高叶面光合作用，使更多光合产物运送到果实中，促进增产。苹果、柑橘、桃在收获前 15～60d，以 200～500mg/L 药液作叶面喷洒，可增加果实大小，提高含糖量；巨峰葡萄在采收前 30d 以 1000mg/L 药液作叶面喷洒，提前着色，增加甜度；大豆、玉米分别在开花期和 2～3 叶期及 11 叶期以 1000～1500mg/L 药液进行叶面喷施，可矮化植株，增加产量。以 1000～2000mg/L 药液处理马铃薯、甘薯，可增加产量。此外它与某些激动素、类生长素混用，可加快其移动，更有效发挥激动素、类生长素的作用。

氯化胆碱与矮壮素混合作为一种复合型植物生长调节剂，应用于燕麦、小麦等谷类作物，有矮化和增产作用。另外，在葡萄发芽后 20d 左右，新枝约 6～10 片叶时，用氯化胆碱与矮壮素（1000mg/L +500mg/L）混合液喷洒新枝及花序，可以明显控制葡萄新枝旺长，提高坐果率，对落粒率高的巨峰葡萄品种尤为有效。

氯化胆碱与抑芽丹混合制成一种复合型植物生长调节剂嗪酮羟季铵合剂，该混剂可以经由植物茎、叶等部位吸收，传导至分生组织，阻抑细胞有丝分裂，抑制腋芽或侧芽萌发。可以用于抑制烟草、马铃薯、洋葱、大蒜等发芽；也可以在柑橘夏梢发生时喷洒，控制夏梢，促进坐果；在萝卜、菠菜抽薹前喷洒，可以抑制抽薹。

氯化胆碱还可以与萘乙酸或苄氨基嘌呤复配，对植物块根或块茎有明显的膨大作用。主要用于马铃薯、甘薯、洋葱、大蒜、人参等作物，在生长旺盛期喷施，可以促进这些植物块根、块茎增大，提高产量。氯化胆碱分别与吲哚乙酸、赤霉酸复配，结果不仅促果实膨大的效果比单用助壮素、氯化胆碱明显，还改善了瓜果的品质。

注意事项

（1）作为植物生长调节剂大范围应用时间较短，应用技术还有待完善。

（2）本品勿与碱性药物混用。

专利与登记

专利名称　Chloline chloride

专利号　US 2623901

专利拥有者　Nopco Chemical.Co.

专利申请日　1952-12-30

专利公开日　1966-09-03

目前公开的或授权的主要专利有 DE 10124298、US 6046356、DE 3135671、WO 9932704、SU 1172920、US 5089151 等。

登记情况　60%可溶液剂登记厂家有重庆市诺意农药有限公司（PD20172463）、江苏莱科化学有限公司（PD20211460）、陕西大成作物保护有限公司（PD20211176）、四川省兰月科技有限公司（PD20160081）等；18%可湿性粉剂登记厂家有重庆依尔双丰科技有限公司（PD20211330）、郑州先利达化工有限公司（PD20212782）等；其他还有 21%、23%、50%、60%、70%可溶液剂等。

合成方法

工业生产上常用的合成方法是环氧乙烷法，即将三甲胺盐酸盐与环氧乙烷反应生成液体的氯化胆碱。其反应式如下：

$$(CH_3)_3N \cdot HCl + \underset{O}{\triangle} \longrightarrow \left[H_3C - \overset{CH_3}{\underset{CH_3}{\overset{+}{N}}} - CH_2CH_2OH \right] Cl^-$$

参考文献

[1] EP 146017, 1985, CA 103: 83539.

[2] 现代化工, 1996, 16(2): 28-29(Ch).

[3] DD 241597, 1986, CA 107: 79951.

[4] EP 232755, 1987, CA 108: 2158.

氯化血红素（hemin）

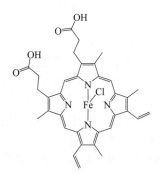

$C_{34}H_{32}ClFeN_4O_4$，651.9，16009-13-5

产品简介

化学名称　氯化血红素，Chlorohemin；Chloroprotoferriheme；Chloroprotohemin；Ferric hemin；Ferriheme；Ferriheme chloride；Ferriporphyrin chloride；Ferriprotoporphyrin；Ferriprotoporphyrin Ⅸ；Ferriprotoporphyrin Ⅸ chloride。IUPAC 名称为 chloro[3,3'-(3,7,12,17-tetramethyl-8,13-divinyl-2,18-porphyrindiyl-κ^2N^{22},N^{24})dipropanoato(2-)]iron。

理化性质　蓝黑色细长片状结晶体或粉末。几乎不溶于水、不溶于稀酸溶液，溶于稀碱液及稀氨水中。熔点 300℃。

毒性　氯化血红素的急性毒性试验一次口服，急性经口 LD_{50}：>12.5g/kg（小白鼠），>11.5g/kg（大白鼠），微毒。

南京农业大学开发，南通飞天化学实业有限公司生产。

剂型为可湿性粉剂，有效成分及其含量：氯化血红素 0.3%。

作用特性

本品是植物生长调节剂，具有促进细胞原生质流动、提高细胞活力、加速植株生长发育、促根壮苗、保花保果、增强抗氧化能力以及改善抗逆性等功能。

应用

上海长得多农业科技有限公司取得 0.3%氯化血红素可湿性粉剂登记（登记证号 PD20161264），登记作物为马铃薯和番茄，以 20～30g/亩（制剂量）喷雾，调节马铃薯和番茄生长。

注意事项

①使用本品前请仔细阅读产品标签，按照标签的使用技术和方法施药。②沿包装袋上的撕口小心开启，防止药液沾染皮肤和眼睛。③不宜与酸性较强的农药以及除草剂混用。④氯化血红素虽然是微毒药剂，对蜜蜂、家禽无毒，对眼睛、皮肤无刺激性，但操作时仍需要穿

戴防护服、防护手套、防护鞋和面罩，避免与皮肤、眼睛接触和吸入口鼻。施药期间不可吃东西和饮水等；施药后应及时洗手和脸等暴露部位皮肤，并更换衣物。⑤使用完毕后应及时清洗药械。不可将残留药物、清洗液倒入江河、鱼塘等水域。废弃物和用过的包装物要妥善处理，不能乱丢乱放，也不能做它用。⑥避免孕妇及哺乳期妇女及过敏者接触本品。使用中有任何不良反应请及时就医。⑦对蚕有毒，蚕室、桑园附近禁用。

中毒急救措施：如接触皮肤，用肥皂和清水彻底清洗受污的皮肤，如溅入眼睛，用清水冲洗眼睛至少 15min；如误服，请立即携带标签，送医就诊。

专利概况

专利名称　一种含有氯化血红素的植物生长调节剂

专利号　CN 200610097240.3

专利拥有者　沈文飚，黄丽琴

专利申请日　2006-10-24

授权公告日　2008-10-29

目前公开的或授权的主要专利有 AU 2007308582、WO 2008049335 等。

合成方法

血红素制备方法有碱基物-有机溶剂法、冰醋酸法、丙酮法、甲醇或甲醇-乙醇法、离子交换纤维素法。

方法一，碱基物-有机溶剂法取 60L 甲醇和 1kg 二乙胺加入反应罐中，搅拌均匀，加新鲜牛血粉 5kg，于 45℃搅拌提取 1h，冷却，过滤，滤液浓缩至 5L，加冰醋酸 10L、氯化锶 200g，加热蒸馏除去残留甲醇，升温至 100～102℃反应 1h，冷却，过滤，收集氯化血红素结晶。将氯化血红素结晶依次用冰醋酸、水、丙酮洗涤，干燥，制得氯化血红素 85g。

方法二，将以固体氯化钠饱和的冰醋酸 3L，加热至 100～102℃，在搅拌下缓缓加入除去纤维蛋白的猪血 1L。在猪血加入期间，液温控制在 90～103℃。猪血加完后，在 100℃反应 15min。将反应混合物自然降温约 60℃，分取铁血红素结晶。结晶用 50%醋酸液、水、乙醇和乙醚洗涤，干燥，可得血红素 3g。

方法三，甲醇-乙醇混合溶剂法。取 100kg 血粉，加 0.6mol/L HCl 溶液 100kg，搅拌溶解，喷雾干燥，得酸性血粉 40kg。用 90%乙醇、6%甲醇和 4%水组成的混合溶剂提取 3 次，混合溶剂用量分别为 800L、300L 和 200L，合并上清液，蒸馏浓缩，制得血红素。

参考文献

[1] Guillermo O. Noriega. BBRC, 2004, 656(3): 1003-1008.

[2] G G Yannarelli. Planta, 2006, 224: 1154-1162.

麦草畏甲酯（disugran）

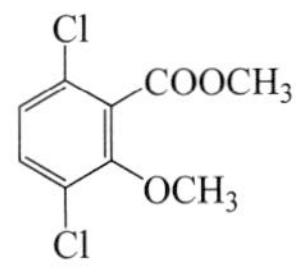

$C_9H_8Cl_2O_3$，235.1，6597-78-0

麦草畏甲酯（商品名：Racuza，试验代号 60-CS-16）由美国 Velsicol 化学公司开发。工业品有效成分含量 90%，为黏稠清亮液体。

产品简介

化学名称　3,6-二氯-2-甲氧基苯甲酸甲酯。英文化学名称为 methyl-3,6-dichloro-*o*-anisate。美国化学文摘（CA）系统名称为 methyl-3,6-dichloro-methoxybenzoate。美国化学文摘（CA）主题索引名为 benzoic acid，3,6-dichloro-2-methyl- methyl ester。

理化性质　分析纯的麦草畏甲酯纯品是白色结晶固体。熔点 31~32℃。在 25℃为黏性液体。沸点 118~128℃（40~53Pa）。水中溶解度＜1%。溶于丙酮、二甲苯、甲苯、戊烷和异丙醇。

毒性　相对低毒，大鼠急性经口 LD_{50}：3344mg/kg。兔急性经皮 LD_{50}＞2000mg/kg。对眼睛有刺激性，但对皮肤无刺激。

作用特性

麦草畏甲酯可通过茎叶吸收，传导到活跃组织。其生理作用是可加速成熟和增加含糖量。

应用

其应用方法见表 2-21。

表 2-21　麦草畏甲酯应用技术一览表

作物	剂量/（kg/hm²）	时间	效果
甘蔗	0.25~1	收获前 4~8 周	增加含糖量
甜菜	0.25~1	收获前 4~8 周	增加含糖量，增加产量
甜瓜	1.0~2.0	瓜直径 7~13cm	增加含糖量
葡萄柚	0.25~0.5	收获前 4~8 周	通过改变糖/酸，增加甜度
苹果、桃	0.25~1	水果颜色出现时	均匀成熟
葡萄	0.2~0.6	开花期	增加含糖量，增加产量
大豆	0.25~1	开花后	增加产量
绿豆	0.25~1	开花后	增加产量
草地	0.25~1	旺盛生长期	增加草坪草分蘖

注意事项

（1）最好的应用方法是叶面均匀喷洒。

（2）不能和碱性或酸性植物生长调节剂混用。

（3）处理后 24h 内下雨，需重喷。

专利概况

专利名称　Ester of 2-methoxy-3,6-dichlorobenzyl alcohol

专利号　BE 666778

专利拥有者　Velsicol Chemical Co.

专利申请日　1964-09-03

专利公开日　1966-01-12

目前公开的或授权的主要专利有 BE 666778、US 3013054 等。

合成方法

以 1,2,4-三氯苯为原料，先制成 2,5-二氯苯酚，再制成 3,6-二氯水杨酸，最后甲基化为产品，反应式如下：

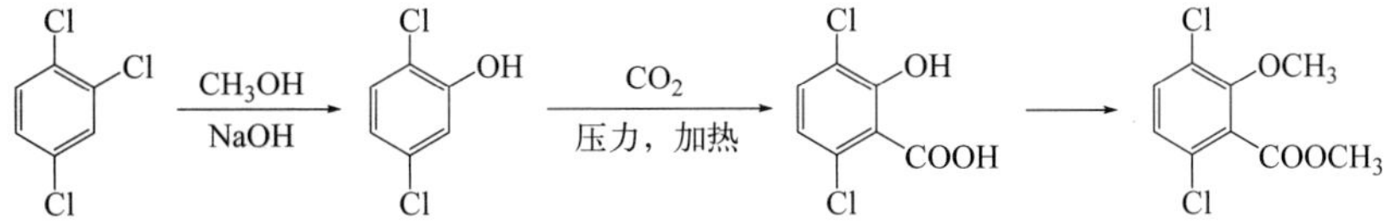

参考文献

[1] US 3013054, 1961, CA56: 10049f.

[2] BE 666778, 1966, CA65: 7099h.

茉莉酸（jasmonic acid）

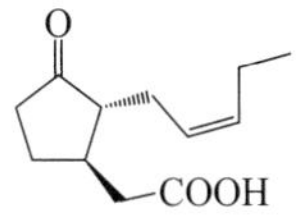

$C_{12}H_{18}O_3$，210.3，6894-38-8

茉莉酸是广泛存在于植物体内的一种生理活性物质，茉莉酸首先从菌里分离结晶出来。是一种内源植物生长调节剂。

产品简介

化学名称　（±）-茉莉酸。英文化学名称为(±)-jasmonic acid。美国化学文摘（CA）系统名称为 3-oxo-2-(1-pentanyl)-{1R-[1α, 2β(Z)]}-cyclopentaneacetic acid; 3-oxo-2-(1-pentanyl)-(Z)-*trans*-cyclopentaneacetic acid。美国化学文摘（CA）主题索引名为 cyclopentaneacetic acid，3-oxo-2-(1-pentanyl)-，{1R-[1α, 2β(Z)]}-（9CI）；cyclopentaneacetic acid，3-oxo-2-(1-pentanyl)-，(Z)-*trans*（8CI）。

理化性质　纯品为有芳香气味的黏性油状液体。沸点为 125℃。紫外吸收波长 234～235nm。折光系数 n_D^{20} 1.497。可溶于丙酮。茉莉酸几种异构体以固定比例存在于植物体内（每种植物体内的比例不一）。

作用特性

茉莉酸可通过植物根、茎、叶吸收。其作用如下：

（1）促进几种蛋白质的生物合成，如促进抗病酶和抗虫酶的生物合成。

（2）诱导二次生长物质的生物合成，如诱导花色素、酮类、生物碱的合成。

（3）促进溶解酵素的基因表达，溶解酵素可分解病菌的细胞壁，从而可抑制病菌增殖。

（4）在逆境情况下，为作物提供信号激活防御体系。

应用

20 世纪 90 年代，人们第一次发现外源施用茉莉酸及其部分前体或衍生物可诱导提升植物体内蛋白酶抑制剂活性，提高植物的抗虫防御反应。同时此类物质可降低植物细胞周期蛋白活性，使细胞周期受阻，进而减弱植物的细胞分裂与伸长作用，减缓植物营养生长，以应对干旱等逆境。

茉莉酸与水杨酸、乙烯及脱落酸等防御性激素信号途径，以及各激素信号途径间也均可产生信号交流，进而实现相关功能。

专利概况

专利名称　Methyl jasmonate

专利号　DE 2260447

专利拥有者　Du pont

专利申请日　1971-12-10

专利公开日　1973-06-14

目前公开的或授权的主要专利有 GB 1286266 等。

合成方法

以取代环戊酮为原料，经过氯化等步骤生成取代环戊烯酮，再与丙二酸二乙酯缩合，最后得到产品。反应式如下。

参考文献

[1]　DE 2334272, 1973, CA 80: 95361.

[2]　DE 2260447, 1973, CA 79: 42032.

[3]　J. Chem. Soc., 1971(9):1623-1627,CA 75: 16374.

茉莉酮（prohydrojasmon）

$C_{15}H_{26}O_3$，254.4，158474-72-7

茉莉酮（其他名称：二氢茉莉酸丙酯、PDJ、Jasmomate），由 Zeon Corporation 开发。

产品简介

化学名称　(1RS,2RS)-(3-氧代-2-戊基环戊基)乙酸丙酯[含(10±2)% (1RS,2SR)-(3-氧代-2-戊基环戊基)乙酸丙酯]，英文化学名称为 propyl (1RS,2RS)-(3-oxo-2-pentylcyclopentyl) acetate containing (10±2)% propyl (1RS,2SR)-(3-oxo-2-pentylcyclopentyl) acetate。

理化性质　原药纯度＞97%。纯品为无味、无色或淡黄色液体。沸点 318℃（100.7kPa），闪点 165℃（开口），蒸气压 16.7mPa（25℃），相对密度 0.974（20℃），溶解度（25℃）：水中 0.06g/L，正己烷、丙酮、甲醇、乙腈、三氯甲烷、二甲基亚砜、甲苯中均＞100g/L。稳定性：在正常贮存条件下稳定，遇酸和碱水解。

毒性　低毒，大鼠急性经口 LD_{50}＞5000mg/kg，急性经皮 LD_{50}＞2000mg/kg。对兔眼睛有轻微刺激，对兔皮肤无刺激。大鼠吸入 LC_{50}（4h）＞2.8mg/L。大鼠（1 年）无作用剂量 14.4mg/（kg·d）。ADI/RfD（FSC）0.14mg/kg（2005 年）。日本鹌鹑摄入 LC_{50}（5d）＞5000mg/kg 饲料。水蚤 ED_{50}（48h）2.13mg/L。藻类 ED_{50}（24～48h）15.0mg/L。对蜜蜂无毒，LD_{50}＞100μg/只。

作用特性

本品在发芽不良条件（低温、水分不足）下，能够促进发芽发根，提高出苗率及成活率，并促进发芽发根后的发育。对水稻、棉花等作物有生长调节作用。

应用

（1）0.01～01mg/L 茉莉酮浸种对发根（田间条件下）、幼苗生长表现促进效果，但大于 1mg/L 表现抑制。它可促进乙烯生成和 α-淀粉酶活性提高，启动种子萌发代谢。

（2）促进苗期生长，增强抗逆性。低浓度时与低浓度赤霉酸（GA$_3$）对营养生长与生殖生长有相乘效果。

（3）促进幼果脱落。

（4）促进果实成熟，直接或间接提高乙烯释放量。

（5）与持效型油菜素内酯（TS-303）混用还可促进发芽、发根，提高成苗率，提高植物耐冷性和抗病性。目前日本已经将这种混用剂开发成商品 TNZ303。

注意事项

（1）忌与碱性农药混用，忌对碱性水（pH＞7.5）稀释使用。

（2）请在晴天傍晚使用，或在阴天使用。

（3）喷洒后 6 小时内下雨应补喷。

专利与登记

专利名称　Plantgrowth promoter

专利号　US 6271176

专利拥有者　Nippon Zeon Co.,Ltd.,Japan

专利申请日　1994-02-25

专利公开日　1994-12-01

目前公开的或授权的主要专利有 WO 9418833、CA 2157038、EP 686343、JP 3529095、US 6093683、CN 106083575 等。

登记情况　目前国内尚无厂家登记。美国的 EPA 登记号为 028000，欧盟未见登记。

合成方法

通过如下反应制得目的物。

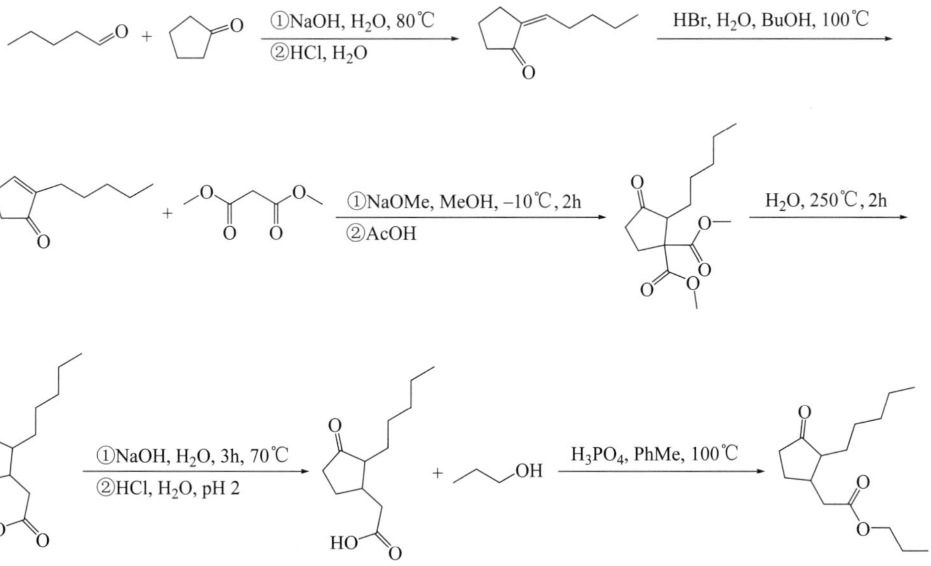

参考文献

[1] US 6271176, 2001.

[2] CN 106083575, 2016.

萘氧乙酸（2-naphthyloxyacetic acid）

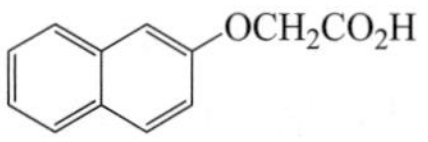

$C_{12}H_{10}O_3$，202.2，120-23-0

萘氧乙酸（其他名称：Betapal、BNOA）是萘类的一种植物生长物质。1939 年 Bausor 报道了该物质有延长水果在植株上停留时间的作用。Synchemicals Ltd.和 Greenwood Chemical 公司开发了此产品。

产品简介

化学名称　2-萘氧基乙酸。英文化学名称为 2-naphthyloxy acetic acid。美国化学文摘（CA）主题索引名为(2-naphthalenyloxy)acetic acid。

理化性质　亮白色的粉状固体，熔点 154～156℃。溶于乙醇、乙醚和乙酸。水中溶解度＜5%（25℃）。其金属盐及铵盐溶于水。

毒性　相对低毒。大鼠急性经口 LD_{50} 1000mg/kg。对蜜蜂无毒。

环境行为　在土壤中分解为 2-萘酚，然后环水解，开环。

作用特性

萘氧乙酸可通过植物根、茎、叶、花和果实吸收。其作用是延长果实在植株上的停留时间，能促进坐果、刺激果实膨大，且能克服空心果；与生根剂一起使用，还可促进植物生根。

应用

萘氧乙酸可用在葡萄、菠萝、松树、草莓、番茄、辣椒、茄子上延长果实在植株上的停留时间。用法是在开花早期以 40～60mg/L 剂量喷到花上。和 GA_3 混用这种作用更明显。当番茄开花时以 25～30mg/L 药液喷花，促坐果，增产。在番茄初花期用 50～100mg/L 药液喷花，可刺激子房膨大，果实生长快。当和 IBA 及 NAA 混用时可作为生根剂。

专利概况

专利名称　Growth regulator for fruit

专利号　JP 49016310

专利拥有者　Ishihara Mining and Chemical Co.,Ltd.

专利申请日　1966-03-31

专利公开日　1974-04-20

目前公开的或授权的主要专利有 WO 9003840、DD 240121、EP 535415 等。

合成方法

2-萘酚在碱的作用下与氯乙酸反应生成产品。

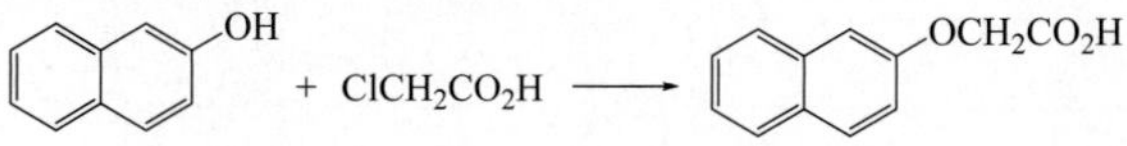

参考文献

[1] Am. J. Bot., 1939, 26: 415.

[2] J. Agric. Food Chem., 1978, 26: 452.

[3] Chem. Anal., 1957, 2: 62.

[4] Indian Chem. J., 1980, 14(11): 31-49.

萘乙酸（1-naphthylacetic acid）

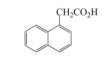

C₁₂H₁₀O₂，186.2，86-87-3

萘乙酸（商品名称：Rootone、NAA-800、Pruiton-N、Transplantone，其他名称：NAA、Celmome、Stik、Phyomone、Planovix 等）是一种有机萘类植物生长调节剂，1934 年合成，后由美国联合碳化公司开发，1959 年华北农学院开发。现由浙江泰达作物科技有限公司、四川润尔科技有限公司、重庆依尔双丰科技有限公司、郑州郑氏化工产品有限公司、四川省兰月科技有限公司等生产。

产品简介

化学名称　1-萘基乙酸。英文化学名称为 1-naphthyl acetic acid。美国化学文摘（CA）系统名称为 1-naphthaleneacetic acid。

理化性质　纯品为无色无臭结晶，熔点 134～135℃，蒸气压＜0.01mPa（25℃）。溶解度：水中 420mg/L（20℃），二甲苯 55g/L（26℃），四氯化碳 10.6g/L（26℃）。易溶于醇类、丙酮，溶于乙醚、氯仿，溶于热水不溶于冷水，其盐水溶性好。结构稳定耐贮性好。

毒性　萘乙酸属低毒植物生长调节剂，急性经口 LD₅₀：大鼠约 1000～5900mg/kg（酸），小鼠约 700mg/kg（钠盐）。兔急性经皮 LD₅₀＞5000mg/kg，对皮肤黏膜有刺激作用。绿头鸭和山齿鹑饲喂试验 LC₅₀（8d）＞10000mg/kg 饲料，鲤鱼 LC₅₀（48h）＞40mg/L，蓝鳃翻车鱼 LC₅₀（96h）＞82mg/L，水蚤 LC₅₀（48h）360mg/L，对蜜蜂无毒。

制剂　0.03%、0.1%、1%、4.2%、5%水剂，1%、40%可溶粉剂，10%泡腾片剂。

作用特性

萘乙酸可经由叶、茎、根吸收，然后传导到作用部位，其生理作用和作用机理类似吲哚乙酸。它刺激细胞分裂和组织分化，促进子房膨大，诱导单性结实，形成无籽果实，促进开花。在一定浓度范围内抑制纤维素酶，防止落花落果落叶。诱发枝条不定根的形成，加速树木的扦插生根。低浓度促进植物的生长发育，高浓度引起内源乙烯的大量生成，从而有矮化和催熟增产作用。还可提高某些作物的抗旱、抗寒、抗涝及抗盐的能力。

应用

萘乙酸是广谱多用途植物生长调节剂。促进番茄生根，剪番茄侧枝 8～12cm 做插条，晾干伤口后，在 50mg/L 萘乙酸或 100mg/L 吲哚乙酸溶液中浸 10min，有明显促进番茄生根作用。用 20～40mg/L 萘乙酸药液在番茄苗期进行灌根，可使番茄幼苗健壮生长。番茄在盛花期以 50mg/L 浸花，促进坐果，受精前处理形成无籽果。西瓜在花期以 20～30mg/L 浸花或喷花，促进坐果，受精前处理形成无籽西瓜。黄瓜在定植前后用 10～20mg/L 药液喷施 2 次，诱导开雌花，可明显促进坐果。南瓜开花时以 20～30mg/L 药液喷花，促坐果。茄子用萘乙酸处理促进扎根，提高成活率和缩短缓秧时间。辣椒在开花期以 20mg/L 全株喷洒，防落花促进结椒。用 100～200mg/L 萘乙酸药液在青椒苗期、开花或结果期，喷洒植株 1～2 次，可提高产量。菠萝在植株营养生长完成后，从株心处注入 30mL 15～20mg/L 药液，促进早开花。棉花从盛花期开始，每 10～15d 以 10～20mg/L 喷洒一次，共喷 3 次，防止棉铃脱落，提高产量。疏花疏果防采前落果，苹果大年花多、果密，在花期用 10～20mg/L 药液喷洒一次，可代替人工疏花疏果。蜜柑在盛花期 20～30d 用 200mg/L 药液喷洒可达到人工疏果的程度。桃树在花后 20～45d 用 40～60mg/L 药液喷洒有疏除效果。有些苹果、梨品种在采收前易落果，采前 2～3 周以 20mg/L 喷洒一次，可有效防止采前落果。诱导不定根，桑、茶、油桐、柠檬、柞树、侧柏、水杉、甘薯等以 10～200mg/L 浓度浸泡插枝基部 12～24h，可促进扦插枝条生根。壮苗，小麦以 20mg/L 浸种 12h，水稻以 10mg/L 浸种 2h，可使种子早萌发，根多苗健，增加产量。用 160mg/L 的萘乙酸水溶液浸种 12h，阴干后播种，能增加水稻不定根的数量、根重和根长，提高不同活力的水稻种子的萌发率和活力指数，具有增加分蘖和增加产量的作用。对其他大田作物及某些蔬菜如玉米、谷子、白菜、萝卜等也有壮苗作用。还可提高有些作物幼苗抗寒、抗盐等能力。催熟，用 0.1%药液喷洒柠檬树冠，可加速果实成熟提高产量。豆类以 100mg/L 药液喷洒一次，也有加速成熟、增加粒重的作用。在甘薯的结薯期，每亩用 20mg/L 药液 50L 喷洒，可促进薯块生成。在金丝小枣和郎枣的生理幼果期使用浓度为 20mg/L 可防止生理落果。促进韭菜和葱韭发芽，用 25～100mg/L 的赤霉酸（GA₃）溶液、10～50mg/L 的萘乙酸溶液或 2～5mg/L 的吲哚乙酸溶液浸泡葱韭种子 24h，可提高韭葱种子发芽率。提高平菇产量与品质，用浓度为 5mg/L 的萘乙酸和 0.5mg/L 的三十烷醇，在平菇幼菇进入菌盖分化期交叉喷洒，可促进早熟，提高产量，且菇体肥大、柄短，品质良好。促进菌丝生长，在制菌期用 0.03mg/L 的吲哚乙酸或萘乙酸进行拌料处理，可促进菌丝生长且菌丝质量好。促进香菇生长提高产量，使用浓度为 5mg/L 的萘乙酸或吲哚乙酸或 1～1.5mg/L 的赤霉酸（GA₃）将香菇锯木屑培养块或菌棒进行浸水处理，有促进香菇菌丝体生长和增产作用。花椰菜收获后，与萘乙酸甲酯浸过的纸屑混堆，能减少花椰菜贮藏期落叶，并延长贮藏期 2～3 个月。促进萝卜发芽生根，用 50～100mg/L 的吲哚乙酸或 0.5mg/L 萘乙酸溶液浸种处理 3h，可使种子发芽率、发芽势、活力指数均明显提高。改善萝卜品质，在肉质根形成初期喷施 100mg/L 的萘乙酸加 0.5%的蔗糖溶液和 0.2%硼砂的混合溶液，可防止空心组织的出现，提高产量。延长储藏期，在萝卜采收前 4d，用浓度为 1000～5000mg/L 药液叶面喷洒，于较低温度下贮藏，可抑制贮藏期间萌芽。收获前 20～30d 在甜樱桃上，果实浸蘸 1mg/L 药液可减少裂果 20%～30%。用 100mg/L 药液浸泡葡萄枝条 8～12h 既能促进生根，又抑制插条芽过早萌发，提高扦插成活率。用 50～100mL/L 药液在芒果谢花后和果实似豌豆大小时喷洒 1 次可减少生理落果，有保果效果。在荔枝谢花后 30d 用 40～100mg/L 药液喷洒可使荔枝落果减少，果实增大，提高产量。当秋海棠花芽在叶腋中出现时，用 12.5mg/L 药液喷洒，可减少花的脱落，延长观花时间。用 50mg/L 药液在叶子花蕾期喷离层部，可延长盆栽叶子花的花期达 20d。用 50mg/L 药液或 0.02～2mg/L 的 2,4-滴药液在香豌豆蕾期喷离层部位，可防止香豌豆落花，延长观花期。用浓度为 50mg/L 药液在兰花蕾期喷离层部位，可延长观花期。在文竹花谢后 7d，喷浓度为 10mg/L 药液 1 次，10～15d 后再喷 1 次，可减少落果。

将牡丹枝条剪成带 2～3 个芽的插穗，插前用浓度为 500mg/L 的萘乙酸或 300mg/L 的吲哚丁酸速浸基部，可提高生根率和成活率。剪取一年生大叶黄杨健条为插穗，长约 10～12cm，插前用 500～1000mg/L 药液快蘸插穗基部 3～10s 或用浓度 50～100mg/L 吲哚丁酸浸 3h，都可促进生根和提高成活率。此外，月季、广玉兰、橡皮树、蜡梅、宝贵籽、金叶女贞、山茶、黄刺玫、樱花、大绣球、金鱼草、金丝桃、彩纹海棠、金丝楠、龙柏、佛手、无花果、石榴、红松、银新杨、银杏等均可用上述的方法促进观赏植物和林木插穗生根。

小麦在播种前，使用含吲哚乙酸和萘乙酸总量为 20～30mg/L 的药液进行拌种，可提高小麦出苗率，培育壮苗。

选择玉米良种，将 10%吲哚丁酸·萘乙酸可湿性粉剂稀释 5000～6500 倍后，配制成含有效成分吲哚丁酸和萘乙酸总量为 15～20mg/L 的药液浸种 24h，再用清水洗 1 遍后播种。浸种处理后，可以激化植物细胞的活性，打破种子休眠，提高发芽率，增强抗逆性。

花生在播种前，用含有 20～30mg/L 有效成分的吲哚乙酸·萘乙酸混剂进行拌种处理，可确保花生出苗快、出苗齐、长势健壮。

萘乙酸和吲哚丁酸以 2∶3 混合，可作生根剂促进西瓜生根。还对其他瓜类有良好的促长、壮苗的作用。用 100mg/L 的吲哚丁酸和萘乙酸混合可提高柑橘的生根率。

用 5mg/L 的萘乙酸和 0.5%的氯化钙混合可防治番茄的疫病。

在蚕豆蕾、花、荚大量脱落时期，喷洒浓度为 10mg/L 的萘乙酸和 1000mg/L 的硼酸，每亩用药量 30L 可显著减少花荚的脱落，且可每亩增产 15～20kg。

萘乙酸可以与复硝酚钠混合使用，商品有 2.85%硝·萘合剂（1.2%α-萘乙酸+1.65%复硝酚钠）。主要在小麦、水稻齐穗期至灌浆期使用，可以增加产量；在花生、大豆结荚期使用，也有明显增产作用。

萘乙酸、萘乙酰胺和硫脲混用，开发出一种广泛适用于木本植物插枝生根的生长调节剂产品，如 0.113%（0.002%萘乙酸+0.018%萘乙酰胺+0.093%硫脲）可湿性粉剂，是欧洲等广泛使用的一种插枝生根剂。适用于苹果、梨、桃、葡萄、玫瑰、天竺葵以及灌木和多种木本花卉植物扦插生根。

另外，萘乙酸与水杨酸和复合维生素类混合使用，对木兰属植物的插枝生根有明显的加合或增效作用。

噁霉灵与萘乙酸混合使用，对栀子插枝生根有明显促进作用。单用 10mg/L 萘乙酸或 300mg/L 噁霉灵浸栀子扦插条基部，基本没有促进生根的效果，而萘乙酸与噁霉灵混合（10mg/L+300mg/L）使用，处理栀子插枝基部，不仅促进生根，根的数量也明显增加。

注意事项

（1）它虽在插枝生根上效果好，但在较高浓度下有抑制地上茎、枝生长的副作用，故它与其他生根剂混用为好。

（2）用作叶面喷洒，不同作物或同一作物在不同时期使用浓度不尽相同，一定要严格按使用说明书用，切勿任意增加使用浓度，以免发生药害。

（3）用作坐果剂时，注意尽量对花器喷洒，以整株喷洒促进坐果，要少量多次，并与叶面肥、微肥配用为好。

专利与登记

专利名称　Arylacetic acid

专利拥有者　Arthur wolfram

专利号　US 1951686

专利申请日　1930-01-21

专利公开日　1934-03-20

目前公开的或授权的主要专利有 CN 1298942、CN 1317573、US 6365757、HU 47961、HU 51454、HU 51455 等。

登记情况　国内原药登记厂家有浙江泰达作物科技有限公司（登记号 PD20170954）、四川润尔科技有限公司（登记号 PD86124-3）、重庆依尔双丰科技有限公司（登记号 PD20200897）、郑州郑氏化工产品有限公司（登记号 PD20101477）、四川省兰月科技有限公司（登记号 PD20082455）等，剂型有 0.03%、0.1%、0.6%、1%、4.2%、5%水剂，1%、40%可溶粉剂等；美国 EPA 登记为植物生长调节剂，PC 号为 056002，曾作为商品 Rootone 和 Transplantone 的组分，已禁用；欧盟注册为植物生长调节剂，有 8.2%可湿性粉剂的商品 Amid-ThinW 和含量 1.2%的商品 Amcotone。

合成方法

（1）萘与氯乙酸在催化剂的作用下反应。

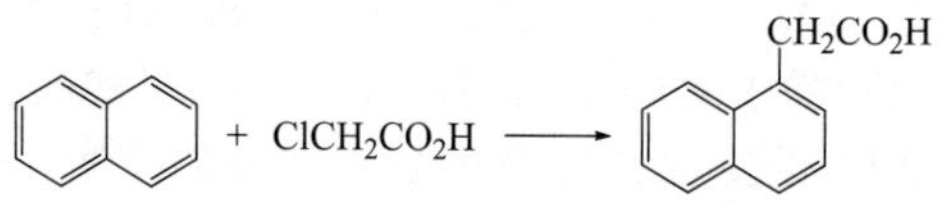

（2）以萘和甲醛为原料，通过氯甲基化、氰基化、水解得产品。

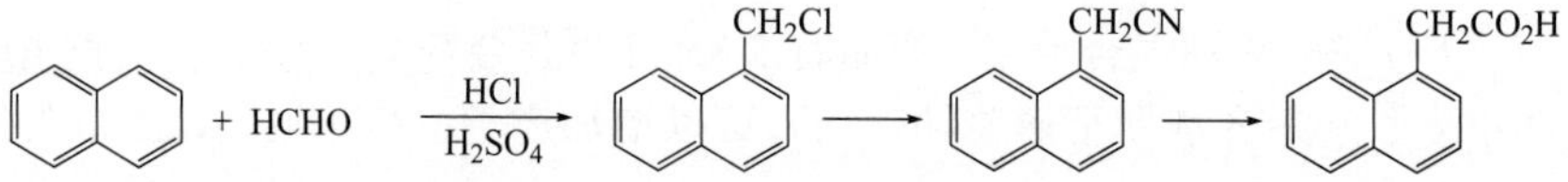

（3）以 1-溴萘为原料，通过一系列反应，生成产品。

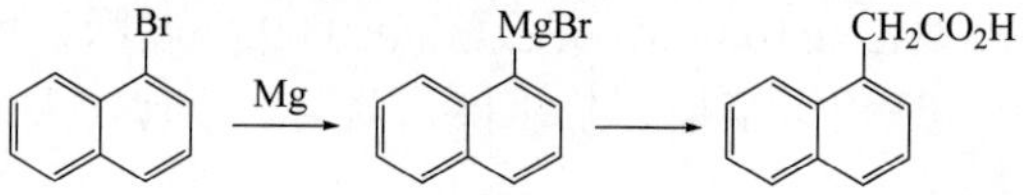

参考文献

[1] Science, 1939, 90: 208.
[2] US 1951686, 1934, CA28: 28617.
[3] AOAC Methods, 1984, 29: 157-161.

萘乙酸甲酯（MENA）

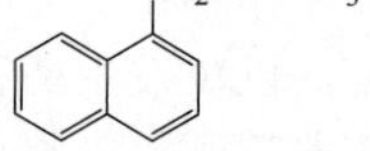

$C_{13}H_{12}O_2$，200.2，2876-78-0

萘乙酸甲酯是有机萘类的具有生长素活性的植物生长物质。具有挥发性，可通过挥发出的气体抑制芽的萌发。1954 年由苏联科学家首次合成。

产品简介

化学名称　1-萘乙酸甲酯。英文化学名称为 1-naphthaleneaceticacid methyl ester。美国化学文摘（CA）系统名称为 1-naphthaleneaceticacid methyl ester。美国化学文摘（CA）主题索引名为 1-naphthaleneaceticacid methyl ester。

理化性质　　纯品为无色油状液体，沸点 168～170℃，相对密度 1.142，折光系数 n_D^{20} 1.598。溶于甲醇和苯。

毒性　　急性经口 LD_{50}：大鼠 1900mg/kg，小鼠 1000mg/kg。对皮肤无刺激。

作用特性

萘乙酸甲酯具有挥发性，可通过挥发出的气体抑制芽的萌发。农业上主要用于抑制马铃薯块茎贮藏期发芽，对萝卜等防止发芽也有效。还能延长果树和观赏树木芽的休眠期。可由植物根茎叶吸收。在低浓度下，可促进根生长和延长果实在植株上的停留时间。高浓度下，可诱导乙烯形成。

应用

主要应用于花生抑制花生萌芽，也可用在薄荷上，增加薄荷油含量。其具体应用情况见表 2-22。

表 2-22　萘乙酸甲酯在花生与薄荷上的应用

作物	应用时间	浓度	应用方法	效果
花生	贮存期	20～30g 萘乙酸甲酯/1000kg 花生	熏蒸	抑制发芽，抑制萌芽，延长贮存时间
薄荷	发芽期	40mg/L 萘乙酸甲酯+20mg/L NAA+8mg/L H_2O_2	叶面喷药	增加薄荷油产量

用萘乙酸甲酯 2%的油剂均匀喷洒块茎，可有效抑制马铃薯在储藏期间的发芽。

萝卜采收后喷施 2%萘乙酸甲酯油剂（即每 1000kg 萝卜用 20～30g 萘乙酸甲酯），或将 2%萘乙酸甲酯均匀喷在干土或纸屑上，再均匀覆盖在萝卜上进行贮藏，可抑制发芽，延长贮藏期。

专利与登记

专利名称　　Indol-3-ylacetate and 1-naphthylacetate carcinolytic agents

专利号　　US 3326766

专利拥有者　　North American Aviation.Inc.

专利申请日　　1963-03-20

专利公开日　　1967-06-20

目前公开的或授权的主要专利有 DE 3442034、JP 62158243、JP 57183740 等。

登记情况　　美国 EPA 登记 PC 号 589300。

合成方法

萘乙酸甲酯的制备方法主要有以下两种。

（1）以 1-萘基乙酸为起始原料，通过以下酯化反应制得。反应式如下：

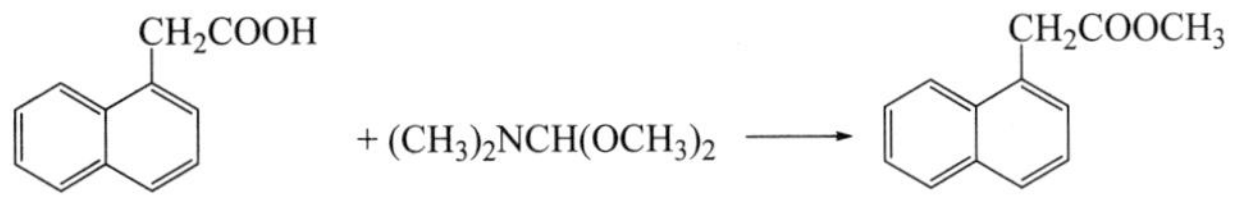

（2）以萘和甲醛为起始原料，在酸性条件下制得 1-萘甲基氯，然后在碱性并加压通一氧化碳条件下于 60℃左右反应 3h 制得目标物。反应式如下：

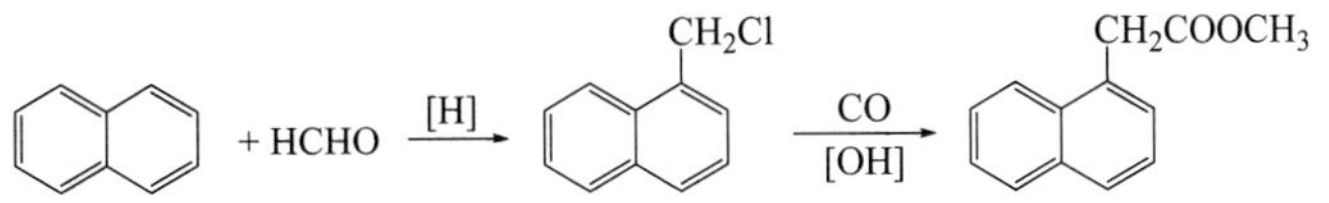

参考文献

[1] J.Food Sci.Technol., 1987, 24(1): 40-42.

[2] J.Chromatogr., 1987,393(2): 175-194.

[3] 河北师范大学学报(自然科学版), 1992, 16(3).

[4] 西北师范大学学报(自然科学版), 1996, 3(1): 104-105.

[5] JP 62158243, 1987, CA 109: 22664.

萘乙酸乙酯（ENA）

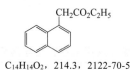

CH₂CO₂C₂H₅

$C_{14}H_{14}O_2$，214.3，2122-70-5

萘乙酸乙酯（商品名称：Tre-Hold）是一种萘类的植物生长调节剂。

产品简介

化学名称　萘乙酸乙酯。英文化学名称为 ethyl 1-naphthylacetate。美国化学文摘（CA）系统名称为 ethyl 1-naphthylacetate。美国化学文摘（CA）主题索引名称为 1-naphthalene acetic acid，ethyl ester.

理化性质　无色液体，相对密度 1.106（25℃）。沸点 158～160℃（400Pa）。溶于丙酮、乙醇、二硫化碳，微溶于苯，不溶于水。

毒性　相对低毒。大鼠急性经口 LD_{50} 3580mg/kg，兔急性经皮 LD_{50}＞5000mg/kg。

作用特性

萘乙酸乙酯可通过植物茎和叶片吸收。萘乙酸乙酯可抑制侧芽生长，可用作植物修整后的整形剂。

应用

已经用在枫树和榆树上。应用时间在春末夏初。植物修整后，萘乙酸乙酯直接用在切口处。

注意事项

萘乙酸乙酯要在植物修整后 1 周、侧芽开始重新生长前应用。

专利概况

专利名称　Indol-3ylacetate and 1-naphthylacetate carcinolytic agents

专利号　US 3326766

专利拥有者　North American Aviation Inc.

专利申请日　1963-03-20

专利公开日　1967-06-20

目前公开的或授权的主要专利有 US 3326766、EP 132144 等。

合成方法

萘乙酸乙酯的合成方法主要有两种。

（1）以萘的三苯基金属络合物为原料，与金属有机试剂反应得目的物。

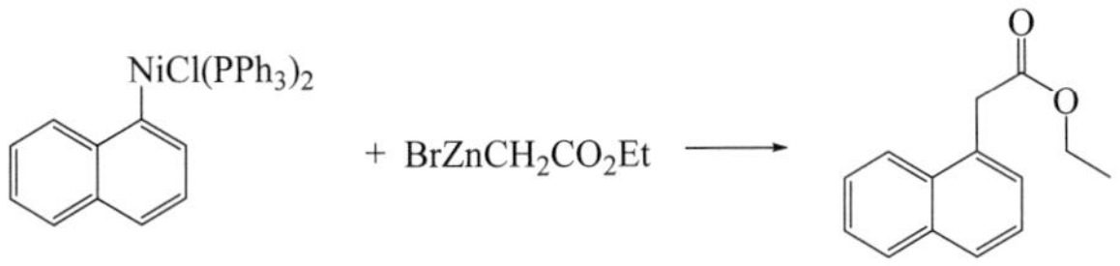

（2）以 1-溴甲基萘为原料，经系列反应得目的物。

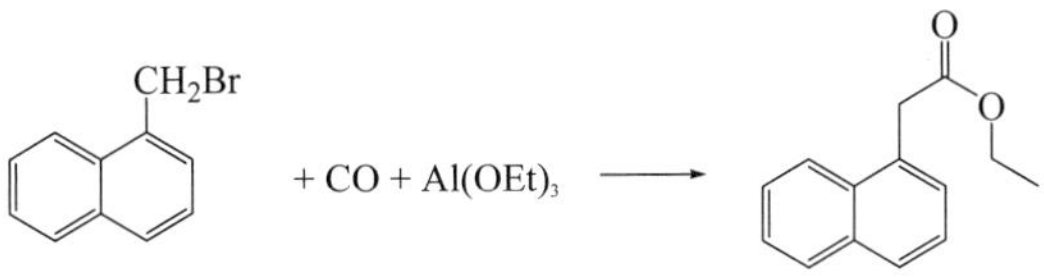

参考文献

[1] J.Organomet.Chem., 1977, 132(2): 17-19.

[2] EP 132144, 1985, CA102: P220578j.

萘乙酰胺[2-(1-naphthyl)acetamide]

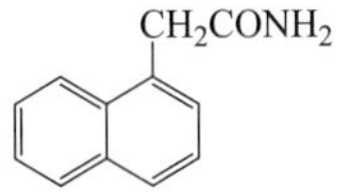

C$_{12}$H$_{11}$NO，185.2，86-86-2

萘乙酰胺（商品名称：NAD，其他名称：Amid-ThimW）是一种萘类植物生长调节剂。1950 年由美国联合碳化学公司等开发。

产品简介

化学名称　2-（1-萘基）乙酰胺。英文化学名称为 2-（1-naphthalene）acetamide。美国化学文摘（CA）系统名称为 1-naphthyl acetamide。美国化学文摘（CA）主题索引名为 1-naphthaleneacetamide。

理化性质　无色晶体，熔点 184℃，蒸气压＜0.01mPa。水中溶解度 39mg/kg（40℃），溶于丙酮、乙醇和异丙醇，不溶于煤油。在通常情况下储存稳定，不可燃。

毒性　大鼠急性经口 LD$_{50}$ 1690mg/kg，兔急性经皮 LD$_{50}$＞2000mg/kg。对皮肤无刺激作用，但可引起不可逆的眼损伤。

作用特性

萘乙酰胺可经由植物的茎、叶吸收，传导性慢，可引起花序梗离层的形成，从而作苹果、梨的疏果剂，同时也有促进生根的作用。

应用

萘乙酰胺是良好的苹果、梨的疏果剂。

（1）苹果以 25～50mg/L 浓度，在盛花后 2～2.5 周（花瓣脱落时）进行全株喷洒。

（2）梨以 25～50mg/L 浓度，在花瓣落花至花瓣落后 5～7d 进行全株喷洒。

（3）萘乙酰胺与有关生根物质混用可作为促进苹果、梨、桃、葡萄及观赏作物的广谱生根剂，所用配方如下：①萘乙酰胺 0.018%＋萘乙酸 0.002%＋硫脲 0.093%；②萘乙酰胺与吲哚丁酸、萘乙酸、福美双混用。

注意事项

（1）用作疏果剂应严格掌握用药时期，且疏果效果与气温等有关，因此要先取得示范经验再逐步推广。

（2）此品种在美国、欧洲广泛用作生根剂的一个重要组分。

（3）药液勿沾到眼内，操作时戴保护镜。

专利与登记

专利名称　Method of preparing alphanaphthyl acetamide

专利号　US 2331711

专利拥有者　American Cynamide Co.

专利申请日　1942-03-28

专利公开日　1943-10-12

目前公开的或授权的主要专利有 US 2258291、US 2258292、HU 51454、US 3435043、WO 0122814 等。

登记情况　国内未有登记；美国 EPA 登记为植物生长调节剂，PC 号为 056001，曾作为商品 Rootone 和 Transplantone 的组分，已禁用。

合成方法

萘乙酰胺的制备方法主要有两种。

（1）以萘乙酸为起始原料制备。反应方程式如下。

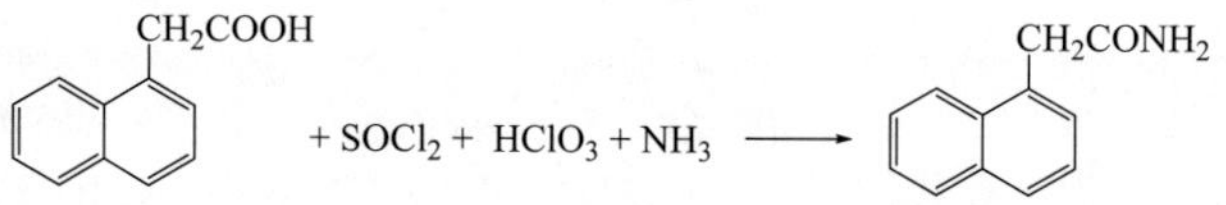

（2）以萘乙腈为原料，在酸性水溶液条件下加热至 70～150℃反应。其反应方程式如下。

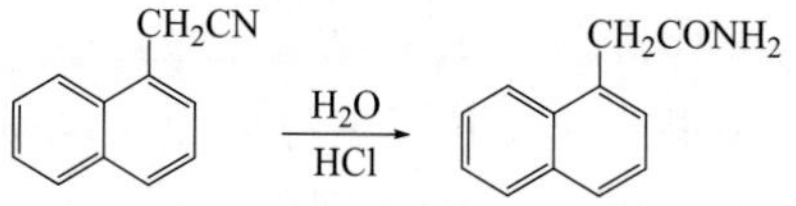

参考文献

[1] CA1031594, 1978, CA 89: 124587.

[2] Agricultura (Louvain), 1973, 21(4): 221-260.

[3] Farmaco(pavia) Ed. Sci., 1964, 19(3): 235-245.

[4] Analyst(Cambridge , U. K.), 1997, 122(9): 925-929.

尿囊素（allantoin）

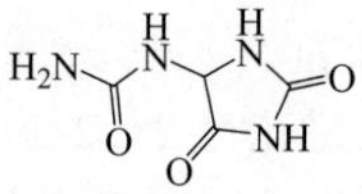

$C_4H_6N_4O_3$，158.1，97-59-6

尿囊素（其他名称：5-Ureidohydantoin、Glyoxyldiureide、5-Garbumidohydantoin）。现由陕西美邦药业集团股份有限公司等生产。

产品简介

化学名称　*N*-2,5-二氧-4-咪唑烷基脲。英文化学名称为(2,5-dioxo-4-imidazolidinyl)urea。美国化学文摘（CA）系统名称为 urea (2,5-dioxo-4-imidazolidinyl)urea-（9CI）；allantoin（8CI）。

理化性质　纯品为无色无嗅晶粉末，能溶于热水、热醇和稀氢氧化钠溶液，微溶于水和醇，几乎不溶于醚。饱和水溶液 pH 5.5。纯品熔点 238～240℃，加热到熔点时开始分解。

毒性　由于人和动物体内都含有尿囊素，故对人、畜安全。

作用特性

尿囊素广泛存在于哺乳动物的尿、胚胎及发芽的植物或子叶中。医学上主要用它治疗胃溃疡、十二指肠溃疡、慢性胃炎、胃窦炎等，也有治疗糖尿病、肝硬化、骨髓炎及癌症的作用；化妆品中使用有保护组织、湿润和防止水分散发的作用；对多种作物有促进生长、增加产量的作用；它还是开发多种复合肥、微肥、缓效肥及稀土肥等必不可少的原料。可增强蔗糖酶的活性，提高甘蔗产量；尿囊素对土壤微生物有激活作用，从而有改善土壤的效应；由于应用后能引起植物体内核酸的变化，对多种农作物有促进生长的作用。

应用

尿囊素是一种广谱性植物生长调节剂，已经在大白菜、柑橘树、花生和黄瓜等作物上登记。

（1）水稻、玉米、小麦　浸种浓度 100mg/L，浸 12～14h，可提高发芽率及发芽势。

（2）瓜类（西瓜、南瓜、黄瓜）　浸种浓度 100mg/L，浸 6h，可提高发芽率及发芽势；叶面喷洒浓度为 100～400mg/L，喷 3～4 次，间隔 5～9d，可促进瓜类坐果。

（3）苹果　6～8 月，以 100mg/L 浓度喷两次，可促果实长得大。

（4）葡萄、柑橘、桃、李、荔枝　以 100mg/L 浓度进行叶面喷洒 2～3 次，可增加产量。

（5）辣椒　在开花初每次 100mg/L，7d 喷一次，共喷 2～3 次，可增加产量。

（6）大豆、花生　开花初期开始，每次以 100mg/L 浓度，喷 3～4 次，每次间隔 7d，可增加产量及含油量。

注意事项

（1）处理后 12～24h 内避开降雨，防止药剂被冲刷掉。

（2）与水杨酸、氨基乙酸、抗坏血酸及多种叶面微肥等混合使用效果更为理想。

（3）不同作物使用次数有差异，应先试验、示范，后大面积推广应用。

专利与登记

专利名称　Synthesizing allantoin

专利号　US 2158098

专利拥有者　Merck & Co.

专利申请日　1937-02-06

专利公开日　1939-05-16

目前公开的或授权的主要专利有 JP 2001261551、US 6056889、US 2792390、US 6126950、JP 2000124021 等。

登记情况　96%原药登记厂家为陕西美邦药业集团有限公司（登记号 PD20201131）；陕西汤普森生物科技有限公司登记了 20%水分散粒剂（PD20201133）及 30%苄氨基嘌呤·尿囊素悬浮剂（登记号 PD20220369），25%氯化胆碱·尿囊素可湿性粉剂（登记号 PD20230266），20%胺鲜酯·尿囊素水分散粒剂（登记号 PD20230155）。

合成方法

有以下两种方法。

（1）以三氯乙醛为原料经如下反应得到产品：

$$Cl_3CCH(OH)_2 + NH_2CONH_2 \xrightarrow{NH_2OH \cdot H_2SO_4}$$

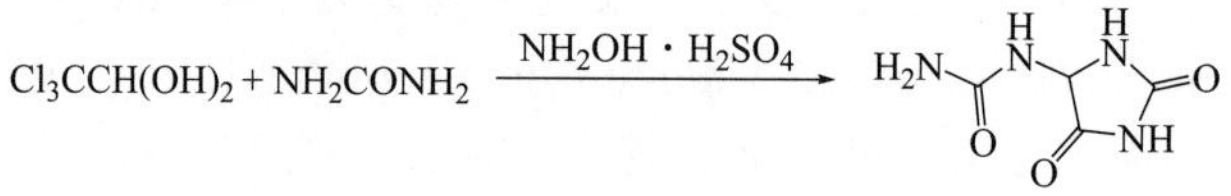

（2）以乙二醛和乙二酸为原料经如下反应得到产品：

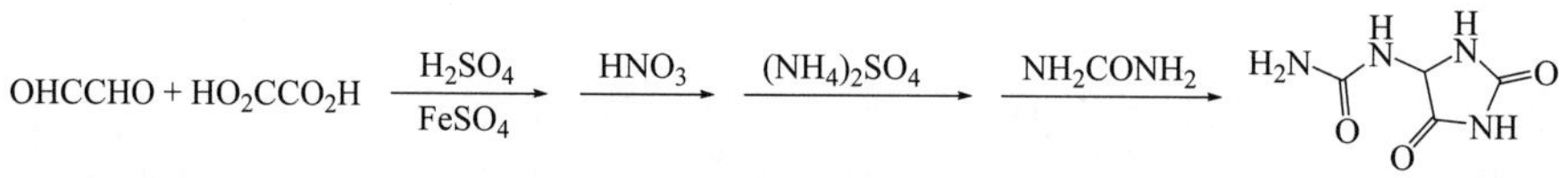

$$OHCCHO + HO_2CCO_2H \xrightarrow[FeSO_4]{H_2SO_4} \xrightarrow{HNO_3} \xrightarrow{(NH_4)_2SO_4} \xrightarrow{NH_2CONH_2}$$

<h3>参考文献</h3>

[1] 石油化工高等学校学报, 1996, 9: 32-35.
[2] JP 50011918, 1975, CA 83: 193318.
[3] DD 145016, 1981, CA 94: 208870.
[4] DD 139427, 1981, CA 95: 203920.

柠檬酸钛（citricacide-titatnium chelate）

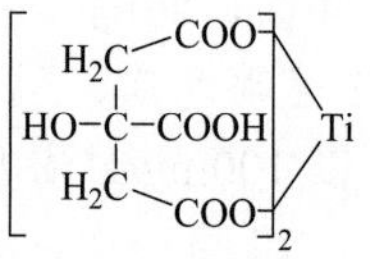

$TiC_{12}H_{12}O_{14}$，428.1，01211-17-1

产品简介

化学名称　柠檬酸钛（其他名称：科资 891）。英文化学名称为 citricacide-titatnium chelate。

理化性质　外观为淡黄色透明均相液体，pH 2～4。可与弱酸性或中性农药相混。

毒性　低毒，急性经口 LD_{50}＞5000mg/kg，急性经皮 LD_{50}＞2000mg/kg。

作用特性

本品为植物生长调节剂，用于黄瓜、油菜等上，植物吸收后，其体内叶绿素含量增加、光合作用加强，使过氧化氢酶、过氧化物酶、硝酸盐还原酶活性提高，可促进植物根系的生长加快，促进土壤中大量元素和微量元素的吸收，促进根系的生长，达到增产的效果。

应用

在多种大田作物、蔬菜和果树上都可使用，具有增产和提升产品品质的作用。

（1）大豆用 34g/L 水剂 10g/L 拌种，提高出苗率，促进营养生长，增加干鲜重，增加产量。

（2）黄瓜生长中期，用 34g/L 水剂稀释 500～1000 倍液喷雾，使根系加快生长。

（3）苹果开花前和开花后，幼果长到直径 1.5cm 左右时，用 34g/L 水剂 1700 倍液喷雾，每隔 10d 喷 1 次，共计喷药 8 次，可提高果实色泽和果实级别。

（4）葡萄果实着色时，用 34g/L 水剂 1000 倍液均匀喷雾，每次间隔 10d，提高成熟期果实的含糖量、着色程度，降低果实含酸量，增大果粒体积。

（5）枣树初花期、盛花期和初果生长期，用 34g/L 水剂 10～15g/L 喷雾，提高坐果率，促进果实着色、早熟，增产量。

注意事项

不能与碱性农药、除草剂混用。

合成方法

柠檬酸钛主要由四氯化钛与柠檬酸反应制得。将柠檬酸溶于蒸馏水中，向该溶液中滴加四氯化钛-盐酸溶液（1：2），搅拌 0.5h，加入乙醇，调节 pH=2，产生白色凝胶状沉淀，静置 2h，让其陈化，抽滤，用乙醇洗至无氯离子，50℃烘干。

参考文献

[1] 云南大学学报, 1999, 21(4): 309-311.

[2] 张宗俭，邵振润，束放. 植物生长调节剂科学使用指南(第三版). 北京: 化学工业出版社, 2015.

哌壮素（piproctanyl）

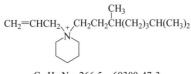

$C_{18}H_{36}N$，266.5，69309-47-3

哌壮素（其他名称：Alden、Stemtro）是一种具有生长调节剂作用的化合物。1976 年 G.A.Hüppi 等报道了本品植物生长调剂活性，piproctanyl bromide 由 R. Maag Ltd.开发。

产品简介

化学名称　1-烯丙基-1-(3,7-二甲基辛基)哌啶，英文名称为 1-allyl-1-(3,7-dimethyloctyl) piperidinium，美国化学文摘（CA）系统名称、主题索引名为 1-allyl-1-(3,7-dimethyloctyl) piperidinium（9CI）和 piproctanyl bromide。

理化性质　piproctanyl bromide 为淡黄色蜡状固体，熔点75℃，蒸汽压＜500nPa（20℃）。溶解性：易溶于水，丙酮中溶解度＞1.4kg/L，微溶于环己烷、己烷。在室温条件下密闭容器中稳定存在 3 年以上，对光稳定，在 50℃于 pH 3～8 水解稳定。水溶液无腐蚀性。

毒性　大鼠急性经口 LD$_{50}$ 为 820～990mg/kg，小鼠急性经口 LD$_{50}$ 为 182mg/kg。大鼠急性经皮 LD$_{50}$ 115～240mg/kg，对皮肤（豚鼠）和眼睛（兔）无刺激性。大鼠急性吸入 LC$_{50}$ 1.5mg/L 空气。在 90d 饲喂试验中，大鼠接受每日 150mg/kg 或狗接受每日 25mg/kg 无显著影响。白喉鹑和野鸭 LC$_{50}$（8d）＞10000mg/kg 饲料。鱼毒 LC$_{50}$（96h）：虹鳟鱼 12.7mg/L，蓝鳃鱼 62mg/L。

作用特性

本品是一种植物生长阻滞剂，通过植物的绿色部分吸收，进入体内，能阻碍赤霉素的生物合成，其作用表现为缩短节间距、矮化植株，使茎梗强壮、叶色变深。施用本品后再施赤霉素或吲哚乙酸，可抵消其延缓生长的作用。但本品在枝梢中不易传导。用于叶部时需加表面活性剂。

应用

制剂中含表面活性剂。以 75～150mg（a.i.）/L 用于菊花，喷施浓度由观赏植物决定。也可用于秋海棠、倒挂金钟和矮牵牛属植物。

专利概况

专利名称　1-(3,7-dimethyloctyl)-1-(2-propenyl-piperidium)halides as plantgrowth regulators

专利号　DE 2459129

专利拥有者　Huppigerherd et al.

专利申请日　1973-12-14

专利公开日　1975-06-26

合成方法

通过如下反应制得目的物。

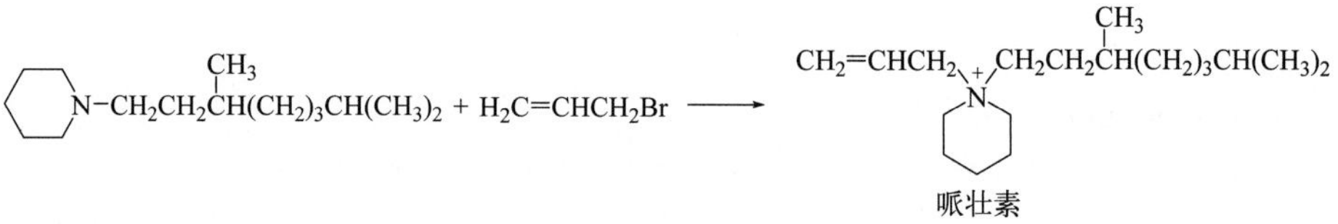

$$N-CH_2CH_2\underset{\substack{|\\CH_3}}{CH}(CH_2)_3CH(CH_3)_2 + H_2C=CHCH_2Br \longrightarrow$$

哌壮素

参考文献

[1]　G. A.Huppi. Experientia, 1976, 32: 37.

[2]　DE 2459129.

8-羟基喹啉（chinosol）

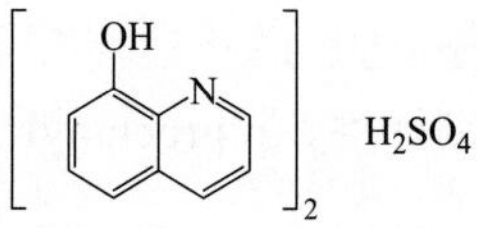

$C_{18}H_{14}N_2O_2 \cdot H_2SO_4$，388.4，134-31-6

8-羟基喹啉（其他名称：Oxine sulfate，Oxychnolin，8-Quinolinol，Crytonol，Supero，Sunoxol）是喹啉类植物生长调节剂。

产品简介

化学名称　双（8-羟基喹啉）硫酸盐。英文化学名称为 bis（8-hydroxyquinolinium）sulfate。美国化学文摘（CA）系统名称为 8-quinolinol sulfate（2∶1）（盐）。美国化学文摘（CA）主题索引名为 8-quinolinol，sulfate（2∶1）（盐）。

理化性质　纯品为微黄色粉末结晶体，熔点 175～178℃。在水中易溶解，微溶于乙醇，不溶于醚。与金属易反应。

毒性　对动物和人低毒。大鼠急性经口 LD_{50}：1200mg/kg。无致癌、致畸、致突变性。

作用特性

对于多年生植物，8-羟基喹啉可加速其切口的愈合。此外，8-羟基喹啉还可作为防治各种细菌和真菌的杀菌剂。其作用机制有待于进一步研究。

应用

可作为雪松、日本金钟柏属植物、樱桃、桐树等多年生植物切口处的愈合剂。每 5cm 直径切口处用 0.2%制剂 2g。

注意事项

本剂不要和碱性药物混合使用。

专利概况

专利名称　8-Hydroxy quinoline

专利号　JP 94165

专利拥有者　Keiko Isiwara

专利公开日　1932-01-15

目前公开的或授权的主要专利有 US 2489530、FR 977687、US 1903470 等。

合成方法

8-羟基喹啉的制备方法主要有以下 4 种。

（1）邻氨基苯酚与丙烯醛反应，合环生成产品。其反应方程式如下。

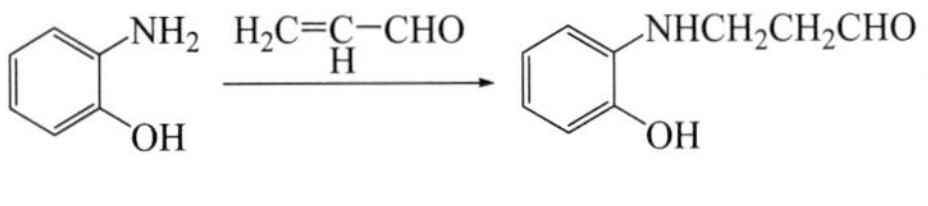

（2）邻氨基苯甲醚与丙烯醛反应，合环生成产品。其反应方程式如下。

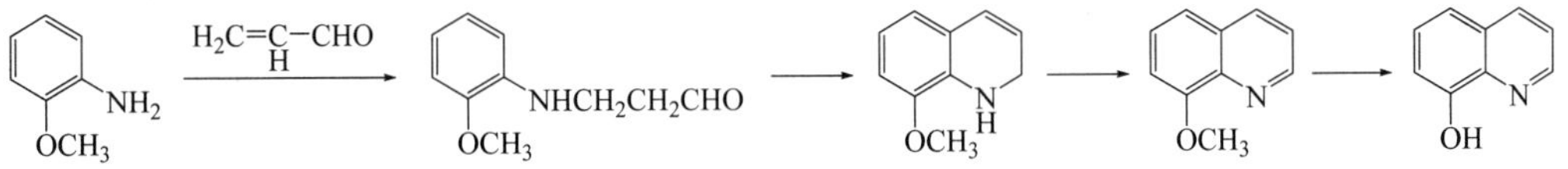

（3）喹啉先经磺化，然后再水解，最后生成产品。其反应方程式如下。

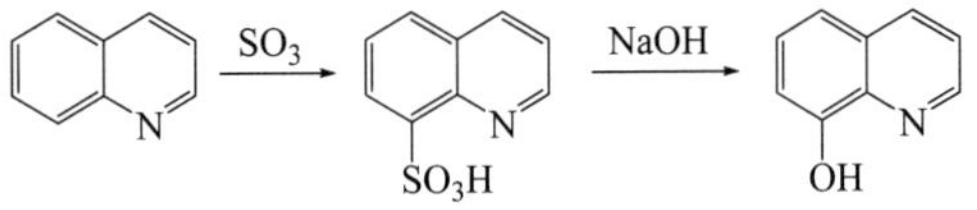

（4）喹啉经硝化、还原，最后水解，生成产品。其反应方程式如下：

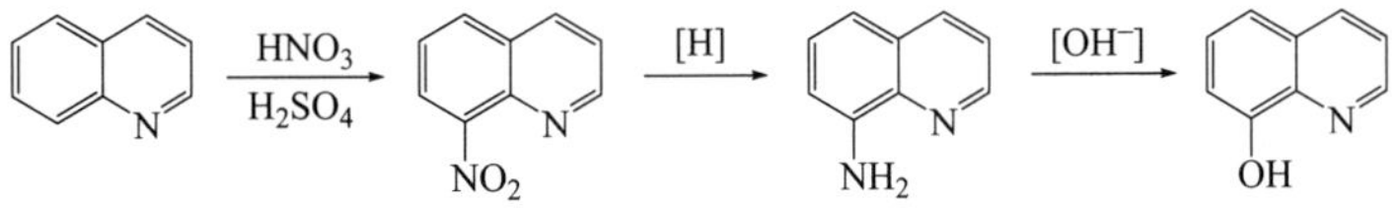

参考文献

[1] J. Chem. Soc., 1942, 415.

[2] FR 977687, 1953, CA 47: 11260.

[3] US 2489530, 1950, CA 44: 4044.

[4] J. Org. Chem., 1946, 11: 227.

[5] J. Am. Chem. Soc., 1940, 160(62): 1640.

[6] US 1903470, 1933, CA 27: 3223.

8-羟基喹啉柠檬酸盐（oxine citrate）

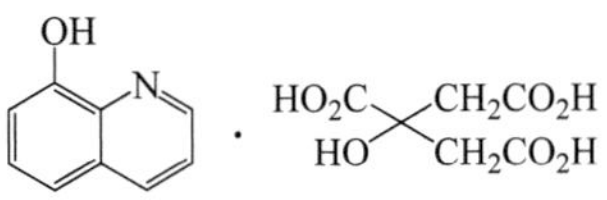

$C_{15}H_{15}NO_8$，337.3，134-30-5

产品简介

化学名称　2-羟基-8-羟基喹啉-1,2,3-丙烷三羧酸盐，英文化学名称为 8-hydroxy-quinolini-umcitrate；oxyquinolinecitrate；quinolinol 2-hydroxy-1,2,3-propanetricarboxlate（1∶1）salt。

美国化学文摘（CA）系统名称为 8-quinolinol, 2-hydroxy-1,2,3-propanetricarboxylate（1∶1）。
美国化学文摘（CA）主题索引名为 8-quinolinol，citrate（1∶1）（盐）。

理化性质 纯品是微黄色粉状结晶体，熔点 175～178℃。在水中易溶解。微溶于乙醇，不溶于醚。与重金属易反应。

毒性 对人和动物安全。毒性与 8-羟基喹啉硫酸盐相近。

作用特性

8-羟基喹啉柠檬酸盐能被任何切花吸收。其能抑制乙烯的生物合成，促进气孔张开，从而减少花和叶片的水分蒸发。8-羟基喹啉柠檬酸盐可减少切花花茎的"生理性"阻塞，使保鲜液酸化，有利于花茎吸水，减弱花的呼吸，降低新陈代谢，进而实现保鲜。

应用

可用作切花的保存液。

（1）康乃馨 8-羟基喹啉柠檬酸盐 200mg/L+糖 70g/L+AgNO₃ 25mg/L（康乃馨切花用 Ag₂S₂O₃ 处理，Ag₂S₂O₃ 由 AgNO₃ 和 Na₂S₂O₃ 按 1∶4 摩尔浓度比配制而成，放在聚乙烯袋中）。

（2）金鱼草 8-羟基喹啉柠檬酸盐 300mg/L+糖 15g/L+丁酰肼 10mg/L。

（3）菊花 8-羟基喹啉柠檬酸盐 250mg/L+糖 40g/L+苯菌灵 100mg/L。

注意事项

（1）8-羟基喹啉柠檬酸盐不要和碱性试剂混用。

（2）定期为切花加入新鲜的保存液，可延长切花的寿命。

专利概况

专利名称 Antifungal compositions containing nystatin and 8-hydroxyquinoline

专利号 GB 1143998

专利拥有者 Miles Laboratories Inc.

专利公开日 1969-02-26

专利申请日 1966-12-09

参考文献

[1] 1143998, 1966, CA 70: 109165.

[2] Hort Science,1976, 11(3): 206-208.

羟基乙肼（2-hydrazinoethanol）

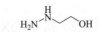

C₂H₈N₂O，76.1，109-84-2

羟基乙肼（商品名称：Omaflora，Brombloom，其他名称：BOH）是由 Olin Corp.开发的植物生长调节剂。

产品简介

化学名称 β-羟基乙肼。英文名称为 2-hydrazinoethanol。美国化学文摘（CA）系统名称为 2-hydroxyethylhydrazine。美国化学文摘（CA）主题索引名为 2-hydroxyethylhydrazine。

理化性质 本品为无色液体，熔点-70℃，沸点 110～130℃（2.23kPa）。可与水及低级醇混溶。在低温和暗处稳定，稀释溶液易于氧化。

应用

能促使菠萝提前开花。

专利概况

专利名称　Improvements in or relating to the production of beta-hydroxy-ethyl-hydrazine

专利号　GB 776113

专利拥有者　Olin Mathieson Chemical Corp.

专利申请日　1955-08-24

专利公开日　1957-06-05

合成方法

羟基乙肼主要由环氧乙烷及肼反应制得。反应式如下。

参考文献

[1] GB 776113, 1957, CA52: 423.

噻苯隆（thidiazuron）

$C_9H_8N_4OS$，220.3，51707-55-2

噻苯隆（试验代号：SN49 537，商品名称：Dropp，其他名称：脱落宝、脱叶灵、脱叶脲）是由 F.J.Arndt 等于 1976 年报道其生物活性，由 Schering A.G.（安万特公司）开发的取代脲类植物生长调节剂。现由德国拜耳股份公司、江苏省激素研究所股份有限公司、江苏优嘉植物保护有限公司、迈克斯（如东）化工有限公司、安道麦辉丰（江苏）有限公司、江苏省南通宝叶化工有限公司等厂家生产。

产品简介

化学名称　1-苯基-3-(1,2,3-噻二唑-5-基)脲。英文化学名称为 1-phenyl-3-(1,2,3-thiadiazol-5-yl)urea。美国化学文摘（CA）系统名称为 N-phenyl-N′-1,2,3-thiadiazol-5-ylurea。美国化学文摘（CA）主题索引名为 urea-, N-phenyl-N′-1,2,3-thiadiazol-5-yl-。

理化性质　纯品为无色无嗅结晶体，熔点 210.5～212.5℃（分解），蒸气压 $4×10^{-6}$mPa（25℃），分配系数 $K_{ow}lgP$=1.77（pH 7.3），Henry 常数 $2.84×10^{-8}$Pa·m³/mol（计算）。水中溶解度为 31mg/L（25℃，pH 7），有机溶剂中溶解度（20℃，g/L）：甲醇 4.2，二氯甲烷 0.003，甲苯 0.4，丙酮 6.67，乙酸乙酯 1.1，己烷 0.002。稳定性：光照下能迅速转化成异构体——1-苯基-3-(1,2,5-噻二唑-3-基)脲。在室温条件下，pH 5～9 稳定，54℃/14d 贮存不分解。pK_a 8.86。

毒性　急性经口 LD_{50}：大鼠＞4000mg/kg，小鼠＞5000mg/kg。急性经皮 LD_{50}：大鼠＞1000mg/kg，兔＞4000mg/kg。大鼠急性吸入 LC_{50}（4h）＞2.3mg/L 空气。对家兔眼睛有中度刺激性，对兔皮肤无刺激性作用，对豚鼠皮肤无致敏性。NOEL 数据：大鼠（90d）200mg/kg 饲料，狗（1 年）100mg/kg 饲料，无致突变作用。日本鹌鹑急性经口 LD_{50}＞3160mg/kg。山齿鹑和绿头鸭饲喂试验 LC_{50}（4d）＞5000mg/g 饲料。鱼毒 LC_{50}（96h，mg/L）：虹鳟鱼＞19，大翻车鱼＞32。对蜜蜂无毒。水蚤 LC_{50}（48h）＞10mg/L。蚯蚓 LC_{50}（14d）＞1400mg/kg 土壤。

环境行为　进入动物体内的本品，先经过苯基羟基化，然后转化为水溶性轭合物。口服给药可在 96h 内通过尿和粪便排出体外；本品在棉花种子中的残留量＜0.1mg/kg。本品易被土壤吸附，DT_{50} 约 26～144d（有氧）、28d（厌氧）。

制剂与分析方法　单剂如 0.1%、0.2%、0.5%、0.9%、3%可溶液剂，50%、80%可湿性粉剂；混剂如 24-表芸+本品、赤霉酸+本品、14-羟芸+本品、本品+28-高芸苔素内酯、GA_4+GA_7+本品、本品+敌草隆。产品分析用 HPLC 法，残留物测定用 HPLC 或衍生后用带具 ECD 的 GC 分析。

作用特性

噻苯隆可经由植株的茎叶吸收，促进形成叶柄与茎之间的离层，较高浓度下可刺激乙烯生成，促进果胶和纤维素酶的活性，从而促进成熟叶片的脱落，加快棉桃吐絮。在低浓度下它具有细胞激动素的作用，能诱导一些植物的愈伤组织分化出芽来。

应用

噻苯隆主要作棉花脱叶剂，但也是良好的细胞激动素，在促进坐果及叶片保绿上其生物活性比 6-BA 还高。可促进坐果，延长叶片衰老，还在不少植物的组织培养中可以很好地诱导愈伤组织分化长出幼芽来。其应用情况如下：

（1）棉花　当棉铃开裂 70%左右时，配制为 300～350mg/L 有效成分的药液，进行全株喷雾，每亩用药液量 30～40kg。喷施噻苯隆后 10 天开始落叶，吐絮增加，15 天达到高峰，20 天有所下降。棉叶可脱落 90%左右，对植株无伤害，吐絮正常。

注意噻苯隆较磷酸盐类脱叶剂起效慢，在低温下尤其如此，因此日均温低于 21℃时不建议使用。噻苯隆在受到干旱胁迫的棉花上的吸收也比较慢，这种情况下需要增加用量或添加助剂。

（2）黄瓜　在采收后，用 2mg/L 药液喷洒雌花花托，可达到促进坐果、增加单果重的效果。

（3）苹果　红富士苹果在初花期和盛花期用 2～4mg/L 的噻苯隆液剂喷花处理 2 次，可提高花序和花朵坐果率、增大果实、增加产量。

专利与登记

专利名称　Composition containing 1,2,3-thiadiazolylurea for defoliating plants

专利号　DE 2506690

专利公开日　1976-09-02

专利拥有者　Schering A.G.

专利申请日　1975-02-14

目前公开的或授权的主要专利有 DE 2841825、DE 2848330、US 4358596、US 4552582、DE 33116021、DE 3116020 等。

登记情况　国内原药登记厂家有德国拜耳作物科学公司（登记号 PD20050146）、江苏优嘉植物保护有限公司（登记号 PD20181157）、迈克斯（如东）化工有限公司（登记号 PD20111393）、江苏省南通宝叶化工有限公司（登记号 PD20111180）、四川润尔科技有限公司（登记号 PD20101581）等；剂型有 0.1%、0.2%、0.5%、3%可溶液剂，50%悬浮剂，50%、80%可湿性粉剂等，作物为棉花、甜瓜、黄瓜、葡萄、苹果等。

美国 EPA 登记号为 120301、208100、208800；欧盟未见登记。

合成方法

（1）以乙酰氯为起始原料，制得硫代异氰酸乙酰酯并与重氮甲烷在乙醚中反应 1h，生成环合产物 5-乙酰氨基-1,2,3-噻二唑，再与氧化镁在丙酮-水混合溶剂中回流 1h，水解生成 5-氨基-1,2,3-噻二唑，最后与异氰酸苯酯反应，即制得噻苯隆。反应式如下。

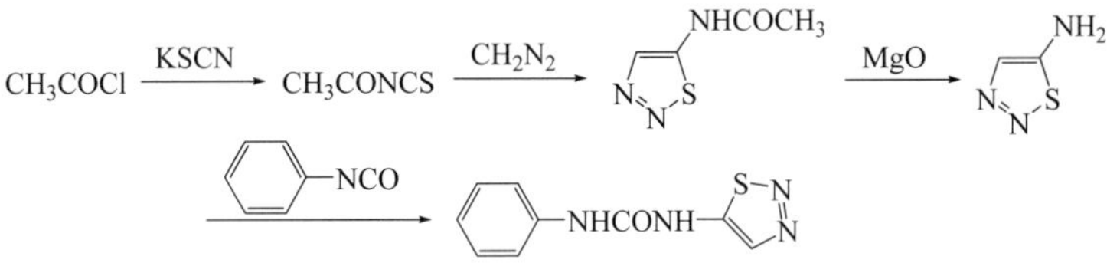

中间体 5-氨基-1,2,3-噻二唑也可由 5-氯-1,2,3-噻二唑在液氮中搅拌 3.5h 制得。

（2）1,2,3-噻二唑-5-甲酰氯与叠氮钠在甲苯中反应，生成物再与苯胺反应，即制得噻苯隆。反应式如下。

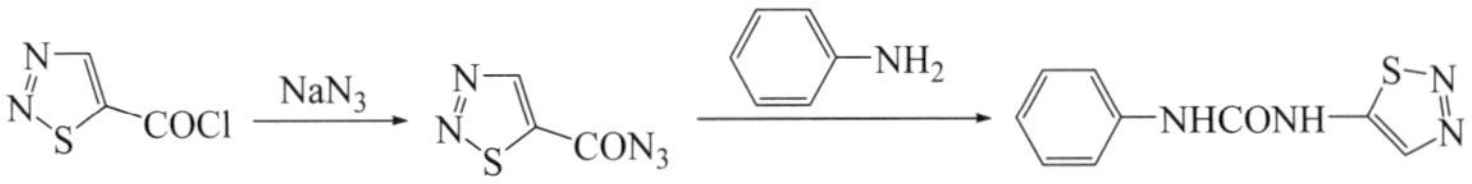

参考文献

[1] J.Agric.Food Chem., 1978, 26(2): 486-494.
[2] US 4163658, 1977, CA 88: 62395.
[3] DE 2841825, 1980, CA 93: 150256.
[4] DE 2214632, 1973, CA 80: 14931.
[5] DE 2848330, 1980, CA 93: 186362.
[6] DE 2506690, 1976, CA 86: 38598.

噻节因（dimethipin）

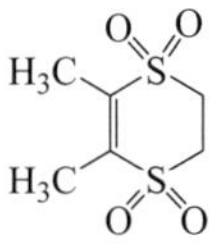

$C_6H_{10}O_4S_2$，210.3，55290-64-7

噻节因（试验代号：N 252，其他名称：Harvade、Oxydimethin、Tetrathiin、哈威达）是由 R.B.Ames 等 1974 年报道其生物活性，Uniroyal Chemical Co.开发的植物生长调节剂，美国科聚亚公司、康普顿公司生产。

产品简介

化学名称　2,3-二氢-5,6-二甲基-1,4-二噻因-1,1,4,4-四氧化物。英文化学名称为 2,3-dihydro-5,6-dimethyl-1,4-dithiine-1,1,4,4-tetraoxide。美国化学文摘（CA）系统名称为 2,3-dihydro-5,6-dimethyl-1,4-dithiin-1,1,4,4-tetraoxide。美国化学文摘（CA）主题索引名为 1,4-dithiin-,2,3-dihydro-5,6-dimethyl-1,1,4,4-tetraoxide。

理化性质　纯品为白色结晶固体，熔点 167～169℃，蒸气压 0.051mPa（25℃），分配系数 $K_{ow}lgP$=-0.17（24℃），Henry 常数 $2.33×10^{-6}$Pa·m^3/mol（计算值）。密度 1.59g/cm^3（23℃）。溶解度（25℃，g/L）：水中 4.6，乙腈 180，甲苯 9，甲醇 10.7。稳定性：在 pH 3、6 和 9 条件下（25℃）稳定；在 20℃稳定 1 年、在 55℃稳定 14d，光照条件下（25℃）稳定 7d 以上。pK_a 10.88。

毒性　大鼠急性经口 LD_{50}：500mg/kg，兔急性经皮 LD_{50}＞5000mg/kg。对兔眼睛刺激性

严重，对皮肤无刺激性；对豚鼠致敏性较弱。大鼠吸入 LC_{50}（4h）：1.2mg/L 空气。NOEL 数据（2 年）：大鼠 2mg/(kg·d)，狗 25mg/(kg·d)，对这些动物无致癌作用。ADI 值：0.02mg/kg。绿头鸭和山齿鹑饲喂试验 LC_{50}（8d）＞5000mg/L 饲料。鱼毒 LC_{50}（96h，mg/L）：蓝鳃鱼 52.8，蓝鳃翻车鱼 20.9，羊头鲷 17.8。蜜蜂 LD_{50}＞100μg/只（25%制剂）。蚯蚓 LC_{50}（14d）＞39.4mg/kg 土壤（25%制剂）。

环境行为　本品在植物中不降解；土壤中，DT_{50} 约 104～149d。

制剂及分析方法　22.4%悬浮剂、50%可湿性粉剂、0.5kg/L 悬浮剂（Harvade 5F）。产品用 GC 或红外光谱法分析，残留可用带特种硫检测器的 GC 测定。

作用特性

植物生长调节剂，干扰植物蛋白质合成，作为脱叶剂和干燥剂使用。可使棉花、苗木、橡胶树和葡萄树脱叶。还能促进早熟，并能降低收获时亚麻、油菜、水稻和向日葵种子的含水量。

应用

作为脱叶剂和干燥剂时的用量一般为 0.84～1.34kg/hm²。若用于棉花脱叶，施药时间为收获前 7～14d，棉铃 80%开裂时进行，用量为 0.28～0.56kg/hm²。若用于苹果树脱叶，在收获前 7d 进行。若用于水稻和向日葵种子的干燥，宜在收获前 14～21d 进行。

专利概况

专利名称　Plantgrowth regulators containing substituted

专利号　FR 2228429

专利拥有者　Uniroyal Inc.

专利申请日　1973-05-07

专利公开日　1974-10-06

目前公开的或授权的主要专利有 DE 2626063、US 4026906、US 4094988、DE 3222622、DE 19834627、WO 03090536 等。

合成方法

通过如下反应制得目的物：

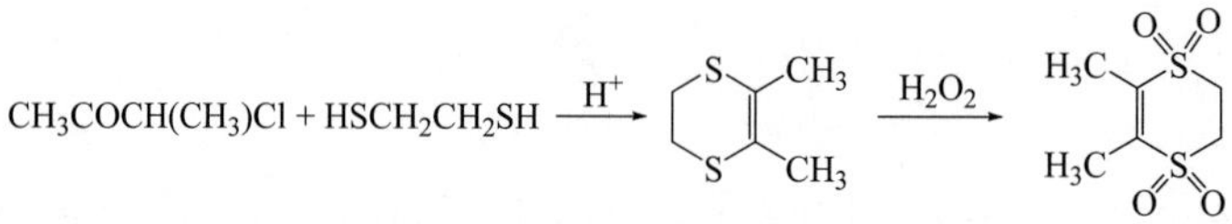

$$CH_3COCH(CH_3)Cl + HSCH_2CH_2SH \xrightarrow{H^+} \text{(环)} \xrightarrow{H_2O_2} \text{(目的物)}$$

参考文献

[1] FR 2228429,1974,CA 83:54594.

[2] PL 129495,1986,CA 107:2176.

噻菌灵（thiabendazole）

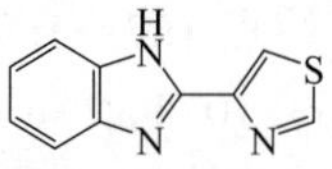

$C_{10}H_7N_3S$，201.3，48-79-8

噻菌灵（其他名称：特克多、Tecto、Storite、TBZ）是 1968 年 Merck Sharp 公司开发的

产品，试验代号 MK-360。现由山东潍坊润丰化工股份有限公司、上虞颖泰精细化工有限公司、浙江禾本科技股份有限公司、江苏辉丰生物农业股份有限公司等厂家生产。

产品简介

化学名称　2-(4-噻唑基)-苯并咪唑。英文化学名称为 2-(thiazol-4-yl)benzimidazole；2-(1,3-thiazol-4-yl)benzimidazole。美国化学文摘（CA）系统名称为 2-(4-thiazolyl)-1H-benzimidazole。美国化学文摘（CA）主题索引名为 1H-benzimidazole, 2-(4-thiazolyl)。

理化性质　纯品是无嗅的灰白色粉末状固体，熔点 297～298℃，蒸气压 $4.6×10^{-4}$ mPa（25℃），分配系数 $K_{ow}lgP$=2.39（pH 7），Henry 常数 $2.7×10^{-8}$Pa·m^3/mol，相对密度为 1.3989。溶解度（20℃，g/L）：水中 0.16（pH 4）、0.03（pH 7）、0.03（pH 10），正庚烷<0.01，甲醇 8.28，1,2-二氯乙烷 0.81，丙酮 2.43，乙酸乙酯 1.49，二甲苯 0.13，正辛醇 3.91。在酸、碱性水溶液中均稳定。

毒性　小鼠急性经口 LD_{50} 为 3600mg/kg，大鼠急性经口 LD_{50} 为 3100mg/kg，兔急性经口 LD_{50}>3800mg/kg；山齿鹑急性经口 LD_{50}>2250mg/kg，山齿鹑、绿头鸭饲喂试验 LC_{50}（5d）>8000mg/kg 饲料。大翻车鱼 LC_{50}（96h）19mg/L，虹鳟鱼 LC_{50}（96h）0.55mg/L。水蚤 EC_{50}（48h）0.81mg/L，羊角月牙藻 EC_{50}（96h）9mg/L，羊角月牙藻 NOEC（最大无影响浓度）数值为 3.2mg/L。小虾 LC_{50}（96h）0.34mg/L，蚌 LC_{50}（96h）>0.26mg/L。对蜜蜂无毒。蚯蚓 LC_{50}>500mg/kg 土壤。

环境行为　雄、雌两性动物经口摄入均可快速吸收，24h 内 90%剂量经尿液（65%）和粪便（25%）排出。本品可快速扩散到组织中，在心脏、肺、脾、肾、肝发现含量较高。7d 能完全从身体中清除掉。收获前后处理作物其残留物均为噻菌灵母体。溶液光解 DT_{50} 29h（pH 5）。

作用特性

噻菌灵可作为保鲜剂应用于各种水果和蔬菜上。噻菌灵可由水果或蔬菜表皮吸收，而后传导到病原菌的入侵部位起作用。噻菌灵可杀死或抑制水果和蔬菜表皮的微生物和病原菌，可防止由于外伤引起水果或蔬菜表皮腐烂部位的扩展。噻菌灵还可延缓叶绿素分解和组织老化。此外，噻菌灵可作为杀菌剂使用。

应用

噻菌灵使用方法与效果见表 2-23。

表 2-23　噻菌灵使用方法与效果

作物	浓度	时间	方法	效果
甜橙	噻菌灵 800～1000mg/L+2,4-滴 200mg/L	收获后 1～2d	浸果	延长贮藏时间
金橘	噻菌灵 0.2%+2,4-滴 200mg/L	同上	浸果	延长贮藏时间
马铃薯	噻菌灵(0.2%)+苯胺灵(0.25%)	发芽前或收货后 2～4 周	淋洒	延长贮藏时间
	2%～4%噻菌灵	贮藏前	喷块茎	防止贮藏时腐烂

专利与登记

专利名称　Fungicidal benzimidazoles

专利号　DE 1237731

专利公开日　1967-03-30

专利拥有者　Merck&Co.Inc.

专利申请日　1963-05-23

目前公开的或授权的主要专利有 CN 1121516、CN 1042150、US 3911183、EP 756822 等。

登记情况　原药登记厂家有山东潍坊润丰化工股份有限公司（登记号 PD20150879）、浙江禾本科技股份有限公司（登记证号 PD20141766，98.5%原药）等。作为植物生长调节剂未见登记。

合成方法

（1）丙酮酸溴化生成溴代丙酮酸，与硫代甲酰胺反应生成噻唑羧酸氢溴酸盐，再与邻苯二胺反应而得。

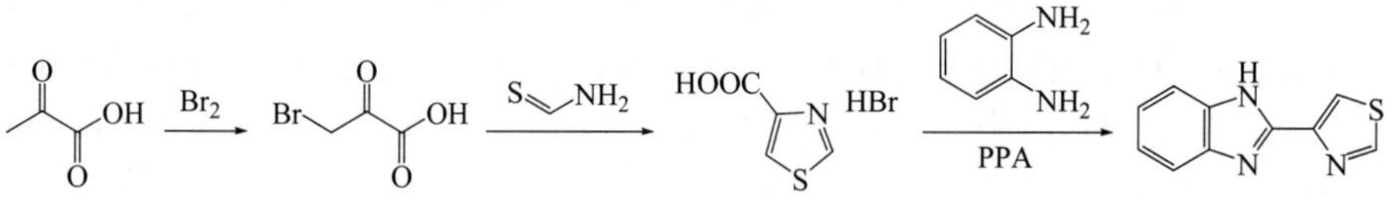

（2）噻唑羧酸与氯甲酸乙酯反应生成的酸酐再与邻苯二胺反应而得。

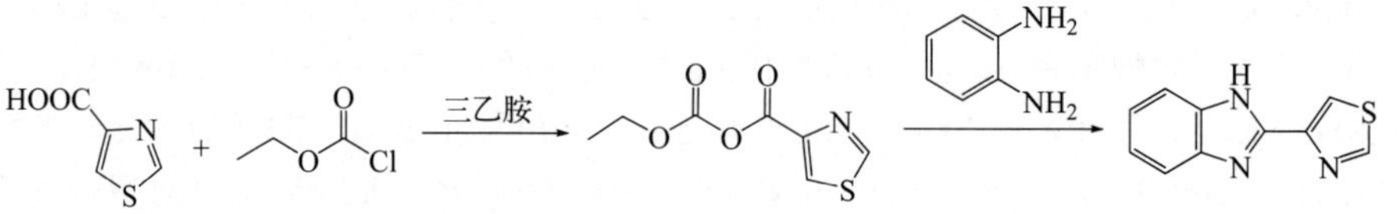

（3）由邻苯二胺与 4-氨基甲酰基噻唑反应而得。

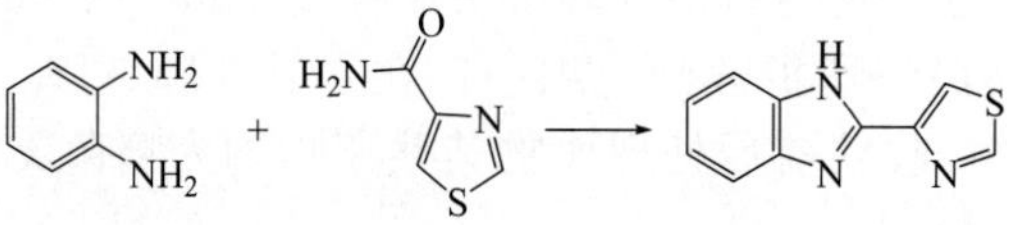

（4）由邻苯二胺与 4-氰基噻唑反应而得。

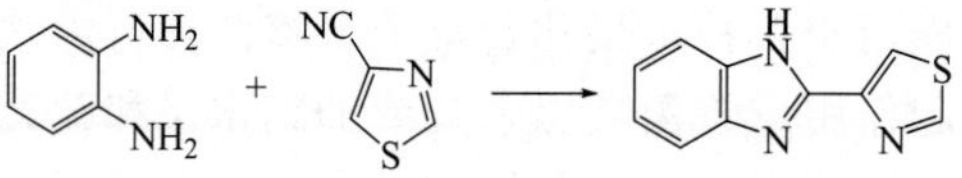

参考文献

[1] CN 1121516, 1996, CA 130: 110264z.

[2] CN 1042150, 1990, CA 110: 75512s.

[3] DE 2062265, 1970, CA 77: 61997s.

[4] US 3911183, 1975, CA 84: 26909.

三碘苯甲酸（TIBA）

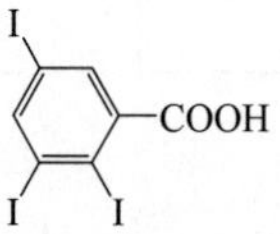

$C_7H_3I_3O_2$，499.7，88-82-4

三碘苯甲酸（其他名称：Floraltone，Regim-8）是一种苯甲酸类植物生长调节剂，1942年由 P.W.Zimmermann 和 A.E.Hitchcock 在番茄幼苗中发现，并且于 1968 年由美国联合碳化公司开发。

产品简介

化学名称　2,3,5-三碘苯甲酸。英文化学名称为 2,3,5-triiodobenzoic acid。美国化学文摘（CA）系统名称为 2,3,5-triiodobenzoic acid（8&9CI）。美国化学文摘（CA）主题索引名为 benzoic acid,2,3,5-triiodo。

理化性质　纯品为浅褐色结晶粉末，熔点 345℃，水中溶解度 1.4%，甲醇溶解度 21%，溶于酒精、丙酮、乙醚、苯和甲醇。三碘苯甲酸二甲胺盐熔点 226～228℃，溶于水。

毒性　三碘苯甲酸属低毒性植物生长调节剂。急性经口 LD_{50}（mg/kg）：小鼠 700（纯品）、大鼠 831（工业品），大鼠急性经皮 $LD_{50}>10200$mg/kg，小鼠腹腔注射最低致死量 1024mg/kg。鲤鱼 LC_{50}（48h）>40mg/L，水蚤 LC_{50}（3h）>40mg/L。

作用特性

三碘苯甲酸可经由叶、嫩枝吸收，然后进入植物体内阻抑吲哚乙酸由上向基部的极性运输，故可控制植株的顶端生长，矮化植株，促进侧芽、分枝和花芽的形成。

应用

三碘苯甲酸主要应用在大豆上，在大豆开花初期至盛花期以 200～300mg/L 药液叶面喷洒一次，可使大豆茎秆粗壮，防止倒伏，促进开花结荚，增加产量，但不同品种效果不一。花生盛花期，以 200mg/L 药液喷洒一次，马铃薯现蕾期以 100mg/L 药液喷洒一次，甘薯在旺长期以 150mg/L 药液喷洒一次，皆有促进结荚或增加块茎块根产量的效果。为促进桑树多生侧枝，在其生长旺盛期，以 300～450mg/L 药液喷洒 1～2 次，增加分枝、叶数和桑叶产量。它还是国光苹果、红玉苹果的脱叶剂，在采收前 30d，以 300～450mg/L 全株或在着果枝附近喷洒一次，可取得满意的脱叶效果，促进果实着色。在苹果盛花期使用，有疏花疏果作用。应用三碘苯甲酸对大豆生长进行控制时应注意：适宜在中熟和中晚熟品种上应用，早熟品种反应不明显，对极早熟品种则反而减产；掌握好药量和喷洒时期，药液必须先溶解，再按比例加水稀释。黄瓜开花期喷洒 50～100mg/L 药液可促进坐果。

注意事项

三碘苯甲酸的效果不够稳定，影响它的应用。从各方面情况分析其原因：

（1）叶面使用应注意加入表面活性剂，如平平加等，会增加应用效果。

（2）作为单剂，它的应用效果受浓度、时期严格制约，它与一些叶面处理的生长调节剂配合使用，特别是与能扩大它的适用期、提高其生物活性的物质混合使用，更有利于发挥它的应用效果。

专利概况

专利名称　Manufacture of dry water-soluble herbicide salts

专利号　US 5266553

专利拥有者　Champion James K

专利申请日　1991-10-21

专利公开日　1993-12-30

目前公开的或授权的主要专利有 WO 0037060。

合成方法

由邻氨基苯甲酸碘化后再重氮化碘化而得。反应式如下。

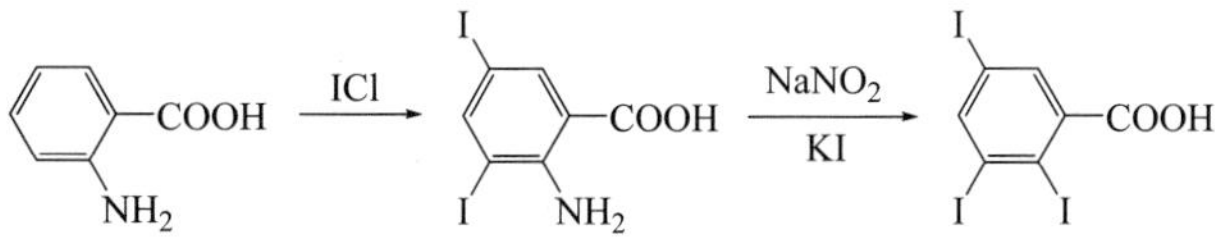

参考文献

[1] CA 726639.

[2] Buly Chem. Commum, 2000, 32(1): 40-46.

[3] SA 6908389.

[4] WO 0014202, 2000, CA132: 205130.

[5] US 2978838, 1961, CA 56: 20153.

[6] Am. Chem. J., 1910, 43: 405.

[7] Metody. Poluch. Khim. Reaktivov. Prep., 1961, 17: 146-148.

三丁氯苄膦（chlorphonium）

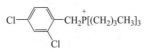

$C_{19}H_{32}Cl_2P$，363.3，115-78-6

三丁氯苄膦（其他名称：Phosfon，Phosfleur，phosphon，phosphone），氯化物 chlorphonium chloride，由 Mobil Chemical Co.开发。

产品简介

化学名称 三丁基（2,4-二氯苄基）膦。英文化学名称为 tributyl(2,4-dichlorobenzyl) phosphonium。美国化学文摘（CA）系统名称为 tributyl [(2,4-dichloro benzyl)methyl] phosphonium chloride。美国化学文摘（CA）主题索引名为 phosphonium, tributyl [(2,4-dichlorobenzyl) methyl]-。

理化性质 无色结晶固体，有芳香气味，熔点 114～120℃。可溶于水、丙酮、乙醇，不溶于乙醚和乙烷。

毒性 大鼠急性经口 LD_{50}：210mg/kg，兔急性经皮 LD_{50}：750mg/kg。原药对眼睛和皮肤均有刺激作用。虹鳟鱼 LC_{50}（96h）：115mg/L。

应用

三丁氯苄膦是温室盆栽菊花和室外栽培的耐寒菊花的株高抑制剂。它还能抑制牵牛花、鼠尾草、薄荷科植物、杜鹃花，以及石楠属、冬青属的乔木或灌木和一些其他观赏植物的株高。抑制冬季油菜种子的发芽和葡萄藤的生长，抑制苹果树梢生长及花的形成。盆栽植物土壤施用效果最好。另外，用本品处理母株可提高扦插的均匀性。

专利概况

专利名称 Nematocidal phosphonium salts

专利号 FR 1535554

专利拥有者 Ciba Ltd.

专利申请日 1966-09-28

专利公开日 1968-08-09

目前公开的或授权的主要专利有 JP 5857303、EP 522891、JP 08183996 等。

合成方法

三丁氯苄膦主要用 2,4-二甲基苄氯与三丁基膦反应而得。反应方程式如下。

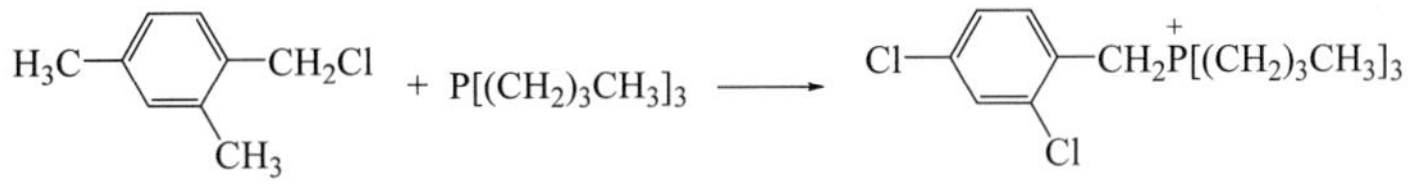

参考文献

[1] EP 50504, 1982, CA 97: 67825.

[2] JP 5857303, 1983, CA 99: 117856.

[3] JP 58164501, 1983, CA 100: 30937.

[4] Z. Acker-Pflanzenbau, 1981, 150(5): 363-371.

三氟吲哚丁酸酯（TFIBA）

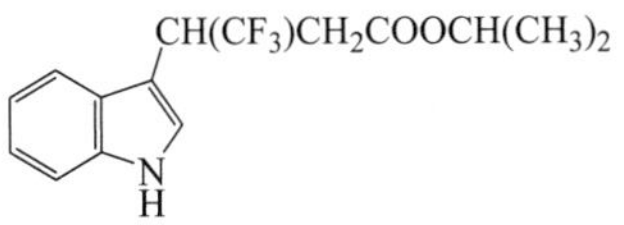

$C_{15}H_{16}F_3NO_2$，299.3，164353-12-2

产品简介

化学名称　β-（三氟甲基）-1-氢-吲哚-3-丙酸-1-甲基乙基酯。英文化学名称为 1H-indole-3-propanoic acid-β-(trifluoromethyl)-1-methylethyl ester。美国化学文摘（CA）系统名称为 1-methylethyl (s)-beta-(trifluoromethyl)-1H-indole-3-propanoate acid。美国化学文摘（CA）主题索引名为 1H-indole-3-propanoic acid,β-(trifluoromethyl)-1-methyl ethyl ester。

作用特性

植物生长调节剂，能促进作物根系发达，从而达到增产目的。

应用

主要用于水稻、豆类、马铃薯等。

专利概况

专利名称　Preparation of fluorine-contg. β-indolebutyric acid for increasing the sugar content and decreasing acid content in fruit

专利号　EP 0655196

专利拥有者　Agency of Industrial Science and Technology

专利申请日　1994-11-03

专利公开日　1995-05-31

目前公开的或授权的主要专利有 JP 7267803、EP 747487 等。

合成方法

通过如下反应制得目标物。

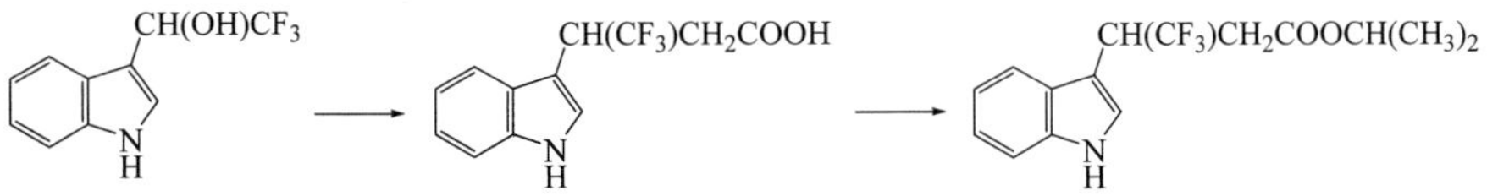

参考文献

[1] Nagoya Kogyogijutsu Kenkyushohokoku, 1997, 46(2): 53-60.

[2] EP 0655196, 1995, CA 123: 49807.

[3] J.Ferment Bioeng, 1996, 82(4): 355-360.

[4] JP 7267803, 1995, CA124: 48327.

三十烷醇（triacontanol）

$$CH_3(CH_2)_{28}CH_2OH$$

$C_{30}H_{62}O$，438.4，593-50-0

三十烷醇（其他名称：蜂花醇、melissyl alcohol、myricyl alcohol）是一种天然的长碳链植物生长调节剂，1933 年卡巴尔等首先从苜蓿中分离出来，1975 年里斯发现其生物活性，它广泛存在于蜂蜡及植物蜡质中。现由四川润尔科技有限公司、广西桂林市宏田生化有限责任公司等生产。

产品简介

化学名称　正三十烷醇，英文化学名称为 *n*-triacontanol，美国化学文摘（CA）系统名称为 1-triacontanol，美国化学文摘（CA）主题索引名为 1-triacontanol。

理化性质　三十烷醇纯品为白色鳞状结晶，熔点 86.5～87.5℃，用苯重结晶的产品熔点为 85～86℃，相对密度 0.777。它不溶于水，难溶于冷甲醇、乙醇、丙酮，微溶于苯、丁醇、戊醇，可溶于热苯、热丙酮、热四氢呋喃，易溶于乙醚、氯仿、四氯化碳、二氯甲烷。它对光、空气、热、碱稳定。

毒性　三十烷醇是对人、畜十分安全的植物生长调节剂，急性经口 LD_{50}（mg/kg）：雌小鼠 1500，雄小鼠 8000。以 18.75mg/kg 的剂量给 10 只体重 17～20g 小白鼠灌胃，7d 后正常存活。

制剂　0.1%微乳剂，30%悬浮剂等。用 GC 分析。

作用特性

三十烷醇可经由植物的茎、叶吸收，然后促进植物的生长，增加干物质的累积。

应用

三十烷醇为天然产物，对植物和人畜低毒，它有多种生理功能，可影响植物的生长、分化和发育。它的有效浓度为 0.01～0.1mg/L，是已知天然植物激素生理活性最强的一种。试验表明，用 0.5kg 本品处理 90000 英亩（1 英亩=4046.86m²）农田，浓度为 0.01～0.1mg/L 就可使作物增产，增产幅度为：玉米 11%～24%，番茄 30%，胡萝卜 11%～21%，大豆 10%，黄瓜 6%，莴苣 34%～64%，小麦 8%。另外还能提高花生的产量，提高水稻的产量和蛋白质的含量。三十烷醇与赤霉酸在平菇上配合使用，可使生长期缩短，菇体抗温能力显著提高。

三十烷醇在 20 世纪 80 年代应用面积之大，是植物生长调节剂中少有的，主要应用技术见表 2-24。

表 2-24　三十烷醇应用技术一览表

作物	处理浓度/(mg/L)	处理时期	处理方式	效果
水稻	0.5～1.0	幼穗分化至齐穗期	叶面喷洒	增产
	0.1%制剂	播前	浸种	增强抗逆力
	0.5～1.0	1 叶 1 心期或 2 叶 1 心期	喷洒	提高秧苗素质
小麦	0.1～0.5	开花期或孕穗期	叶面喷洒	增产
	1.4%制剂	播前	浸种	促进发芽

续表

作物	处理浓度/(mg/L)	处理时期	处理方式	效果
玉米	0.1～0.5	幼穗分化至抽雄期	叶面喷洒	增产
	0.1%制剂	播前	浸种	增产
甘薯	0.5～1.0	薯块膨大初期	叶面喷洒	增产
	1	苗床前	浸泡	促进生根早出苗
	0.5	栽插前	浸泡	促进薯苗生根
花生	0.5～1.0	始花期	叶面喷洒	增产
大豆	0.1～1.0		浸种4h	增产
	0.5	盛花期	叶面喷洒	增产
	0.1～0.5	4～5叶期	喷苗	增产
油菜	0.5	盛花期	叶面喷洒	有利于提高结实率和千粒重。含油量增加
			浸种	提高发芽率
甜菜	0.5～1		土壤处理	增产、增糖
棉花	0.05～0.1		浸种	增产
	0.1	盛花期	叶面喷洒	增产
茶叶	1	在春、夏新梢平均发出1～2cm时	叶面喷洒	改善品质
桑树	0.1～0.2		浇树根	提高叶片光合性能，增加桑叶产量
西瓜	0.5	种子	浸泡种子	提高发芽率和幼苗素质
	0.3～0.6	盛花期	喷洒	增产
柑橘	0.1	开花期	叶面喷洒	增产、增甜、着色
辣椒	0.5	始花期	叶面喷雾	增产
芹菜	0.5	定植后	叶面喷洒	增产
苋菜	0.1	收获前5～7d	叶面喷洒	增产
甘蓝与花椰菜	0.5	莲座期至包心期	叶面喷洒	增产、早熟、质优
番茄	0.5～1.0	在开花或生长初期	叶面喷洒	增产
青菜、大白菜	0.5～1.0	生长期	叶面喷洒	增产
萝卜	0.5～1.0	生长期	叶面喷洒	增产
	0.5	肉根肥大期	喷洒	促进生育
蘑菇	1～20	于菌丝体初期	喷洒	增产
双孢蘑	0.1～10	于菌丝体初期	喷洒	增产
香菇	0.5	处理接菌后的板块培养基	喷淋	增产
草菇	0.6～0.8	播种前	喷洒	增产
金针菇	0.5	现蕾、齐蕾、菇柄伸长期	喷洒	早出菇、齐出菇
紫云英	0.1	现蕾至初花期	喷洒	增加生物量
红麻	1	6～8月	叶面喷洒	增加纤维产量
甘蔗	0.5	甘蔗伸长期和生长后期	叶面喷洒（各一次）	增产，增糖
海带	1.0	分苗时浸苗	浸6h	提高碘含量增加产量
	2.0	分苗时浸苗	浸2h	
紫菜	1.0	采苗后10～17d	喷一次	促进生长，增加采收次数，改善品质，提高产量
	1.0	采苗后24～28d	浸泡网帘上苗3h后下海挂养	
裙带菜	2		浸苗2h	促进生长，使叶片大而厚，同时提早15d成熟，提高盐渍品的成品率

注意事项

三十烷醇在 20 世纪 80 年代初在农业上大量推广应用，作为增产剂使用，而后大多数生产三十烷醇的工厂因市场问题又减产或停产。

（1）控制用药剂量，浓度过高会抑制发芽。配制时要充分搅拌均匀。

（2）本品不得与酸性物质混合，以免分解失效。

（3）本品应贮存在阴凉、通风处，不可与种子、食品、饲料混放。

（4）应选用经重结晶纯化不含其他高烷醇杂质的制剂，否则防治效果不稳定。

专利与登记

专利名称　1-triacontanol and 1-triacontene

专利号　JP 80129292

专利拥有者　Kureha chemical industry Co.Ltd.

专利申请日　1979-05-08

专利公开日　1980-12-06

目前公开的或授权的主要专利有 US 6391928、JP 10150995、JP 1029806 等。

国内登记情况　原药登记厂家有四川润尔科技有限公司（登记号 PD20070173）、广西桂林市宏田生化有限责任公司（登记号 PD20097863）；剂型有 0.1% 微乳剂，0.1% 可溶液剂，30% 氯化胆碱-三十烷醇悬浮剂，2%、10% 苄氨·烷醇水分散粒剂等。登记作物有大豆、小麦、平菇、枣树、柑橘树、棉花、水稻、烟草、玉米、番茄、花生、茶树、葡萄、辣椒、马铃薯、高粱。

合成方法

（1）由三十烷酸甲酯催化加氢而得。

$$CH_3(CH_2)_{28}COOCH_3 \xrightarrow[H_2]{CuO/Cr_2O_3} CH_3(CH_2)_{28}CH_2OH$$

（2）三十烷醇可从蜂蜡中提取，或用溴代十八烷与环十二烷酮进行化学合成。

参考文献

[1] Plant Physiol, 1978, 61: 851-854.

[2] Planta, 1977, 135: 77-82.

[3] Acta. Chem. Scand., 1952, 6: 313-319.

杀木膦（fosamine）

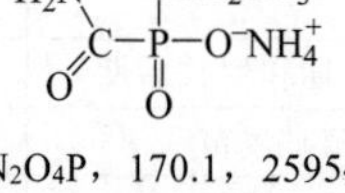

$C_3H_{11}N_2O_4P$，170.1，25954-13-6

杀木膦（其他名称：Krenite，膦铵素，蔓草膦，调节膦）是一种有机膦类植物生长调节剂，1974 年由美国杜邦公司首先开发，1978 年化工部沈阳化工研究院进行合成。

产品简介

化学名称　氨基甲酰基膦酸乙酯铵盐。英文化学名称为 ammonium ethyl, carbamoylphosphonate。美国化学文摘（CA）系统名称为 carbamoylphosphonic acid，monoethyl ester mmonium salt。美国化学文摘（CA）主题索引名为 phosphonic acid；carbamoyl-，monoethyl ester mmonium salt（9CI）、phosphonic acid；（aminocarbonyl）monoethyl ester，monoammonium salt（8CI）。

理化性质　工业品纯度大于95%。纯品为白色结晶，熔点173～175℃，蒸气压0.53mPa（25℃），Henry常数$9.5×10^{-9}$ Pa·m^3/mol（25℃），相对密度1.24，溶解度（g/kg，25℃）：水中>2500，甲醇158，乙醇12，二甲基甲酰胺1.4，苯0.4，氯仿0.04，丙酮0.001，正己烷<0.001。稳定性：在中性和碱性介质中稳定，在稀酸中分解，pK_a 9.25。

毒性　大鼠急性经口 LD_{50}>5000mg/kg，兔急性经皮 LD_{50}>1683mg/kg。对兔皮肤和眼睛没有刺激。对豚鼠皮肤无致敏现象。雄大鼠急性吸入 LC_{50}（1h）>56mg/L 空气（制剂产品）。1000mg/kg 饲料喂养大鼠90d 未见异常。绿头鸭和山齿鹑急性经口 LD_{50}>10000mg/kg。绿头鸭和山齿鹑饲喂试验 LD_{50}：5620mg/kg 饲料。鱼毒 LC_{50}（96h）：蓝鳃翻车鱼590mg/L，虹鳟鱼300mg/L，黑头呆鱼>1000mg/L。水蚤 LC_{50}（48h）：1524mg/L。局部施药蜜蜂 LD_{50}>200mg/只。杀木膦可被土壤中微生物迅速降解，半衰期约7～10d。

制剂　41.5%杀木膦悬浮剂。

作用特性

杀木膦主要经由茎、叶吸收，进入叶片后抑制光合作用和蛋白质的合成，进入植株的幼嫩部位抑制细胞的分裂和伸长，也抑制枝条上的花芽分化。低浓度（100mg/L）可抑制过氧化物酶的活性。它还影响光合能量的转换，对非循环磷酸化在低浓度（0.85～8.5mg/L）有促进作用，而在高浓度（850～8500mg/L）则明显起抑制作用，在循环磷酸化中也呈现类似现象。然而从0.85～8500mg/L 浓度范围内，电子传递速度却随浓度的增高而加快，表现出明显解偶联剂的效应。

应用

杀木膦可以防除和控制多种杂草及灌木生长，以促进目的树种的生长发育。其防控的杂灌木如胡枝子、黑桦、山杨、柞树、山丁子、榛子等，用量2～7kg（a. i.）/hm^2，有效控制时间2～3年。用作植物生长调节剂，它可以控制柑橘夏梢，减少刚结果柑橘的"6月生理落果"，在夏梢长出0.5～1.0cm 长时，以500～750mg/L 喷洒一次就能有效地控制住夏梢的发生，增产15%以上。它还能有效地控制花生后期无效花，减少养分消耗，在花生扎针期用500～1000mg/L 喷洒一次，增产10%以上，杀木膦处理也能使花生叶片增加厚度，上、中部叶片尤其明显。在结荚中期喷洒浓度为500mg/L，喷液量为750L/hm^2，则明显促进荚果增大，饱果数多，百果重及百仁重均增加。在1～2年龄胶树于顶端旺盛生长时用1000～1500mg/L 喷洒一次，促进侧枝生长，起矮化胶树的作用。此外，在番茄、葡萄旺盛生长时期用500～1000mg/L 药液喷洒一次，可促进坐果，提高果实含糖量。

注意事项

（1）药液稀释时必须用清水，切勿用浑浊河水。

（2）喷后24h 勿有雨，6h 内下雨须补喷。

（3）注意保护，勿让药液溅到眼内，施药后用肥皂水清洗手、脸。

专利概况

专利名称　Carbamoylphosphonate und diese Verbindungen enthaltende pflanzenwachstumsregler

专利号　DE 1923273

专利拥有者　E.I. Du Pont de Nemours and Co.

专利申请日　1968-05-24

专利公开日　1969-12-18

山东潍坊润丰化工股份有限公司取得 54%、60%杀木膦铵盐母药登记（登记证号 EX20220032），仅限出口到莫桑比克、美国。

合成方法

杀木膦的合成方法主要有两种，反应式如下：

（1）以乙氧基甲酰基磷酸乙酯为原料，与氨水反应得产品。

$$CH_3CH_2O-\overset{O}{\underset{}{P}}-\overset{O}{\underset{}{C}}-OCH_2CH_3 \xrightarrow{NH_4OH} CH_3CH_2O-\overset{O}{\underset{O^-NH_4^+}{P}}-\overset{O}{\underset{}{C}}-NH_2$$

（2）以甲氧基甲酰基磷酸二乙酯为原料，与氨水反应得产品。

$$\underset{CH_3CH_2O}{CH_3CH_2O}-\overset{O}{\underset{}{P}}-\overset{O}{\underset{}{C}}-OCH_3 \xrightarrow{NH_4OH} CH_3CH_2O-\overset{O}{\underset{O^-NH_4^+}{P}}-\overset{O}{\underset{}{C}}-NH_2$$

参考文献

[1]　DE 1923273, 1969, CA 72: P90627y.

[2]　US 3952074, 1976, CA 85: 192886t.

[3]　Pro Northeast, Weed Sci.Soc, 1974, 28: 347.

杀雄啉（sintofen）

$C_{18}H_{15}ClN_2O_5$，374.8，130561-48-7

杀雄啉（试验代号：SC2053，其他名称：Axhor，Croisor，津奥啉）是由美国 Sogetal 公司研制，后被法国海伯诺瓦公司收购并于 1993 年商品化的化学杂交剂，1994 年在中国获准登记，主要用于小麦制种。

产品简介

化学名称　1-(4-氯苯基)-1,4-二氢-5-(2-甲氧基乙氧基)-4-氧代喹啉-3-羧酸。英文化学名称为 1-(4-chlorophenyl)-1,4-dihydro-5-(2-methoxyethoxy) -4-oxo-cinnoline-3-carboxylic acid。美国化学文摘（CA）系统名称为 1-(4-chlorophenyl)-1,4-dihydro-5-(2-methoxyethoxy)-4-oxo-3-cinnolinecarboxylic acid。美国化学文摘（CA）主题索引名为 3-cinnolinecarboxylic acid-, 1-(4-chlorophenyl)-1,4-dihydro-5-(2-methoxyethoxy)-4-oxo-。

理化性质　原药纯度为 99.7%。纯品为淡黄色粉末，熔点 261.03℃，蒸气压 0.0011mPa（25℃），分配系数 $K_{ow}lgP$=1.44±0.06（25℃±1℃），Henry 常数 $7.49×10^{-5}$Pa·m³/mol（计算值）。相对密度 1.461（20℃，原药）。溶解度（20℃，g/L）：水中<0.005，甲醇、丙酮和甲

苯中＜0.005，1,2-二氯乙烷中 0.01～0.1。稳定性：其水溶液稳定，DT$_{50}$＞365d（50℃，pH 5、7 和 9）。pK_a 7.6。

毒性 按我国农药毒性分级标准，杀雄啉属低毒植物生长调节剂。大鼠急性经口 LD$_{50}$＞5000mg/kg，大鼠急性经皮 LD$_{50}$＞2000mg/kg。对眼睛、皮肤无刺激作用，对皮肤无致敏作用。大鼠急性吸入 LC$_{50}$（4h）＞7.34mg/L 空气。NOEL 数据（2 年）：大鼠 12.6mg/（kg·d）。ADI 值：0.126mg/kg。绿头鸭和山齿鹑急性经口 LD$_{50}$＞2000mg/kg。山齿鹑饲喂 LC$_{50}$（8d）＞5000mg/kg 饲料。鱼毒 LC$_{50}$（96h, mg/L）：虹鳟 793，大翻车鱼 1162。水蚤 EC$_{50}$（48h）：331mg/L。海藻 EC$_{50}$（96h）：11.4mg/L。蜜蜂 LD$_{50}$（经口和接触）＞100μg/只。蚯蚓 LC$_{50}$（14d）＞1000mg/kg 土壤。

环境行为 进入动物体迅速从尿中排出；在小麦中的代谢物为 SC 3095[1-(4-氯苯基)-1,4-二氢-5-(2-羟基乙氧基)-4-氧代噌啉-3-羧酸]；在土壤中降解很慢，DT$_{50}$（实验室）130～329d（20℃，40%～50%保水量），在 pH 5、7、9 时稳定。

制剂与分析方法 33%水剂。分析采用 HPLC 法。

作用特性

杀雄啉能通过抑制孢粉质前体化合物的形成来阻滞小麦及小粒禾谷类作物的花粉发育，抑制其自花授粉，以便进行异花授粉，获取杂交种子。药剂由叶面吸收，并主要向上运输，大部分存在于穗状花序及地上部分，根部及分蘖极少。该化合物在叶内半衰期为 40h。湿度大时，利于该物质吸收。

应用

春小麦幼穗长到 0.6～1.0cm，处于雌雄蕊原基分化至药隔分化期之间（5 月上旬，持续 5～7d），为适宜用药期。用 33%水剂 0.7kg（a.i.）/hm^2，加软化水 250～300L，均匀喷雾，小麦叶面雾化均匀不见水滴。冬小麦适宜在药隔期施药，即 4 月上旬，穗长 0.55～1cm。用 33%水剂 0.5～0.7kg（a.i.）/hm^2，加水 250～300L，均匀喷雾。

注意事项

（1）本剂应在室温避光保存，使用前若发现有结晶，可加热溶解后再使用。

（2）用前随配随用，配制液要当天用完，避免保存过久失效。

（3）严格控制用药量，不可过大。

（4）小麦不同品种对杀雄啉的敏感性不同，在配制杂交种之前，应对母本基本型进行适用剂量的试验研究。

（5）严格控制施药时期，适时施药。

专利与登记

专利名称 Preparation of 5-oxy-or amino-substituted cinnoline as pollen suppressant

专利号 EP 363236

专利申请日 1988-09-13

专利拥有者 法国海伯诺瓦公司

专利公开日 1990-04-11

目前公开的或授权的主要专利有 EP 519140、EP 530063、US 5183891 等。

登记情况 欧盟法规 Reg.(EC) No 540/2011、Reg.(EU) 2020/2007。

合成方法

以 2,6-二氯苯甲酰氯、乙酰乙酸乙酯、对氯苯胺、乙二醇单甲醚为原料，经反应制得目的物。

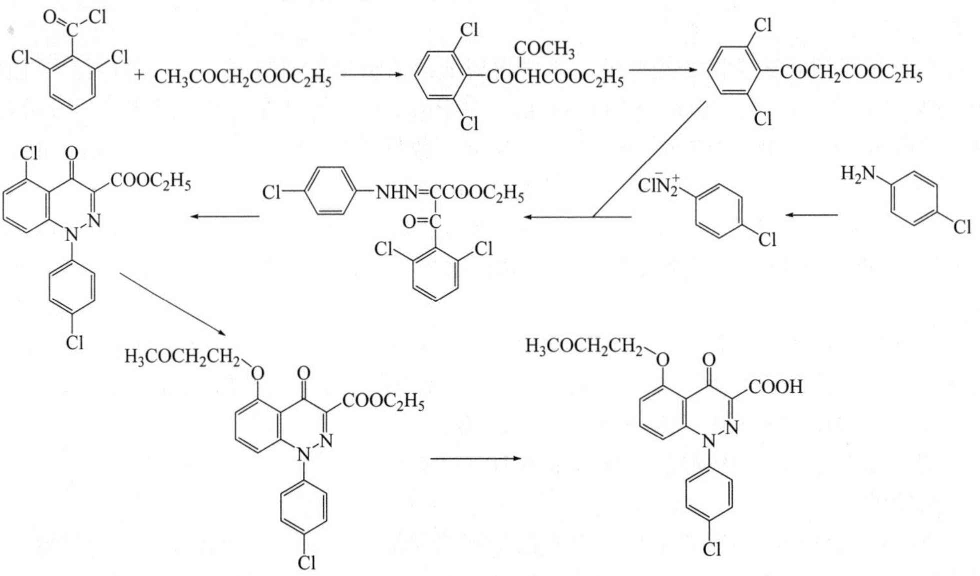

参考文献

[1] EP 363236, 1990, CA 113: 226421.

[2] EP 519140, 1992, CA 118: 191751.

[3] EP 530063, 1993, CA 118: 207556.

[4] US 5183891, 1993, CA 118: 234075.

十一碳烯酸（10-undecylenic acid）

$$CH_2=CH(CH_2)_8COOH$$

$C_{11}H_{20}O_2$，184.3，112-38-9

产品简介

化学名称 10-十一碳烯酸。英文化学名称为 10-undecylenic acid。美国化学文摘（CA）系统名称为 10-undecenoic acid；hendecenoic acid。美国化学文摘（CA）主题索引名为 10-undecenoic acid；hendecenoic acid。

理化性质 本品为油状液体，沸点 275℃（分解），相对密度 0.910～0.913，折射率（n_D^{24}）1.4486，不溶于水（其碱金属盐可溶），溶于乙醇、三氯甲烷和乙醚。

毒性 大鼠急性经口 LD_{50} 2500mg/kg。

应用

本品可作脱叶剂、除草剂和杀线虫剂。用于云杉苗圃芽前除禾本科杂草，用 0.5%～32% 的十一碳烯酸盐作脱叶剂。本品对蚊蝇有驱避作用，但超过 10% 时刺激皮肤。

专利概况

专利名称 Enanthol and undecylenic acid

专利号 FR 696237

专利拥有者 P.G. Sokov

专利申请日　1929-09-26

专利公开日　1930-12-27

目前公开的或授权的主要专利有 US 2541126、FR 696237 等。

合成方法

十一碳烯酸主要是以蓖麻油酸为原料，在铜管中加热反应得到。反应式如下：

$$蓖麻油酸 \xrightarrow{480\sim550℃} CH_2{=}CH(CH_2)_8COOH$$

参考文献

[1] FR 696237, 1931, CA 31: 24485.

[2] US 2626862, 1953, CA 47: 35876.

[3] Compt. Rend. Acad. Bulgare Sci., 1957, 10: 379-382.

水杨酸（salicylic acid）

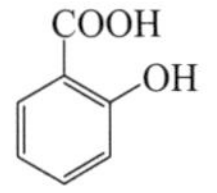

$$C_7H_6O_3，138.1，69-72-7$$

水杨酸（其他名称：柳酸、沙利西酸、撒酸）是一种植物体内含有的天然苯酚类植物生长调节剂。

产品简介

化学名称　2-羟基苯甲酸。英文化学名称为 salicylic acid。美国化学文摘（CA）系统名称为 2-hydroxybenzoic acid。美国化学文摘（CA）主题索引名为 benzoic acid 2-hydroxy。

理化性质　纯品为白色针状结晶或结晶状粉末，有辛辣味，易燃，见光变暗，空气中稳定。熔点 157～159℃，沸点 336.3℃，76℃升华，相对密度 1.375。它微溶于冷水（2.2g/L），易溶于热水（66.7g/L）、乙醇（370.4g/L）、丙酮（333.3g/L）。它的水溶液呈酸性。它在三氯化铁水溶液中呈特殊紫色。

毒性　原药大鼠急性经口 LD_{50}：890mg/kg。国外资料大鼠急性经口 LD_{50}：1300mg/kg。

作用特性

水杨酸可被植物的叶、茎、花吸收，有相当的传导作用。水杨酸最早是从柳树皮分离出来的，名叫柳酸，广泛用作防腐剂、媒染剂及分析试剂。它的衍生物乙酰水杨酸即医药上常用的阿司匹林。近代研究发现在水稻、大豆、大麦等几十种作物的叶片、生殖器官中含有水杨酸，越来越多的人把它看成是作物体内一种不可缺少的生理活性物质。它是植物体内的次生代谢产物，有关它的生物合成及作用机理还有待今后去认识。从它现有的生理作用来看，一是提高作物的抗逆能力，二是有利于授粉。

应用

应用试验报道如下：

（1）促进生根　它可促进菊花插枝生根，方法是制成粉沾插枝基部。其粉剂组分：NAA 0.2%+水杨酸 0.2%+抗坏血酸 0.2%+硼酸 0.1%+克菌丹 5%+滑石粉 92.3%，含水量 2%。

（2）提高作物的抗逆能力　甘薯在块根膨大初用 0.4mg/L 药液（加 0.1%吐温）处理，叶绿素含量增加，减少水分蒸腾，增加产量；水稻幼苗以 1～2mg/L 药液处理，促进生根，减少蒸腾，提高 SOD 酶的活性，增加幼苗的抗寒能力；小麦用 0.05%药液处理，每平方米喷 75mL 药液促进生根，减少蒸腾，增加产量。

（3）抗旱保水、保花保果　干旱季节保墒节水，喷 0.05%～0.1%药液；保花保果可用 0.05% 药液浸根、蘸根。

（4）番茄保鲜　将绿熟番茄用 0.1%水杨酸溶液浸泡 15～20min，能有效保存果实新鲜度，延长货架期。

（5）促进大葱种子萌发　用 7mg/L 的水杨酸溶液浸泡大葱种子 24h，可显著提高发芽率和发芽势。

注意事项

（1）本品须密封避光包装，产品存放阴凉、干燥处。

（2）有抗逆等生理作用，但是效果并不十分明显。

专利概况

专利名称　Salicylic acid derivative

专利号　DE 651291

专利拥有者　Lucien Alexandre Dupont

专利申请日　1933-07-11

专利公开日　1937-10-11

目前公开的或授权的主要专利有 EP 0002834、US 4131618、JP 02164801 等。

合成方法

（1）苯酚在碳酸氢钾水溶液中通入二氧化碳后酸化制得。

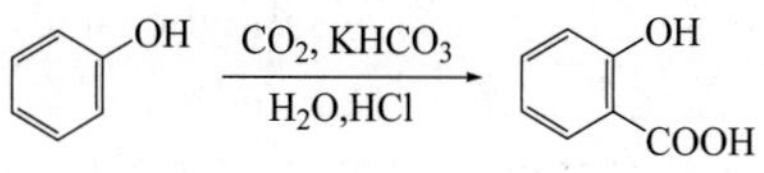

（2）苯酚钠在 120℃、有压力下通入二氧化碳后酸化制得。

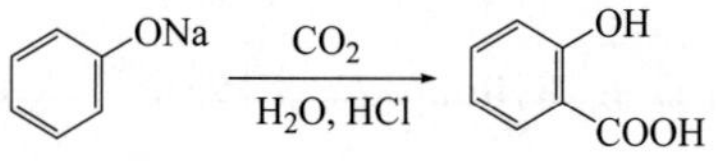

（3）乙酸苯酚在压力下与碳酸钾、二氧化碳共热制得。

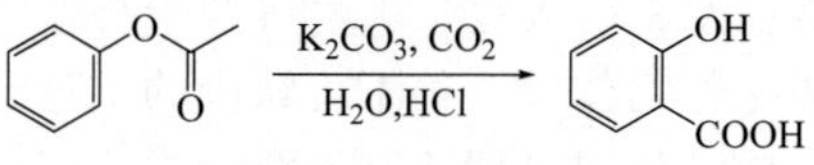

参考文献

[1] Industrial Chemicals(Wiley, New York, 3nd ed), 1965, 652-655.

[2] EP 0002834, 1978, CA 91: 20121.

[3] US 4131618, 1978, CA 91: 20121.

四环唑（tetcyclacis）

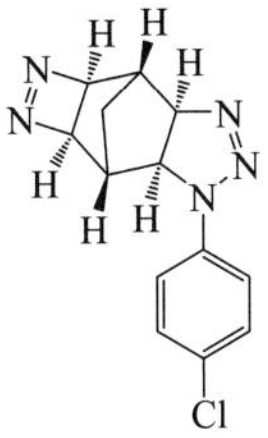

C₁₃H₁₂ClN₅，273.7，77788-21-7

四环唑（其他名称：Ken byo，BAS 106 W）于 1980 年由 J. Jung 等报道其具有植物调节作用。

产品简介

化学名称　(1*R*,2*R*,6*S*,7*R*,8*R*,11*S*)-5-(4-氯苯基)-3,4,5,9,10-五氮杂四环[5.4.1.0$^{2.6}$.0$^{8.1}$]十二-3,9-二烯。英文化学名称为(1*R*,2*R*,6*S*,7*R*,8*R*,11*S*)-5-(4-chlorophenyl)-3,4,5,9,10-pentaazatetracyclo[5.4.1.0$^{2.6}$.0$^{8.11}$]dodeca-3,9-diene。美国化学文摘（CA）系统名称为 (3*aR*,4*R*,4*aS*,6*aR*,7*R*,7*aS*)-*rel*-1-(4-chlorophenyl)-3*a*,4,4*a*,6*a*,7,7*a*-hexahydro-4,7-methano-1*H*-[1,2]diazeto[3,4-*f*]benzotriazole。美国化学文摘（CA）主题索引名为 4,7-methano-1*H*-[1,2]-diazeto[3,4-*f*]-benzotriazole-1-(4-chlorophenyl)-3*a*,4,4*a*,6*a*,7,7*a*-hexahydro, (3*aα*,4*β*,4*aα*,6*aα*,7*β*,7*aα*)。

理化性质　本品为无色结晶固体，熔点 190℃。溶解性（20℃）：水中 3.7mg/kg，氯仿 42g/kg，乙醇中 2g/kg。在阳光和浓酸下分解。

毒性　大鼠急性经口 LD₅₀ 261mg/kg，大鼠急性经皮 LD₅₀＞4640mg/kg。

制剂与分析方法　用带紫外检测器的 HPLC 分析，残留用 GC 测定。

应用

本品抑制赤霉酸的合成。在水稻抽穗前 3～8d 起每周施一次，以出穗前 10d 使用效果最好。

专利概况

专利名称　Polycyclic nitrogen-containing compounds

专利号　DE 2615878

专利拥有者　BASF A.G.

专利申请日　1976-04-10

专利公开日　1977-10-20

目前公开的或授权的主要专利有 DE 2615878、US 189434、DE 3124497 等。

合成方法

由化合物 3,4-重氮胺三环[2.1.1.0^{2,5}]壬-3,7-二烯与 4-氯叠氮苯在苯中回流而得。

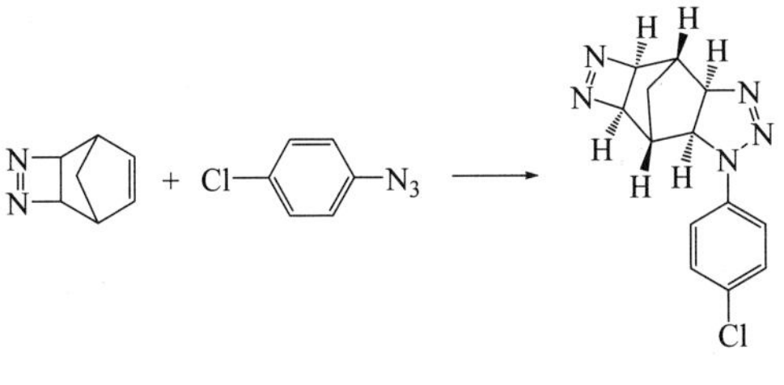

参考文献

[1] Z.Acker-Pflanzenbau, 1980, 149: 128.

[2] US 189434.

[3] DE 2615878, 1977, CA 88: 37803.

松脂二烯（pinolene）

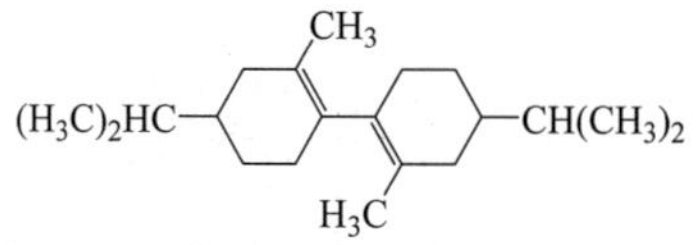

$C_{20}H_{34}$，274.5，34363-01-4

松脂二烯（商品名称：Vapor-Gard、Miller Aide、Nu Film 17）是存在于松脂内的一种化合物。

产品简介

化学名称 2-甲基-4-(1-甲基乙基)-环己烯二聚物。英文化学名称为 dimer 2-methyl-4-(1-methylethyl)-cyclohexene。美国化学文摘（CA）系统名称为 dimer 2-methyl-4-(1-methylethyl)-cyclohexene。美国化学文摘（CA）主题索引名为 cyclohexene，2-methyl-4-(1-methylethyl)-dimer。

理化性质 松脂二烯是存在于松脂内的一种物质，为环烯烃二聚物。沸点 175～177℃。相对密度 0.8246。溶于水和乙醇。

毒性 对人和动物安全。

作用特性

松脂二烯和农药混用，可增加农药有效成分在植物叶片上的成膜性。因此，松脂二烯与除草剂或杀菌剂混用，叶面施用会提高作用效果。松脂二烯可作为抗蒸腾剂防止水分从叶片的气孔蒸发。

应用

松脂二烯适用作物与生理作用见表 2-25。在冬季来临前在常绿植物叶面喷洒松脂二烯，可防止叶片枯萎变黄，也可防止受到空气污染。

表 2-25 松脂二烯适用作物与生理作用

作物	应用时间	使用方法	效果
橘子	收获时	浸果或喷果	防止果皮变干，延长贮存时间
桃	收获前 2 周	喷一次	增加色泽，提高味感
葡萄	收获前	浸果或喷果一次	抗疾病，延长贮存时间
蔬菜或果树	移植前	叶面喷洒	防止移栽物干枯，提高存活率

90%松脂二烯原药稀释 20～50 倍使用。

专利概况

专利名称 Engineering improved chemical performance in plants

专利号 PCT int.Appl.8002360

专利拥有者　Sampson. Michael James

专利申请日　1979-05-10

专利公开日　1980-11-13

目前公开的或授权的主要专利有 GB 2073590、EP 337758 等。

参考文献

[1]　WO 8002360, 1980, CA 94: 97987d.

[2]　EP 337758, 1989, CA 112: 212457k.

缩水甘油酸（OCA）

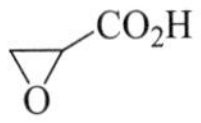

$$\underset{O}{\triangle}\!-\!CO_2H$$

$C_3H_4O_3$，88.10，503-11-7

产品简介

化学名称　缩水甘油酸。英文化学名称为 oxiranecarboxylic acid。美国化学文摘（CA）主题索引名为 oxiranecarboxylic acid。

理化性质　纯品是熔点 36～38℃ 的结晶体。沸点 55～60℃（66.7Pa）。缩水甘油酸有吸湿性。溶于水和乙醇。

作用特性

缩水甘油酸可由植物吸收。抑制羟乙酰氧化酶的活性，从而抑制植物呼吸系统。

应用

在烟草生长期 100～200mg/L 整株施药，可增加烟草产量。在大豆结荚期 100～200mg/L 整株施药，可增加大豆产量。

专利概况

专利名称　Oxidation of epoxy alcohols to epoxy carboxylic acids

专利号　WO 9000167

专利拥有者　Sociate National ELF Aquitaine

专利申请日　1988-07-01

专利公开日　1990-01-11

目前公开的或授权的主要专利有 WO 9003840。

合成方法

缩水甘油酸的合成方法主要有两种，反应式如下：

（1）

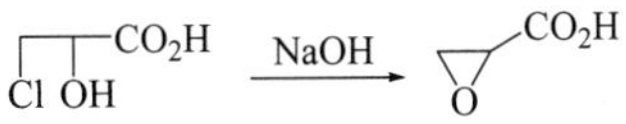

$$\underset{Cl\ \ OH}{\bigsqcup}\!-\!CO_2H \xrightarrow{\text{NaOH}} \underset{O}{\triangle}\!-\!CO_2H$$

（2）

$$CH_2CHCO_2H \xrightarrow{[O]} \underset{O}{\triangle}\!-\!CO_2H$$

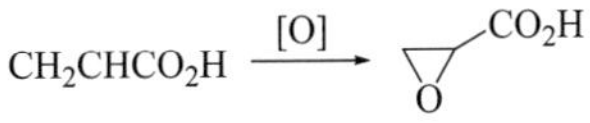

参考文献

[1]　J. Inst. Chem(India), 1983, 55(4): 159-160.

缩株唑

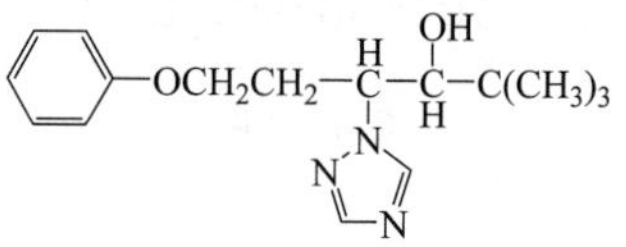

C₁₆H₂₃N₃O₂，289.37，80553-79-3

$C_{16}H_{23}N_3O_2$，289.37，80553-79-3

缩株唑，其他名称：BAS 11100W，BAS 111W，BASF 111。1987 年由德国 BASF 公司开发。

产品简介

化学名称　1-苯氧基-3-(1H-1,2,4-三唑-1-基)-4-羟基-5,5-二甲基己烷。英文化学名称为 1-phenoxy-3-(1H-1,2,4-triazol-1-yl)-4-hydroxy-5,5-dimethylhexane。

应用

本品为三唑类抑制剂，用本品处理油菜可使产量明显增加。在茎开始伸长及伸长过程中施药可增加产量，施于植冠的不同部位也可增产，在没有施杀菌剂的试验区产量较低。本品通过降低处理植株的细胞伸长而使植株高度降低，从而减轻或防止倒伏。以 450g（a.i.）/hm² 施药，可减轻或防止油菜倒伏，最佳施药时间在茎开始伸长期，使产量增加 10%～20%。秋季施用可增加油菜的耐寒性。

通过植物的叶或根吸收，在植物体内阻碍赤霉素生物合成中从贝壳杉烯到异贝壳杉烯酸的氧化，从而抑制了赤霉素的合成。

专利概况

专利名称　Azole compounds

专利号　DE 3019049

专利拥有者　BASF A.G.，Fed. Rep.Ger.

专利申请日　1980-05-19

专利公开日　1981-12-03

目前公开的或授权的主要专利有 CA 19950925、WO 2010015635、EP 2153720 等。

合成方法

通过如下反应制得目的物。

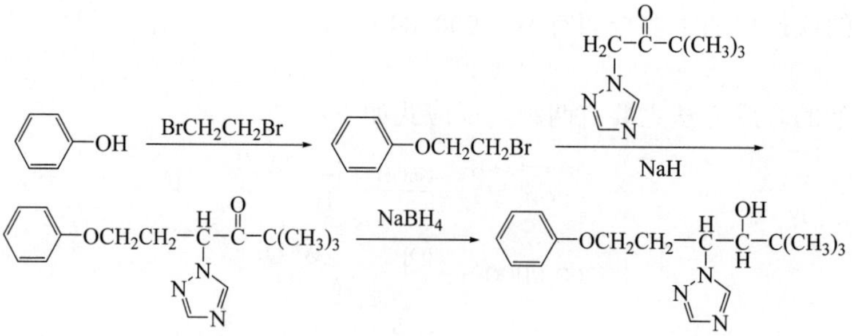

参考文献

[1] 国内外农药产品手册.

特克草（buminafos）

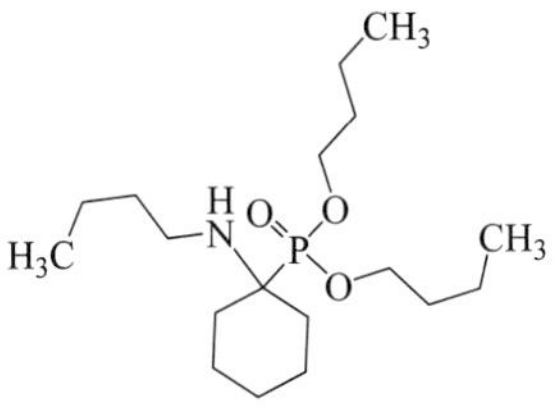

$C_{18}H_{38}NO_3P$，347.5，51249-05-9

特克草由 VEB Chemiekombinat Bitterfeld 开发，后由 Luxan B.V.销售。

产品简介

化学名称　丁基氨基环己基膦酸二丁酯。英文化学名称为 dibutyl 1-butylaminocyclohexylphosphonate。美国化学文摘（CA）主题索引名为 dibutyl 1-(butylamino)cyclohexyl-phos- phonate。

理化性质　熔点约−25℃。蒸气压约 100mPa（20℃）。Henry 常数 0.2Pa·m³/mol（20℃，计算值）。相对密度 0.969（20℃）。溶解度：水中 170mg/L（室温），易与常见有机溶剂如丙酮、甲醇、二甲苯互溶，不溶于柴油。稳定性：遇强酸或强碱水解。水解 DT_{50}：13d（pH 6）、20h（pH 8）、2.75h（pH 11）。

毒性　大鼠急性经口 LD_{50} 7000mg/kg。急性经皮 LD_{50}：大鼠 12000～15000mg/kg，兔 5000～8000mg/kg。对皮肤和眼睛有刺激。NOEL（130d）大鼠 140mg/（kg·d）。古比鱼 LC_{50}（96h）7mg/L。按规定使用时对蜜蜂无毒。

应用

植物生长调节剂，非选择性触杀型除草剂。用于防除蔬菜、甜菜、观赏植物、灌木、草莓、果树和园艺作物的一年生杂草和阔叶杂草。也用作棉花脱叶剂。由根和叶吸收。

专利概况

专利名称　Procede pour la preparation des esters phosphoniques

专利号　RO 62001

专利拥有者　VEB Chemiekombinat Bitterfeld

专利公开日　1977-07-25

专利申请日　1970-06-11

目前公开的或授权的主要专利有 AT 300454、DE 2022228、FR 2056340、US 504781 等。

合成方法

通过如下反应制得目的物。

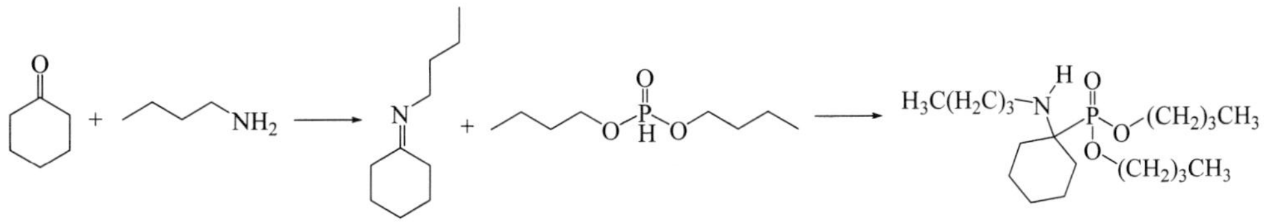

参考文献

[1] RO 62001, 1970.

[2] Phosphorus, Sulfur, and Silicon and the Related Elements. 2001, 174: 119-128.

调呋酸（dikegulac）

C$_{12}$H$_{18}$O$_7$，274.3，18467-77-1

调呋酸（其他名称：Atrinal，Ro07-6145/001，二凯古拉酸）是由 Dr. R. Maag Ltd.开发的植物生长调节剂。

产品简介

化学名称 2,3:4,6-二-*O*-异亚丙基-*α*-L-木-2-己酮呋喃糖酸。英文化学名称为 2,3:4,6-di-*O*-isopropylidene-*α*-L-xylo-2-hexulofuranosonic acid。美国化学文摘（CA）系统名称为 2,3:4,6-di-*O*-isopropylidene-*α*-L-xylo-2-hexulofuranosonic acid（8CI）。美国化学文摘（CA）主题索引名为 *α*-L-xylo-2-hexulofuranosonic acid，2,3:4,6-bis-*O*-(1-methylethylidene)-。

理化性质 调呋酸钠为无色结晶，熔点＞300℃，蒸气压＜1300nPa（25℃）。溶解度（25℃，g/L）：水 590，丙酮、环己酮、二甲基甲酰胺、己烷＜10，氯仿 63，乙醇 230。K_{ow} 很低，在室温下密闭容器中 3 年内稳定；对光稳定；在 pH 7～9 介质中不水解。

毒性 调呋酸钠大鼠急性经口 LD$_{50}$（mg/L）：雄性 31000、雌性 18000，大鼠急性经皮 LD$_{50}$＞2000mg/kg。其水溶液对豚鼠皮肤和兔眼睛无刺激性。在 90d 饲喂试验中，大鼠接受 2000mg/（kg·d）及狗接受 3000mg/（kg·d）未见不良影响。日本鹌鹑、绿头鸭和雏鸡饲喂试验 LC$_{50}$（5d）＞50000mg/kg 饲料。鱼毒 LC$_{50}$（96h）：蓝鳃翻车鱼＞10000mg/L，虹鳟鱼＞5000mg/L。对蜜蜂无毒，LD$_{50}$（经口和局部处理）＞0.1mg/只。

制剂及分析方法 Atrinal，可溶液剂[200g（钠盐）/L]；Cutlass，可溶液剂（50g/L）。产品及残留的分析是将调呋酸转化为酯，然后用 GC 法分析。

应用

调呋酸钠是内吸性植物生长调节剂，能被植物吸收并运输到植物茎端，从而打破顶端优势，促进侧枝的生长。其主要作用是抑制生长素、赤霉酸和细胞分裂素的活性；诱导乙烯的生物合成。多用于促进观赏植物林木侧枝和花芽的形成和生长，抑制绿篱和木本观赏植物和林木的纵向生长，如用 4000～5000mg/L 药液叶面喷洒常绿杜鹃和矮生杜鹃，可使它们在整个生长季节茎的伸长延缓。一般在春季修剪后 2～5d 处理，需要用药液喷湿全株，可促使侧枝多发、株形紧凑。在海棠花芽分化前，用 600～1400mg/L 药液叶面喷洒全株，既能起到整形作用，又不影响开花。本品对绿篱的较低部分和较老部分的侧枝作用，可提高叶的覆盖范围。施用时需加入表面活性剂。后者用量为 0.06～6.0g/L。

专利概况

专利名称 Catalytic olidation of sugar alcohols to aldonic acids

专利号 DE 2123621

专利拥有者 Jaffegerald M et al.

专利申请日 1970-05-13

专利公开日 1971-12-25

目前公开的或授权的主要专利有 EP 1099697、DE 19904821、EP 1048663、WO 0122814、WO 9716968 等。

合成方法

通过如下反应制得目的物。

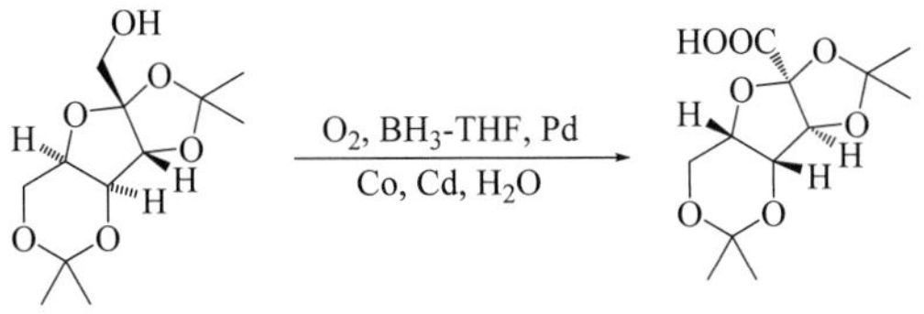

参考文献

[1] J. Mole.Cata, 1993, 83: 75.

[2] DE 2339239, 1974, CA 81: 558.

调果酸（cloprop）

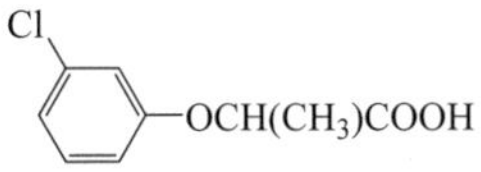

C₉H₉ClO₃，200.6，101-10-0

调果酸（商品名称：Fruitone、3-CPA、Fruitone-CPA、Peachthim）是由 Amchem Chemical Co.开发的芳氧基链烷酸类植物生长调节剂。

产品简介

化学名称　（±)-2-(3-氯苯氧基)丙酸。英文化学名称为(±)-2-(3-chlorophenoxy)propionic acid。美国化学文摘（CA）系统名称为(±)-2-(3-chlorophenoxy) propanoic acid 或(±)-2-(3-m-chlorophenoxy) propionic acid。美国化学文摘（CA）主题索引名为 propionic acid-，2-(3-m-chlorophenoxy)。

理化性质　原药略带酚气味，熔点114℃。纯品为无色无嗅结晶粉末，熔点117.5～118.1℃。在室温下无挥发性，溶解度（g/L）：在22℃条件下，水中1.2，丙酮790.9，二甲基亚砜2685，乙醇710.8，甲醇716.5，异辛醇247.3；在24℃条件下，苯24.2，甲苯17.6，氯苯17.1；在24.5℃条件下，二甘醇390.6，二甲基甲酰胺2354.5，二噁烷789.2。本品相当稳定。

毒性　大鼠急性经口 LD_{50}（mg/kg）：雄3360，雌2140。兔急性经皮 LD_{50}>2000mg/kg。对兔眼睛有刺激性，对皮肤无刺激性。大鼠于1h内吸入200mg/L空气无中毒现象。NOEL数据：大鼠（2年）8000mg/kg饲料，小鼠（1.88年）6000mg/kg饲料，无致突变作用。绿头鸭和山齿鹑饲喂试验 LC_{50}（8d）>5620mg/kg饲料。鱼毒 LC_{50}（96h，mg/L）：虹鳟约21、蓝鳃翻车鱼约118。

分析方法　HPLC法分析。

作用特性

调果酸为芳氧基链烷酸类植物生长调节剂，通过植物叶片吸收且不易向其他部位传导。

应用

以240～700g（a.i.）/hm² 剂量使用，通过抑制顶端生长，不仅可增加菠萝植株和根蘖果实大小与重量，而且可以推迟果实成熟。还可用于某些李属的疏果。

专利概况

专利名称　Process for thinning stone fruits with α-(3-chlorphenoxy)propionic acid and its salts and esters

专利号　US 2957760

专利拥有者　Amchem. Products, Inc.

专利申请日　1957-11-19

专利公开日　1960-10-25

合成方法

间氯苯酚与 α-氯代丙酸在碱水中回流 13h，经处理即制得本产品。反应式如下：

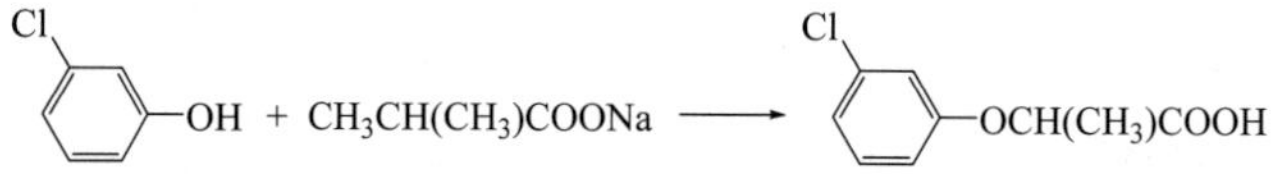

参考文献

[1]　NL 6610738, 1967, CA 68: 39487.

[2]　Arkiv. Kemi., 1961, 17: 265-272, CA 57: 7145.

调环酸钙（prohexadione-calcium）

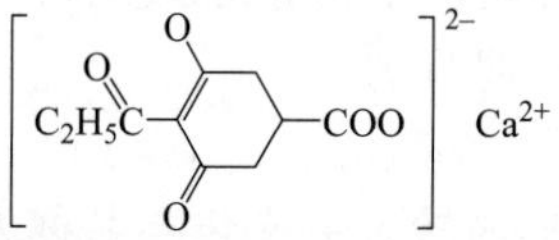

$C_{10}H_{10}CaO_5$，250.3，127277-53-6

调环酸钙（试验代号：BAS125W、BX-112、KIM-112、KUH833，其他名称：Viviful）是 1994 年由日本组合化学工业公司开发的植物生长调节剂。

产品简介

化学名称　3,5-二氧代-4-丙酰基环己烷羧酸钙。英文化学名称为 calcuim 3-oxido-5-oxo-4-propionylcyclohexanecarboxylate。美国化学文摘（CA）系统名称为 calcuim 3,5-dioxo-4-(1-oxopropyl)cyclohexanecarboxylate。美国化学文摘（CA）主题索引名为 cyclohexanecarboxylic acid, 3,5-dioxo-4-(1-oxopropyl)-calcium salt。

理化性质　其钙盐为无嗅白色粉末，熔点＞360℃，蒸气压 $1.33×10^{-2}$mPa（20℃），分配系数 $K_{ow}\lg P$=−2.90，Henry 常数 $1.92×10^{-5}$Pa·m^3/mol（计算值）。相对密度 1.460。溶解度（20℃，mg/L）：水中 174，甲醇 1.11，丙酮 0.038。稳定性：其在水溶液中稳定。DT_{50}（20℃）：5d（pH 5），83d（pH 9）。200℃以下稳定，水溶液光照 DT_{50} 4d。pK_a 5.15。

毒性　大、小鼠急性经口 LD_{50}＞5000mg/kg。大鼠急性经皮 LD_{50}＞2000mg/kg。对兔皮肤无刺激性，对兔眼睛有轻微刺激性。大鼠急性吸入 LC_{50}（4h）＞4.21mg/L。NOEL 数据[2年，mg/(kg·d)]：雄大鼠 93.9，雌大鼠 114，雄小鼠 279，雌小鼠 351；雄或雌狗（1 年）80。对大鼠和兔无致突变和致畸作用。绿头鸭和山齿鹑急性经口 LD_{50}＞2000mg/kg，绿头鸭和山齿鹑饲养 LC_{50}（5d）＞5200mg/kg 饲料。鱼毒 LC_{50}（96h，mg/L）：虹鳟和大翻车鱼＞100，鲤鱼＞150。水蚤 LC_{50}（48h）＞150mg/L。海藻 EC_{50}（120h）＞100mg/L。蜜蜂 LD_{50}（经口和接触）＞100μg/只。蚯蚓 LC_{50}（14d）＞1000mg/kg 土壤。

环境行为 用 ^{14}C 示踪，进入大鼠、山羊和母鸡体中的本品，其代谢物（以游离酸的形式）约 90%通过尿和粪便排出。土壤 DT_{50}＜1～4d。

制剂与分析方法 88%原药、5%泡腾粒剂、5%悬浮剂。采用 HPLC 分析。

作用特性

赤霉素生物合成抑制剂。降低赤霉素的含量，控制作物旺长。

应用

主要用于禾谷类作物如小麦、大麦、水稻抗倒伏以及花生、花卉、草坪等控制旺长，使用剂量为 75～400g（a.i.）/hm²。

专利与登记

专利名称 Cyclohexane derivative, its preparation and plantgrowth regulator containing the same

专利号 JP 58164543

专利申请日 1982-03-25

专利拥有者 Ihara Chemical Kogyo

专利公开日 1983-09-29

目前公开的或授权的主要专利有 EP 0306996、JP 58164543、EP 123001、EP 177450 等。

登记情况 国内原药登记厂家有鹤壁全丰生物科技有限公司（登记号 PD20173212）、湖北移栽灵农业科技股份有限公司（登记号 PD20170013）、郑州郑氏化工产品有限公司（登记号 PD20210997）；剂型有郑州郑氏化工产品有限公司（登记证号 PD20220052，5%可湿性粉剂）、广东汕头市宏光化工有限公司（登记证号 PD20220032，5%悬浮剂）、湖北移栽灵农业科技股份有限公司（登记证号 PD20170013，85%原药）、合肥合农农药有限公司（登记证号 PD20212905，15%悬浮剂）、顺毅股份有限公司（登记证号 PD20212022，5%悬浮剂）等公司登记生产。美国的 EPA 登记号为 112600。

合成方法

以丁烯二羧酸酯为原料，经加成、环化、酰化等反应即制得目的物。

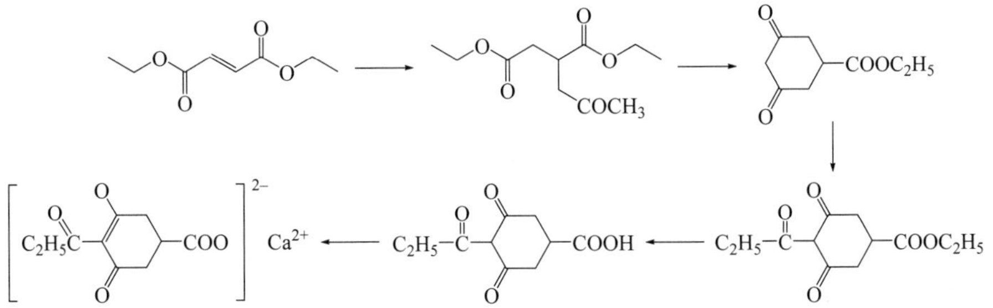

参考文献

[1] EP 123001, 1984, CA 102: 131584.

[2] EP 177450, 1986, CA 105: 133410.

[3] JP 58164543, 1983, CA 100: 8538.

调节安（DMC）

C₆H₁₄NOCl，151.6，23165-19-7

调节安是一种抑制生长作用的植物生长调节剂。20 世纪 60 年代由巴斯夫公司开发。

产品简介

化学名称　*N,N*-二甲基吗啉鎓氯化物。英文化学名称为 4,4-dimethylmorpholinium, chloride。美国化学文摘（CA）系统名称为 4,4-dimethylmorpholinium, chloride。美国化学文摘（CA）主题索引名为 morpholinium, 4,4-dimethyl-, chloride。

理化性质　纯品为无色针状晶体，熔点 344℃（分解），易溶于水，微溶于乙醇，难溶于丙酮及非极性溶剂。有强烈的吸湿性，其水溶液呈中性，化学性质稳定。工业品为白色或淡黄色粉末状固体，纯度≥95%。

毒性　本品毒性极低，雄大鼠急性经口 LD₅₀：740mg/kg；雌大鼠急性经口 LD₅₀：840mg/kg；雄小鼠急性经口 LD₅₀：250mg/kg，经皮 LD₅₀＞2000mg/kg。28d 蓄积性试验表明：雄大鼠和雌大鼠的蓄积系数均大于 5，蓄积作用很低。经 Ames 试验、微核试验和精子畸形试验证明：它没有导致基因突变而改变体细胞和生殖细胞中遗传信息的作用，因而生产和应用均比较安全。由于调节安溶于水，极易在植物体内代谢，初步测定它在棉籽中的残留小于 0.1mg/kg。

作用特性

调节棉花的生育，抑制营养生长，加强生殖器官的生长势，增强光合作用，增加叶绿素含量，增加结铃和铃重。

扫描电镜对棉株部分器官亚显微结构（叶柄、花丝等）的观察发现，应用调节安后，其维管束发达，输导组织畅通，养分能快速地运送到生殖器官。因此能有效地调节营养生长和生殖生长。

应用

调节安作为一种生长延缓剂，其最大特点是药效缓和、安全幅度大、应用范围广。

确定好用药量与喷洒时期：

（1）棉田中等肥力，后劲不足，或遇干旱，生长缓慢，盛花期用量 30g/hm²。

（2）中等肥力、后劲较足、稳健型长相，初花期（开花 10%～20%）用量为 30～45g/hm²。

（3）肥水足、后劲好或棉花生长中期降水量较多、旺长型长相，第一次调控在盛蕾期，用量 53～75g/hm² 喷洒，第二次调控在初花期至盛花期，视其长势用量 22.5～37.5g/hm² 喷洒。

（4）肥水足、后劲好、降水量多、田间种植密度较大、疯长型长相，第一次调控在盛蕾期，用量 67.5～82.5g/hm² 喷洒，第二次在初花期用量 22.5～45g/hm² 喷洒，第三次在盛花期视其田间长势，用量 15～30g/hm² 补喷。

（5）调节安在玉米、小麦等作物上也有应用效果，可先试用再示范推广。

注意事项

（1）棉花整个大田生长期内，使用药量不宜超过 135g/hm²。50～250mg/L 为安全浓度，100～200mg/L 为最佳使用浓度。300mg/L 以上对棉花将产生较强的抑制作用。

（2）喷洒调节安后，叶片叶绿素含量增加，叶色加深，应注意这种假象掩盖了缺肥，栽培管理上应按常规方法及时施肥、浇水。

（3）调节安易吸潮，应贮存在阴凉、通风、干燥处，不可与食物、饲料、种子混放。

专利概况

专利名称　Quaternary ammoniumhalides

专利号　DE 2247501

专利拥有者　Instytut Przemyslu Organicznego

专利申请日　1971-10-02

专利公开日　1973-04-05

目前公开的或授权的主要专利有 DE 2230499、DE 2422807 等。

合成方法

将摩尔比为 1∶1 的吗啉与氢氧化钠在甲醇溶液中与氯甲烷反应即为产品。反应式如下：

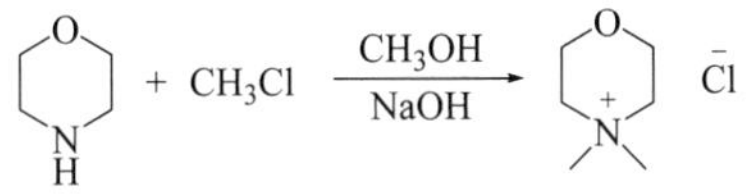

参考文献

[1] DE 2247501, 1973, CA78: 159446.

调节硅（silaid）

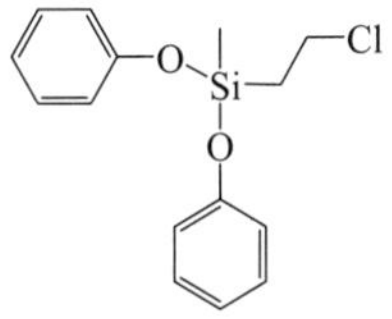

C$_{15}$H$_{17}$ClO$_2$Si，292.8，41289-08-1

调节硅为有机硅类的一种乙烯释放剂，是 1978 年由 Ciba-Geigy 公司开发的产品。

产品简介

化学名称　(2-氯乙基)甲基双(苯氧基)硅烷。英文化学名称为(2-chloroethyl)-methylbis (phenylmethoxy) silane。美国化学文摘（CA）系统名称为(2-chloroethyl)methylbis- (phenylmethoxy) silane。美国化学文摘（CA）主题索引名为 silane, (2-chloroethyl) methylbis- (phenylmethoxy)。

作用特性

调节硅可经植物的绿色叶片、小枝条、果皮吸收，进入植物体内能很快形成乙烯，尤其是橄榄树。调节硅还可增加橘子树花青素的含量。

应用

在橄榄收获前 6～10d 以 1kg/hm^2 剂量喷果，使果实易于脱落，利于收获。在橘子收获前 10d 以 500～2000mg/L 剂量叶面喷施，可增加果皮花青素含量，增加色泽。

专利概况

专利名称　Hydrolysis products of β-haloethylsilanes as plantgrowth regulators

专利号　DE 2356474

专利拥有者　Ciba-Geigy A.G.

专利申请日　1972-11-15

专利公开日　1974-05-16

目前公开的或授权的主要专利有 CH 569029、DE 2803218、US 4361436、US 4332612 等。

合成方法

其制备方法主要有两种。

（1）二氯（甲基）乙烯基硅烷先后与氯化氢、苯酚反应制得。

$$H_2C=CHSiCH_3Cl_2 \xrightarrow{HCl} ClCH_2CH_2SiCH_3Cl_2 \xrightarrow{PhOH} ClCH_2CH_2SiCH_3(OPh)_2$$

（2）二氯（甲基）乙烯基硅烷先后与乙酸、苯酚反应制得。

$$ClCH_2CH_2SiCH_3Cl_2 \xrightarrow{CH_3COOH} ClCH_2CH_2SiCH_3(O_2CCH_3)_2 \xrightarrow{PhOH} ClCH_2CH_2SiCH_3(OPh)_2$$

参考文献

[1]　US 4361436, 1982, CA 98: 102695.

[2]　DE 2803218, 1978, CA 89: 180151.

[3]　CH 569029,1975, CA 84: 59732c.

托实康

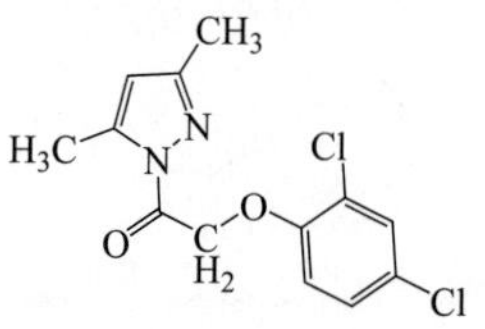

$C_{13}H_{12}Cl_2N_2O_2$，299.2，13241-78-6

托实康（其他名称：Tomacon）于 1964 年由日本武田药品工业公司生产，现已停产。

产品简介

化学名称　1-(2,4-二氯苯氧乙酰基)-3,5-二甲基吡唑。英文名称为 1-(2,4-dichloro-phenoxyacetyl)-3,5-dimethylpyrazole。美国化学文摘（CA）系统名称为 1-[(2,4-dichloro-phenoxy)acetyl]-3,5-dimethy, 1H-pyrazole。美国化学文摘（CA）主题索引名为 1H-pyrazole, 1-[(2,4-dichlorophenoxy)acetyl] -3,5-dimethyl。

毒性　小鼠急性经口 LD_{50}：1130mg/kg。

应用

本品可提高果实坐果率，促进果实成熟，促进作物生根。

专利概况

专利名称　1-(Halophenoxyacetyl)-3,5-dimethylpyrazoles

专利号　FR1369476

专利拥有者　Takeda Chemical Industries,Ltd.

专利申请日　1962-07-04

专利公开日　1964-08-14

目前公开的或授权的主要专利有 NL 7711661、US 3326662 等。

合成方法

（1）2,4-二氯苯氧乙酰氯与 3,5-二甲基吡唑反应而得。

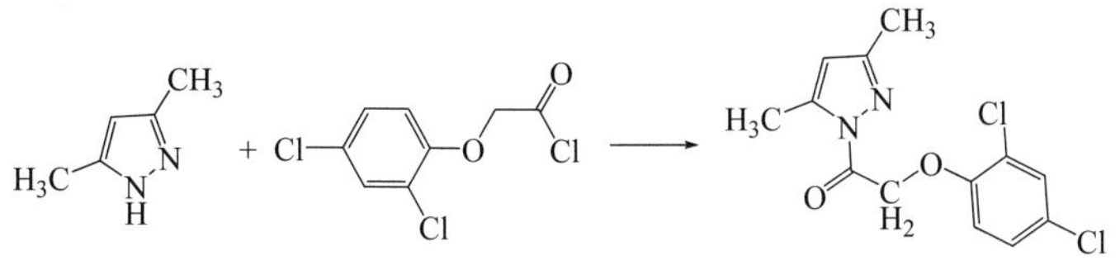

（2）2,4-二氯苯酚与氯乙酸乙酯反应产物先后与肼反应与乙酰丙酮闭环而得。

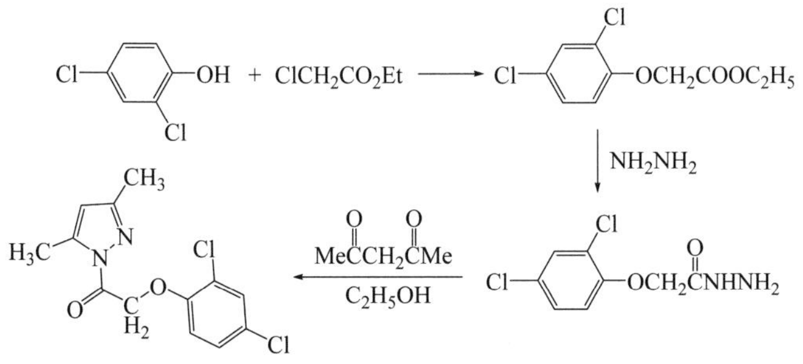

参考文献

[1] USP3326662, 1967, CA69: 19148A.

[2] CA66: 2509.62: 465.

[3] 化学世界, 1994, 35(10):522-524.

[4] FR 1369476, 1964, CA61: 16073h.

[5] Z. Acker-Pflanzenbau, 1980, 149: 128.

[6] DE 124497, 2615878.

脱叶磷（tribufos）

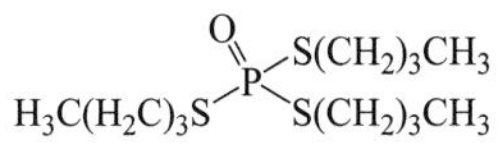

$C_{12}H_{27}OPS_3$，314.5，78-48-8

脱叶磷（商品名称：Def、Defoliant，其他名称：butifos、tribufate、tribuphos、B-1776）是由 Chemagro Corp.开发的植物生长调节剂。

产品简介

化学名称　S,S,S-三丁基-三硫赶磷酸酯。英文化学名称为 S,S,S-tributyl phosphorotrithioate。美国化学文摘（CA）系统名称为 S,S,S-tributyl phosphorotrithic acid。美国化学文摘（CA）主题索引名为 phosphorotrithic acid，S,S,S-tributyl。

理化性质　无色至淡黄色液体，有类似硫醇的气味，沸点 150℃（40Pa），熔点＜-25℃，相对密度 1.06。溶解性（20℃）：水中 2.3mg/L，溶于大多数有机溶剂，包括氯化烃。$K_{ow}\lg P$=3.23。对热及酸比较稳定，但在碱性条件下缓慢水解。

毒性　急性经口 LD_{50}：雄大鼠 435mg/kg，雌大鼠 234mg/kg。急性经皮 LD_{50}：大鼠

850mg/kg，兔约 1000mg/kg。NOEL 数据：大鼠（mg/kg 饲料，2 年）4，狗（mg/kg 饲料，12 个月）4。ADI 值：0.001mg/kg。饲喂试验山齿鹑急性经口 LD_{50} 为 142～163mg/kg，绿头鸭 LD_{50} 为 500～507mg/kg。山齿鹑 LC_{50}（5d）1643mg/kg 饲料，绿头鸭 LC_{50}（5h）＞50000mg/kg 饲料。大翻车鱼 LC_{50}（96h）0.72～0.84mg/L，虹鳟鱼 LC_{50}（96h）1.07～1.52mg/L。水蚤 LC_{50}（48h）0.12mg/L。对蜜蜂无毒。

环境行为　药物迅速被动物吸收代谢掉，给予放射性同位素合成的药物，其 96% 的放射活性物在 72h 内被排泄掉。代谢的主要过程是水解，并伴随着甲基化和丁硫醇基的连续氧化，代谢的主要产物是（3-羟基）-丁基甲基砜。在药剂处理的棉花中有未代谢的脱叶磷残留。在土壤中脱叶磷被牢固吸附，不可能发生淋溶现象，田间的 DT_{50} 为 2～7 周，主要的降解产物为 1-丁基磺酸。

制剂及分析方法　制剂商品名主要有 Def、Folex、EC（有效成分 720g）。产品用红外光谱法，棉籽中的残留用 GC 测定。

注意事项

主要经由植株的叶、嫩枝、芽部吸收，然后进入植株体内的细胞，刺激乙烯生成。对植物具有较高的活性，用于棉花脱叶。

应用

主要用于棉花、胶树、苹果树等作脱叶剂。棉花在 50%～65% 棉铃开裂时，以每公顷 2.5～3.0kg 有效成分兑水 750L，进行叶面喷洒 1 次，5～7 天后脱叶率可达 90% 以上，还促进早吐絮。胶树在越冬前用 2000～3000mg/L 药液喷洒 1 次，可使叶片提早脱落，来年则早生叶片，以躲过第二年白粉病发病期。苹果在采收前 30 天，以 750～1000mg/L 药液喷洒 1 次，可有效促进脱叶。它可以用作大豆、马铃薯和有些花卉的脱叶剂。

专利概况

专利名称　Tributyl phosphorotrithioate

专利号　US 2943107

专利拥有者　Chemagro Co.

专利申请日　1959-11-19

专利公开日　1960-06-28

目前公开的或授权的主要专利有 US 2943107、US 2841486、US 296567、ZA 6907484 等。

合成方法

（1）以丁硫醇及三氯氧磷为原料反应得到产品。反应式如下。

$$C_4H_9SH + POCl_3 \longrightarrow \underset{H_3C(H_2C)_3S}{\overset{O}{\underset{}{\parallel}}} P \underset{S(CH_2)_3CH_3}{\overset{S(CH_2)_3CH_3}{}}$$

（2）以丁硫醇及三氯化磷为原料反应，再用空气氧化得到产品。反应式如下。

$$C_4H_9SH + PCl_3 \longrightarrow H_3C(H_2C)_3S-P \underset{S(CH_2)_3CH_3}{\overset{S(CH_2)_3CH_3}{}} \longrightarrow \underset{H_3C(H_2C)_3S}{\overset{O}{\underset{}{\parallel}}} P \underset{S(CH_2)_3CH_3}{\overset{S(CH_2)_3CH_3}{}}$$

参考文献

[1] US 2943107, 1960, CA 54: 20876e.

[2] SU 726101, 1980, CA 93: 167670a.

[3] SU 757538, 1980, CA 94: 65111x.

脱叶亚磷（merphos）

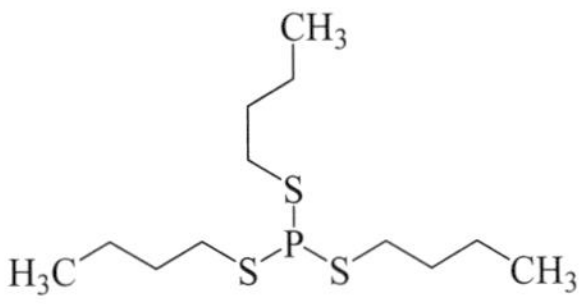

$C_{12}S_3H_{27}P$，298.51，150-50-5

脱叶亚磷（其他名称：三硫代亚磷酸三丁酯）。作为植物生长调节剂，脱叶亚磷是最常用的脱叶剂之一，由广西化工研究院研制。

产品简介

化学名称　S,S,S-三丁基三硫代亚磷酸酯。英文化学名称为 S,S,S-tributylphosphorotrithioite。

理化性质　本品为无色到淡黄色液体，相对密度 0.99～1.0（20℃），沸点 115～134℃（0.011kPa），闪点：183.8℃。在水中溶解度很低，溶于大多数有机溶剂。

毒性　大鼠急性经口 LD_{50}：910mg/kg，经皮 LD_{50}：615mg/kg；小鼠急性经口 LD_{50}：635mg/kg；兔急性经皮 $LD_{50}>4600$mg/kg。脱叶亚磷为低毒化合物。

应用

脱叶亚磷原作棉花脱叶剂，由于其能在 2h 内被植株吸收，耐雨水冲刷，比胂类杀菌剂（甲基胂酸及甲基胂酸一钠）效果好，所以马来西亚于 1976 年就应用在胶树脱叶方面。

在我国，橡胶主要产地之一海南岛经常受到台风侵袭，造成许多损失。为了保存胶树，应该在台风来临之前使用脱叶剂，促使胶树落叶，同时落叶剂还可用于胶树的防寒、防病等方面。

注意事项

常温常压下稳定。库房应通风，保持低温干燥，与食品原料分开储运。

专利与登记

专利名称　Production of thiophosphites

专利号　US 2542370A

专利拥有者　Stevensdonald R, Spindt Roderick S

专利申请日　1948-09-16

专利公开日　1951-02-20

目前公开的或授权的主要专利有 US2542370A。

登记情况　美国 EPA 登记为脱叶剂和植物生长调节剂，PC 号 074901，商品名 Folex、Merphos。

合成方法

通过如下反应制得目的物。

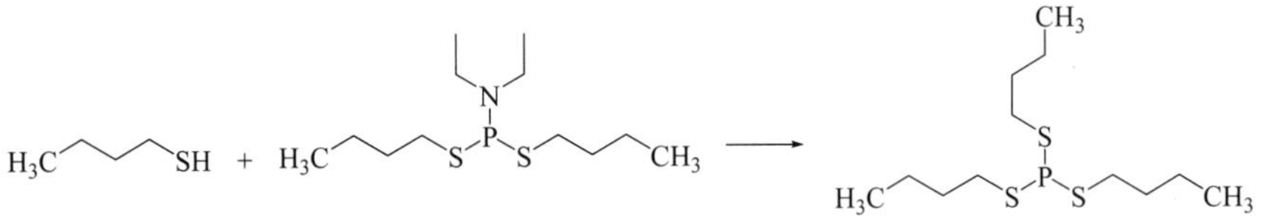

参考文献

[1] 姜伟丽. 中国棉花, 2013, 40(10): 11-14.

芴丁酸（flurenol）

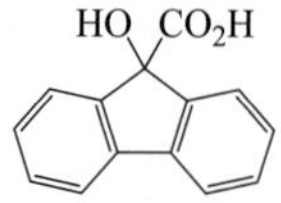

$C_{14}H_{10}O_3$，226.2，467-69-6

芴丁酸（其他名称：IT 3233）是由 E. Merk（现 Shell AgrargmbH & Co.KG）开发的植物生长调节剂。其丁酯称芴丁酯。

产品简介

化学名称　9-羟基芴-9-羧酸。英文化学名称为 9-hydroxyfluorene-9-carboxylic acid。美国化学文摘（CA）系统名称为 9-hydroxyfluorene-9-carboxylic acid。美国化学文摘（CA）主题索引名为 9*H*-fluorene-9-carboxylic acid; 9-hydroxy（9CI）；fluorene-9-carboxylic acid; 9-hydroxy（8CI）。

理化性质　熔点 71℃，蒸气压 3.1×10^{-2}mPa（25℃），分配系数 $K_{ow}lgP$= 3.7，pK_a 1.09。水中溶解度 36.5mg/L（20℃）；有机溶剂中溶解度（g/L，20℃）：甲醇 1500，丙酮 1450，苯 950，乙醇 700，氯仿 550，环己烷 35。光解在酸碱介质中水解。

毒性　急性经口 LD_{50}：大鼠＞6400mg/kg，小鼠＞6315mg/kg。大鼠急性经皮 LD_{50}＞10000mg/kg。NOEL 数据：大鼠（117d）＞10000mg/kg 饲料；狗（119d）＞10000mg/kg。鳟鱼 LC_{50}（96h）318mg/L。水蚤 LC_{50}（24h）：86.7mg/mL。

环境行为　本品大鼠口服，24h 内即可被清除掉 70%～90%，主要经尿排出。在植物体内可完全被降解。在土壤和水中，可完全被微生物降解。土壤中半衰期约 1.5d，水中半衰期约 1～4d。

制剂　12.5%芴丁酯乳油。混剂：50%芴丁酯·2 甲 4 氯（1：4）乳油。

应用

芴丁酯通过被植物根、叶吸收而产生对植物生长的抑制作用，但它主要与苯氧羧酸类除草剂一起使用，起增效作用，可防除谷物作物中杂草。

专利概况

专利名称　Water-soluble salts of fluorine-9-carboxylic acid and its halo derivatives

专利号　CZ 151746

专利拥有者　Kalina,Oldrich

专利申请日　1971-03-02

专利公开日　1974-01-15

目前公开的或授权的主要专利有 DE 19546791 等。

合成方法

以菲为原料，经氧化、重排、酸化得目的物。

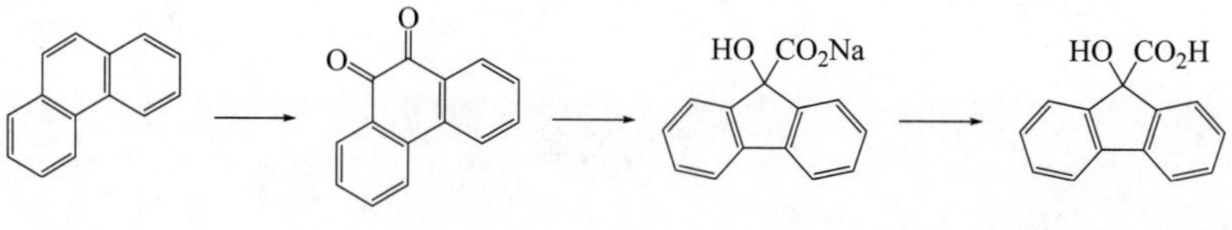

参考文献

[1] 化学世界, 1997, 5(1): 97-101.

[2] 合成化学, 1997, 19(4): 248-249.

芴丁酸胺（FDMA）

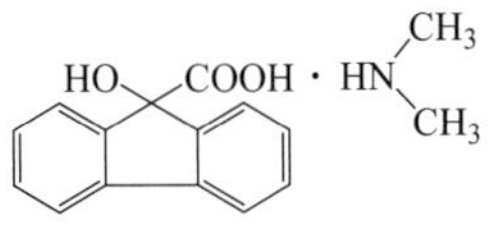

$C_{16}H_{17}NO_3$，271.3，10532-56-6

产品简介

化学名称　9-羟基芴-9-羧酸二甲胺盐。英文化学名称为 9-hydroxyfluorene-9-carboxylic acid dimethylamine。美国化学文摘（CA）系统名称为 9-hydroxyfluorene-9-carboxylic acid dimethylamine。美国化学文摘（CA）主题索引名为 fluorene-9-carboxylic acid，9-hydroxy，compd.with dimethylamine（1∶1）。

理化性质　芴丁酸胺是略带氨气味的无色结晶体。熔点是 160～162℃。相对密度 1.18。溶解度（20℃，g/100mL）：水中 3.3，丙酮中 0.284，甲醇 25。

毒性　芴丁酸胺相对低毒。急性经口 LD_{50}（mg/kg）：大鼠＞6400，小鼠＞6315。大鼠急性经皮 LD_{50}＞10000mg/kg，对兔皮肤和眼无刺激作用。

作用特性

芴丁酸胺由植物茎叶吸收，传导到顶部分生组织。抑制顶部生长，促进侧枝生长，矮化植株。

应用

芴丁酸胺主要用来矮化植株。还可与 2,4-滴混用作为麦田和水稻田除草剂。

专利概况

专利名称　Synergistic plantgrowth regulators containing benzanilides and hydroxyflu- orene carboxylates

专利号　JP 0273003

专利拥有者　Hodogaya Chemical Co.Ltd.

专利申请日　1988-09-09

专利公开日　1990-03-13

合成方法

以菲为原料，经氧化、重排、酸化、成盐得目的物。

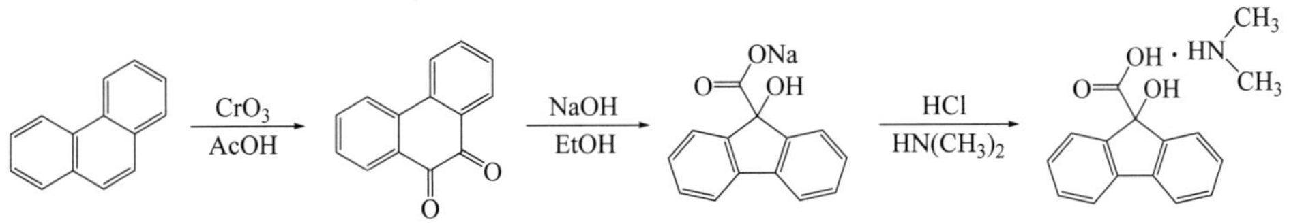

参考文献

[1] 化学世界, 1997, 5(1): 97-101.

[2] 合成化学, 1997, 19(4): 248-249.

烯腺嘌呤（enadenine）

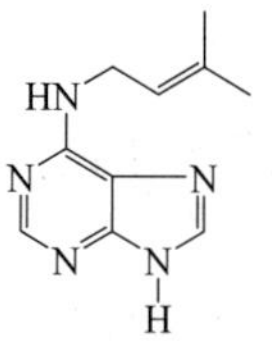

C₁₀H₁₃N₅，203.25，2365-40-4

产品简介

化学名称　烯腺嘌呤，别名 N^6-异戊烯基腺嘌呤。英文化学名称为 N^6-(delta 2-isopentenyl)-adenine。

理化性质　纯品密度 1.266g/cm³，熔点 216.4～217.5℃，沸点 477.1℃（1.01×10⁵Pa），闪点 242.4℃。

毒性　烯腺嘌呤属低毒植物生长调节剂。原药小鼠急性经口 LD₅₀＞10g/kg，大鼠喂养 90 天试验，无作用剂量 5000mg/kg。Ames 试验、小鼠骨髓嗜多染红细胞微核试验、精子畸变试验均为阴性。大鼠致畸 2.5g/kg（体重），0.625g/kg、0.156g/kg 对大鼠无致畸作用。大鼠 28 天蓄积性毒性试验，蓄积系数 K 值＞5，属弱蓄积毒性。

制剂　0.0001%羟烯腺嘌呤可湿性粉剂、颗粒剂；0.004%、0.001%、0.0025%烯腺·羟烯腺可溶粉剂；0.0001%、0.0002%、0.001%、0.002%烯腺·羟烯腺水剂等。

作用特性

促进细胞的分裂和分化；突出的延缓植物组织的衰老作用；促进器官形成；促进花芽分化，并能诱导单性结实，提高坐果率等。

应用

（1）可使玉米拔节、抽雄、扬花及成熟提前，而且穗节位和穗长提高，穗秃尖减少，粒数增加，千粒重增加。

（2）用于西瓜，用 600 倍药液喷雾，药剂用量 300～450L/hm²，每隔 10d 喷 1 次，重复 3 次，使产量和含糖量增加。此外，还可用于白菜、茄子、番茄、茶叶、烟草、水稻、人参等。

（3）用于柑橘于谢花期和第 1 次生理落果期以 300～500 倍液均匀喷布枝叶 2 次，可显著提高坐果率，用 600 倍药液喷雾茎、叶、果，可使果实外观色泽橙红，且含糖量、固形物增加，柠檬酸含量减少。

（4）用于玉米以种子：水：植物细胞分裂素为 1:1:0.1 浸种 24h，于穗位叶分化、雌穗分化末期、抽雄始期，再用 600 倍药液均匀喷洒 3 次。喷液量 450～750L/hm²。

注意事项

本药剂应贮存在阴凉、干燥、通风处，切勿受潮；不可与种子、食品、饲料混放。

专利与登记

专利名称　γ,γ-Dimethylallyl derivatives of purine

专利号　GB 1009439

专利拥有者　Oletta S.A.

专利申请日　1962-06-04

专利公开日　1965-11-10

目前公开或授权的主要专利有 EP 248984、US 5240839、CN 1095892、JP 07233037、WO 2000053783 等。

登记情况 郑州郑氏化工产品有限公司完成 98%羟烯腺嘌呤原药登记（PD20211691），浙江惠光生化有限公司取得 0.1%烯腺嘌呤母药登记（PD20081119）。浙江惠光生化有限公司（登记证号 PD20081119，0.1%烯腺嘌呤母药）、高碑店市田星生物工程有限公司（登记证号 PD20082584，0.006%烯腺·羟烯腺母药）、河北中保绿农作物科技有限公司（登记证号 PD20097723，0.02%烯腺·羟烯腺母药）、上海惠光环境科技有限公司（登记证号 PD20081299，0.0004%烯腺·羟烯腺可溶粉剂）等公司登记生产。登记作物有：大豆、小麦、柑橘、水稻、烟草、玉米、甘蓝、番茄、茶叶、葡萄、辣椒。

合成方法

通过如下反应制得目的物。

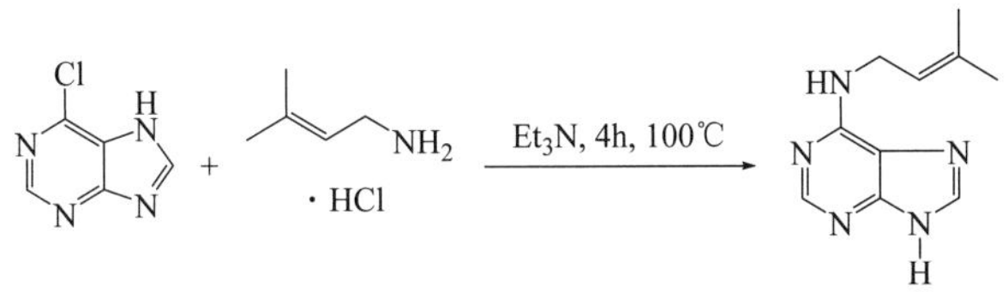

参考文献

[1] Bioorganic & Medicinal Chemistry, 2011, 19(23): 7244-7251.

烯效唑（uniconazole）

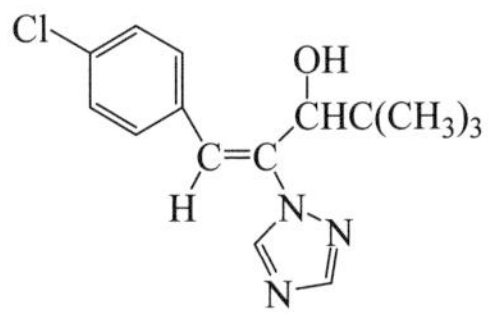

$C_{15}H_{18}ClN_3O$，291.8，83657-22-1、83657-17-4 [(E)-(S)-(+)异构体]、
76714-83-5[E-异构体]、83657-16-3[(E)-(R)-(−)异构体]

烯效唑[试验代号：S-07、S-327D、S-3307D、XE-1019，商品名称：Lomica、Sumiseven、Sumagic，主要为 uniconazole-P，即(E)-(S)-(+)异构体]是由日本住友化学工业公司和 Valent 开发的三唑类植物生长调节剂。现由江苏七洲绿色化工股份有限公司、四川省化学工业研究设计院有限责任公司、江苏剑牌农化股份有限公司等生产。

产品简介

化学名称 (E)-(RS)-1-(4-氯苯基)-4,4-二甲基-2-(1H-1,2,4-三唑-1-基)戊-1-烯-3-醇。英文化学名称为(E)-(RS)-1-(4-chlorophenyl)-4,4-dimethyl-2-(1H-1,2,4-triazol-1-yl)pent-1-en-3-ol。美国化学文摘（CA）系统名称为(E)-(±)-(β)-[(4-chlorophenyl)methylene]-α-(1,1-dimethylethyl)-1-H-1,2,4-triazole-1-ethanol。美国化学文摘（CA）主题索引名为 1H-1,2,4-triazole-1-ethanol-, β-[(4-chlorophenyl)methylene]-α-(1,1-dimethylethyl)-(E)-。精烯效唑[uniconazole-P，(E)-(S)-1-(4-氯苯基)-4,4-二甲基-2-(1H-1,2,4-三唑-1-基)戊-1-烯-3-醇]是 S-异构体，CAS 登录号为 83657-17-4。

理化性质　烯效唑纯品为白色结晶，熔点 147～164℃，蒸气压 8.9mPa（20℃），分配系数 $K_{ow}lgP$=3.67（25℃）。相对密度 1.28（21.5℃）。溶解度（25℃）：水中 8.41mg/L，己烷 300mg/kg，甲醇 88g/kg，二甲苯 7g/kg，易溶于丙酮、乙酸乙酯、氯仿和二甲基甲酰胺等常用有机溶剂。在正常贮存条件下稳定。精烯效唑（S 体）纯品为白色结晶，熔点 152.1～155.0℃。蒸气压 5.3mPa（20℃），相对密度 1.28（25℃）。溶解度（25℃）：水 8.41mg/L，己烷 200mg/L，甲醇 72g/L。在正常贮存条件下稳定。

毒性　精烯效唑（S 体）大鼠急性经口 LD_{50}（mg/kg）：雄 2020，雌 1790。大鼠急性经皮 LD_{50}>2000mg/kg。对兔眼有轻微刺激，对皮肤无刺激性。大鼠吸入 LC_{50}（4h）>2750mg/m^3 空气。Ames 试验无致突变作用。鱼毒 LC_{50}（96h，mg/L）：虹鳟鱼 14.8，鲤鱼 7.64。蜜蜂 LD_{50}（接触）>20μg/只。

制剂与分析方法　单剂 50%可溶液剂，5%、10%可湿性粉剂，0.04%颗粒剂，0.005%、0.01%悬浮剂；混剂如本品+赤霉酸。产品分析和残留物测定采用 GC 和 HPLC 法。

作用特性

烯效唑可经由植株的根、茎、叶、种子吸收，然后经木质部传导到各部位的分生组织中。作用机理与多效唑相同，是赤霉酸生物合成的抑制剂。主要生理作用是抑制细胞伸长，缩短节间，促进分蘖，抑制株高，改变光合产物分配方向，促进花芽分化和果实的生长；它还可增加叶表皮蜡质，促进气孔关闭，提高抗逆能力。

应用

烯效唑是广谱多用途的植物生长调节剂，其实际应用效果如下：

（1）水稻

① 使用 50～150mg/L 烯效唑溶液浸种 12h，浸种后能有效降低秧苗株高，促进分蘖时间提早 5 天，分蘖数增加 5 个/株，特别是能够显著促进根系的生长，使根系的吸收能力大大增强，根系活力增加 70%。但每生长季最多使用 1 次，且生长季节不能再施用同类型药剂，以防控制过度。

延长大龄迟栽秧苗的秧龄弹性，在麦（油）稻两季田或季节性干旱区域，因前茬收获迟或等雨栽培，造成水稻栽插偏迟，秧龄 50 天以上，易形成大龄老秧。以浓度为 20～40mg/L 的烯效唑浸种，延缓秧苗地上部生长，使其生长高峰后移，促进根系生长，增强了抵抗不良环境的能力。烯效唑处理后迟栽秧株高降低、分蘖数增加，根茎叶的鲜重和干重均高于对照，干重与苗高之比也低于对照。

旱育秧条件下，以浓度为 20～40mg/L 的烯效唑浸种，能降低迟栽秧株高、增加分蘖数，增加根茎叶的鲜重和干重。在塑盘旱育秧条件下，烯效唑在秧龄 30～40 天前，可增加分蘖；在 30～40 天后，可减少分蘖死亡。并且处理后叶原基分化发育良好，生长点完整，具有"潜在分蘖势"，保证了在较大秧龄下形成较好的秧苗素质，使抛后分蘖发生快，有效穗和成穗率提高。

② 在拔节初期，每亩用 5% 药液 20～25mL 对水进行叶面喷洒，也可达到促进分蘖、矮化、增产效果。

③ 在水稻孕穗期喷施 20mg/L 的烯效唑溶液，可提高剑叶叶绿素含量，延缓剑叶叶片衰老，促进叶片可溶性糖输出，促进弱势粒灌浆，显著提高每穗实粒数，增产。

（2）玉米　播种前，使用浓度为 20～30mg/L 的烯效唑药液浸种玉米 5h，将种子在阴凉处晾干后播种。提高玉米的发芽率和发芽势，使根系发达，幼苗矮健，栽后成活快。在玉米苗期使用 200～300mg/L 的烯效唑溶液，可明显延缓玉米地上部的生长，使茎秆粗壮，壮苗，增强玉米的耐旱性和抗倒力，使玉米增产。

（3）小麦　播前每千克小麦种子用 100～200mg 5%的烯效唑可湿性粉剂拌种或闷种，也可在麦苗 1 叶 1 心期，用 10mg/L 药液喷洒，拔节期用 40～50mg/L 药液喷洒，可增产。

（4）大麦　拔节期每亩喷洒 40mg/L 药液 50L，可防止倒伏，提高产量。与氯化钾或赤霉酸混施效果更好。

（5）油菜　在 3～4 叶期，用 20～40mg/L 药液进行叶面喷洒，可达到明显降低苗高，增加幼茎粗度和提高叶绿素含量，同时增加单株绿叶数和叶片厚度，使叶柄变短，降低有效分枝节位，增加单株一次和二次分枝数以及角果数，增产的效果。

（6）番茄　用 5mg/L 烯效唑喷洒 2～3 叶期幼苗植株，具有蹲苗、控长、防寒、早花的效果。

（7）菜豆　用 100～300mg/L 甲哌鎓或 10～20mg/L 烯效唑喷洒菜豆全株 1～2 次，可促进菜豆花芽分化，提前结角。

（8）韭菜　用 5～10mg/L 的烯效唑溶液浸种 12h，可控制韭菜幼苗徒长，增粗假茎，提高壮苗指数。

（9）甘薯　在块根膨大初期，用 30～50mg/L 药液进行叶面喷洒，可控制营养生长，促进块根膨大，增加产量。甘薯扦插后 60d，用 30mg/L 药液叶面喷洒，可提高块根产量。

（10）元胡　在营养生长旺盛期，用 20mg/L 药液进行叶面喷洒，可促进块茎膨大，增加产量。

（11）春大豆　在初花至盛花期，用 25mg/L 药液进行叶面喷洒，可控制旺长，促进结荚，增加产量。大豆种子经烯效唑处理后（安全使用浓度不超过 150mg/L），可矮化植株，提高产量。

（12）马铃薯　在初花期，用 30mg/L 药液进行叶面喷洒，可控制地上部分旺长，促进块茎膨大，增加产量。

（13）棉花　在初花期，用 20～50mg/L 药液进行叶面喷洒，可控制营养生长，促进结棉桃，增加棉花产量。

（14）花生　在初花期，用 50mg/L 药液进行叶面喷洒，可矮化植株，使其多结荚，增加产量。

（15）油茶　油茶的春梢生长到一定时期，喷洒 500mg/L 药液，可协调营养生长与生殖生长，减少来年春梢长度，增加春梢数，明显增加叶片数和叶片厚度，提高总叶绿素、可溶性糖以及可溶性蛋白质含量，提高坐果率、降低落果率，增加单果鲜重和单株产量。

（16）苹果　对 15 年生长健壮的"红富士"苹果在短枝停长后 2 周喷施 1000mg/L 的烯效唑，可显著促进花芽分化。

（17）樱桃　当樱桃春季新梢长 10cm 时叶面喷布 20mg/L 的 S3307 溶液，能明显延缓生长，增加花芽量，提高果实产量和品质。

（18）葡萄　在葡萄果实成熟前 20 天和 10 天左右，分别用浓度为 50～100mg/L 的烯效唑溶液喷施于葡萄果穗上，可明显促进果皮花色素的形成，促进果实着色，提高品质与产量。

（19）云杉　用 10mg/L 药液浸泡种子 12～24h，可使其出苗快、出苗齐，苗木生长健壮。

（20）红松、落叶松　每公顷用 5%可湿性粉剂 750～900g，加水 450L 喷洒，可防止在培育红松苗木时易发生的二次生长现象，该现象可致使苗木树梢幼嫩，木质化不良，抗旱、抗寒能力差等问题。同样处理可使落叶松苗在 1 个月内进入休眠状态，完成木质化进程。

注意事项

烯效唑的用途在不断扩大。它比多效唑在土壤中的半衰期短，而使用浓度一般又比多效唑低 80%～90%，对土壤和环境是比较安全的。但它用作坐果剂，势必会造成果多、果变形的问题，为此建议：在农作物上要注意与生根剂、钾盐混用，尽量减少用量，减轻对环境的影响；在果树上，尽量与细胞激动素等混用，试验示范后再加以推广。

专利与登记

专利名称　Geometric isomers of triazole compounds and fungicidal,herbicidal and plantgrowth regulating compositions containing them

专利号　DE 3010560

专利拥有者　Sumitomo Chemical Co.,Ltd.

专利申请日　1979-05-20

专利公开日　1980-10-02

目前公开的或授权的主要专利有 JP 05279270、US 4908455、DE 3010560、WO 9627290、JP 0183001 等。

登记情况　国内原药登记厂家有江苏七洲绿色化工股份有限公司（登记号 PD20070351）、四川省化学工业研究设计院有限责任公司（登记号 PD20094667）、江苏剑牌农化股份有限公司（登记号 PD20081840）等；剂型有 10%悬浮剂、5%可湿性粉剂，混剂有 10%抗倒酯·烯效唑微乳剂，3%、5%、6% 14-羟芸·烯效唑悬浮剂等；登记作物有小麦、柑橘树、棉花、水稻、油菜、烟草、甘薯、花椒树、花生、草坪。

合成方法

烯效唑制备方法较多，其合成方法如下。

以频哪酮为起始原料，经氯化或溴化，制得一氯/溴频哪酮，然后在碱存在下，与 1,2,4-三唑反应，生成 α-三唑基频哪酮，再与对氯苯甲醛缩合，得到 E-和 Z-酮混合物；Z-酮通过胺催化剂异构化成 E-异构体(E-酮)，然后用硼氢化钠还原，即得烯效唑。反应式如下：

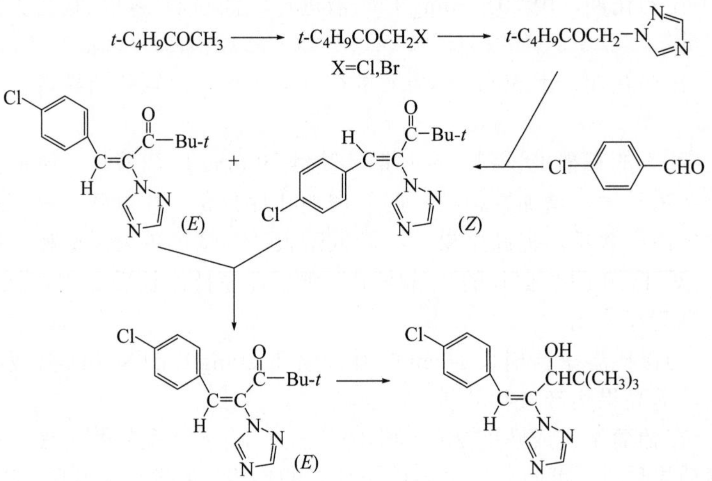

参考文献

[1] 日本农药学会志, 1987, 12(4): 627-634.

[2] 日本农药学会志, 1991, 16(2): 211-221.

[3] EP 240216, 1987, CA 108: 94567.

[4] DE 3010560, 1980, CA 94: 103386.

[5] DE 2838847, 1979, CA 90: 204103.

[6] JP 05279270, CA 120: 217744.

[7] WO 850440, 1985, CA 104: 109654.

[8] JP 6210024, 1987, CA 106: 175410.

[9] EP 54431, 1982, CA 97: 216186.

[10] EP 28363, 1981, CA 95: 150670.

[11] DE 3509823, 1986, CA 106: 18573.

[12] DE 3509824, 1986, CA 106: 5053.

[13] Japan Pesti.Inf., 1987, 51: 15-22.

[14] J.Plant Growth Regul., 1994, 13: 213-219.

[15] Chromatographia, 1993, 35(9～12): 555-559.

细胞分裂素（cytokinin）

6-异戊烯腺嘌呤，R=

激动素，R=

玉米素，R=

6-isopentenylaminopurine: $C_{10}H_{13}N_5$，203.2，2365-40-4

KT: $C_{10}H_9N_5O$，215.2，525-79-1

ZT: $C_{10}H_{13}N_5O$，219.2，1637-39-4

细胞分裂素为从玉米或其他植物中分离或人工合成的植物激素，与生长素、赤霉酸、乙烯、S-诱抗素并列为世界公认的五大类天然植物激素。主要包含 6-异戊烯腺嘌呤（6-isopenteny lamino purine）、激动素（KT）、玉米素（ZT）等。

一般在植物根部产生，是一类促进胞质分裂的物质，促进多种组织的分化和生长。与植物生长素有协同作用。是调节植物细胞生长和发育的植物激素。

产品简介

（1）化学名称　6-异戊烯腺嘌呤。英文化学名称 N-(3-methylbut-2-en-1-yl)-7H-purin-6-amine。美国化学文摘（CA）系统名称为 6-(3-methylbut-2-en-1-yl)-9H-purine。

（2）化学名称　激动素。英文化学名称 N-(furan-2-ylmethyl)-7H-purin-6-amine。美国化学文摘（CA）系统名称为 6-furfurylamino-9H-purine。

理化性质　纯品熔点 266～267℃，220℃升华。水中溶解度 51.0mg/L，微溶于甲醇、乙醇。

（3）化学名称　玉米素。英文化学名称 (E)-4-((7H-purin-6-yl)amino)-2-methylbut-2-en-1-ol。美国化学文摘（CA）系统名称为 2-methyl-4-(9H-purin-6-ylamino)- 2-en-1-ol。

理化性质　纯品熔点 207～208℃。

毒性　大白鼠急性经口 $LD_{50}>2000mg/kg$，兔急性经皮 $LD_{50}>2000mg/kg$。

作用特性

细胞分裂素是一类促进细胞分裂、诱导芽的形成并促进其生长的植物激素。主要分布于进行细胞分裂的部位，如茎尖、根尖、未成熟的种子、萌发的种子、生长着的果实内部。细胞分裂素最明显的生理作用有两种：一是促进细胞分裂和调控其分化。在组织培养中，细胞分裂素和生长素的比例影响着植物器官分化，通常比例高时，有利于芽的分化；比例低时，有利于根的分化。二是延缓蛋白质和叶绿素的降解，延迟衰老。

应用

细胞分裂素可用于蔬菜保鲜，在组织培养工作中细胞分裂素是分化培养基中不可缺少的附加激素。细胞分裂素还可用于果树和蔬菜上，主要用于促进细胞扩大，提高坐果率，延缓叶片衰老。

专利概况

专利名称　Purine de rivatives and processes for their synthesis

专利号　GB 1009439

专利拥有者　Oletta Societe Anonyme

专利申请日　1961-06-02

专利公开日　1965-11-10

目前公开的或授权的主要专利有 US 4169717、ZA 8404495、EP 132360、JP 60123406 等。

参考文献

[1] Life sciences, 1963, 2(8): 569-573.

[2] Physiologie Vegetale, 1975, 13(4): 781-796.

[3] European Journal of Biochemistry, 1994, 224(2): 771-786.

[4] Plant and Cell Physiology, 2004, 45(8): 1053-1062.

腺嘌呤（adenine）

$C_5N_5H_5$，135.1，73-24-5

产品简介

腺嘌呤（其他名称：维生素 B_4）。

化学名称　6-氨基嘌呤。英文化学名称为 6-aminopurine。美国化学文摘（CA）主题索引名为 1*H*-purin-6-amine。

理化性质　本品为白色无嗅针状结晶，含三分子水结晶，熔点 360～365℃（分解）。其盐熔点为 285℃，不溶于氯仿和乙醚，微溶于冷水、酒精，溶于沸水、酸或碱。

毒性　大鼠急性经口 LD_{50}：745mg/kg。饲喂 1mg/(kg·d) 以上时，狗血清中肌酸酐和血尿氮量增加，对其肾脏有损害。

应用

本品与苄氨基嘌呤作用类似，抑制植株生长。

如果用腺嘌呤粉剂 1%～2%的溶液涂抹甜瓜的子房或花梗可以使坐果率提高 50%，增产 35%。

注意事项

（1）用药后 24h 内下雨会降低效果。

（2）用前要充分摇匀，施药不能过量，否则会减产。

专利概况

专利名称　Adenine

专利号　JP 21744

专利拥有者　Sankyo. Co.,Ltd.

专利申请日　1959-04-14

专利公开日　1959-11-11

目前公开的或授权的主要专利有 JP 4342、JP 21744、JP 21864、SU 491362 等。

合成方法

通过如下反应制得目的物。

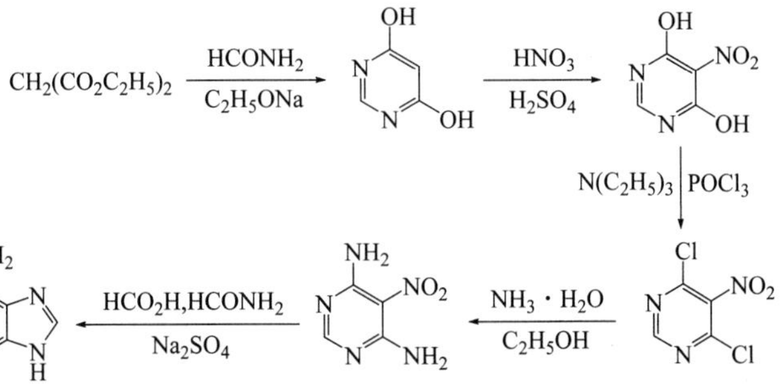

参考文献

[1] Acta Pharmacologica et Toxicologica, 1973, 32(3-4): 246-256.

[2] J. Chromatography, 1972, 66(1): 175-177.

[3] Bulletin de l'Académie Polonaise des Sciences Série des Sciences Biologiques, 1972, 20(2): 75-80.

[4] SU 491362, 1995, CA84: 85636.

香芹蒎酮（carvone）

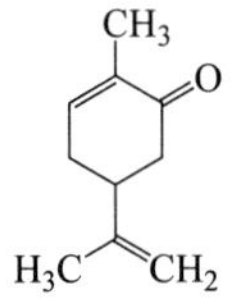

$C_{10}H_{14}O$，150.2，99-49-0

产品简介

化学名称　香芹蒎酮，其他名称为香芹酮。IUPAC 名称 5-isopropenyl-2-methylcyclohex-2-en-1-one。

理化性质　本品因其六元环 5 位上的 C 是手性碳原子，故具有 2 种不同的空间构型：L-香芹蒎酮和 D-香芹蒎酮。香芹蒎酮为黄色或无色液体，有特殊气味。沸点 227～230℃，不溶于水、丙三醇，溶于乙醇、乙醚、氯仿、丙二醇和矿物油。

毒性　大鼠急性经口 LD_{50}：1640mg/kg。

作用特性

马铃薯发芽抑制剂，防治马铃薯贮藏病害，如银屑病、干腐病等。

应用

左旋体 L-香芹蓼酮具有浓烈的留兰香气息，而右旋体 D-香芹蓼酮为葛缕子香味，广泛应用于牙膏、糖果、饮料、香皂等行业，在工业上还可以做高效溶剂等。香芹蓼酮属于单萜类天然产物，对昆虫具有毒杀、驱避、拒食等作用以及抑菌杀菌的效果。

专利概况

专利名称　Process for the recovery of heparin

专利号　US 2797184

专利拥有者　Coleman，Lester L

专利公开日　1957-06-25

合成方法

合成本品的方法较多，其中主要有两种：

（1）一步氧化法

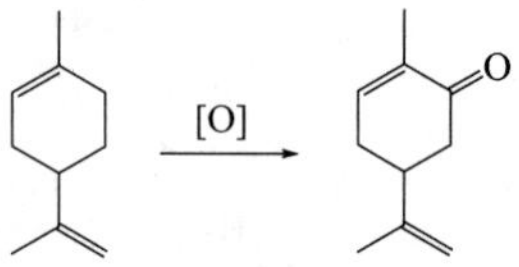

（2）三步法

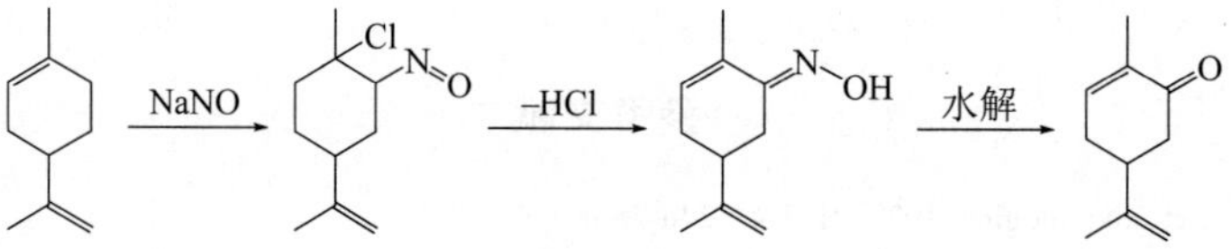

参考文献

[1] Seymour M.Linder. J. Org. Chem., 1957, 22: 949-951.

[2] Bilis. Catalysis Today, 2010, 157: 101-106.

烟酰胺（nicotinamide）

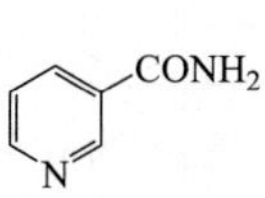

$C_6H_6N_2O$，122.1，98-92-0

烟酰胺（其他名称：niacinamide、Vitamin B_3、维生素 PP、尼克酰胺）广泛存在于酵母、稻麸和动物肝脏内。

产品简介

理化性质　白色粉状或针状结晶体，微有苦味，熔点 129～131℃。室温下，水中溶解度100%，也溶于乙醇和甘油，不溶于醚。

毒性　烟酰胺对人和动物安全。急性经口 LD_{50}：大鼠 3500mg/kg，小鼠 2900mg/kg。大鼠急性经皮 LD_{50}1700mg/kg。

作用特性

烟酰胺可通过植物根、茎和叶吸收。可提高植物体内辅酶 I 活性，促进生长和根的形成。

应用

移栽前每5kg土混5~10g烟酰胺可促进根的形成，提高移栽苗成活率。用0.001%~0.01%药液处理，可促进低温下棉花的生长。

注意事项

（1）低剂量下，烟酰胺促进植物生长；高剂量下会抑制植物生长。不同作物的推荐剂量不一，应用前应做试验以确定适宜的剂量。

（2）作为生根剂时，最好和其他生根剂混合使用。

乙二膦酸（EDPA）

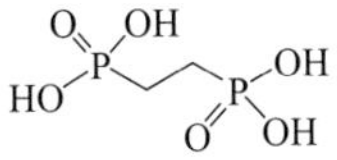

$C_2H_8P_2O_6$，190.0，6145-31-9

产品简介

化学名称　1,2-乙二膦酸。英文化学名称为1,2-ethanediylbis-phosphonic acid。美国化学文摘（CA）系统名称为1,2-ethanediylbisphosphonic acid。美国化学文摘（CA）主题索引名为phosphonic acid。

理化性质　纯品白色晶体，熔点220~223℃，易潮解。工业级乙二膦酸为光亮的微黄色透明液体。乙二膦酸是强酸，易溶于水和乙醇，微溶于苯和甲苯，不溶于石油醚。乙二膦酸在酸介质中稳定，在碱性条件下水解。

作用特性

植物叶片及茎干吸收，传导到其他组织。在pH>5情况下，乙二膦酸分解释放出乙烯和磷酸，加速成熟和叶片脱落。

应用

乙二膦酸可用于棉花、苹果、桃、梨上，见表2-26。

表2-26　乙二膦酸应用方法

作物	应用时间	浓度/（mg/L）	效果
棉花	荚张开时	1000~2000	荚早张开，避免霜冻后开花
苹果、梨	收获前15~30d	1000~2000	增加甜度，提早成熟，增加色泽
桃	收获前15~30d	1000~2000	提早成熟，增加色泽

注意事项

（1）虽然乙二膦酸比乙烯利作用温和，但要严格控制各种作物的用量，且要喷洒均匀。

（2）不要和碱性药物混用。

（3）贮存在冷凉条件下。

（4）使用表面活性剂能增加乙二膦酸的效果。

（5）彻底清洗喷雾器械，以防腐蚀。

合成方法

以1,2-二氯乙烷及膦酸二乙酯钠盐为原料，生成1,2-乙二膦酸二乙酯再水解为产品。反应式如下：

$$ClCH_2CH_2Cl + (EtO)_2PONa \longrightarrow [CH_2PO(OEt)_2]_2 \longrightarrow H_2PO_3CH_2CH_2PO_3H_2$$

参考文献

[1] Zhur. Obshch.Khim., 1960, 30: 1602-1608.

[2] Zhur. Obshch.Khim., 1967, 37: 418-420.

乙二肟（glyoxime）

$$HON=CHCH=NOH$$

$C_2H_4N_2O_2$，88.1，556-22-9

乙二肟（其他名称：CGA 22911、Pik-Off、Glyoxal dioxime），1974 年由 Ciba-Geigy 开发。

产品简介

化学名称 乙二肟。英文化学名称为 ethanedialdioxime。美国化学文摘（CA）系统名称为 ethanedialdioxime。

理化性质 白色片状结晶，易溶于水和有机溶剂，熔点 178℃。水溶剂呈弱酸性。

毒性 大鼠急性经口 LD_{50} 180mg/kg。

制剂 10%可溶液剂，用于种子包衣。

作用特性

乙二肟是乙烯促进剂，也是柑橘的果实脱落剂。在果实和叶片间有良好的选择性。乙二肟由果实吸收，积累在果实表皮，使果实表面形成凹陷，促进乙烯形成，使果实基部形成离层，加速果实脱落。

应用

用作柑橘和凤梨的脱落剂。用 200～400mg/L 药液在采收前 5～7d 施于柑橘树可使果实选择性脱落，易于采摘，而对未成熟的果实和树叶无伤害。

专利概况

专利名称 Diaminoglyoxime

专利号 RU 713864

专利拥有者 Leningrad Technological Institute

专利申请日 1978-06-16

专利公开日 1980-02-05

目前公开的或授权的主要专利有 RU 713864、JP 09301775 等。

合成方法

乙二肟的制备方法主要有两种。

（1）以乙二胺为原料，用双氧水氧化而得。

$$H_2NCH_2CH_2NH_2 + H_2O_2 \xrightarrow{Na_2WO_4} HON=CHCH=NOH$$

（2）乙二醛和盐酸羟胺反应制得。

$$OHC-CHO + NH_2OH \cdot HCl \longrightarrow HON=CHCH=NOH$$

参考文献

[1] Chem.Ber., 1960(93):132-136.
[2] RU 713864, 1980, CA92:197914e.

乙烯硅（etacelasil）

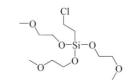

C₁₁H₂₅ClO₆Si，316.9，37894-46-5

乙烯硅（其他名称：Alsol，CGA 13586）由 Ciba-Geigy AG 开发。

产品简介

化学名称　2-氯乙基三（2-甲氧基乙氧基）硅烷。英文化学名称为 2-chloroethyltris
(2-methoxyethoxy)silane。美国化学文摘（CA）系统名称为 6-(2-chloroethyl)-6-(2methoxyeth-
oxy)-2,5,7,10-tetraoxa-6-silaundecane(9CI)。美国化学文摘（CA）主题索引名为 2,5,7,10-tetraoxa-
6-silaundecane，6-(2-chloroethyl)-6-(2-methoxyethoxy)。

理化性质　纯品为无色液体，沸点 85℃（1.33Pa），蒸气压 27mPa（20℃），密度 1.10g/cm³
（20℃）。溶解性（20℃）：水中溶解度 25g/L，可与苯、二氯甲烷、乙烷、甲醇、正辛醇互溶。
水解 DT₅₀（min，20℃）：50（pH 5）、160（pH 6）、43（pH 7）、23（pH 8）。

毒性　大白鼠急性经口 LD₅₀：2066mg/kg，大白鼠急性经皮 LD₅₀＞3100mg/kg，对兔皮
肤有轻微刺激，对兔眼睛无刺激。大鼠急性吸入 LC₅₀（4h）＞3.7mg/L 空气。90d 饲喂试验
的无作用剂量：大鼠 20mg/（kg•d），狗 10mg/（kg•d）。鱼毒 LC₅₀（96h）：虹鳟鱼、鲫鱼、
蓝鳃翻车鱼＞100mg/L。对鸟无毒。

应用

本品通过释放乙烯而促使落果，用作油橄榄的脱落剂，根据油橄榄的品种不同在收获前
6～10d 喷施。

注意事项

（1）勿与碱性药物混用，以免导致乙烯硅过快分解。

（2）在晴天干燥情况下应用效果好。

（3）有些水果、瓜类催熟有失风味，有待从混用上弥补不足。

专利概况

专利名称　Plantgrowth regulating (2-haloethyl) silanes

专利号　DE 2149680

专利拥有者　Foery Werner

专利公开日　1972-04-13

专利申请日　1970-10-06

目前公开的或授权的主要专利有 WO 8705781 等。

合成方法

以 2-氯乙基三氯硅烷为原料，与 2-甲氧基乙醇反应得目的物。反应式如下：

$$ClCH_2CH_2SiCl_3 + CH_3OCH_2CH_2OH \longrightarrow (CH_3OCH_2CH_2O)_3SiCH_2CH_2Cl$$

参考文献

[1] J. Rufener, D. Pieta. Riv. Ortoflorofruttic. Ital., 1974, 4: 274.

[2] DE 2149680, 1972, CA 77: 5605a.

乙烯利（ethephon）

$C_2H_6ClO_3P$，144.5，16672-87-0

乙烯利（商品名称：Cedar、Griffin、Coolmore、Cerone、一试灵），1965 年由美国联合碳化公司开发、拜耳公司生产，国内由内蒙古百灵科技有限公司、河北瑞宝德生物化学有限公司、安道麦安邦（江苏）有限公司、连云港立本作物科技有限公司、山东大成生物化工有限公司、安道麦辉丰（江苏）有限公司、苏农（广德）生物科技有限公司、江苏常丰农化有限公司、江苏禾裕泰化学有限公司等多家企业生产。

产品简介

化学名称　2-氯乙基膦酸。英文化学名称为 2-chloroethyl phosphonic acid。美国化学文摘（CA）系统名称为(2-chloroethyl)phosphonic acid (8&9CI)。美国化学文摘（CA）主题索引名为 phosphonic acid, (2-chloroethyl)。

理化性质　纯品为无色固体（工业品为透明的液体），熔点 74～75℃，沸点 265℃（分解），相对密度 1.409±0.02（20℃，原药），蒸气压＜0.01mPa（20℃）。分配系数 $K_{ow}lgP$＜-2.20（25℃），Henry 常数＜$1.55×10^{-9}$Pa·m³/mol（计算值）。水中溶解度约 1kg/L（23℃），易溶于甲醇、乙醇、异丙醇、丙酮、乙醚和其他极性溶剂，微溶于芳香族溶剂，不溶于煤油和柴油。在 pH＜5 时的水溶液中稳定，在此 pH 值以上分解释放出乙烯。DT_{50}：2.4d（pH7，25℃），对紫外光敏感。

毒性　大鼠急性经口 LD_{50}：3030mg/kg（原药）。兔急性经皮 LD_{50}：1560mg/kg（原药）。大鼠急性吸入 LC_{50}（4h）：4.52mg/L 空气。NOEL 数据（2 年）：大鼠 3000mg/kg。ADI 值：0.05mg/kg。山齿鹑急性经口 LD_{50}：1072mg/kg（原药），山齿鹑饲喂试验 LC_{50}（8d）＞5000mg/L 饲料（原药）。鱼类 LC_{50}（96h，mg/L）：虹鳟鱼 720，鲤鱼＞140。水蚤 EC_{50}（48h）：1000mg/L（原药）。海藻 EC_{50}（24～48h）：32mg/L。对其他的水生物种低毒。对蜜蜂、蚕、蚯蚓无毒。

环境行为　进入动物体内的本品，很快通过尿被完全排泄到体外，产生的乙烯被释放到空气中。本品在植物体内很快被降解成乙烯。在土壤中很快降解，有较低的流动性。

制剂　48%悬浮剂，40%可溶液剂。

作用特性

乙烯利是促进成熟和衰老的植物生长调节剂。它可经由植株的茎、叶、花、果吸收，然后传导到植物的细胞中。因一般细胞液 pH 皆在 4 以上，于是便分解生成乙烯，起植物体内内源乙烯的作用。如提高雌花或雌性器官的比例，促进某些植物开花，矮化水稻、玉米等作物，增加茎粗，诱导不定根形成，刺激某些植物种子发芽，加速叶、果的成熟、衰老和脱落。但乙烯利可抑制生长素的运转及根的伸长等。

应用

　　乙烯利是一种广谱的植物生长调节剂,在农、林、园艺上有着十分广泛的用途(见表2-27)。促进苹果、番茄成熟;刺激保护地玫瑰开花;促进天竺葵属植物分枝;诱导凤梨科植物开花;防止麦类作物倒伏。

表 2-27　乙烯利在主要作物上的应用技术

作物	处理浓度	处理时间、方式	效果
橡胶树	40%液剂稀释 20～40 倍	割胶期涂抹割胶处树皮	增产乳胶
棉花	500～1000mg/L 或 40%液剂稀释 400～800 倍	70%～80%棉桃吐絮期喷洒叶片	催熟、增产
水稻	1000mg/L 或 40%液剂稀释 400 倍	秧苗 5～6 叶,喷苗 1～2 次;移栽前 10～15d 喷施	壮苗、矮化、增产
玉米	800～1000mg/L,40%液剂稀释 400～500 倍	拔节后抽雄前	矮化、增产、提高抗旱能力
高粱	1000mg/L	开花末期至灌浆初期	催熟
番茄	1000mg/L 或 40%液剂稀释 400 倍	青番茄喷果	催熟
菠萝	800mg/L 或 40%液剂稀释 500 倍	收获前 1～2 周喷叶 1 次	促进开花,催熟
香蕉	250～1000mg/L 或 40%液剂稀释 400～1600 倍	收获后喷果 1 次	催熟
柿子	250～1000mg/L 或 40%液剂稀释 400～1600 倍	采收后浸蘸 1 次	催熟、脱涩
蜜橘	1000mg/L 或 40%液剂稀释 400 倍	着色前 15～20d,全株喷洒	早着色,催熟
梨	50～100mg/L 或 40%液剂稀释 4000～8000 倍	采收前 3～4 周,全株喷洒	早熟
咖啡	700～1400mg/L	喷洒	早熟
银杏果	500～700mg/L	采收前,喷洒	提高落果率
平菇	500mg/L	菌蕾期、幼菇期和菌盖伸展期(各喷洒一次)	促进现蕾和早熟
小苍兰	5mg/L	浸泡 24h	打破其球茎休眠期
玫瑰、天竺葵	250mg/L	喷洒苗基部两次(间隔 2 周)	促进侧枝生长
水仙花	240mg/L	土壤处理	降低茎与叶的长度,使株形匀称,花期延长
苹果	400mg/L 或 40%液剂稀释 1000 倍	采收前 3～4 周,全株喷洒	早着色,催熟
黄瓜	100～250mg/L 或 40%液剂稀释 1600～4000 倍	瓜苗 3～4 叶期喷洒 2 次(间隔 10d)	增加雌花数量
葫芦	500mg/L 或 40%液剂稀释 800 倍	瓜苗 3～4 叶期喷洒 1 次	增加雌花数量
瓠瓜	100～250mg/L,40%液剂稀释 1600～4000 倍	在苗 3～4 片叶时喷全株 1 次	增加雌花
番木瓜	100～300mg/L	在实生苗 2 片叶阶段	增加雌花
南瓜	100～250mg/L 或 40%液剂稀释 1600～4000 倍	瓜苗 3～4 叶期喷洒 1 次	增加雌花数量
甜瓜	500mg/L,40%液剂稀释 800 倍	在苗 3～4 片叶时喷洒全株 1 次	形成两性花
甘蔗	800～1000mg/L 或 40%液剂稀释 400～500 倍	收获前 4～5 周喷洒 1 次	增糖
甜菜	500mg/L 或 40%液剂稀释 800 倍	收获前 4～6 周喷洒 1 次	增糖
冬小麦	500～1500mg/L 或 40%液剂稀释 260～800 倍	孕穗期至抽穗期,全株喷洒 1 次	雄性不育

续表

作物	处理浓度	处理时间、方式	效果
小麦	40%的乙烯利稀释 300～500 倍	小麦抽穗期	矮化、增强抗倒力
西葫芦	500mg/L	3～4 叶期，喷苗	诱导开雌花
辣椒	500～1500mg/L	全株喷	催熟
马铃薯	500mg/L	播种前浸 20～30min	促进萌发和生长
洋葱	5000～10000mg/L	幼苗 4～5 片真叶时 1～3 次	催熟。鳞茎增大
凤尾菇	500mg/L	菌蕾期、幼菇期、菌盖伸展期	催熟，增产
金针菇	500mg/L	现蕾期、齐蕾期、菇柄伸长期	促进早出菇
烟草	500～700mg/L	早、中熟品种烟草在夏季晴天喷洒	催熟、着色
	1000～2000mg/L	晚熟品种烟草在深秋晴天喷洒	
桃	200mg/L	花后 8d	疏除效果明显
枣	300mg/L	正常采收前 5d	催熟
茶	600～800mg/L	在 10～11 月茶树盛花期	摘蕾、落花、增加第二年春茶产量
漆树	8%水剂涂在 1～2cm 伤口处	7月中旬采漆初	刺激多产漆
安息香	10%油剂注在距地面 10～15cm 处钻的 1～1.5cm 小洞里，每洞 0.3～0.4mL	5～6 月采脂初，注或涂	刺激多产脂

乙烯利可以和其他许多生长调节剂混合使用。乙烯利与烯效唑混合制成 5.2%液剂（商品名荔梢杀），在华南地区荔枝产区使用，可以控制荔枝冬梢生长，提高来年荔枝开花结果数量。

乙烯利与赤霉酸混用可改善意大利李果实的品质。李子采收后在加工过程中，由于多酚氧化酶的作用，可将酚氧化成醌，而使果肉变成褐色，影响加工果实的品质。为解决果肉变褐，可在采收前四周喷洒浓度为 50mg/L 的赤霉酸，不仅解决果实变褐问题，果实重量也有所增加，但不足之处在于次年李的成花量减少。如果将乙烯利与赤霉酸进行混用（50mg/L +40mg/L）处理，可以解决果实变褐问题，也不会影响第二年成花量与产量，还减少了李果实的叶绿素含量，着色提前 2d 到 2 周，提高果实可溶性固形物的含量，增加甜度，改善李果实的品质。

乙烯利与环糊精复合物促进番茄果实成熟。将 40%乙烯利与 50%环糊精加工成一种混剂，在番茄果实转色期喷洒植株或果实成熟前喷洒，比乙烯利单用能更快地促进番茄果实的成熟。

乙烯利与脱叶灵、噻唑隆、碳酸钾等混用，对棉花脱叶有增效作用。乙烯利与 8-羟基喹啉混用（150mg/L+1000mg/L）对豌豆、菜豆脱叶有增效作用。乙烯利与过硫酸铵混用（0.125%～0.25%+1.0%）对大头菜脱叶比二者单用效果好。乙烯利与放线菌酮混用，促进苹果脱叶并增加着色。浓度为 3%～5%的氯化钾和 100～150mg/L 的乙烯利混合在 9 月下旬喷洒广东果梅促进叶片按时自然脱落。

浓度为 1000mg/L 的抑芽丹和 1500mg/L 乙烯利混合喷洒小麦和水稻可抑制麦粒和谷粒的发芽和变霉。

乙烯利与重铬酸钾混用增加瓜类的雌花坐果率。一些瓜类（黄瓜、西葫芦等）在 3～4 片叶时用乙烯利（100～500mg/L）处理，可以诱导雌花的形成。若在乙烯利药液中加入一定量的重铬酸钾处理，不仅增加雌花的形成数量，而且有助于雌花发育，促进坐果。

尿素、辛二酰胺可作为乙烯利矮化谷类茎秆的稳定剂。

注意事项

（1）乙烯利是一种酸性物质，勿与碱性药剂混用，以免乙烯利过快分解。常见的乙烯利商品是强酸溶液，pH 值 3.8 以上乙烯就释放，水的 pH 值一般在 6～8，所以乙烯利加水稀释后，很快失效，要现用现配，不要存放。

（2）在作物处于逆境（天气冷凉、霜冻、土壤干旱）时不宜使用。

（3）应用本品 10d 内不能施肥或喷洒除草剂。

（4）在晴天干燥情况下应用效果好。

（5）有些水果、瓜类催熟后有失风味，应考虑与其他调节剂混合使用。

（6）避免皮肤接触，洒到皮肤上要立即用大量清水或肥皂水冲洗。

专利与登记

专利名称　Alkyl phosphonic anhydrides

专利号　DE 1815999

专利拥有者　Achem Products Inc.

专利申请日　1968-01-26

专利公开日　1969-08-21

目前公开的或授权的主要专利有 CA 10761017、WO 8702363、DD 266933、DD 238317、DD 250254、ZA 8705144 等。

登记情况　国内原药登记厂家有内蒙古百灵科技有限公司（登记证号 PD20080178）、河北瑞宝德生物化学有限公司（登记证号 PD20080151）、安道麦安邦（江苏）有限公司（登记证号 PD94106）、连云港立本作物科技有限公司（登记证号 PD20092140）、山东大成生物化工有限公司（登记证号 PD20086159）、安道麦辉丰（江苏）有限公司（登记证号 PD20085804）、苏农（广德）生物科技有限公司（登记证号 PD20097247）、江苏常丰农化有限公司（登记证号 PD20091027）、江苏禾裕泰化学有限公司（登记证号 PD20173024）。

美国的 EPA 登记号为 099801，欧盟法规为 Reg.（EU）2017/1777。

合成方法

乙烯利的合成主要有以下四种方法。

（1）氯乙基膦酸二（氯乙基）酯在 100℃下，酸性水解得到产品。其反应方程式如下。

$$\text{ClCH}_2\text{CH}_2\overset{\text{O}}{\overset{\|}{\text{P}}}(\text{OCH}_2\text{CH}_2\text{Cl})_2 \xrightarrow[\text{100℃, 96h}]{\text{36\%HCl}} \text{ClCH}_2\text{CH}_2\overset{\text{O}}{\overset{\|}{\text{P}}}(\text{OH})_2$$

（2）氯乙基膦酸二（氯乙基）酯在高温下通氯化氢气体，制得产品。其反应方程式如下。

$$\text{ClCH}_2\text{CH}_2\overset{\text{O}}{\overset{\|}{\text{P}}}(\text{OCH}_2\text{CH}_2\text{Cl})_2 \xrightarrow[\text{175℃}]{\text{通HCl 6.5h}} \xrightarrow{\text{用N}_2\text{排除 HCl}} \text{ClCH}_2\text{CH}_2\overset{\text{O}}{\overset{\|}{\text{P}}}(\text{OH})_2$$

（3）氯乙基膦酸二（氯乙基）酯在浓盐酸条件下加压水解，制得产品。其反应方程式如下。

$$\text{ClCH}_2\text{CH}_2\overset{\text{O}}{\overset{\|}{\text{P}}}(\text{OCH}_2\text{CH}_2\text{Cl})_2 \xrightarrow[3.04\times10^5\sim6.08\times10^5\text{Pa}]{\text{36\% HCl}} \text{ClCH}_2\text{CH}_2\overset{\text{O}}{\overset{\|}{\text{P}}}(\text{OH})_2$$

（4）二氯乙烷法。其反应方程式如下。

$$\text{ClCH}_2\text{CH}_2\text{Cl} + \text{PCl}_3 + \text{AlCl}_3 \longrightarrow \text{Cl}_2\overset{\text{O}}{\overset{\|}{\text{P}}}(\text{CH}_2)_2\text{Cl} \xrightarrow[\text{水解}]{\text{40℃以下}} \text{ClCH}_2\text{CH}_2\overset{\text{O}}{\overset{\|}{\text{P}}}(\text{OH})_2$$

参考文献

[1] Rev.Chim.(Bucharest), 1995, 46(2): 117-121(Rom).

[2] Synthesis, 1998, 11: 912-913(Eng).

[3] J.Assoc.Off.Anal.Chem., 1976, 59: 617.

[4] US 4064163, 1977, CA 88: 89846.

[5] DE 2755278, 1978, CA 89: 109968.

[6] FR 2295964, 1976, CA 87: 23488.

[7] GB 2175904, 1986, CA 106: 196608.

乙氧喹啉（ethoxyquin）

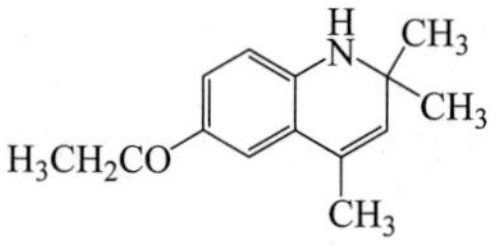

$C_{14}H_{19}NO$，217.3，91-53-2

乙氧喹啉（其他名称：Nix-scald、Santoquin、Stopscald、抗氧喹、虎皮灵、山道喹、乙氧喹、珊多喹、衣索金）是喹啉类化合物。由孟山都化学公司开发。

产品简介

化学名称　1,2-二氢-2,2,4-三甲基喹啉-6-基醚。英文化学名称为 1,2-dihydro-2,2,4-trimethylquinolin-6-ylether。美国化学文摘（CA）系统名称为 6-ethoxy-1,2-dihydro-2,2,4-trimethylquinoline。美国化学文摘（CA）主题索引名为 quinoline,6-ethoxy-1,2-dihydro-2,2,4-trimethyl。

理化性质　纯品为黏稠黄色液体。沸点 123～125℃（267Pa）。相对密度 1.029～1.031（25℃）。折射率 1.569～1.672（25℃）。不溶于水，溶于苯、汽油、醚、醇、四氯化碳、丙酮和二氯乙烷。稳定性：暴露在空气中，颜色变深，但是不影响生物活性。

毒性　大鼠急性经口 LD_{50}：1920mg/kg，小鼠 1730mg/kg。对兔和豚鼠进行皮肤试验，发疹和产生红斑，但都是暂时的。NOEL 数据：大鼠 6.25mg/kg 饲料，狗 7.5mg/kg 饲料。ADI 值：0.005mg/kg。以 900mg/kg 饲料饲养鲑鱼 2 个月未见异常反应，本品在鲑鱼体内的半衰期为 4～6d，9d 后未见残留。由于本品不直接接触作物，因此对蜜蜂无害。

作用特性

乙氧喹啉可作为抗氧化剂，延长水果的保存时间。

应用

苹果收获后，用 0.2%～0.4%药液浸泡 10～15s，放入袋中保存。可保存 8～9 个月仍保持新鲜。在梨收获后，放在用 0.2%～0.4%药液浸泡过的纸袋（20cm×20cm）中，把纸袋放入盒子中冷藏，可保存 7 个月。

注意事项

（1）苹果收获后立即处理。

（2）保存在凉爽干燥处。

（3）药品变浑浊后不再使用。

（4）乙氧喹啉药液如溅到皮肤或眼睛，要立刻用水冲洗。

专利概况

专利名称　2,2,4-Trimethyl-6-methoxy（or ethoxy）-1,2-dihydroquinoline

专利号　HU 149469

专利拥有者　Dezso ambrus

专利申请日　1960-11-24

专利公开日　1962-07-31

目前公开的或授权的主要专利有 JP 01313574、SP 454336、EP 466612、EP 166674 等。

合成方法

以对乙氧基苯胺为原料，与丙酮合环得目的物。反应式如下：

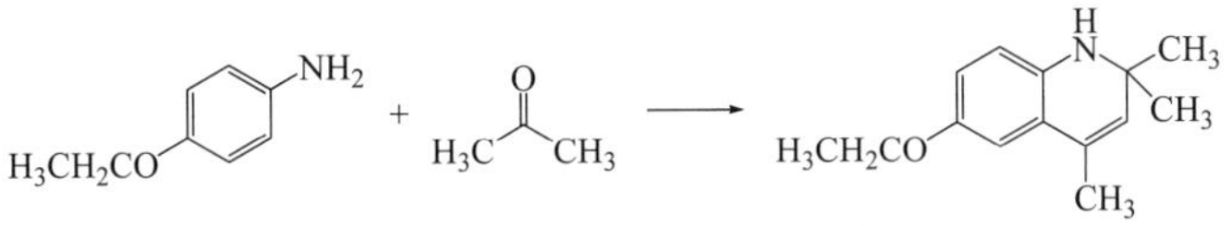

参考文献

[1] HU 149469, 1962, CA 58: P5646d.

[2] Tetrahedron, 1963, 19(11): 1685-1689.

抑芽丹（maleic hydrazide）

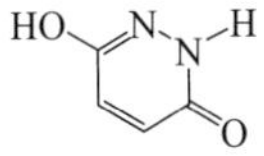

$C_4H_4N_2O_2$，112.1，123-33-1、10071-13-3

抑芽丹（其他名称：马来酰肼、青鲜素、MH 30、MH、Sucker-Stuff、Retard、Sprout Stop、Royal MH-30）是一种丁烯二酰肼类植物生长调节剂，1949 年美国橡胶公司首先开发。

产品简介

化学名称　6-羟基-2H-哒嗪-3-酮。英文化学名称为 6-hydroxy-2H-pyridazin-3-one。美国化学文摘（CA）系统名称为 1,2-dihydro-3,6-pyridazinedione；6-hydroxy-3(2H)-pyridazinone。美国化学文摘（CA）主题索引名为 3-(2H)-pyridazinone, 6-hydroxy-；3,6-pyridazinedione,1, 2-dihydro-。

理化性质　干燥的原药（纯度＞99%）为白色结晶固体。熔点 298～300℃，相对密度 1.61（25℃），蒸气压＜$1×10^{-2}$mPa（25℃），分配系数 $K_{ow}lgP$=-1.96（pH 7）。溶解度（25℃，g/L）：水中 4.507，甲醇 4.179，正己烷、甲苯＜0.001。光照下降解，25℃下，pH 5～7 时 DT_{50} 58d，pH 9 时 DT_{50} 34d。在温度 45℃条件下，在 pH 3、6 和 9 时均不易水解，但遇氧化剂和强酸发生分解，室温贮存 1 年不分解。

毒性　大鼠急性经口 LD_{50}＞5000mg/kg，兔急性经皮 LD_{50}＞5000mg/kg，对眼睛中度刺激，对皮肤轻度刺激，对豚鼠皮肤没有过敏现象。大鼠急性吸入 LC_{50}（4h）4.0mg/L 空气，ADI 值：0.3mg/kg。绿头鸭急性经口 LD_{50}＞4640mg/kg，饲喂试验 LC_{50}（8d）：绿头鸭和山齿鹑＞10000，家鸡 920。鱼毒 LC_{50}（96h）：虹鳟鱼＞1435mg/L，蓝鳃翻车鱼 1608mg/L。水蚤

LC$_{50}$（48h）108mg/L，海藻 IC$_{50}$（96h）＞100mg/L。

环境行为　对兔子施用单一剂量的本品100mg/kg，发现在48h之内43%～62%的该化合物被排泄掉。在植物上施用本品后，代谢产物中检测出各种酸的存在，如丁二酸、反丁烯二酸、顺丁烯二酸。土壤中 DT$_{50}$ 约11h，在水中发生快速的光化学降解反应。

制剂及分析方法　商品为23%、30.2%水剂，30.2%、40%可溶液剂，80%水分散粒剂等。产品用 HPLC 分析，残留水解为肼后用比色法测定。

作用特性

抑芽丹主要经由植株的叶片、嫩枝、芽、根吸收，然后经木质部、韧皮部传导到植株生长活跃的部位累积起来。进入顶芽里，可抑制顶端优势，抑制顶部旺长，使光合产物向下输送；进入腋芽、侧芽或块茎块根的芽里，可控制这些芽的萌发或延长这些芽的萌发期。其作用机理是抑制生长活跃部位中分生组织的细胞分裂。

应用

抑芽丹是应用较广的一种植物生长调节剂。它可以控制马铃薯、洋葱、大蒜发芽，在收获前2～3周以2000～3000mg/L 药液喷洒一次，可有效地控制发芽，延长贮藏期。甜菜、甘薯在收前2～3周以2000mg/L 药液喷洒一次，可有效地防止发芽或抽薹；在甜菜采收前用浓度为2.5g/L 抑芽丹药液喷洒叶子，可以完全抑制萌芽，对根产量、大小和含糖量无不良影响，收获后将甜菜块根切成几块，喷洒2～4g/L 药液，可保存30～40d，发芽率低于10%（对照90%发芽）。烟草在摘心后，以2500mg/L 药液喷洒上部5～6叶，每株10～20mL，能控制腋芽生长，提高和改善烟叶的品种，其作用只是抑制侧芽生长，但不杀死侧芽。马铃薯收获前用0.25%的抑芽丹溶液喷植株叶片，可抑制马铃薯萌芽，延长贮藏期。用250～300mg/L 药液在黄瓜4～5片真叶时喷洒，可增加雌花数减少雄花数。胡萝卜、萝卜等在抽薹前或采收前1～4周，以1000～2000mg/L 药液喷洒1次，可抑制抽薹或发芽，甘蓝、结球白菜用2500mg/L 药液喷洒，也有此效果，在甘蓝花芽分化后、尚未伸长时喷洒2000～3000mg/L 的抑芽丹，有增产效果，生长后期用500～1000mg/L 的抑芽丹喷洒2次，能有效地延长甘蓝采后保鲜期。在花椰菜花芽分化后尚未伸长时，用2000～3000mg/L 抑芽丹溶液喷洒，可减少花椰菜裂球。大白菜花芽已形成但尚未伸长前，喷洒1000～3000mg/L 的抑芽丹，可促进叶的生长和叶球形成，提高产量和品质。小白菜采收前2周喷洒2500mg/L 抑芽丹，可防白菜贮藏期萌芽。芹菜生长后期用500～1000mg/L 的25%抑芽丹喷洒2次，可促进采后保鲜。莴苣幼苗生长期间用100mg/L 抑芽丹药液处理，可促进抽薹开花，莴苣茎部开始膨大时喷施2500mg/L 的抑芽丹2～3次，能明显抑制抽薹开花，促进茎增粗，提高产量。扁豆采收前4～14天喷施2500～5000mg/L 抑芽丹可延长贮藏期。于9月中旬对青皮梅喷施1000mg/L 的抑芽丹溶液，可推迟花期10天左右。在李树芽膨大期喷施500～2500mg/L 的抑芽丹药液，可推迟开花期4～5天。在杏花芽膨大期喷施500～2000mg/L 的抑芽丹药液，可推迟花期4～6天，并可提高花芽的抗冻性。500～2000mg/L 药液在花芽膨大期喷洒桃和杏，可以延迟桃和杏的开花期，避免早霜危害。柑橘在夏梢发生初以2000mg/L 全株喷洒2～3次，可控制夏梢，促进坐果。在9月下旬用800～1000mg/L 药液喷洒柑橘，可使尚未结果的幼龄橘树春季发芽延迟1周。用2000mg/L 药液处理苹果和梨的花芽可以减少苹果和梨大年树的开花数。苹果苗期，以500mg/L 药液全株喷洒1次，可诱导花芽形成，使矮化、早结果。芒果在早秋梢老熟后喷350～400mg/L 的乙烯利，可以抑制花穗的生长。花芽萌发时喷1000～2000mg/L 的抑芽丹，有杀死花穗的效应。草莓在移栽后，以5000mg/L 喷洒2～3次，可使草莓果明显增加。小麦开花后 18d，用 1000～2000mg/L 的药液喷洒小麦穗层，对抑制小麦穗发芽有明显的效果。在水稻 3～5 叶期用 1000mg/L 药液喷洒秧苗，可使秧苗生长减慢，株高降低，秧苗矮壮，抗倒，增产 10%左右。它还有杀雄作用，棉花第一次在现蕾后，第二次在接近开花初期，以 800～1000mg/L 药液喷洒，可以杀死棉花雄蕊。玉米在 6～7 叶期，以 500mg/L 每 7d 喷 1 次，共 3 次，可以杀死玉米的雄蕊。另外，西瓜在 2 叶 1 心期，以 50mg/L 药液喷洒 2 次，间隔 1 周，可增加雌花。

一般在 2～3 月份天气晴朗、树身干燥时，用 1500～3000mg/L 药液对白蜡树、白杨树、榆树叶面进行喷洒，可控制行道树疯杈和枝条生长；用 1000～2500mg/L 药液对松树、杜松、松柏类植物喷洒，可控制新芽的过度生长，有效期达 4 个月。

500～3000mg/L 抑芽丹和 300mg/L 乙烯利混合，可以一直抑制樱桃新梢生长，并提高花芽的抗寒能力。

1000mg/L 抑芽丹+1500mg/L 乙烯利，在麦、稻齐穗后（乳熟期）喷洒上部穗、叶片一次，每亩喷液量 20～30L，明显抑制连阴雨下谷粒的发芽、发霉。

在枇杷幼果开始膨大时喷施 300mg/L 的抑芽丹钠盐水剂+150mg/L 的赤霉酸（GA₃）溶液，可抑制种子发育，提高坐果率和单果重。

抑芽丹与抑芽敏混合使用，可以提高对烟草抑芽的效果；在抑芽丹处理液中加入 0.1%蔗糖脂肪酸酯在烟草打尖后使用，不仅抑芽效果好，且减少叶片的黄化率。抑芽丹与苯胺灵或氯苯胺灵混用，可以抑制马铃薯在储藏过程中的萌芽。

注意事项

（1）本品属内吸剂，在雨前、大露、气温高于 37℃或低于−10℃不宜施药，最好在晴天无风且不下雨的中午施药，如果药后 6 小时内下雨，需重新喷施。

（2）禁止在河塘等水域清洗施药器具，清洗器具的废水不能排入河流、池塘等水域，废弃物要妥善处理，不可随意丢弃，也不能做他用。

（3）使用时注意防护。施药期间应穿长衣裤、戴口罩和手套等防护用具，避免吸入药液；施药期间不可吃东西、喝水和吸烟等；施药后应及时洗手和洗脸等。

（4）避免孕妇及哺乳期妇女接触本品。

专利与登记

专利名称　1,2-dihydro-pyridazine-3, 6-dione

专利号　US 2575954

专利拥有者　Uniroyal Chemical Inc.

专利申请日　1950-01-25

专利公开日　1951-12-02

目前公开的或授权的主要专利有 PL 133769、US 5663402、WO 0179207、EP 238240、US 4182621 等。

登记情况　国内登记 99.6%原药，登记厂家有爱利思达生物化学品有限公司（登记号 PD20121675）、邯郸市赵都精细化工有限公司（登记号 PD20150753）、连云港市金囤农化有限公司（登记号 PD20141359）；剂型有 23%水剂（登记号 PD20183377）、30.2%水剂（登记号 PD20141839）、30.2%可溶液剂（登记号 PD20212027）等；美国 EPA 登记 PC 号 051501；欧盟登记通过 600mg/kg 可溶粒剂，商品名 Fazor，归属法条(EC) No 1107/2009。

禁用情况：美国取消其二乙醇胺盐的使用。

限用情况：危地马拉该物或其钾浓度超过 15mg/kg 时不准进口。

合成方法

抑芽丹的制备主要有以下方法。

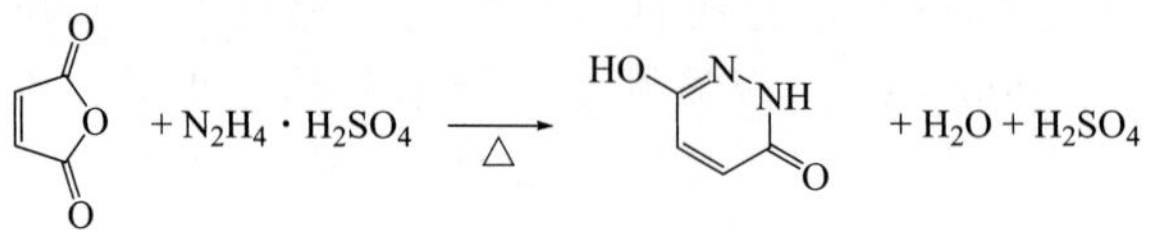

参考文献

[1] J. Chem. Soc. Perkin Trans.,1976,2: 1836.

[2] DE 1906499, 197,CA73: 109791.

抑芽醚（belvitan）

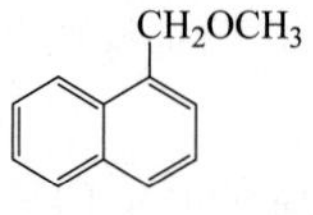

$C_{12}H_{12}O$，172.2，5903-23-1

抑芽醚（其他名称：M-2）由 Bayer AG 开发。

产品简介

化学名称　1-萘甲基甲醚。英文化学名称为 1-naphthyl methyl ether。美国化学文摘（CA）系统名称为 1-(methoxymethyl) naphthalene。

理化性质　本品为无色无嗅液体，沸点 106～107℃（400Pa）。性质较稳定。

制剂　6%粉剂。

应用

抑制马铃薯发芽，使用剂量为 6%粉剂 2g/kg，在 15℃ 以下保存，处理过的薯仍可作种薯用。

专利概况

专利名称　Ethers of α-naphthylmethyl alcohol

专利号　DE 516280

专利拥有者　I.G. Farbenindustrie AG

专利申请日　1929-04-03

专利公开日　1931-01-21

合成方法

通过由萘氯甲基化后与甲醇在碱性条件下反应制得目的物。

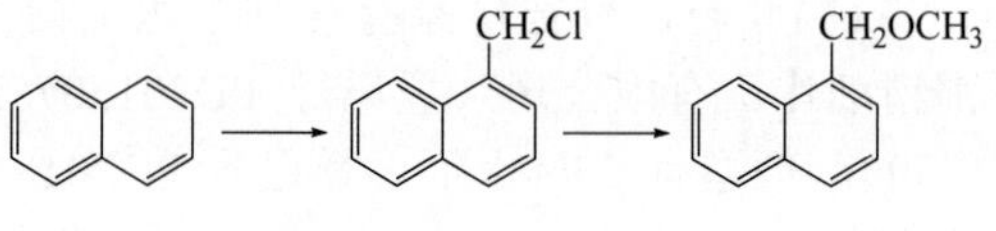

参考文献

[1] DE 810199, 1953, CA 47: 38850.

[2] J. Am. Chem. Soc., 1979, 101(15): 4268-4272.

抑芽唑（triapenthenol）

$C_{15}H_{25}N_3O$，263.4，76608-88-3

抑芽唑（试验代号：LEA 19393、NTN-820、NTN-821、RSW 0411，其他名称：Baronet，抑高唑）是由德国拜耳公司（Bayer AG）开发的植物生长调节剂。

产品简介

化学名称 (E)-(RS)-1-环己基-4,4-二甲基-2-(1H-1,2,4-三唑-1-基)戊-1-烯-3-醇。英文化学名称为(E)-(RS)-1-cyclohexyl-4,4-dimethyl-2-(1H-1,2,4-triazol-1-yl)pent-1-en-3-ol，美国化学文摘（CA）系统名称为(E)-(±)-β-(cyclohexylmethylene)-α-(1,1-dimethylethyl)-1H-1,2,4-triazole-1-ethanol。美国化学文摘（CA）主题索引名为1H-1,2,4-triazole-1-ethanol-,β-(cyclohexylmethylene)-α-(1,1-dimethylethyl)-(E)-。

理化性质 纯品为无色晶体，熔点135.5℃，蒸气压0.0044mPa（20℃）。溶解度（20℃，g/L）：水中0.068，甲醇433，丙酮150，二氯甲烷＞200，己烷5～10，异丙醇100～200，二甲基甲酰胺468，甲苯20～50。

毒性 大鼠急性经口 LD_{50}＞5000mg/kg，小鼠急性经口 LD_{50} 约4000mg/kg，狗急性经口 LD_{50} 约5000mg/kg。大鼠急性经皮 LD_{50}＞5000mg/kg。大鼠 2 年饲喂试验的无作用剂量为100mg/kg 饲料。饲喂试验母鸡和日本鹌鹑 LC_{50}＞5000mg/kg 饲料（14d），金丝雀 LC_{50}（7d）＞1000mg/L 饲料。鱼毒 LC_{50}（96h，mg/L）：堇色圆腹雅罗鱼34.4，虹鳟鱼18.8，鲤鱼18。对蜜蜂无毒。

制剂与分析方法 单剂如 70%水分散粒剂、70%可湿性粉剂；混剂如本品+萘-1,5-二磺酸盐（2:1）、本品+赤霉酸、本品+戊唑醇、本品+乙烯利、本品+乙醇胺（MEA）。采用 HPLC 分析。

应用

本品为三唑类植物生长调节剂，是赤霉素生物合成抑制剂，但不是唯一的作用方式。其主要抑制茎秆生长，并能提高作物产量，在正常剂量下，不抑制根部生长，无论通过叶还是根吸收，都能达到抑制双子叶作物生长的目的，而单子叶作物必须通过根吸收，叶面处理不能产生抑制作用。此外，还可使大麦的耗水量降低，单位叶面积蒸发量减少。如施药时间与感染时间一致，也具有杀菌作用。使用剂量为300～750g/hm²。本品用于油菜，现蕾前施药，每公顷用 70%可湿性粉剂720g，加水750kg（即每亩用48g，加水50kg），叶面喷雾处理，可控制油菜株形，防止倒伏，增荚。本品用于大豆，大豆始花期施药，每公顷用70%可湿性粉剂720～1428g，加水750kg（即每亩用48～95g加水50kg），喷雾处理，可降低植株高度，增荚、增粒，提高产量。水稻抽穗前10～15天，每公顷用70%可湿性粉剂500～720g（含有效成分350～500g），加水750kg（即每亩用33～48g，加水50kg），均匀喷雾处理，可防止水稻倒伏，提高产量。

禾本科植物用 0.7～1.4kg/hm²。(S)-(+)-对映体是赤霉素生物合成抑制剂和植物生长调节剂，(R)-(+)-对映体抑制甾醇脱甲基化，属于杀菌剂。

注意事项

抑芽唑可控长防止倒伏，在水肥条件好的健壮植物上效果明显。抑芽唑使用技术尚不成熟，在使用前，要做好用药条件试验，然后再推广。

专利概况

专利名称　Vinyltriazoles

专利号　JP 80111477

专利拥有者　Bayer AG

专利申请日　1979-02-16

专利公开日　1980-08-28

目前公开的或授权的主要专利有 DE 3302120、DE 3302122、JP 0269405、DE 19517840 等。

合成方法

频哪酮经氯化，制得一氯频哪酮，然后在碱存在下，与 1,2,4-三唑反应，生成 α-三唑基频哪酮，再与环己基甲醛缩合，得到 E-和 Z-酮混合物，Z-酮通过胺催化剂异构化成 E-异构体（E-酮），然后用硼氢化钠还原，即得抑芽唑。反应式如下。

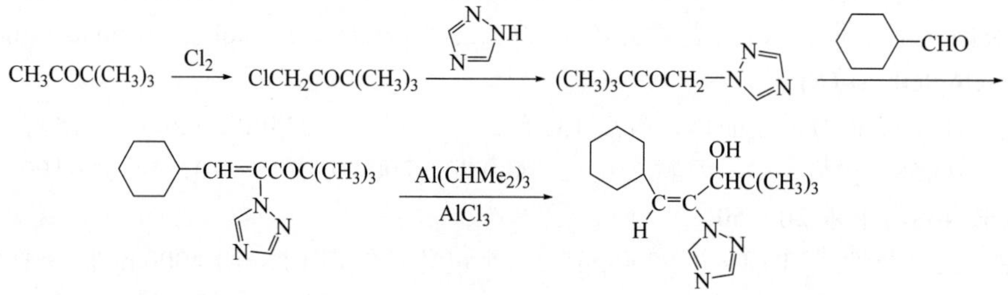

参考文献

[1] DE 3703971, 1988, CA 109: 190430.

[2] Pestic Sci., 1987, 19(2): 153-164.

[3] JP 80111477, 1980, CA 94: 139814.

[4] Plant Growth Regul. 1993, 13(2): 203-212.

茵多酸（endothal）

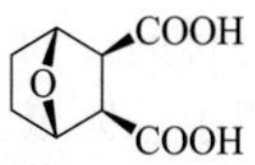

$C_8H_{10}O_5$，186.2，145-73-3

茵多酸其他名称为 Ripenthol、Aquathol、Accelerate、Hydout。

产品简介

化学名称　3,6-环氧-1,2-环己二酸。英文化学名称为 7-oxabicyclo[2.2.1]heptane-2,3-dicarboxylic acid。美国化学文摘（CA）系统名称为 7-oxabicyclo[2.2.1]heptane-2,3-dicarboxylic acid。美国化学文摘（CA）主题索引名为 7-oxabicyclo[2.2.1]heptane-2,3-dicarboxylic acid。

理化性质　纯品是无色无嗅结晶体（水合物），熔点 144℃（水合物）。相对密度 1.431（20℃）。溶解性（20℃）：水中 10%，丙酮 7%，甲醇 28%，异丙醇 1.7%。在酸和弱碱溶液中稳定，光照下稳定。不易燃，无腐蚀性。

毒性　对人和动物低毒。大鼠急性经口 LD$_{50}$：38～54mg/kg（酸），206mg/kg（66.7%铵盐剂型），兔急性经皮 LD$_{50}$＞2000mg/L（酸）。NOEL 数据（2 年）大鼠 1000mg/kg 饲料，不致病。绿头鸭急性经口 LD$_{50}$：111mg/kg。山齿鹑和绿头鸭饲喂试验 LC$_{50}$（8d）＞5000mg/L饲料。蓝鳃翻车鱼 LC$_{50}$ 为 77mg/L。水蚤 EC$_{50}$（48h）：92mg/L。对蜜蜂无毒。

环境行为　迅速被动物吸收，降解 DT$_{50}$ 为 1.8～12.5h。在好气土壤中的 DT$_{50}$ 为 8.5d。

作用特性

可通过植物叶、根吸收，通过木质部向上传导。其作用是加速叶片脱落。

应用

茵多酸作为植物生长调节剂，主要用作脱叶剂。1～12kg/hm^2 剂量可加速棉花、马铃薯和苜蓿成熟，加速叶片脱落，还可增加甘蔗的含糖量。也可作为苹果的脱叶剂。

专利概况

专利名称　Herbicide

专利号　DE 946857

专利拥有者　Pennaslt Chemicals Corp.

专利申请日　1953-05-06

专利公开日　1958-08-09

目前公开的或授权的主要专利有 US 3178277、DE 1303073、DE 1913049、FR 1465776、GB 1185559 等。

合成方法

以呋喃及马来酸酐为原料，经过 3,6-环氧-4-环己烯-1,2-二酸中间体，最后在 Pd-C 催化下加氢得到产品。反应式如下：

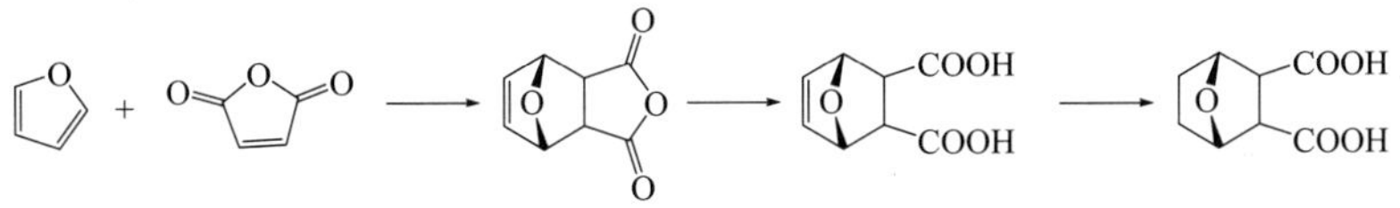

参考文献

[1] DE 948652, 1956, CA 52: 19002d.

[2] Nauch. Knof. 1956, 22: 340-344, CA52: 349a.

[3] US 3246015, 1966, CA 64: 19566.

吲哚丙酸（3-indol-3-ylpropionic acid）

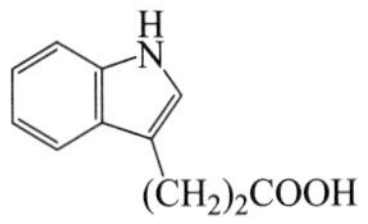

C$_{11}$H$_{11}$NO$_2$，189.2，830-96-6

产品简介

化学名称　4-吲哚-3-基丙酸。英文化学名称为 3-indol-3-ylpropionic acid。美国化学文摘（CA）系统名称为 3-indol-3-ylpropionic acid。美国化学文摘（CA）主题索引名为 3-indol-3-ylpropionic acid。

理化性质 白色或浅褐色针状结晶体，熔点 134℃。在水中微溶。溶于乙醇、丙酮、氯仿、DMF 和苯。在酸性溶液中稳定，紫外光下分解。吲哚丙酸盐溶于水。

作用特性

吲哚丙酸可由根、茎、叶片和花吸收。可促进根的形成，延长果实在植株上的停留时间。在植物体内吲哚丙酸不会被氧化，因此，吲哚丙酸相对稳定。

应用

同剂量下，吲哚丙酸促进作物根形成的能力低于吲哚丁酸。吲哚丙酸的主要作用是在 100～500mg/L 剂量下促进柿子和茄子无性花的形成。

注意事项

吲哚丙酸应避光保存，以防见光分解。

专利概况

专利名称　Amino Compounds

专利号　FR 48570

专利拥有者　I.G. Farbenind AG

专利申请日　1937-12-18

专利公开日　1938-04-05

合成方法

吲哚丙酸的制备方法主要有两种。

（1）以联吲哚为原料，在 30%的氢氧化钾水溶液中回流得到 3-丁二酸基吲哚，再加热脱羧得到产品。反应式如下。

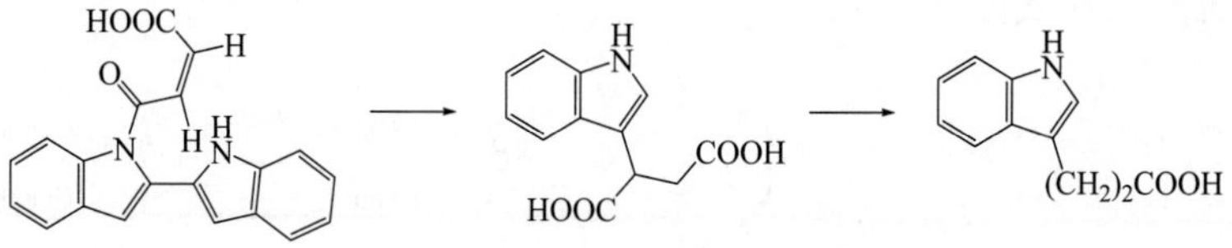

（2）以 3-吲哚甲醛为原料，与丙二酸二乙酯缩合，再通过加氢、水解、脱羧等步骤制得产品。反应式如下。

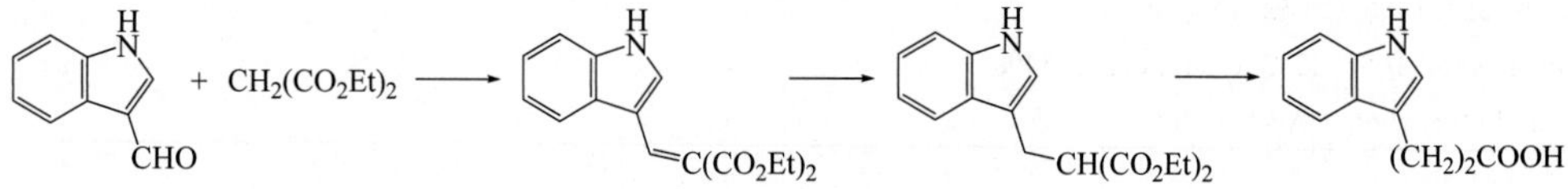

参考文献

[1] J. Org. Chem, 1958, 23:320-323.

[2] J. Org. Chem, 1959, 24: 1165-1167.

吲哚丁酸（4-indol-3-ylbutyric acid）

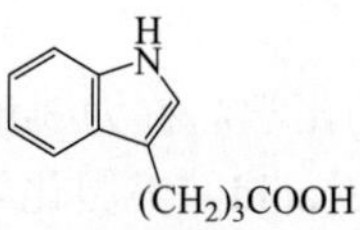

$C_{12}H_{13}NO_2$，203.2，133-32-4

吲哚丁酸（商品名称：Hormodin、Rootone，其他名称：IBA、Seradix、Tiffygrow、Hormex Rooting Powder）是一种天然存在的吲哚类植物生长调节剂。鹤壁全丰生物科技有限公司、四川润尔科技有限公司、四川龙蟒福生科技有限责任公司等生产。

产品简介

化学名称　4-吲哚-3-基丁酸。英文化学名称为 4-indol-3-ylbutyric acid。美国化学文摘（CA）系统名称为 1H-indole-3-butanoic acid，indole-3-butyric acid。美国化学文摘（CA）主题索引名为 1H-indole-3-butanoic acid（9CI），indole-3-butyric acid（8CI）。

理化性质　纯品为白色或浅黄色结晶，有吲哚臭味，熔点 123～125℃，蒸气压（25℃）<0.01mPa。溶解度（20℃，g/L）：水中为 250，苯>1000，丙酮、乙醇、乙醚 30～100，氯仿0.01～0.1。稳定性：在酸性、碱性及中性介质中稳定。不易燃，无腐蚀性。

毒性　小鼠急性经口 LD_{50}：100mg/kg，小鼠急性腹腔注射 LD_{50}：100mg/kg。鲤鱼 LC_{50}（48h）：180mg/L。

制剂　1.2%水剂，1%可溶液剂。

作用特性

吲哚丁酸可经由植株的根、茎、叶、果吸收，但移动性很小，不易被吲哚乙酸氧化酶分解，生物活性持续时间较长，其生理作用类似内源生长素：刺激细胞分裂和组织分化，诱导单性结实，形成无籽果实；诱发产生不定根，促进插枝生根等。

应用

吲哚丁酸是一个广谱性的植物生长调节剂。用它可以促进番茄、辣椒、黄瓜、无花果、草莓、黑树莓、茄子等坐果或单性结实，浸或喷花、果的浓度在250mg/L 左右，但其主要用途是促进多种植物插枝生根及某些移栽作物的早生根、多生根。对当年生樱桃砧木的半木质化枝条用 100mg/L 的吲哚丁酸处理插穗，能促进生根。毛樱桃绿枝扦插时用 150mg/L 的吲哚丁酸处理 1h，可促进生根。茶：以 20～40mg/L 浸泡枝（插枝下端 3～4cm，下同）3h。桑：新枝以5mg/L 浸 24h 或以 1000mg/L 浸泡枝 3s，硬枝以 100mg/L 浸泡枝 24h 或 2000mg/L 浸泡枝 3s。柳杉、日本扁柏：以 100mg/L 浸泡枝 24h。苹果、桃：以 1000mg/L 浸泡枝 5s。桧柏：以 100～200mg/L 浸泡枝 6～24h。松：以 50mg/L 浸泡一年生小枝 16h。葡萄：以 5～20mg/L 浸泡枝 24h。侧柏：以 25～100mg/L 在 4～6 月浸泡生长旺盛的枝 12h。杜鹃：以 100mg/L 浸泡枝 3h。黄杨：以 100mg/L 浸泡枝 3h。胡椒：以 25～50mg/L 浸泡枝 12～24h。榛子：以 4000mg/L 浸泡枝 10h。莱芜海棠：以 100～200mg/L 浸泡 2～4h。柑橘：用 1000mg/L 药液处理空中压条。芒果：以5000mg/L 羊毛脂处理环割处。中华猕猴桃：以 200mg/L 浸泡枝 3h。油桐：在种子播种前于水中浸泡 12h，然后再用 50～500mg/L 药液浸泡种子 12h，可促进萌发。以上均能促进插枝生根，提高插枝成活率。另外水稻、人参、树苗等以 10～80mg/L 淋洒土壤，可促使移栽后早生根、根系发达。将 2 年生侧柏苗按 100 株一捆扎好，用浓度为 100mg/L 药液浸泡根部 2h，可提高干瘠立地条件下侧柏造林成活率近 1.5 倍。用 50～100mg/L 药液混拌黄泥浆对马尾松一年生实生 I 级裸根苗蘸根，造林成活率显著提高，最高可达 97%，同时可提高幼树生长量，降低造林费用。

枣树：插条剪好后,将其下部 5cm 左右枝段在 1000mg/L 的吲哚丁酸药液中速蘸 15～30s,生根效果良好。在大枣盛花末期分别用 50mg/L 的吲哚乙酸和 30mg/L 的吲哚丁酸喷施全树,可明显提高坐果率。

葡萄：将插条直立浸于吲哚丁酸或吲哚乙酸 1000mg/L 高浓度溶液中 5s 后取出晾干即可扦插。将吲哚丁酸配制成 25～200mg/L 溶液，再将插条基部浸入药液中 8～12h 后取出扦插。

这两种方法均可促进枝条生根。

中华猕猴桃：用 500～1000mg/L 的吲哚丁酸（IBA）快速浸蘸处理绿枝，或用 200～500mg/L 的 IBA 浸蘸 3h，可促进生根。选择长 10～15cm、直径 0.4～0.8cm 的一年生中华猕猴桃硬枝中、下段做插条，插条上端切口用蜡封好，用 5000mg/L 的 IBA 液快速浸 3s，可促进生根，提高成活率。

草莓：用 10～50mg/L 的萘乙酸、2,4-二氯苯氧乙酸（2,4-D）、吲哚乙酸、吲哚丁酸溶液喷洒草莓幼果，可促进果实膨大，增加产量。

菠萝：用 500mg/L 吲哚丁酸处理，能提高发根率和发芽率；用 500mg/L 吲哚丁酸＋1000mg/L 丁酰肼处理明显促进根、芽的生长。

柿子：在幼果期用 1000mg/L 的 IBA 涂果顶或涂萼片可防止柿子生理落果。

应用　效果更为理想的是吲哚丁酸与萘乙酸或有关生理活性物质进行复合加工成为制剂，其生理活性更高，使用范围更广。用于小麦、水稻、大豆、玉米、花生等作物浸种，可以提高发芽率，使出苗更加整齐且有壮苗作用，促进根系发育，提高作物产量；用于林木、花卉等植物插枝，可以促进不定根的形成，提高插枝成活率。瓜类作物幼苗移苗前 3 天以 10～15mg/kg 浓度的吲哚丁酸和萘乙酸（3∶2）复合剂灌根、淋苗、叶喷都有很好的促长和壮苗作用。

注意事项

（1）吲哚丁酸见光易分解，产品须用黑色包装物，存放在阴凉干燥处。

（2）吲哚丁酸虽单一使用对多种作物有生根作用，然而它与其他有生根作用的药物混用效果更佳，但须在指导下进行。

专利与登记

专利名称　3-Indolebutyric acid

专利号　SU 66681

专利拥有者　Rhone-Poulenc Agriculture Ltd.

专利公开日　1946-07-31

目前公开的或授权的主要专利有 FR 2449664、JP 08109104、JP 02097395 等。

登记情况　国内原药（PD20096831）、四川省兰月科技有限公司（登记号 PD20097788）、河南粮保农药有限责任公司（登记号 PD20171671）、重庆依尔双丰科技有限公司（登记号 PD20097069）等；剂型有：1%、1.05%、1.2%水剂，0.5%、1%可溶液剂等；美国 EPA 登记号 046701；欧盟登记有效，产品名 RHIZOPON，法条 (EC) No 1107/2009。

合成方法

吲哚丁酸的制备方法主要有两种。

（1）以吲哚为原料，先通过有机镁制得 3-丁氰基吲哚，再水解为产品。反应式如下。

吲哚 $\xrightarrow{C_2H_5MgI}$ N-MgI吲哚 $\xrightarrow{ClCH_2CH_2CH_2CN}$ 3-(CH$_2$)$_3$CN吲哚 $\xrightarrow[HCl]{NaOH}$ 3-(CH$_2$)$_3$COOH吲哚

（2）以吲哚与 4-羟基丁酸内酯为原料，直接缩合为产品。反应式如下。

吲哚 + 4-羟基丁酸内酯 $\xrightarrow[280～290℃]{KOH}$ 3-(CH$_2$)$_3$COOH吲哚

参考文献

[1] SSSR 119189, 1959, CA 54: 2358d.

[2] SSSR 119188, 1959, CA 54: 2358e.

[3] P. W. Z Immerman, F. Wilcoxon. Contrib.Boyce Thompson Inst, 1935, 7: 209.

吲哚乙酸（indol-3-ylacetic acid）

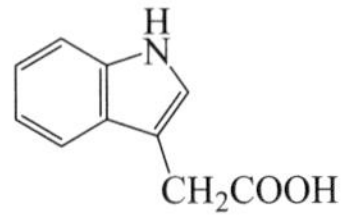

$C_{10}H_9NO_2$，175.2，87-51-4

吲哚乙酸[商品名称：Rhizipon A（ACF Chemie Farma N.V.）；其他名称：IAA、茁长素、生长素（Auxin）、异生长素（Heteroauxin）]是一种植物体内普遍存在的天然内源生长素，属吲哚类化合物。1934年荷兰克格尔首先从人类尿液中分离发现。植物体内类似的物质还有3-吲哚乙醛、3-吲哚乙腈等。

产品简介

化学名称　吲哚-3-基乙酸或 β-吲哚乙酸。英文化学名称为 indol-3-ylacetic acid 或 β-indoleacetic acid。美国化学文摘（CA）系统名称为1H-indole-3-acetic acid。美国化学文摘（CA）主题索引名为1H-indole-3-acetic acid。

理化性质　纯品无色结晶，工业品为玫瑰色或黄色，有吲哚臭味，纯品熔点165～169℃，蒸气压（60℃）<0.02mPa。溶解度（20℃，g/L）：水1.5，丙酮30～100，乙醚30～100，乙醇100～1000，氯仿10～30。稳定性：在碱、中性介质中稳定，对光不稳定，酸解离常数 pK_a 4.75。

毒性　吲哚乙酸是对人、畜安全的植物激素，小鼠急性腹腔注射 LD_{50} 1000mg/kg。鲤鱼 LC_{50}（48h）>40mg/L。对蜜蜂无毒。

环境行为　在土壤中迅速降解。

制剂与分析方法　97%及98%原药、0.11%水剂。产品用紫外分光光度法分析，残留用HPLC、GC检测。

作用特性

吲哚乙酸在茎的顶端分生组织、生长着的叶、发芽的种子中合成。人工合成的生长素可经由茎、叶和根系吸收。它有多种生理作用：诱导雌花和单性结实，使子房壁伸长，刺激种子的分化形成，加快果实生长，提高坐果率；使叶片扩大，加快茎的伸长和维管束分化，叶呈偏上性，活化形成层，伤口愈合快，防止落花落果落叶，抑制侧枝生长；促进种子发芽和不定根、侧根和根瘤的形成。它的作用机理是促进细胞的分裂、伸长、扩大，诱导组织的分化，促进RNA合成，提高细胞膜透性，使细胞壁松弛，加快原生质的流动。低浓度与赤霉酸、激动素协同促进植物的生长发育，高浓度则是诱导内源乙烯的生成，促进其成熟和衰老。然而，吲哚乙酸在植物体内易被吲哚乙酸氧化酶分解。故人工合成的生长素在生产上应用受到了相当的限制。当生长素与邻苯二酚等酚类化合物并用时才呈现较为稳定的生物活性。

应用

吲哚乙酸是最早应用于农业的生根剂，它虽是广谱多用途植物生长调节剂，但因它在植株体内外易降解而未成为常用商品。早年用它诱导番茄单性结实和坐果，在盛花期，以 3000mg/L 药液浸花，形成无籽番茄果，提高坐果率；促进插枝生根是它应用最早的一个方面。以 100～1000mg/L 药液浸泡插枝的基部，可促进茶树、橡胶树、柞树、水杉、胡椒等作物不定根的形成，加快营养繁殖速度。在黄瓜 1～3 片真叶期，用 500mg/L 药液喷施都可不同程度地增加雌花数。将香菇木屑培养块或菌棒进行浸水 48h 后，用吲哚乙酸 5g/kg 可以使菌丝体生长，提高产量。吲哚乙酸有刺激花粉发芽、保证授粉受精、促进坐果的作用。在山西大枣的盛花中、末期用 30mg/L 药液喷洒全树，坐果率可提高 77%。

1～10mg/L 吲哚乙酸和 10mg/L 噁霉灵混用，促进水稻秧苗快生根，防止机插秧苗倒伏。25～400mg/L 药液喷洒一次菊花（在 9h 光周期下），可抑制花芽的出现，延长开花。生长在长日照下的秋海棠以 1.75mg/L 的吲哚乙酸喷洒一次，可增加雌花。处理甜菜种子可促进发芽，增加块根产量和含糖量。吲哚乙酸经复合加工成为稳定性制剂后，才能在农业生产上得到更为广泛的应用。

注意事项

（1）吲哚乙酸见光分解，产品须用黑色包装物，存放在阴凉干燥处。

（2）吲哚乙酸进入植物体内易被过氧化物酶、吲哚乙酸氧化酶分解，尽量不要单独使用。

（3）碱性药剂会降低它的应用效果。

专利与登记

专利名称　Beta-Indolyl acetic acid

专利号　SU 115459

专利拥有者　ACF Chemie Farma N. V.

专利公开日　1958-11-29

目前公开的或授权的主要专利有 US 2222344、KR 2004079390、JP 02097395、CN 1715264 等。

登记情况　国内登记有北京艾比蒂生物科技有限公司（登记号 PD20081124）、河北兴柏农业科技有限公司（登记号 PD20151892）、德国阿格福莱农林环境生物技术股份有限公司（登记号 PD20096812）；剂型有 0.11%水剂，0.01%可溶液剂，50%可溶粉剂等。

合成方法

吲哚乙酸的制备方法主要有两种。

（1）以吲哚、甲醛及氰化钾为原料，在加压、加热条件下制得 3-氰基甲基吲哚，最后水解为产品。反应式如下。

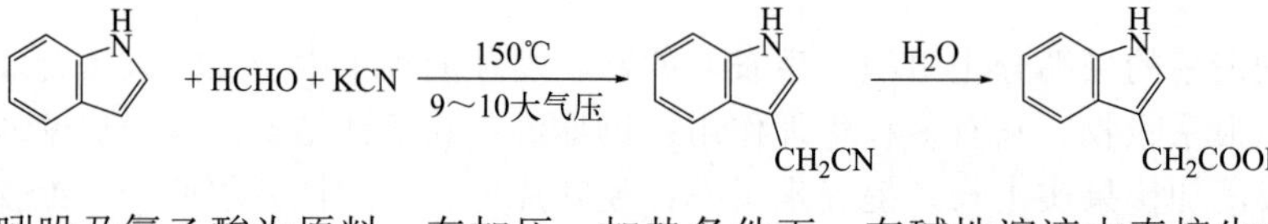

（2）以吲哚及氯乙酸为原料，在加压、加热条件下，在碱性溶液中直接生成产品。反应式如下。

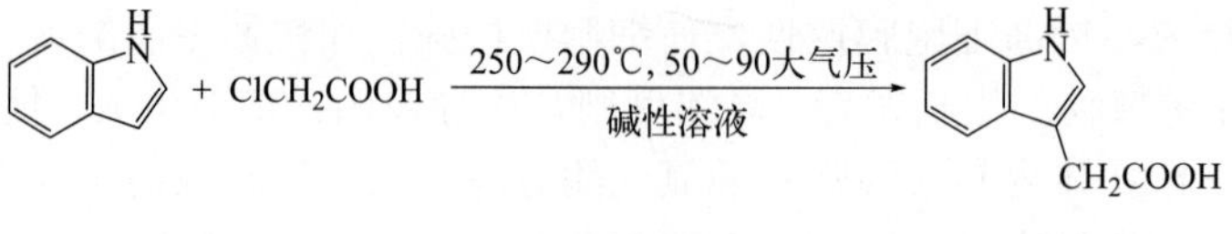

参考文献

[1]　JP 6932780, 1969, CA72: 66813.

[2] Khim-Farm Zh., 1970, 4(3): 15-18(Russ), CA73: 14615.

[3] JP 161544, 1944, CA43: 11067.

[4] J.Pharm.Soc.(Japan), 1940, 60: 76.

[5] Pesticides Process Encyclopedia, 1977: 280.

[6] US 2222344, 1940, CA35: 11253.

[7] GB 1031880, 1966, CA65: 29399.

吲熟酯（ethychlozate）

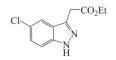

$C_{11}H_{11}ClN_2O_2$，238.7，27512-72-7

吲熟酯（其他名称：Figaron、J-455、IAZZ、富果乐）是一种吲唑类植物生长调节剂。1981 年由日本日产化学公司研制开发，1986 年化工部沈阳化工研究院开发，名为富果乐。

产品简介

化学名称　5-氯-1H-吲唑-3 基乙酸乙酯。英文化学名称为 ethyl 5-chloro-1H-indazol-3-yl-acetate。美国化学文摘（CA）系统名称为 5-chloro-1H-indazole-3-acetic acid ethyl ester。美国化学文摘（CA）主题索引名为 1H-indazole-3-acetic acid; 5-chloro, ethyl ester。

理化性质　黄色结晶，熔点 76.6～78.1℃，250℃以上分解，遇碱也分解。溶解度（g/mL）：水中 0.0255，丙酮 67.3，乙醇 51.2，异丙醇 38.1。

毒性　吲熟酯属低毒性植物生长调节剂。急性经口 LD_{50}（mg/kg）：雄大鼠 4800、雌大鼠 5210。大鼠急性经皮 LD_{50}＞10000mg/kg，对兔皮肤和眼无刺激作用。大鼠三代繁殖致畸研究无明显异常，均呈阴性，大鼠口服或静脉注射给药的代谢实验表明，药物可被消化道迅速吸收，15min 后在血液中测到最大浓度，24h 内几乎全部由尿排出，残留极少。鲤鱼 LC_{50}（48h）：1.8mg/L。

制剂　20%乳油。

作用特性

吲熟酯可经过植物的茎、叶吸收，然后在植物体内代谢成 5-氯-1H-吲唑甲酸起生理作用。它可阻抑生长素运转，促进生根，增加根系对水分和矿质元素的吸收，控制营养生长，促进生殖生长，使光合产物尽可能多地输送到果实部位，有早熟增糖等作用。

应用

（1）柑橘　①疏果作用（温州蜜橘）：在盛花后 35～45d（幼果 20～25mm 时），施药浓度 50～200mg/L，使用后可使较小的果实脱落，导致保留果实的大小均匀一致，且可调节柑橘的大小年。②改善品质（温州蜜橘）：在盛花后 70～80d，使用吲熟酯处理，施药浓度 50～200mg/L，能使果实早着色 7～10d 左右，糖分增加，也增加氨基酸总量，改善风味，可溶性固形物增加 12.5%，柠檬酸含量降低 10.0%。脐橙可溶性固形物增加 15.8%，柠檬酸含量降低 17.6%。

（2）西瓜　在幼瓜大小为 0.25～0.5kg 时，施药浓度为 50～100mg/L，喷后瓜蔓受到抑制，早熟 7d，糖度增加 10%～20%，且果肉中心糖与边糖的梯度较小，同时亩产增加 10%。

（3）葡萄等果实　在果实着色前处理，可增加甜度。对葡萄、柿子、梨等，在果实生长发育早期使用，也有改善果实品质的作用。

（4）甜瓜　厚皮甜瓜在受精后 20d 和 25d，以 1%的吲熟酯稀释 1000～1300 倍喷洒到果以上部位的茎叶，可以促进果实生长速度，加快果实的膨大。

注意事项

（1）吲熟酯可作苹果、梨、桃的修剪剂，增加葡萄、凤梨、甘蔗的含糖量，促进苹果早熟，增加小麦、大豆蛋白质含量等，它的最终效果还有待在实践中确定。

（2）本剂严禁与碱性药剂混用。

专利概况

专利名称　　Plantgrowth regulating 1*H*-indazoles

专利号　　FR 1580215

专利拥有者　　Nissan chemical industries

专利申请日　　1967-04-14

专利公开日　　1969-09-05

目前公开的或授权的主要专利有 CN 1175352、CN 1241359、JP 07145006 等。

合成方法

吲熟酯的合成方法主要有两种。

（1）以 5-氯-2-氨基苯丙烯酸为原料，经环化、酰化、酯化得目标物。

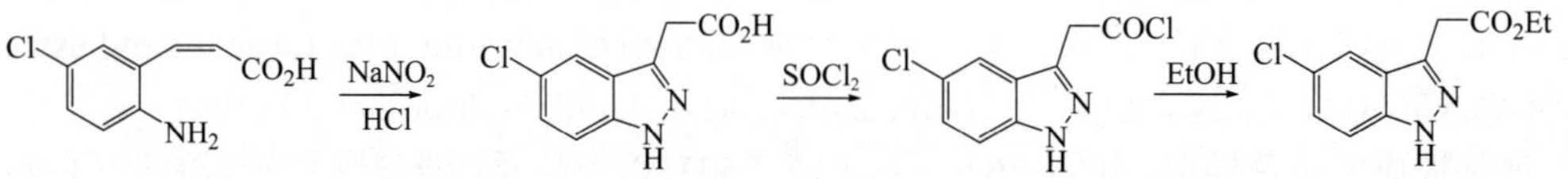

（2）以 5-氯-2-硝基苯甲醛为原料，经缩合、水解、还原、环化、酯化得到目标物。

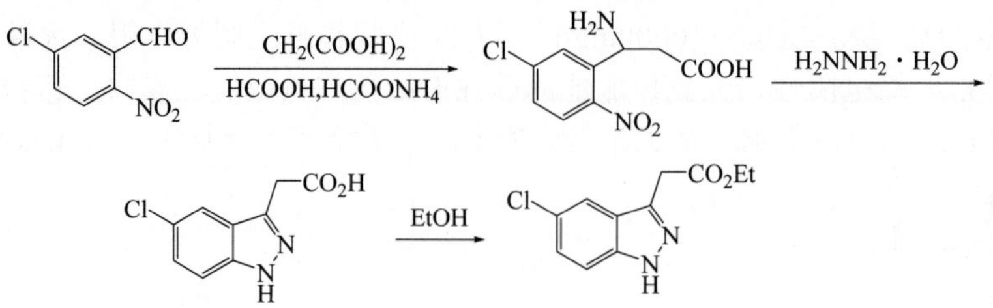

参考文献

[1]　FR 1580215, 1969, CA 73: P35368k.

[2]　化学世界, 1997, 38(4): 200-203.

S-诱抗素（*S*-abscisic acid）

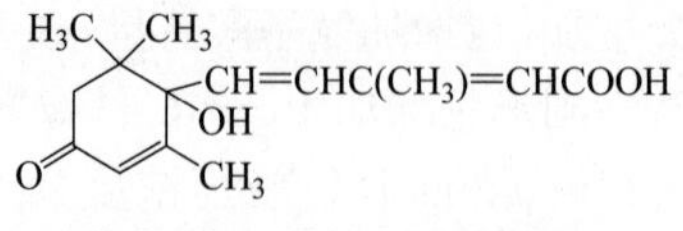

$C_{15}H_{20}O_4$，264.3，21293-29-8

S-诱抗素（其他名称：ABA、福施壮、创值、脱落酸）是一种植物体内存在的具有倍半萜结构的植物内源激素，与生长素、赤霉酸、乙烯、细胞分裂素并列为世界公认的五大类天

然植物激素。

1963 年由 Ohkuma、Addicott、Eagles、Waring 等从棉花幼铃及槭树叶片中分离出来，尔后经鉴定命名为脱落酸。1978 年 F. Kienzl 等首先人工合成了 S-诱抗素，然而生物活性没有天然的 S-诱抗素高。国内四川龙蟒福生科技有限责任公司已在世界上第一个实现了 S-诱抗素的工业化生产，并获得原药与制剂登记。

产品简介

化学名称　(+)-2-顺-4-反-脱落酸。英文化学名称为(+)-2-*cis*-4-trans-abscisic acid。美国化学文摘（CA）系统名称为[*S*-(Z,E)]-5-(1-hydroxy-2,6,6-trimethyl-4-oxo-2-cyclohexen-1-yl)-3-methyl-2,4-pentadienoic-acid。美国化学文摘（CA）主题索引名为 2,4-pentadienoic acid-,5-(1-hydroxy-2,6,6-trimethyl-4-oxo-2-cyclohexen-1-yl)-3-methyl-, [*S*-(Z,E)]-。

理化性质　纯品熔点 160～161℃，120℃升华。溶于氯仿、丙酮、乙酸乙酯，微溶于苯、水。紫外最大吸收波长（甲醇）252nm。

毒性　S-诱抗素为植物体内的天然物质，大白鼠急性经口 LD_{50}＞2500mg/kg，对生物和环境安全。

制剂　单剂如 0.1%、0.3%、5%可溶液剂；1%、10%可溶粉剂；2%、25%可湿性粉剂；3%、5%可溶粒剂以及 90%原药。混剂如 S-诱抗素+6-苄氨基嘌呤，S-诱抗素+SF-129，S-诱抗素+赤霉酸，S-诱抗素+芸苔素内酯，S-诱抗素+氯化胆碱，S-诱抗素+吲哚丁酸，S-诱抗素+zeatin，S-诱抗素+kinetin，S-诱抗素+谷氨酸盐（或酯），S-诱抗素+植物细胞分裂素，S-诱抗素+噻苯隆等。

作用特性

S-诱抗素主要功能是在植物的生长发育过程中诱导植物产生对不良生长环境（逆境）的抗性，在观赏植物和林木中的主要生理效应有：①促进侧芽、块茎、鳞茎等贮藏器官的休眠，②抑制种子萌发和植株的生长，③促进叶片、花及果实的脱落，④促进气孔的关闭，⑤提高植物的抗性。如诱导植物产生抗旱性、抗寒性、抗病性、耐盐性等，S-诱抗素是植物的"抗逆诱导因子"，其被称为是植物的"胁迫激素"。具体体现在：逆境胁迫时，S-诱抗素在细胞间传递逆境信息，诱导植物机体产生各种对应的抵抗能力。

在土壤干旱胁迫下，S-诱抗素启动叶片细胞质膜上的信号传导，诱导叶面气孔不均匀关闭，减少植物体内水分蒸腾散失，提高植物抗干旱的能力。

在寒冷胁迫下，S-诱抗素启动细胞抗冷基因的表达，诱导植物产生抗寒能力。一般而言，抗寒性强的植物品种，其内源 S-诱抗素含量高于抗寒性弱的品种。

在某些病虫害胁迫下，S-诱抗素诱导植物叶片细胞 *Pin* 基因活化，产生蛋白酶抑制物阻碍病原菌或害虫进一步侵害，减轻植物机体的受害程度。

在土壤盐渍胁迫下，S-诱抗素诱导植物增强细胞膜渗透调节能力，降低每克干物质 Na^+ 含量，提高 PEP 羧化酶活性，增强植株的耐盐能力。

应用

从 S-诱抗素的最近试验看，它有如下应用效果：外源施用低浓度 S-诱抗素，可诱导植物产生抗逆性，提高植株的生理素质，促进种子、果实的贮藏蛋白和糖分的积累，最终改善作物品质，提高作物产量。

（1）用 S-诱抗素浸种、拌种、包衣等方法处理水稻种子，能提高发芽率，促进秧苗根系发达，增加有效分蘖数，促进灌浆，增强秧苗抗病和抗春寒的能力，稻谷品质提高一个等级以上，产量提高 5%～15%。在水稻有 2 片完全展开叶时，每亩喷施 0.64～6.4mg/L 的 S-诱抗素溶液 50kg，可使水稻幼苗在 8～10℃ 低温下能正常生长，阻止叶片的枯萎死亡，减慢叶片的褪色速率和阻止叶鲜重下降，保持叶片的重量，降低叶片电解质渗漏率，提高幼苗可溶性糖含量，特别在低温第 4 天效果更明显。

（2）用 S-诱抗素拌棉种，能缩短种子发芽时间，促进棉苗根系发达，增强棉苗抗寒、抗旱、抗病、抗风灾的能力，使棉株提前半个月开花、吐絮，产量提高 5%～20%。

（3）在烟草移栽期施用 S-诱抗素，可使烟苗提前 3d 返青，须根数较对照多 1 倍，烟草花叶病毒病染病率减少 30%～40%，烟叶蛋白质含量降低 10%～20%，烟叶产量提高 8%～15%。

（4）油菜移栽期施用 S-诱抗素，可增强越冬期的抗寒能力，使根茎粗壮，促抗倒伏，使结荚饱满，产量提高 10%～20%；蔬菜、瓜果、玉米、棉花、药材、花卉、树苗等在移栽期施用 S-诱抗素，都能提高抗逆性、改善品质、提高结实率。

（5）如在干旱来临前施用 S-诱抗素，可使玉米苗、小麦苗、蔬菜苗、树苗等度过短期干旱（10～20d）而保持苗株鲜活；在寒潮来临前施用 S-诱抗素，可使蔬菜、棉花、果树等安全度过低温期；在植物病害大面积发生前施用 S-诱抗素，可不同程度地减轻病害的发生或减轻染病的程度。

（6）在花生开花下针期和果实膨大期分别喷施 12～16mg/L 有效成分的 S-诱抗素，能够使叶片相对含水量增加 12.02% 以上，有利于降低植株的蒸腾失水速率,但光合速率降低较少,增强其抗旱性，使花生在干旱情况下减产幅度降低。

（7）采用 50～100mg/L 的 S-诱抗素（ABA）处理"wink"和"Redglobe"葡萄，能有效地促进果实着色，并改善果实的质量。巨峰葡萄着色初期，用含 1% S-诱抗素的 250mg/L 的制剂浸泡果穗，能提高巨峰葡萄的着色指数，抑制掉粒，提高果实品质。

另外，高浓度的 S-诱抗素则表现为抑制的活性。外源应用高浓度 S-诱抗素喷施丹参、三七、马铃薯等植物的叶茎，可抑制地上部分茎叶的生长，提高地下块根部分的产量和品质；人工喷施 S-诱抗素，可显著降低杂交水稻制种时的穗发芽和白皮小麦的穗发芽；抑制马铃薯在储存期发芽；抑制茎端新芽的生长等。

此外，S-诱抗素还具有控制花芽分化、调节花期、控制株型等生理活性，在花卉园艺上有很大的应用潜力。

S-诱抗素与其他生长调节剂混合使用具有协同或增效作用。如 S-诱抗素与吲哚乙酸或萘乙酸混合（1～5mg/L+5～25mg/L）使用，对豌豆、番茄、葡萄和杨树等的插枝生根或根的生长有促进作用，但如果诱抗素浓度过高，则抑制生根。

S-诱抗素与赤霉酸混用促进幼苗生长。赤霉酸促进幼苗地上部的生长，S-诱抗素有利于地下部分根系的生长发育，故二者混用有促进幼苗苗壮生长的功能。如以 5～10mg/L 的赤霉酸与同样浓度的 S-诱抗素混合使用，对萝卜等一年生作物幼苗生长有明显促进作用。在雪松等林木上也有促进生长的作用，若在混合液中添加 N、P、K 肥，其促进效果更为明显。

S-诱抗素与乙烯利混合使用对小麦有明显矮化作用。在小麦伸长生长阶段，用 150mg/L S-诱抗素与 150mg/L 乙烯利混合液喷洒，对小麦有明显矮化和增产作用，混用比二者单用有明显增效作用。

注意事项

由于 S-诱抗素国内外没有现成的大面积应用技术，国内又刚投产不久，许多应用技术有待完善、补充、修改，应用 S-诱抗素注意先试验后逐步推广。从产品本身及初步应用情况看，应注意如下几点：

（1）本产品为强光分解化合物，应注意避光贮存。在配制药液时，操作过程应注意避光。

（2）田间施用本产品时，忌用碱性水（pH＞7.0）进行稀释，稀释液中加入少量的食醋，效果会更好。为避免强光分解降低药效，施用宜在早晨或傍晚进行。施用后12h内下雨，需补施一次。

（3）本产品施用一次，药效持续时间为7～15d。

专利与登记

专利名称　Sugar esters

专利号　DE 119574

专利拥有者　Lehman,hanno

专利申请日　1975-04-08

专利公开日　1976-05-05

目前公开的或授权的主要专利有 WO 0331389、CN 1355318、CN 1116898、CN 1158830、WO 03090535、CN 1391808 等。

登记情况　国内原药登记厂家有四川龙蟒福生科技有限责任公司（登记号 PD20050201）、四川润尔科技有限公司（登记号 PD20110292）、江西新瑞丰生化股份有限公司（登记号 PD20152643）、四川金珠生态农业科技有限公司（登记号 PD20142152）等；登记的剂型有0.006%、0.03%、0.25%、0.1%、5%水剂；0.1%、5%、10%可溶液剂；0.1%、1%、10%可溶粉剂；5%可溶粒剂等；混剂有 3%赤霉·诱抗素可溶粒剂。

合成方法

通过如下反应制得目的物。

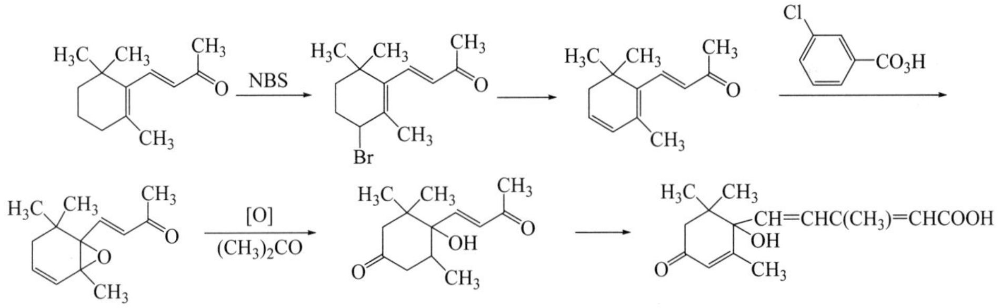

参考文献

[1]　Anal. Biochem., 1979, 97(2): 331-339.

[2]　RU 2085077, 1997, CA 127: 330448.

[3]　Phytochemistry, 1997, 45(2): 257-260.

[4]　JP 5851895, 1983, CA 99: 4096.

[5]　Synth. Commun., 1997, 27(12): 2133-2142.

[6]　US 2003204874, 2003, CA 139: 335505.

[7]　CN 1182798, 1996, CA 121527.

[8]　Prog. Bot., 1990, 42: 111-125.

[9]　JP 63296697, 1988, CA 110: 171815.

玉米素（zeatin）

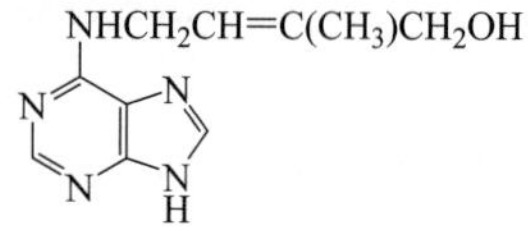

$$NHCH_2CH=C(CH_3)CH_2OH$$

$C_{10}H_{13}N_5O$，219.2，1637-39-4

玉米素（混剂商品名称：富滋、boost）是一种腺嘌呤衍生物的细胞分裂素，属于天然源植物生长调节剂，它是从甜玉米灌浆期的籽粒中提取并结晶出的天然细胞分裂素。

产品简介

化学名称　(E)-2-甲基-4-(1H-嘌呤-6-基氨基)-2-丁烯-1-醇。英文化学名称为(E)-2-methyl-4-(1H-purin-6-ylamino)-2-buten-1-ol。美国化学文摘(CA)系统名称为(E)-2-methyl-4-(1H-purin-6-ylamino)-2-buten-1-ol。美国化学文摘(CA)主题索引名为 2-buten-1-ol-,2-methyl-4-(1H-purin-6-ylamino)-(E)-。

理化性质　顺式玉米素为灰白色或黄色粉末，反式玉米素为白色或灰白色粉末，商品系反式和顺式异构体，熔点 207～208℃，pH7 时最大吸收波长为 212nm 和 270nm。

毒性　大鼠急性经口 $LD_{50}>2g/kg$，兔急性经皮 $LD_{50}>2g/kg$。对兔皮肤和眼睛有轻微刺激性。

制剂与分析方法　混剂如本品+乙烯利、本品+赤霉酸、本品+脱落酸、玉米素与激动素。GC 法分析。

作用特性

玉米素可由植物的茎、叶和果实吸收，其活性高于激动素。通过喷施该制剂，能使植株矮化，茎秆增粗，根系发达，叶夹角变小，绿叶功能期延长，光合效率高，从而达到提高产量之目的。

应用

（1）柑橘　谢花期和第一次生理落果后期用 0.0001%可湿性粉剂 300～500 倍药液均匀喷施枝叶 2 次，对温州蜜橘、红橘、脐橙、血橙、锦橙等均可提高坐果率。在果实着色期喷施 600 倍药液，可使果实外观色泽橙红，且含糖量增加。

（2）西瓜　始花期用 600 倍药液进行茎叶喷雾，每隔 10 天处理一次，重复三次，可使西瓜藤早期健壮，中后期不衰，减轻枯萎病、炭疽病等病害的发生，使含糖量和产量增加。

（3）水稻种子　使用 0.006～0.01mg/L 的药液进行浸种处理；其中早稻浸种 48h，中稻和晚稻浸种 12h，能促进水稻发芽，培育壮苗，增强秧苗的抗逆性；能提前成熟 3～5 天，平均增产 10%左右。

专利与登记

专利名称　Synergistic plant regulatory compositions

专利号　US 4169717

专利拥有者　Ashmead，Harveyh.

专利申请日　1977-10-20

专利公开日　1979-10-02

目前公开的或授权的主要专利有 EP 867427、JP 8045365、ZA 8404495、EP 132360、WO 9400986 等。

登记情况　原药登记厂家有郑州郑氏化工产品有限公司（登记号 PD20211691）；剂型有

上海惠光环境科技有限公司 0.0001%颗粒剂（登记号 PD20171262）与 0.0001%可湿性粉剂（登记号 PD20081298）；混剂有 0.0004%、0.001%、0.0025%、0.004%烯腺·羟烯腺可溶粉剂，0.0001%、0.0002%、0.001%、0.002%烯腺·羟烯腺水剂，40%羟烯·乙烯利水剂等。登记作物有柑橘树、番茄、茶叶、玉米等。

合成方法

通过如下两种反应路线制得目的物：

（1）

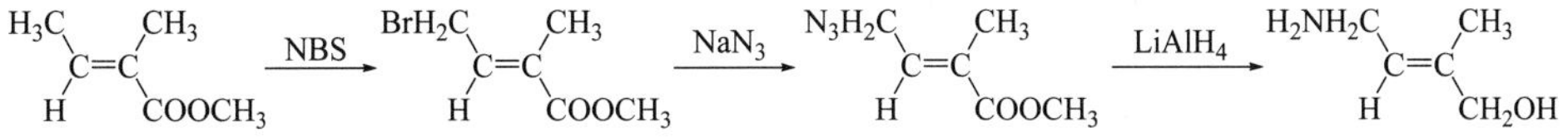

（2）

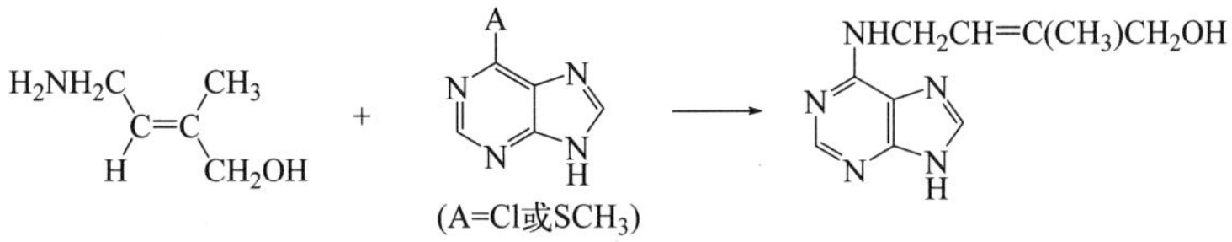

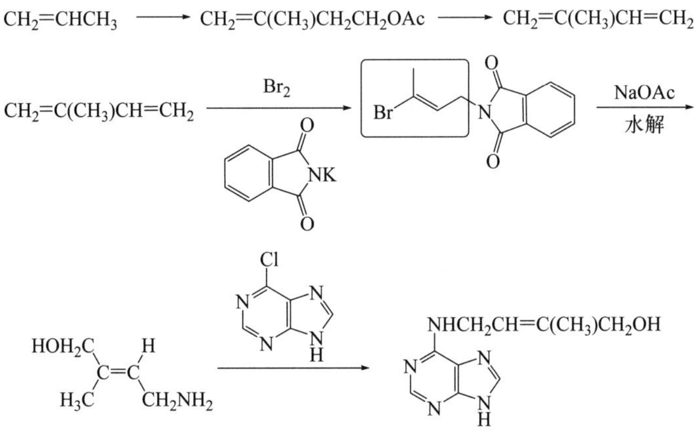

参考文献

[1] Experientia, 1981, 37(6): 543-545.

[2] Phytochemistry, 1990, 29(2): 385-386.

[3] 中国农业科学, 1997, 30(1): 65-70.

[4] CN 1096820, 1994, CA 126: 156477.

[5] J.Liq.Chromatogr., 1985, 8(2): 369-379.

[6] Phytochem.Anal., 1996, 7(2): 57-68.

[7] 食品科学, 1996, 17(70): 37-40.

[8] J.Agric.Food Chem., 1998, 46(4): 1577-1588.

玉雄杀（chloretazate）

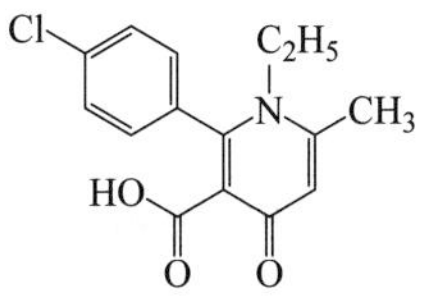

$C_{15}H_{14}ClNO_3$，291.7，81052-29-1、81051-65-2

玉雄杀（试验代号：ICI-A0748、RH-0748，其他名称：detasselor）是由罗门哈斯公司研制、捷利康公司开发的玉米用杀雄剂。

产品简介

化学名称　2-（4-氯苯基)-1-乙基-1,4-二氢-6-甲基-4-氧代烟酸。英文化学名称为 2-(4-chlorophenyl)-1-ethyl-1,4-dihydro-6-methyl-4-oxonicotinic acid。美国化学文摘（CA）系统名称为 2-(4-chloropheny)-1-ethyl-1,4-dihydro-6- methyl-4-oxo-3-pyridinecarboxylic acid。美国化学文摘（CA）主题索引名为 3-pyridinecarboxylic acid-, 2-(4-chloropheny)-1-ethyl-1,4-dihydro-6-methyl-4-oxo-和 chloretazate-potassium。

理化性质　纯品为固体，熔点 235～237℃。

应用

用于杂交玉米制种去雄。

专利概况

专利名称　Novel substituted oxonicotinates，their use as plantgrowth regulators and plantgrowth regulating compositions containing them

专利号　EP 0040082

专利拥有者　Rohm &Haas（US）

专利申请日　1980-05-12

专利公开日　1981-11-18

目前公开的或授权的主要专利有 EP 40082、EP 364183、JP 63156704 等。

合成方法

（1）第一种合成方法

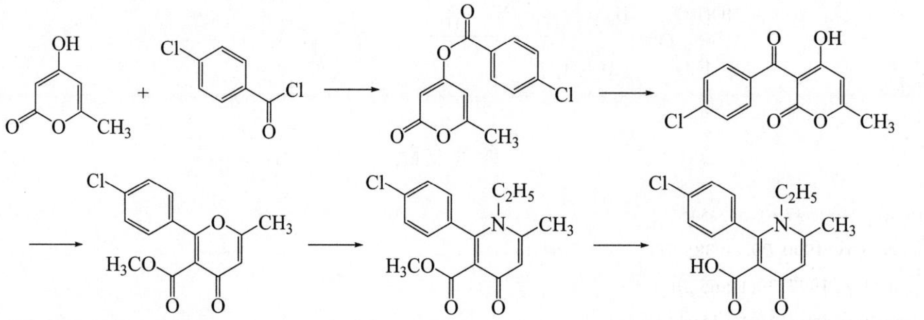

（2）第二种合成方法

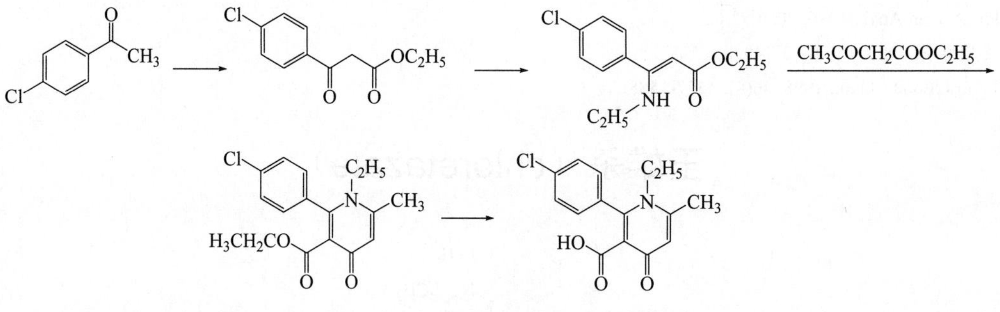

参考文献

[1] EP 40082, 1981, CA 96: 122640.

[2]　EP 364183, 1990, CA 113: 83773.

[3]　JP 63156704, 1988, CA 110: 2903.

芸苔素内酯（brassinolide）

C₂₈H₄₈O₆，480.7，72962-43-7

$C_{28}H_{48}O_6$，480.7，72962-43-7

芸苔素内酯（其他名称：BR、益丰素、油菜素内酯、天丰素）是一种甾醇类新的植物内源生长物质。

1970 年由米希尔等发现，油菜花粉中含有使菜豆第二节间发生异常伸长反应的物质，如节间伸长、弯曲及开裂，从而被人们认为是一种新的植物生长物质，随后从油菜花粉中提取了这种物质，称为芸苔素内酯。20 世纪 80 年代日本、美国又人工合成出芸苔素内酯，日本科学工作者称它是第六类植物激素。威海韩孚生化药业有限公司登记95%丙酰芸苔素内酯原药，登记号 PD20172952；四川省兰月科技有限公司登记 95% 28-高芸苔素内酯原药，登记号PD20220267 等；河北兰升生物科技有限公司和山东京蓬生物科技有限公司等登记了 24-表芸苔素内酯等。登记制剂有 0.004、0.01%、0.4%、2%、5%、8%可溶液剂等。

产品简介

化学名称　2α,3α,22(R),23(R)-四羟基-24(S)-甲基-β-高-7-氧杂-5α-胆甾烷-6-酮。英文化学名称为 2α,3α,22(R),23(R)-tetrahydroxy-24(S)-methyl-β-homo-7-oxa-5α-cholestan-6-one。美国化学文摘（CA）系统名称为(2α,3α,5α,22R,23R,24S)-2,3,22,23-tetrahydroxy-β-homo-7-oxaergostan-6-one。美国化学文摘（CA）主题索引名为 β-homo-7-oxaergostan-6-one-，2,3,22,23-tetrahydroxy-，(2α,3α,5α,22R,23R,24S)-。

理化性质　纯品为白色结晶粉末，熔点 256~258℃（另有文献报道为 274~275℃）。水中溶解度为 5mg/L，溶于甲醇、乙醇、四氢呋喃和丙酮等多种有机溶剂。

毒性　大鼠急性经口 LD_{50}>2000mg/kg，小鼠急性经口 LD_{50}>1000mg/kg。大鼠急性经皮 LD_{50}>2000mg/kg。Ames 试验表明无致突变作用。鲤鱼 LC_{50}（96h）>10mg/L。

制剂与分析方法　0.01%乳油，0.2%可溶粉剂（益丰素），0.01%、0.04%、0.15%水剂。产品分析用 HPLC 法。

作用特性

芸苔素内酯是甾体化合物中生物活性较高的一种，它们广泛存在于植物体内。它在植物生长发育各阶段中，既可促进营养生长，又能利于受精作用。人工合成的 24-表芸苔素内酯活性较高，可经由植物的叶、茎、根吸收，然后传导到起作用的部位。有的人认为可增加 RNA 聚合酶的活性，增加 RNA、DNA 含量；有的人认为可增加细胞膜的电势差、ATP 酶的活性，也有的人认为能强化生长素的作用，作用机理目前尚无统一的看法。它起作用的浓度极微量，一般在 $1×10^{-6}$~$1×10^{-5}$mg/L。它的一些生理作用表现有生长素、赤霉酸、细胞激动素的某些特点。

应用

芸苔素内酯是一个高效、广谱、安全的多用途植物生长调节剂。具体应用如下：

（1）小麦　用 0.05～0.5mg/L 药液对小麦浸种 24h，对根系（包括根长、根数）和株高有明显促进作用。播前用 0.01mg/L 的药液浸种小麦 12h，药液以淹没种子为宜，或苗期每亩喷洒 50kg 0.01mg/L 的药液，均可增强麦苗分蘖力。分蘖期以此浓度进行叶面处理，可使分蘖数增加。如在小麦孕穗期用 0.01～0.05mg/L 的药剂进行叶面喷雾处理，对小麦生理过程、光合作用有良好的调节和促进作用，并能加速光合产物向穗部输送。处理后两周，茎叶的叶绿素含量高于对照，穗粒数、穗重、千粒重均有明显增加，一般增产 7%～15%。经芸苔素内酯处理的小麦幼苗耐冬季低温的能力增强，小麦的抗逆性增加，植株下部功能叶长势好，从而减少青枯病等病害侵染的机会。

（2）玉米　芸苔素内酯可提高作物的抗旱性。春播玉米一般在雌穗分化初期、小花分化期、抽雄期、吐丝期后 7d 与 17d 各喷 1 次；夏播玉米在雌穗小穗分化初期、小花分化期或吐丝后 7d 各喷 1 次。每亩用浓度为 0.01mg/L 的药液 50kg 叶面喷洒。可促进受水分胁迫影响的玉米生长，降低原生质膜相对透性，提高硝酸还原酶活性，增加光合作用能力，增加穗粒数和百粒重以及降低空秆率，提高双穗率。用 0.01mg/L 的药液对玉米进行全株喷雾处理，能明显减少玉米穗顶端籽粒的败育率，可增产 20%左右。抽雄前处理的效果优于吐丝后施药。喷施玉米穗的次数增加，虽然能减少败育率，但效果不如全株喷施。处理后的玉米植株叶色变深、叶片变厚，比叶重和叶绿素含量增高，光合作用的速率增强。果穗顶端籽粒的活性增强（即相对电导率下降）。另外，吐丝后处理也有增加千粒重的效果。用 0.1mg/L 的药液浸玉米种 24h，药液量与种子量之比为 1∶0.8，在阴凉处晾干后播种，可加快玉米种子萌发，增加根系长度，提高单株鲜重。用 0.33mg/L 药液浸泡玉米种子，可使陈年玉米种子发芽率由 30%提高到 85%，且幼苗整齐健壮。在喇叭口至吐丝初期喷施 0.15mg/L 药液，每穗粒数增加 41粒，减少秃顶 0.7cm 和百粒重增加 2.38g，增产 21.1%。在玉米大喇叭口期每亩喷洒 0.01mg/L 的药液 50kg，可减少玉米穗顶部籽粒的败育率，增加产量。在吐丝期每亩喷洒 0.01mg/L 的药液 50kg，可以提高植株光合速率、叶绿素含量和比叶重，促进灌浆，特别是能使果穗顶端的籽粒得到充足的营养，使之发育成正常的籽粒，减少玉米籽粒的败育率，提高籽粒产量 15%左右。但勿与碱性农药混用。

芸苔素内酯与乙烯利混合配制成芸·乙合剂，是一种玉米专用的矮化、健壮、防倒型生长调节剂，在玉米抽雄时喷雾处理，可以起到矮化、增产、防早衰等作用，提高玉米产量。

（3）水稻　用 0.15mg/L 药液对水稻浸种，可明显提高幼苗素质，使出苗整齐、叶色深绿、茎基宽、带蘖苗多、白根多。播前用浓度为 0.01mg/L 的药液浸泡水稻种子 24h，1kg 药液浸种 0.8～1kg 种子；或苗期用 0.01mg/L 的药液喷雾，用药液量为 750L/hm²，均可增加分蘖，增强秧苗抗逆性。用 0.448×10⁻³～4.48×10⁻³mg/L 浓度的药液处理水稻幼苗，或处理稻种，与对照相比，成苗率高，并促进低温下的生长，使株高、干物重、叶绿素含量和成苗率均明显提高，组织电导率下降，膜脂不饱和脂肪酸中的亚麻酸含量及脂肪酸不饱和指数有所提高，从而提高水稻幼苗的抗寒能力。秧苗移栽前后喷施 0.15mg/L 药液，可使移栽秧苗新根生长快，迅速返青不败苗，秧苗健壮，增加分蘖。水稻秧田分蘖期每亩用 0.01～0.05mg/L 的药液 50kg叶面喷洒，可使秧苗返青快；开花期用浓度为 0.01～0.05mg/L 的药液叶面再喷洒 1 次，可早抽穗，早扬花，一般比对照早扬花 3～5d。芸苔素内酯的主要功能是促进细胞分裂，增强光合作用，提高抗逆性，加快生长。水稻开花期喷洒 0.01mg/L 的芸苔素内酯 750kg/hm²，可促进籽粒灌浆，增加粒重与产量。在始穗初期喷施药液，可有效预防纹枯病的发生和大面积蔓延。单用芸苔素内酯可降低发病指数 35.1%～75.1%，增加产量 9.7%～18.2%。若与井冈霉素混合使用，对纹枯病防除可达 45%～95%，增加产量 11%～37.3%。

（4）烟叶　烟草移栽后 30d 喷施芸苔素内酯，主要增大增厚下部叶片。移栽后 45d，主要增大增厚上部叶片，同时增强烟株抗旱能力，对叶斑病、花叶病也有明显预防作用，后期落黄好，增产 20%～40%。用 0.01～0.05mg/L 药液浸种 3h，可以提高种子发芽率 10% 以上，增强种子发芽时和幼苗抗寒性，促进烟苗生长。也可移栽后 20～50d，喷洒浓度为 0.01mg/L 的芸苔素内酯，每亩喷洒 40L 药液，可促进烟苗生长和提高抗性。在烟草生长后期，用芸苔素内酯处理，可促进烟株生长发育，扩大单株叶面积，促进光合作用和物质运输分配，改善烟叶化学成分，烟碱含量可增加 39.4%～76.7%，提高上等烟比例。

（5）甘蔗　在苗期用 0.15% 芸苔素内酯 5000 倍液喷雾一次，或苗期、生长期各喷一次（共二次），可以促进甘蔗生长。增加亩有效茎数 1.37%，增加茎长 6.75%，增加茎粗 2.9%，增加茎重 9.72%，增加产量 525kg/hm²，且含蔗糖量也明显增加。

（6）芹菜　芸苔素内酯可在立心期或收前 10d 进行叶面喷布，可促进生产，提高产量，改进品质。

（7）柿　开花前 3d 对雌花蕾喷洒 1 次，2 周后再补喷 1 次，药液浓度为 0.1mg/L。

（8）橙　以 0.01～0.1mg/L 药液，于开花盛期和第一次生理落果后进行叶面喷洒。50d 后调查，坐果率：0.01mg/L 的增加 2.5 倍，0.1mg/L 的增加 5 倍，还有一定增甜作用。

（9）棉花　初花期用 0.3～1.8mg/L 药液喷雾，茎粗叶厚，但叶面积不增大。对黄萎病防效达 21.2%～54.5%，增产 20.6%。

（10）花生　应用芸苔素内酯后，既可增强植株活力，又可提高抗逆性能，使叶片功能优势继续得到发挥。结果是不早衰、增荚、增粒、增重，增产率为 22.6%。

（11）大豆　芸苔素内酯可以增加大豆幼苗硝酸还原酶的活性，增加对硝酸盐肥料的吸收、转化，增加株高和物质的积累，提高作物对不良环境的抗性。播种前用 0.01% 的药液浸泡大豆种子 6～12h，药液量与种子量之比为 1∶0.8，在阴凉处待豆种皱皮后播种，可促进大豆苗期生长，株高增加 14.7%，根鲜重增加 59.3%，硝酸还原酶活性增强 1.1～2.8 倍。在出苗后用 0.01mg/L 药液喷子叶，6d 后株高增加 10%～15%，根鲜重增加 40%～60%；也可在花期用 0.15% 制剂 10000 倍液叶面喷洒，可抗倒伏，减少秕荚，增产 7%～12%。

（12）甜菜　用 0.15mg/L 药液喷施于甜菜，不仅能促进植株生长，使叶色浓绿，促进块根膨大、增产，而且还能调节光合产物的分配，使含糖量增至 17.49%。

（13）枸杞　芸苔素内酯能促进枸杞根系生长，增强抗旱、涝、盐碱、病害的能力，同时还可提高枸杞的品质。

（14）西瓜　于苗期用 0.01% 乳油配制 0.01mg/L 药液，用药液量 600L/hm² 喷施叶面，可壮苗。

（15）黄瓜　以 0.01mg/L 药液于苗期处理，可提高黄瓜苗抗夜间 7～10℃ 低温、叶子变黄之能力。用 0.01mg/L 药液于初花期喷 1～2 次，都可有效防止化瓜，促进坐果。在黄瓜苗期、生长期、结果期各喷洒 1～3 次，药液浓度为 0.1～1mg/L，可明显提高产量。

（16）番茄　用 0.01mg/L 芸苔素内酯叶面喷施番茄幼苗，或在大田期间用 0.05mg/L 芸苔素内酯叶面喷施，可提高植株抗病性并延缓植株衰老。以 0.1mg/L 药液于果实肥大期叶面喷洒，能明显增加果的重量。在番茄果穗大部分果实进入成熟期时，用 10mg/L 的药液喷果，6d 后重复一次，共喷 3 次。第二次处理后 5d 就有转色催熟的作用，这可能是芸苔素内酯通过促进果实内源乙烯生成而起作用的。

（17）茄子　以 0.1mg/L 药液处理低于 17℃开花的茄子花，或浸花房，可促进正常结果。

（18）油菜　以 0.2mg/L 药液于开花期和角果初期各喷 1 次，每公顷每次用药量为 750L，可增加单株角果数、角粒数和千粒重，比清水对照增加 10%以上。用 1×10^{-5}mg/L 药液处理秧苗，明显提高水稻抗西草净的能力；同时芸苔素内酯还有提高水稻抗稻瘟病、纹枯病，黄瓜抗灰霉病，番茄抗疫病，白菜、萝卜抗软腐病的能力。

（19）甘蓝　在甘蓝莲座期喷洒 100mg/L 芸苔素内酯，有增产效果。

（20）莴苣　莴苣苗期、生长期喷施 100mg/L 芸苔素内酯，可提高莴苣产量与品质。

（21）辣椒　用 18mg/L 芸苔素内酯浸甜椒种子 6h，可增强植株抗病能力。

（22）豇豆　生长期、开花期，喷施 100mg/L 芸苔素内酯，能增加产量。

（23）菜豆　菜豆生长期、开花期，喷施 100mg/L 芸苔素内酯，可使开花结荚多，产量增加。

（24）萝卜　在萝卜莲座期喷施 100mg/L 芸苔素内酯，可促进萝卜成熟，改善品质，提高抗软腐病能力，增加产量。

（25）大白菜　苗期、莲座期用 100mg/L 芸苔素内酯溶液各喷雾 1 次，可达到防病、增产的效果。

芸苔素内酯广泛使用于各种蔬菜，增产幅度达 30%～150%，对黄瓜霜霉病、番茄疫病、番茄病毒病等多种病害有理想的预防效果。此外还可促进作物茁壮生长、早熟，品质也得到改善。

专利与登记

专利名称　α-Ergostan-6-ones

专利号　JP 8270900

专利拥有者　Suntory,Ltd.

专利申请日　1980-10-17

专利公开日　1982-05-01

目前公开的或授权的主要专利有 US 2003150025、EP 0261656、JP 62167797、WO 03090534、CN 1379981、WO 02087333 等。

登记情况　芸苔素内酯已经在冬小麦、向日葵、大豆、小白菜、小麦、枣树、柑橘树、棉花、水稻、烟草、玉米、甘蔗、番茄、芝麻、花生、苹果、苹果树、茶叶、荔枝树、葡萄、西瓜、辣椒、香蕉、黄瓜、黄瓜（保护地）等 20 多个作物上取得登记。如芸苔素内酯在我国小麦、苹果、菜心上登记；登记有 0.01%可溶液剂（PD20130042），由上海绿泽生物科技有限责任公司登记等。

合成方法

获得芸苔素内酯的主要方法有两种。

（1）以甾体化合物如豆甾醇、麦角甾醇、油菜甾醇等为原料经化学反应合成出。如从粮食工业下脚料中提取植物甾醇，其工艺路线如下：

皂角 ——→ 皂化 ——→ 提取 ——→ 结晶 ——→ 植物甾醇

再以提取的植物甾醇为原料合成芸苔素内酯，其合成路线如下：

植物甾醇 ——→ 磺酸酯 ——→ 异甾醇 ——→ 甾酮 ——→ 二羟基甾酮 ——→ 甾烯 ——→ 四羟基甾醇 ——→ BR类物质（最终产物）

（2）通过如下反应制得目的物：

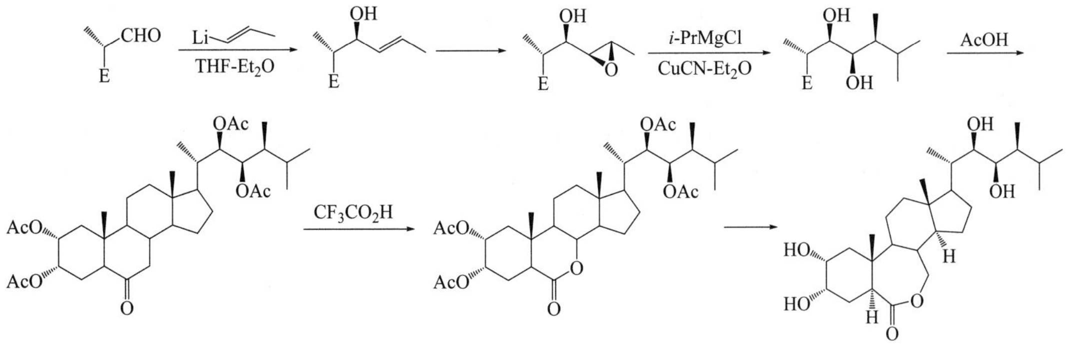

其中：

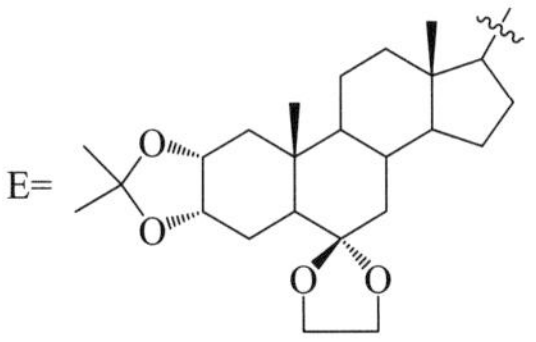

$E=$

参考文献

[1] J.Am.Chem.Soc., 1980, 102(21): 6580-6581.

[2] CN 1339255, 2002, CA 137: 306040.

[3] JP 2088580, 1990, CA 114: 24324.

[4] US 5814581, 1998, CA 125: 3611.

[5] Can.J.Chem., 1993, 71(2): 156-163.

[6] J.Chem.Soc.Chem.Commun, 1980, 20: 962-964.

[7] Tetrahedron Lett., 1983, 24(8): 773-776.

增产胺（DCPTA）

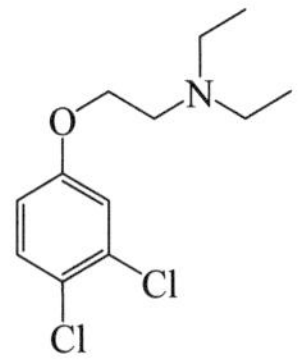

$C_{12}H_{17}Cl_2NO$，262.2，65202-07-5

产品简介

化学名称　2-（3,4-二氯苯氧基）三乙胺。英文化学名称为 2-(3,4-dichlorophenoxy) triethylamine。美国化学文摘（CA）系统名称为 2-(3,4-dichlorophenoxy)-*N,N*-diethylethanamine。美国化学文摘（CA）主题索引名为 ethanamine，2-(3,4-dichlorophenoxy)-*N,N*-diethyl。

理化性质　淡黄色粉状固体，易溶于水，可溶于甲醇、乙醇等有机溶剂，常规条件下储存稳定。

作用特性

通过植物的茎和叶吸收，在植物中直接作用于细胞核，增强酶的活性并增加植物的浆液、油脂以及类脂肪的含量，使作物增产增收。

显著地增强植物的光合作用，使用后叶片明显变绿、变厚、变大，增加对二氧化碳的吸收及利用率，增加蛋白质、脂类等物质的积累贮存，促进细胞分裂和生长。

应用

125mg/L 药液喷洒可使棉花植株对 CO_2 的吸收增加 21%，21.5mg/L 药液喷洒可使叶和茎干重增加 69%，植株高度增加 36%，茎直径增加 27%，植株结节增加 36%。用该药处理的植株较对照开花早，棉蕾和棉铃增多。该药可使大豆明显增产。

专利概况

专利名称　Increasing the yield of hydrocarbons from plants

专利号　US 891955

专利拥有者　United States department of Agriculture

专利申请日　1978-03-31

专利公开日　1978-09-29

目前公开的或授权的主要专利有 CN 1284497、US 891955、JP 02164801 等。

合成方法

增产胺的合成方法主要有两种：

（1）3,4-二氯苯酚先后与 1,2-二溴乙烷、二乙胺反应得到。

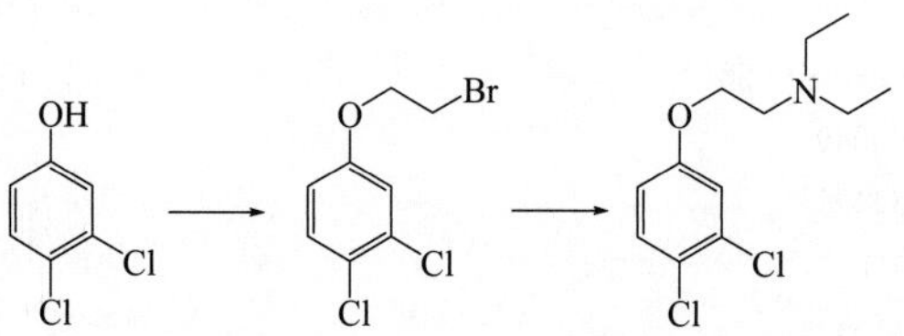

（2）3,4-二氯苯酚在碱存在下与 2-氯（溴）代三乙胺反应得到。

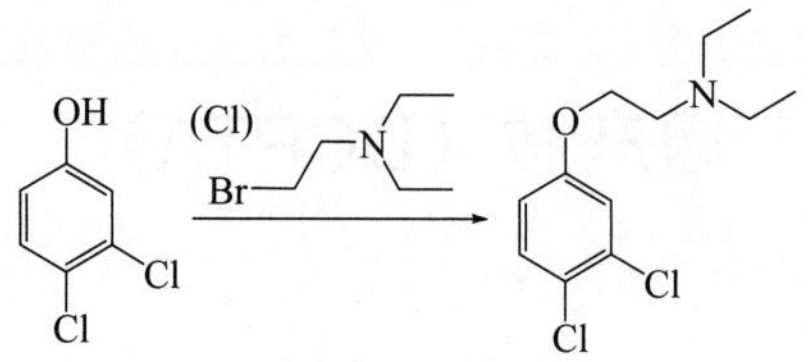

参考文献

[1] Plant Physial., 1983, 72(3): 897-899.

[2] Sciene, 1977, 197(4308): 1078-1079.

[3] US 891955.

[4] 精细化工, 1996, 13(2): 40.

[5] CN 1284497, 2001, CA 135: 257032j.

[6] JP 02164801, CA113: 206723y.

增产灵（4-IPA）

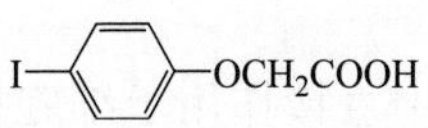

$C_8H_7IO_3$，278.0，1878-94-0

增产灵（其他名称：增产灵 1 号）是一种苯氧乙酸类植物生长调节剂，国外未商品化。类似化合物有增产素（对溴苯氧乙酸）、防落素（对氯苯氧乙酸钠）。

产品简介

化学名称　4-碘苯氧乙酸。英文化学名称为 4-iodophenoxy acetic acid。美国化学文摘（CA）系统名称为 acetic acid (p-iodophenoxy)（8CI），acetic acid (4-iodophenoxy)（9CI）。美国化学文摘（CA）主题索引名为 acetic acid;(p-iodophenoxy)（8CI），acetic acid;(4-iodophenoxy)（9CI）。

理化性质　纯品为白色针状或鳞片结晶，熔点 154～156℃。工业品为淡黄色或粉红色粉末，纯度 95%，熔点 154℃，略带刺激性臭味。溶于热水、苯、氯仿、酒精，微溶于冷水，其盐水溶性好。

作用特性

增产灵是一个生理作用类似内源吲哚乙酸的生长调节剂，具有加速细胞分裂、分化作用，促进植株生长、发育、开花、结实，防止蕾铃脱落，增加铃重，缩短发育周期，提早成熟等多种作用。

应用

增产灵是我国 20 世纪 70 年代应用广泛的一个生长调节剂，在大豆、水稻、棉花、花生、小麦、玉米等作物上大面积应用过，但近年来应用较少。棉花，将 30～50mg/L 药液加温至55℃，把棉籽浸 8～16h，然后冷却播种，促进壮苗；开花当天以 20～30mg/L 滴涂在花冠内，或在幼铃上点涂 2～3 次，间隔 3～4d，每亩用药液量 0.5～1L，可防止落花落铃；在现蕾期至始花期以 5～10mg/L 药液喷洒 1～2 次，间隔 10d，也有保花保铃的效果。大豆、豇豆等，在花荚期用 10～20mg/L 喷洒 1～2 次，可减少落花落荚，增加分枝，促进早熟，与磷酸二氢钾混用效果更佳。花生在结荚期以 10～40mg/L 药液喷洒 2～3 次，总分枝数、果数均有增加，还促进早熟增产。芝麻在蕾花期以 10～20mg/L 药液喷洒一次，增产明显。水稻，用 10～20mg/L 药液浸种或浸秧，促进发根，提早返青；苗期喷洒 10～20mg/L 药液，加快秧苗生长；在抽穗、扬花、灌浆期以 20～30mg/L 喷洒一次，可提早抽穗，提高结实率和千粒重。小麦以 20～100mg/L 药液浸种 8h，促进幼苗健壮；抽穗、扬花期以 20～30mg/L 叶面喷洒一次，提高结实率和千粒重。玉米在抽丝期、灌浆期以 20～40mg/L 药液喷洒全株或灌注在果穗的丝内，可使果穗饱满，防止秃顶，增加单穗重、千粒重。此外，番茄在花期或幼果期以 5～10mg/L药液喷洒一次，促进坐果、增产。黄瓜结果期以 6～10mg/L 喷或涂果多次，可增加果重、增产。甘蓝、大白菜包心期以 20mg/L 药液喷洒 1～3 次，增加产量。葡萄在花后或幼果期以 50mg/L喷洒 2 次，明显增加果穗重量。在芝麻始花期喷两次（间隔 7d）或在现蕾期和开花期各喷 1次 20mg/L 药液，可促进植株营养物质运向生殖器官，促进生殖器官的发育，防止落花，提高结实率。用 10～40mg/L 药液喷洒茶树，可促进茶叶生长，提高茶叶质量。

注意事项

（1）增产灵使用较安全，但生理作用平稳，须与叶面肥配合使用效果更好。

（2）处理后 24h 内遇雨会影响效果。

专利概况

专利名称　Methods and compositions (containing halogenated phonoxy monocarboxylic aliphatic acid，their esters and salt) for killing weed

专利号　US 2390941

专利拥有者　American Chemical Paint Co.

专利申请日　1945-05-04

专利公开日　1945-12-11

合成方法

增产灵的制备方法主要有两种。

（1）以苯氧乙酸与碘为原料，加入适量氧化汞为催化剂，加热反应得到产品。反应式如下。

$$\text{C}_6\text{H}_5\text{-OCH}_2\text{COOH} \xrightarrow[\text{HgO}]{\text{I}_2} \text{I-C}_6\text{H}_4\text{-OCH}_2\text{COOH}$$

（2）以对碘苯酚为原料，与 2-溴乙磺酸钠反应得到对磺苯氧乙磺酸钠，再将钠盐转化成苄基硫脲盐，最后得到产品。反应式如下。

$$\text{I-C}_6\text{H}_4\text{-OH} + \text{BrCH}_2\text{CH}_2\text{SO}_3\text{Na} \longrightarrow \text{I-C}_6\text{H}_4\text{-OCH}_2\text{CH}_2\text{SO}_3\text{Na} \longrightarrow$$

$$\text{I-C}_6\text{H}_4\text{-OCH}_2\text{CH}_2\text{SO}_3\text{H} \cdot \text{H}_2\text{N-C(=NH)-SCH}_2\text{Ph} \longrightarrow \text{I-C}_6\text{H}_4\text{-OCH}_2\text{COOH}$$

参考文献

[1] J. Am. Chem. Soc., 1959, 81: 2997-3000.

增产肟（heptopargil）

$\text{C}_{13}\text{H}_{19}\text{NO}$，205.3，73886-28-9

增产肟（其他名称：Limbolid，EGYT 2250）是由 A. Kis-Tamás 等于 1980 年报道，由 EGYT Pharmacochemical Works 公司开发的植物生长调节剂。

产品简介

化学名称　（E）-（1RS，4RS）-莰-2-酮 O-丙-2-炔基肟。英文化学名称为（E）-（1RS，4RS）bornan-2-one O-prop-2-ynyloxime。美国化学文摘（CA）系统名称为（±）-1,7,7- trimethylbicylo [2.2.1]heptan-2-one O-2-propynyloxime（9CI）。美国化学文摘（CA）主题索引名为 bicyclo[2.2.1] heptan-2-one; 1,7,7-trimethyl，O-2-propynyloxime。

理化性质　本品为浅黄色油状液体，沸点 95℃（133Pa），相对密度 0.9867，水中溶解度 1g/L（20℃），易溶于有机溶剂。

毒性　大鼠急性经口 LD_{50}（mg/kg）：雄 2100，雌 2141。大鼠急性吸入 $LC_{50} > 1.4$mg/L 空气。

制剂　50%乳油，主要用作种子包衣剂，广泛适用于玉米、水稻、番茄、辣椒、甜菜、菜豆、苜蓿等种子处理，另外它在调节植物早期生长发育的同时，还有一定的杀虫作用。

作用特性

可由萌芽的种子吸收，促进发芽和幼苗生长。

应用

本品可提高作物产量，用于玉米、水稻和甜菜的种子处理。

专利概况

专利名称 Racemic and optically active 2-(propargyl-oximino)-1,7,7-trimethylbicyclo-[2.2.1]heptane usefulas plantgrowth regulator and insecticide

专利号 DE 2933405

专利拥有者 Egyt Gyógyszervegyészeti Gyár, Budapest, HU

专利申请日 1978-12-22

专利公开日 1980-03-06

目前公开的或授权的主要专利有 DE 2933405 等。

合成方法

增产肟的制备方法为以（*E*）-（1*RS*，4*RS*）-莰-2-酮肟及炔丙基溴为原料，加入甲醇钠，以甲醇为溶剂回流，即得产品。反应式如下。

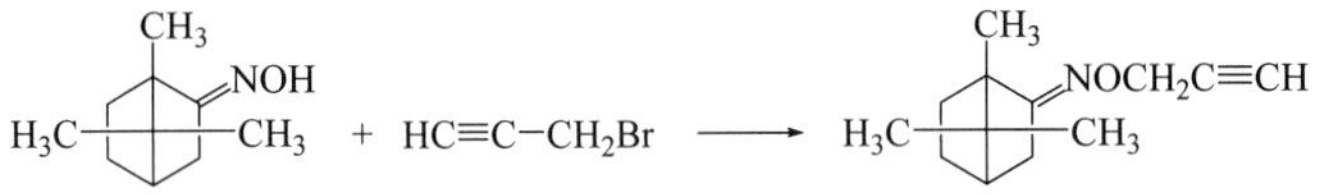

参考文献

[1] Proc. Brighton Crop Prot. Conf.Weeds, 1980, 15(I): 173-176.

[2] DE 2933405, 1980, CA 93: 46065.

增甘膦（glyphosine）

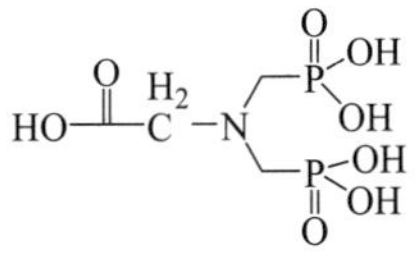

$C_4H_{11}NO_8P_2$，263.1，2439-99-8

增甘膦（其他名称：Polaris、CP 41845、草双甘膦、催熟膦）是一种有机磷酸类植物生长调节剂，1969 年美国孟山都化学公司最早开发。1974 年化工部沈阳化工研究院在国内首先合成。

产品简介

化学名称 *N,N*-双(膦羧基甲基)甘氨酸。英文化学名称为 *N,N*-bis(phosphonomethyl)glycine。美国化学文摘（CA）系统名称为 *N,N*-bis(phosphonomethyl)glycine(8&9CI)。

理化性质 增甘膦纯品为白色固体，不挥发。在 20℃时，水中溶解度为 24.8%，微溶于乙醇，不溶于苯。贮藏在阴凉干燥条件下数年不分解。

毒性 增甘膦是低毒性植物生长调节剂，大白鼠急性经口 LD_{50} 为 3925mg/kg，兔经皮 LD_{50} 为 5010mg/kg，对人畜皮肤、眼无刺激作用，兔、狗饲喂 90d，无不良作用，甘蔗允许残留量为 1.5mg/kg。

制剂 85%可溶粉剂。

作用特性

增甘膦可经由植物的茎、叶吸收，然后传导到生长活跃的部位，抑制生长，在叶、茎内抑制酸性转化酶活性，增加蔗糖含量，同时促进 α-淀粉酶的活性，而且还能促进甘蔗成熟。

应用

增甘膦适用于甘蔗、甜菜、西瓜增加含糖量，也可作棉花落叶剂。

（1）甘蔗　每亩 250g（有效成分）于收获前 4～8 周，叶面处理，可增加糖含量，对产量无明显影响。

（2）甜菜　每亩 50g（有效成分）于 11～12 叶片（块根膨大初期），叶面喷洒，可促进叶片蔗糖运转到根部，促进甜菜根部生长和提高蔗糖含量。

（3）西瓜　每亩 50g（有效成分）于西瓜直径 5～10cm 时，叶面喷洒。

（4）棉花　每亩 40g（有效成分）于棉花吐絮时喷洒，促进棉花落叶。

注意事项

增甘膦是抑制营养体旺长的植物生长调节剂，一是所处理的作物应有足够的营养体，切不可早喷；二是处理的作物一定要水肥充足并呈旺盛生长势，其效果才好，瘦弱或长势不旺的勿要用药；三是晴天处理效果好，应用时须适量加入表面活性剂。

专利概况

专利名称　Amino poly(methylene phosphonic acids)

专利号　GB 1142294

专利拥有者　Peckdennis R, Hudson, Derek

专利申请日　1966-02-08

专利公开日　1969-02-05

目前已公开或授权的专利主要有 GB 1142294、US 4568432、US 4931080，WO 0018236 等。

合成方法

以氨基乙酸酯为原料，经 Mannich 反应得目的物。

$$H_2NCH_2COOH + HCHO + PCl_3 \xrightarrow{HCl} HOOCH_2CN \begin{matrix} CH_2P(OH)_2 \\ \\ CH_2P(OH)_2 \end{matrix}$$

参考文献

[1] J.Org.Chem., 1966, 31(5):1603.

[2] GB 1142294, 1969, CA70:106650x.

增色胺（CPTA）

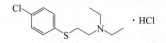

$C_{12}H_{18}ClNS \cdot HCl$，280.3，13663-07-5

1959 年增色胺首次在加拿大合成，后来发现它有增加水果色泽的作用。

产品简介

化学名称　2-对氯苯硫基三乙胺盐酸盐。英文化学名称为 triethylamine，2-[(p-chlorophenyl) thio]-,hydrochloride。美国化学文摘（CA）系统名称为 2-[(p-chlorophenyl)thio]-triethylamine，hydrochloride。美国化学文摘（CA）主题索引名为 triethylamine，2-[(p-chlorophenyl)thio]-，hydrochloride。

理化性质　纯品熔点 123～124.5℃。溶于水和有机溶剂。在酸介质中稳定。

作用特性

通过叶片和果实表皮吸收，传导到其他组织。可增加类胡萝卜素的含量。作用机制有待于进一步研究。

应用

增色胺可增加番茄和柑橘属植物果实的色泽。在橘子由绿转黄色时用 2500mg/L 药液喷雾。番茄绿色接近成熟时喷增色胺可诱导红色素产生，加速由绿向红转变。

专利概况

专利名称　Controlling vegetation with aryl thioalkylamines

专利号　US3142554

专利拥有者　Monsanto Co.

专利申请日　1961-10-10

专利公开日　1964-07-28

目前公开的或授权的主要专利有 US 383350、JP 03007208 等。

合成方法

增色胺的合成方法是以氯代三乙基胺与对氯苯硫酚反应得到，反应式如下。

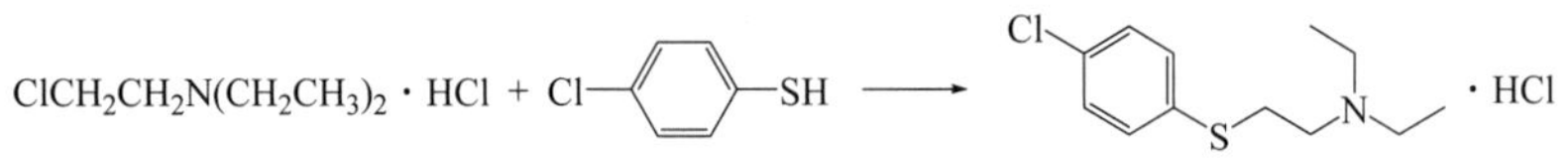

$$ClCH_2CH_2N(CH_2CH_3)_2 \cdot HCl + Cl-\text{⟨苯环⟩}-SH \longrightarrow Cl-\text{⟨苯环⟩}-S-CH_2CH_2-N(CH_2CH_3)_2 \cdot HCl$$

参考文献

[1] US 3142554, 1964, CA 61: 11263.

[2] FR 1438388, 1967, CA 66: 10748.

增糖胺（fluoridamid）

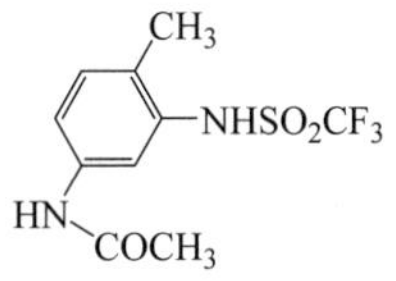

$C_{10}H_{11}F_3N_2O_3S$，296.3，47000-92-0

增糖胺（其他名称：Sustar）是 1974 年美国 3M 公司开发的产品。

产品简介

化学名称　3'-(1,1,1-三氟甲基磺酰氨基)对甲基乙酰替苯胺。英文化学名称为 3'-(1,1,1-trifluoromethanesulfonamido)acet-p-toluidide。美国化学文摘（CA）系统名为 N-[4-methyl-[[(trifluoromethyl)sulfonyl]amino]phenyl]acetamide。美国化学文摘（CA）主题索引名为 acetamide；N-4-methyl-3-{[[[trifluoromethyl)sulfonyl]amino]phenyl}。

理化性质　纯品是白色结晶固体，熔点 175～176℃。溶于甲醇和丙酮。水中溶解度 130mg/L。

毒性　相对低毒。大鼠急性经口 LD$_{50}$：2576mg/kg，小鼠：1000mg/kg。对皮肤无刺激。

应用

增糖胺作为植物生长调节剂，可以作为矮化剂，抑制草坪草茎的生长及盆栽植物的生长，剂量 1～3kg（a.i.）/hm²。也可用于甘蔗上，在收获前 6～8 周，以 0.75～1kg（a.i.）/hm² 剂量整株施药，可加速成熟和提高含糖量。增糖胺还可作为除草剂。

专利概况

专利名称　Herbicidal[[(trifluoromethyl) sulfonyl]amino]acetanilides

专利号　DE 2412578

专利拥有者　Minnesota Mining and Manufacturing Co.

专利申请日　1973-03-16

专利公开日　1974-05-19

合成方法

以甲苯为原料，经硝化、还原、酰化得目标物。

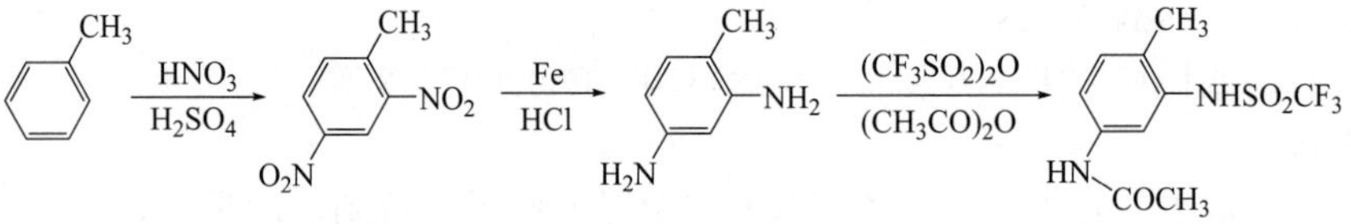

参考文献

[1] DE 2412578CA 82: 4024.

整形醇（chlorflurenol）

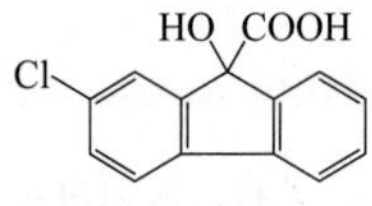

C₁₄H₉ClO₃，260.7，2464-37-1

$C_{14}H_9ClO_3$，260.7，2464-37-1

　　整形醇（其他名称：IT3456）由 G.Schneider 报道，chlorflurenol-methyl 由 E. Merck 开发。整形醇产品常以甲酯形式生产，通用名称为 chlorflurenol-methyl（简写为 CFM）。

产品简介

化学名称　2-氯-9-羟基芴-9-羧酸。英文化学名称为(RS)-2-chloro-9-hydroxyfluorene-9-carboxylic acid。美国化学文摘（CA）系统名称为 2-chloro-9-hydroxyfluorene-9-carboxylic acid。美国化学文摘（CA）主题索引名为 9H-fluorene-9-carboxylic acid, 2-chloro-9-hydroxy-。

理化性质　原药为浅黄色至棕色固体，熔点 136～142℃，蒸气压 0.13mPa（25℃），纯品为白色结晶，熔点 155℃。溶解度（20℃）：水中 21.26mg/L（pH 5），丙酮 260g/L，苯 70g/L，乙醇 80g/L。在通常贮存下条件下稳定，在日光下快速分解。在 1.8%有机介质及 pH7.3 时土壤吸附系数 K 为 1.2。

毒性　大鼠急性经口 LD₅₀：12800mg/kg，大鼠急性经皮 LD₅₀＞10000mg/kg。在 2 年饲喂试验中，大鼠接受 3000mg/kg 饲料及狗接受 300mg/kg 饲料未见不良影响。鹌鹑急性经口 LD₅₀＞10000mg/kg。鱼毒 LC₅₀（96h，mg/L）：蓝鳃翻车鱼 7.2，鲤鱼 9，虹鳟鱼 3.2。

制剂及分析方法　乳油。产品用紫外光谱法或色谱法分析，残留用衍生物的比色法或酯的 GC 法测定。

作用特性

整形醇的甲酯可通过植物种子、叶片、幼茎和根吸收，向上和向下传导，最后在植物生长旺盛处停留。当种子吸收后，可诱导与种子萌发有关的酶，延迟萌发后抑制幼苗生长。当茎吸收后，抑制茎伸长生长和顶部生长，促进侧芽和侧枝生长，因此，可矮化植物。叶片吸收后，可延缓叶绿素分解。当根吸收后，抑制侧根生长，促进不定根生长。因此，可改变植物因引力、光等引起的定向生长。其作用机制是抑制细胞分裂和阻碍一些植物生长物质的正常传导。

应用

本品可防止椰子落果，促进水稻生长，促进黄瓜坐果和果实生长，并能增加菠萝果实中的营养物质。土壤施用时，用作植物生长调节剂的推荐用量为 $2\sim4kg/hm^2$。它能在土壤、谷物和水中降解。具体应用见表 2-28。

表 2-28 整形醇应用方法

作物	浓度/（mg/L）	应用时间	方法	效果
桃	40～60	开花后 1 周	喷花	促进落果
苹果	50	开花后 1～2 周	喷花	促进落果
梨	10	5 月中旬	植株顶端喷药	抑制顶端生长
花椰菜	1000	有 12～24 个小叶	整株喷药	提早收获
松树	100～1000	4～5 小叶	整株喷药	提高果实品质
葡萄	4～10	种植前	浸枝	诱导不定根
番茄	0.1～10			无籽
黄瓜	100	3 小叶	整株喷药	无籽

注意事项

（1）在施药后 12～24h 内下雨，要重喷。

（2）应贮藏在冷凉干燥处。

专利概况

专利名称　Fluorene-9-carboxylic acid plant-growth regulators

专利号　BE 640592

专利拥有者　E. Merck A. G.

专利申请日　1962-12-01

专利公开日　1964-05-29

目前公开的或授权的主要专利有 CZ 150407、US 3506434、CA 1232149、GB 1051653 等。

合成方法

整形醇制备的主要方法如下。

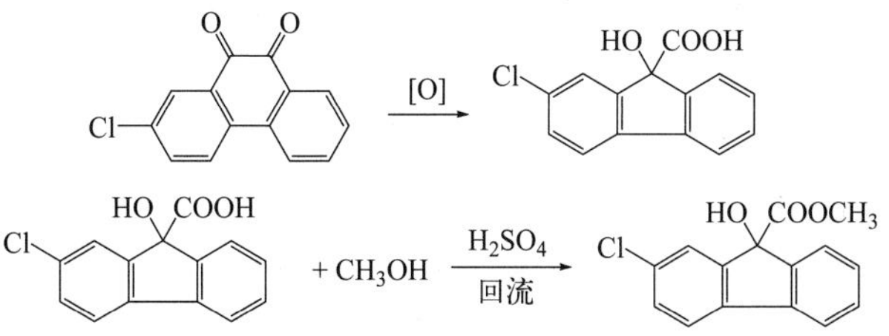

参考文献

[1] Plantgrowth Regul. Chem., 1983, 2: 113-130.

[2] W. P. Cochrane et al. J. Assoc. Off. Anal. Chem., 1977, 60: 728.

[3] J. Org. Chem., 1960, 25: 959-962.

正癸醇（*n*-decanol）

$$CH_3(CH_2)_9OH$$

$C_{10}H_{22}O$，158.3，112-30-1

正癸醇（其他名称：Paranol），由 Procter&Gamble Co.及 Panorama Chemicals（Pty）Ltd.开发。

产品简介

化学名称　癸-1-醇。英文化学名称为 Decan-1-ol。美国化学文摘（CA）系统名称为 Decyl alcohol。美国化学文摘（CA）主题索引名为 Decyl alcohol。

理化性质　黄色透明黏性液体，6.4℃固化形成长方形片状体，沸点233℃。微溶于水，极易溶于大多数有机溶剂。

毒性　大鼠急性经口 LD_{50} 为 18000mg/kg，小鼠急性经口 LD_{50} 为 6500mg/kg。对皮肤和眼睛有刺激性。

应用

本品为接触性植物生长抑制剂，用以控制烟草腋芽。施药在烟草拔顶前约1周或拔顶后进行。在第1次喷药后7～10d，有时需再喷第2次。一般施药后30～60min即可杀死腋芽。

专利概况

专利名称　Preparation of primary alcohol compounds

专利号　SU 196764

专利拥有者　L.Z. Zakharkin, V.V.Gavrilenko

专利申请日　1964-05-20

专利公开日　1967-03-31

目前公开的或授权的主要专利有 DE 1176115、US 3078309、NL 6502102、FR 1599014 等。

合成方法

以正癸酸甲酯为原料，还原得到产品。反应式如下：

$$CH_3(CH_2)_8COOMe \xrightarrow{iso\text{-}Bu_3Al} CH_3(CH_2)_9OH$$

参考文献

[1] GB 803178, 1957, CA53: 6985e.

[2] E.Y.Spencer, Guide to the chemicals used in crop protection, 6th.1973, 158.

仲丁灵（butralin）

$$(H_3C)_3C \overset{NO_2}{\underset{NO_2}{\diagdown}} NHCH(CH_3)CH_2CH_3$$

$C_{14}H_{21}N_3O_4$，295.3；33629-47-9

仲丁灵（试验代号：Amex 820、Amchem 70-25、Amchem A-820，其他名称：Amexine、Tamex、地乐胺、丁乐灵、双丁乐灵、止芽素）系一种二硝基苯胺类植物生长调节剂。

1971 年由 S. R. Mclane 等报道其生物活性，美国 Amchem 公司（现为拜耳作物科学）开发，之后 CFPI（现为 Nufarm SA）生产，我国江西盾牌化工有限公司生产。

产品简介

化学名称　N-仲丁基-4-叔丁基-2,6-二硝基苯胺。英文化学名称为(RS)-N-sec-butyl-4-$tert$-butyl-2,6-dinitroaniline。美国化学文摘（CA）系统名称为 4-(1,1-dimethylethyl)-N-(1-methyl-propyl)-2,6-dinitrobenzenamine。美国化学文摘（CA）主题索引名为 benzenamine-，4-(1,1-dimethylethyl)-N-(1-methylpropyl)-2,6-dinitro-。

理化性质　原药纯度≥98%，熔点59℃。纯品为橘黄色、轻微芳香气味结晶体，熔点61℃，沸点134～136℃（66.7Pa），蒸气压0.77mPa（25℃），分配系数$K_{ow}\lg P$=4.93（23℃±2℃），Henry常数$7.58×10^{-1}$Pa·m³/mol（计算值）。相对密度1.063。水中溶解度为0.3mg/L（25℃）。有机溶剂中溶解度(g/L，25～26℃)：甲醇98、乙醇73、己烷300；24℃条件下，溶解度(g/100mL)二氯甲烷146、苯270、丙酮448。稳定性：分解温度为265℃，对水解和光解稳定。在干燥条件下，常温贮藏超过3年，但不要低于-5℃或处于结冻环境。

毒性　大鼠急性经口LD_{50}(mg/kg，原药)：雄1170，雌1049。兔急性经皮LD_{50}≥2000mg/kg（原药）。对兔皮肤有轻度刺激性，对兔眼睛有中等程度刺激性，对豚鼠皮肤无刺激性。大鼠急性吸入LC_{50}＞9.35mg/L空气。NOLE数据（2年）：大鼠500mg/kg饲料。ADI值：0.5mg/kg。Ames试验和染色体畸变分析试验为阴性，对黏膜有轻度刺激性作用，但对皮肤未见作用。山齿鹑急性经口LD_{50}＞2250mg/kg，日本鹌鹑急性经口LD_{50}＞5000mg/kg。山齿鹑和绿头鸭饲喂试验LC_{50}（8d）＞10000mg/kg饲料。鱼毒LC_{50}（96h，mg/L）：蓝鳃翻车鱼1.0，虹鳟0.37。水蚤EC_{50}（48h）0.12mg/L，海藻EC_{50}（5d）0.12mg/L。蜜蜂LD_{50}：95μg/只（经口）、100μg/只（接触）。

环境行为　进入动物体内的本品，其各个阶段的代谢物主要是通过尿和粪便排出。例如本品在大鼠体内代谢历程为：先经过N-脱烷基、氧化、还原，然后经过N-酰基化、葡萄糖醛酸共轭历程，48h内85%的本品通过尿排出，72h后，在大鼠器官中无检出，最终代谢物为CO_2。在土壤中通过微生物降解，最终产物为CO_2。田间DT_{50}＞3周（10～72.6d），水中30d分解小于10%，本品吸附性强，不易浸提。

制剂与分析方法　单剂如36%乳油。混剂如本品+$C_{6\sim18}$饱和脂肪醇、本品+乙氧氟草醚、本品+利谷隆、本品+莠去津、本品+草不隆、本品+绿谷隆、本品+氨基甲酸酯类除草剂、本品+硫代氨基甲酸酯类除草剂等。分析方法采用GC法。

作用特性

药剂进入植物体后，主要抑制分生组织的细胞分裂，从而抑制杂草幼芽及幼根的生长。对双子叶植物的地上部分抑制作用的典型症状为抑制茎伸长，子叶呈革质状，茎或胚膨大变脆。对单子叶植物的地上部分产生倒伏、扭曲、生长停滞，幼苗逐渐变成紫色。烟草打顶后，将药液喷或淋在烟株顶端，使药液沿茎秆流下而与每个叶腋接触或涂于叶腋，吸收快，作用快，其作用主要抑制细胞分裂，使萌芽 2.5 叶内的腋芽停止生长而卷曲萎蔫，未萌发的腋芽无法生长出来，施药 1 次，能抑制烟草腋芽发生直至收获结束，能节省大量抹腋芽的人工，使养分集中供应叶片，叶片干物质积累增加，烟叶化学成分比人工抹杈更接近适应值，烟叶钾的含量及钾氯比比人工抹杈高，使自然成熟变一致。提高烟叶上、中等级的比例及品质，提高烟叶燃烧性，还可减轻田间花叶病的接触传染，对预防花叶病有一定作用。适用于烧烟、晾烟、马丽兰、雪茄等烟草抑制腋芽生长。

应用

适宜作物如烟草、西瓜、棉花、大豆、玉米、花生、向日葵、蔬菜、马铃薯等。用 48%仲丁灵乳油涂抹烟草、西瓜等作物腋芽，可抑制侧端生长，减少人工抹芽抹杈，促进顶端优势，提高产品的产量和质量。

注意事项

（1）选晴天露水干后施药，雨后及气温 30℃以下及大风天不宜施药，避免药液与烟叶片接触。

（2）本剂会促进根系发达，对氮素吸收力强，可酌减氮肥的用量，不影响产量与品质。

（3）施药时，避免与眼睛、皮肤接触；用药后用肥皂洗净暴露的皮肤，并以清水冲洗。

（4）贮藏于阴凉、干燥处，勿与食物、饲料同放。

专利与登记

专利名称　　Plant-growth regulating 4-butyl-*N*-substituted-2,6-dinitroanilines

专利号　　DE 2058201

专利拥有者　　Amchem Products, Inc.

专利申请日　　1969-11-20

专利公开日　　1971-05-27

目前公开的或授权的主要专利有 KR 8200056、KR 8200052、US 5777168、CN 1371605、WO 0057735 等。

登记情况　　作为植物生长调节剂主要登记剂型为 36%乳油，登记厂家有山东华阳和乐农药有限公司（登记号 PD20095742），潍坊中农联合化工有限公司（登记号 PD20081142)等；登记作物为烟草，抑制烟草腋芽生长。

合成方法

通过如下反应制得目的物。

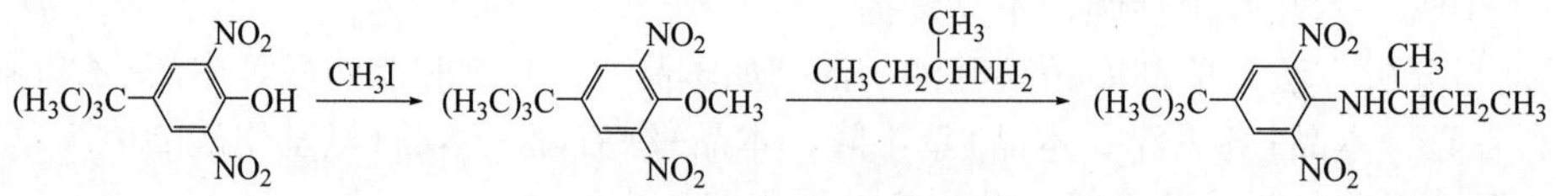

或

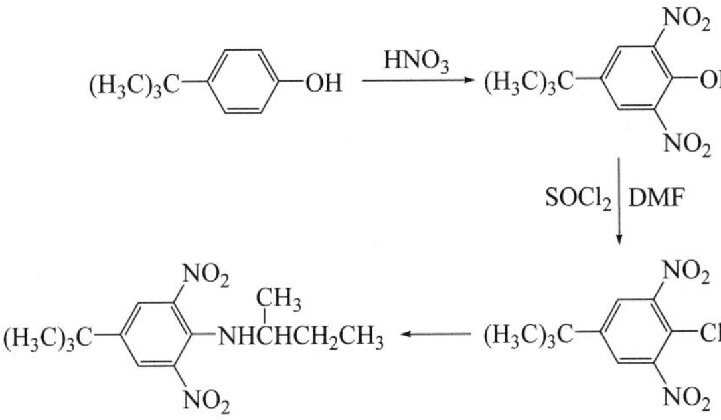

参考文献

[1] US 3672866, 1969, CA 75: 98308.

[2] US 5777168, 1995, CA 129: 108893.

[3] GB 2003148, 1979, CA 90: 54648.

[4] EP 753256, 1995, CA 126: 86109.

[5] CA 129: 3024.

坐果酸（cloxyfonac）

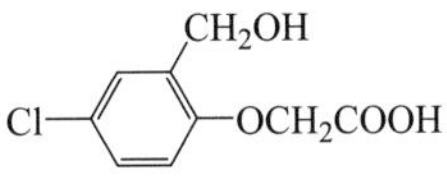

$C_9H_9ClO_4$，216.6，6386-63-6

坐果酸，试验代号：RP-7194，其他名称：Tomatlane（cloxyfonac-sodium）、CAPA-Na、CHPA、PCHPA，是由日本盐野义制药公司（其农用化学品业务 2001 年被安万特公司收购，现为拜耳公司所有）开发的植物生长调节剂。

产品简介

化学名称 4-氯-2-羟甲基-苯氧基乙酸。英文化学名称为 4-chloro-α-hydroxy-o-tolyloxy acetic acid。美国化学文摘（CA）系统名称为[4-chloro-2-(hydroxymethyl)phenoxy]acetic acid。美国化学文摘（CA）主题索引名为 acetic acid-, [4-chloro-2-(hydroxymethyl)phenoxy] 和 (cloxyfonac-sodium)。

理化性质 纯品为无色结晶，熔点 140.5～142.7℃，蒸气压 0.089mPa（25℃）。溶解度（g/L）：水中 2，丙酮 100，二氧六环 125，乙醇 91，甲醇 125；不溶于苯和氯仿。稳定性：40℃以下稳定，在弱酸、弱碱性介质中稳定，对光稳定。

毒性 雄性和雌性大、小鼠急性经口 LD_{50}＞5000mg/kg，雄性和雌性大鼠急性经皮 LD_{50}＞5000mg/kg。对大鼠皮肤无刺激性。

环境行为 土壤 DT_{50}＜7d。

作用特性

属芳氧基乙酸类植物生长调节剂，具有类生长素作用。

应用

在番茄和茄子花期施用，有利于坐果，并使果实大小均匀。

专利概况

专利名称 Substituted chlorophenoxyacetic acids

专利号　GB 813367

专利拥有者　Rhône Poulenc SA

专利申请日　1956-06-09

专利公开日　1959-05-13

合成方法

2-甲基-4-氯苯氧乙酸在硫酸存在下在苯中被乙醇酯化，然后被溴化，生成 2-溴甲基-4-氯苯氧乙酸乙酯，最后用氢氧化钠水溶液进行水解，即制得本产品。反应式如下：

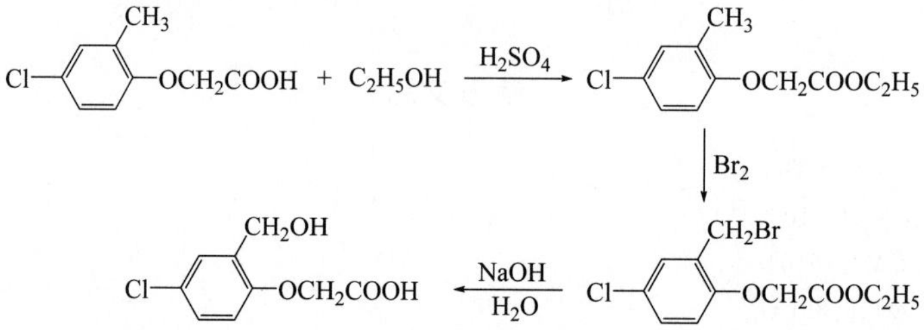

参考文献

[1]　FR 1268627, 1961, CA 56: 14169.

第三章

植物生长调节剂复配制剂

赤霉酸·苄基嘌呤合剂（6-BA+GA$_4$+GA$_7$）

赤霉酸·苄基嘌呤合剂是一种复合型的植物生长调节剂。

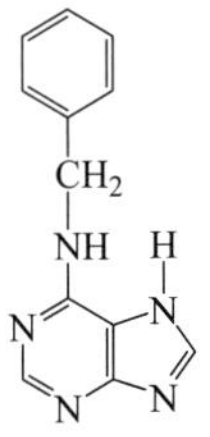

6-BA 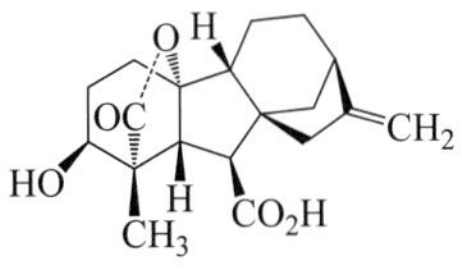   赤霉酸GA$_4$ 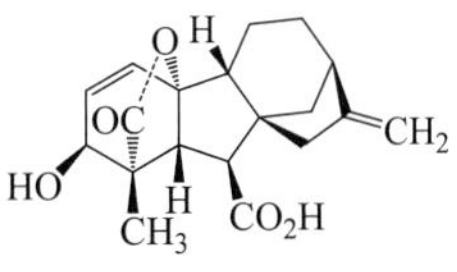   赤霉酸GA$_7$

理化特性

赤霉酸·苄基嘌呤合剂为 3.6%或 1.8%液剂或乳油，在 pH<4 的介质中稳定，遇碱时开始分解，存放 1 年左右。

毒性

赤霉酸·苄基嘌呤合剂为低毒性植物生长调节剂。6-BA 小白鼠急性经口 LD$_{50}$ 为 1690mg/kg，赤霉酸 GA$_4$+GA$_7$ LD$_{50}$ 为 500mg/kg。它不刺激皮肤，但对眼有轻微刺激作用。

作用特性

赤霉酸·苄基嘌呤合剂可经由植株的茎、叶、花吸收，然后传导到分生组织活跃部位，促进坐果。

应用

赤霉酸·苄基嘌呤合剂可增加红富士苹果重量，提高单位面积产量。

使用剂量：0.6～1.3mL/L（加 60～90L 水）。

使用时间：第一次当中心花 100%开放时，对花喷药，使花托及花萼也能沾着药；第二次在用药后 15～20d 喷幼果。

使用方法：对花喷洒，花各器官要均匀喷到。喷后 12h 无雨，早、晚处理为好。

注意事项

（1）本品仅在元帅系的红星、新红星、短枝红星、玫瑰红、红富士等苹果品种上试用，应用对象及应用技术还需扩大和完善。

（2）勿与碱性药液混用。

（3）本品不能单性结实，要注意与昆虫授粉密切配合。

赤·吲合剂（GA₃+IBA）

赤·吲合剂（GA₃+IBA）是一种促进幼苗生长的广谱性植物生长物质，各组分化学结构式如下：

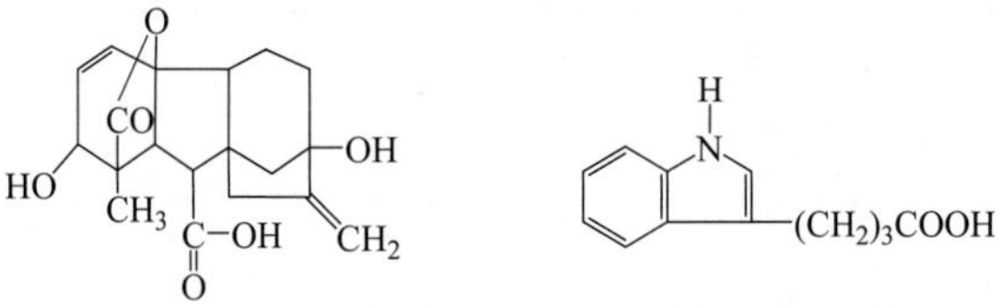

赤霉素₃(GA₃)　　　　吲哚丁酸(4-indol-3-ylbutyric acid)

该混剂是国外广泛用于促进幼苗生长的植物生长物质复合制剂。主要功能是促进幼苗地下、地上部分成比例生长，促进弱苗变壮苗，加快幼苗生长发育，最终提高产量、改善品质。1998 年美国 Terra industries Inc 在 EPA 上登记，商品名 Maxon。美国 Griffin Corp 研究开发并商品化的 Early Earvest 也是这样的同类产品，其主要成分是 GA₃+IBA+cytokinins。国内类似混剂正在试验示范推广，有望很快成为农业生产上常规使用的农用产品。

应用

适用作物：水稻、小麦、玉米、棉花、烟草、大豆、花生等大多数大田作物、各种蔬菜及花卉植物的幼苗。

处理浓度：30～150mg/L。

应用时期：种子萌发前后到幼苗生长期。

处理方式：拌种、淋溶、叶面喷洒。

注意事项

从国外报道及小范围试验情况看，赤·吲混剂是培育壮苗的良好的生长物质，但其使用效果往往与幼苗出土后的土壤水分、团粒结构及肥力密切相关。土壤团粒结构松散、水分充足、肥力较足，则应用效果就好。

赤·吲乙·芸苔（gibberellic acid+ indol-3-ylacetic acid+ brassinolide）

商品名碧护，0.136%赤·吲乙·芸苔可湿性粉剂，生产企业德国阿格福莱农林环境生物技术股份有限公司。

产品简介

化学名称　有效成分为赤霉素、吲哚乙酸和芸苔素内酯的混合物。

理化性质　灰色粉末，密度 1.525g/cm²，不可燃，无腐蚀性，pH 6.8～7，可与大多数农药混用。

毒性　大鼠急性经口 $LD_{50}>5000mg/kg$，大鼠急性经皮 $LD_{50}>5000mg/kg$；对家兔眼呈轻度刺激性，对家兔皮肤无刺激性，无腐蚀性；对豚鼠致敏性接触试验，致敏率为零，无过敏反应。

作用特征

（1）抗生物逆境胁迫机理　碧护是让植物自身获得系统诱导性抗性物质和自我修复物质的产品，它能激活植物体内各种酶的活性。在植物遭遇病害逆境时，会产生病程相关蛋白（PR蛋白），可以降解病菌细胞壁中的各种几丁质酶和葡聚糖酶，使得病菌新陈代谢迟缓，病菌孢子萌发率降低；同时引起这些部位内水杨酸水平的升高，进而诱导这些部位产生病程相关蛋白等抗病蛋白，在植物的全身产生抗病性。在植物遭遇虫害逆境时，碧护诱导其受害部位大量合成抑制蛋白、淀粉酶抑制蛋白以及各种凝集素。抑制蛋白等可以抑制昆虫消化道内的消化酶，来抑制昆虫对植物的采食，淀粉酶抑制蛋白以及各种凝集素可引起消化系统堵塞，最终害虫因饥饿死去，同时吸引天敌过来消灭害虫。

（2）抗非生物逆境研究机理　作物遭遇非生物逆境（干旱、高温、冻害、涝害、土壤盐碱、土壤板结等）时会对植物产生胁迫。碧护灌施或叶面喷施以后，使得植物体内的脱落酸等物质积累多；水解酶活性保持稳定，合成酶活性不降低；保水力强，防止细胞失水，同时促使根系发达，从土壤中吸收更多的水分和养分，维持植物所需。在非生物逆境胁迫下，植物体内活性氧大量产生、发生异常积累，植物相应的活性氧清除系统，如超氧化物歧化酶（SOD）、过氧化物酶等酶系统就会提高。使用碧护后，使得植物体内超氧化物歧化酶增加 1倍，过氧化物酶活性增加130%，可迅速清除过量的活性氧，从而维护细胞的正常结构和代谢。在非生物逆境胁迫下，植物细胞被破坏，会产生大量的自由氧。在有氧条件下，会加速细胞膜中的脂肪酸自由基发生链式反应，产生氧自由基，引起细胞膜破坏；维生素 E 通过向脂肪酸自由基提供质子，形成无害的过氧化氢物，阻止自由基链式反应的发生。而碧护能有效诱导维生素 E 的产生，从而保护细胞膜免受破坏。

① 抗寒原理　温度是影响农作物产量至关重要的气象因子，当温度下降到农作物生长适宜温度的下限时，就会对农作物造成生理胁迫，表现为延缓生长甚至造成不同程度的伤害，如果温度持续下降并维持一定时间，就会造成"低温灾害"，可能对农作物产生物理和形态损伤直至死亡。作物施用碧护后，植物呼吸速率增强，并能够有效激活作物体内的甲壳素酶和蛋白酶，极大地提高氨基酸和甲壳素的含量及细胞膜中不饱和脂肪酸的含量，同时激活并提高 ATP 的生成和转运速度，提高可溶性糖和脯氨酸等小分子物质积累，增加细胞渗透势，以及增加细胞膜的自我保护作用，有效促进了植物抗冻害的能力和冻害后的恢复能力。

② 抗旱原理　碧护中含有 ABA 能够调节气孔的开闭，调节植物的蒸腾，亦能诱导植物体内维生素 E 含量的增加，而维生素 E 能够保护细胞膜免受破坏；碧护使用后植物根系更发达，提高植物抵御干旱的能力。

③ 增产原理　光合作用是植物叶片把光能转化为化学能、释放氧气和储存能量的过程，是自然界生物体存在和发展的源泉，是人类生活和生产的物质来源和能量来源。光合作用的关键酶是 1,5-二磷酸核酮糖羧化酶/氧化酶（简称 Rubisco），Rubisco 是光合作用暗反应中固定大气中二氧化碳的关键酶，但其催化效率非常低，很多条件下是光合作用的限速步骤。植物源调节剂碧护能激活 Rubisco 的活性，提高其催化效率，延长光合作用时间，进而提高光合作用效率，碧护施用后叶色浓绿，叶片增厚，有利于增强光合作用，增加干物质累积，提高农作物产量。

④ 增加能量原理　呼吸作用在植物生长中具有重要的生理意义：一是植物生命过程中能量供应的来源。呼吸作用是逐步释放能量的过程，而且以 ATP 形式暂存，适于植物生理活动需要，如植物根系矿质营养的吸收和利用运输；植物体内有机物的合成和运输；细胞的分裂、伸长、细胞分化等。二是提供各种生物合成的原料。呼吸作用中产生的各种中间产物成为合成许多高分子化合物的原料。碧护施用到作物后可以加强植物的呼吸作用。更强的呼吸作用意味着产生更多的能量。碧护主要通过增强呼吸作用中的两个关键酶 PFP 和 PFK 的活性来实现作用目的。PFK 酶（phosphofructokinase，磷酸果糖激酶）是糖酵解中最重要的限速酶。PFK 活性增高，可加强葡萄糖的分解，为植物生长提供更多的能量和代谢产物的中间化合物。碧护还促进另一种酶 PFP（焦磷酸-果糖-6-磷酸-1-磷酰基转移酶）活性的提高，进而调节光合作用中的蔗糖合成及糖酵解速率，关系到植物细胞光合产物的分配及碳代谢的走向。作物施用碧护后，可以让更多的光合产物进行更彻底的分解代谢，以释放更多的能量供给作物生长。

⑤ 激活微生物活性原理　土传病害的细胞壁构成分两种：一种是纤维素，另一种是含几丁质和甲壳质的明壳素类。藻菌类主要分解纤维素，甲壳素酶分解甲壳素。土壤中由于长期大量使用化肥，土壤中甲壳素遭到破坏，甲壳素越来越少，植物体无法获得甲壳素，免疫力下降，病害越来越重。当土壤灌施碧护以后，它能提高藻菌类和甲壳素酶、几丁质酶的活性，土壤中固氮菌、放线菌增加，有效抑制有害细菌、真菌的生长。放线菌、镰刀菌引起的枯萎病和根结线虫能得到很好控制，帮助改善土壤结构和质量，刺激根际细菌的生长，贮存植物发育最重要的养分，特别是磷，协助保持养分运输系统，因为真菌、昆虫和蠕虫的营养都依赖于此。

应用

0.136%赤·吲乙·芸苔可湿性粉剂（碧护）是德国科学家依据"植物化感"原理，历时 30 年研发的植物源植保产品。从天然植物中萃取，结构复杂、功效齐全。主要成分有：①天然内源激素（赤霉素、芸苔素内酯、吲哚乙酸、脱落酸、茉莉酮酸等 8 种天然植物内源激素）；②10 余种黄酮类催化平衡成分；③近 20 种氨基酸类化合物；④抗逆诱导剂等植物活性物质，组成了一个独特的"植物生长复合平衡调节系统"。从作物种子萌发出苗到开花、结果、成熟全过程均发挥综合平衡调节作用，能够调节作物生长，诱导作物提高抗逆性、增加产量和改善品质、解除药害，是未来农业自然生态解决方案，广泛应用于蔬菜、果树、大田作物、园林、运动场草坪等。"碧护"的纯天然性符合欧盟 2092/91 条例的要求，通过了 BCS 有机认证和美国 OMRI 有机认证，获准在有机生态农业中使用。

（1）增产粮食作物 15%～20%、经济作物 15%～25%、蔬菜 20%～40%、果树 15%～30%，投入产出比（1∶10）～（1∶50）。

（2）提高品质，使果个均匀、果泽鲜亮，增加糖分，延长货架期。

（3）活化植物细胞，促进细胞分裂和新陈代谢；提高叶绿素、蛋白质、糖、维生素和氨基酸的含量。

（4）提早打破休眠，使作物提早开花、结果；保花保果、提高坐果率、减少生理落果，可提早成熟和提前上市。

（5）诱导作物产生抗逆性，提高抗低温冻害、抗干旱、抗病害的能力。对霜霉病、疫病、灰霉病和病毒病具有良好的防控效果。

（6）有效促进作物生根、根系发达，有利于养分和水分的吸收和利用。减少化肥施用 20%，减少农药施用 30%。

（7）促进土壤中有益微生物的生长繁殖，可迅速恢复土壤活力，提高土壤肥力；健壮株系，延缓植物老化，延长结果期。

（8）对农药造成的抑制性药害有良好的解除作用。

注意事项

碧护效果取决于正确的亩用量，稀释倍数可根据当地情况适当调整。碧护可使植物强壮，与氨基酸肥、腐植酸肥、有机肥配合使用增产效果更显著；同杀虫剂、杀菌剂、除草剂混用，帮助受害作物更快愈合及恢复活力，有增效作用；早晚施用效果最佳，避免在雨前和阳光下使用；贮存在阴凉干燥处，切忌受潮；与大多数农药、肥料混用效果更好，但不可与强酸、碱性农药混用如石硫合剂、波尔多液等。

多效·烯效合剂（uniconazole + paclobutrazol）

多效·烯效合剂是由烯效唑和多效唑复配而成的一种增强矮化的抑制型植物生长物质，各组分化学结构式如下：

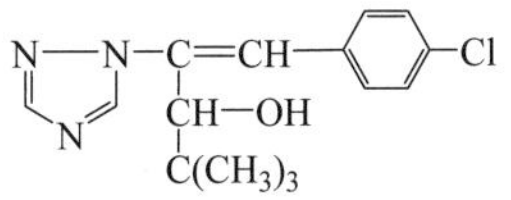

烯效唑(uniconazole) 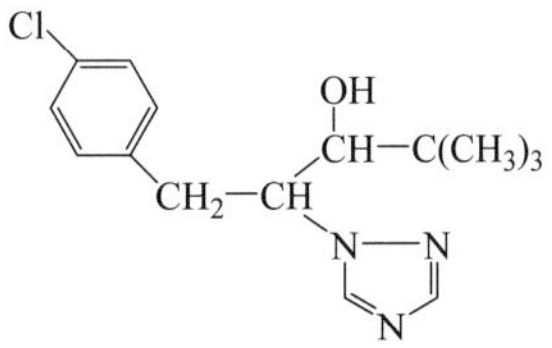　　　　　多效唑(paclobutrazol)

该混剂国外虽有此混用报道，但未见此混剂的商品化登记注册。

作用特性

矮化植株，抑制营养生长，促进生殖生长，促进生根，提高农业作物抗寒、抗旱及抗倒伏的能力。两种都是赤霉素生物合成的抑制剂，作用机理相同。但多效唑使用后在土壤中的持效期长，往往对后茬有一定影响。烯效唑的生物活性高，用量少，在土壤中的持效期比多效唑短，两者混用可使多效唑减少三分之一的使用量，从而减少了对后茬的不利影响。

应用

主要应用在二季晚稻幼苗上，按有效成分使用浓度150～200mg/L喷施，使用后可矮化、促使秧苗早分蘖，达到"带蘖壮秧"的要求，且有防止倒伏的作用，对后茬作物安全。另外在小麦、油菜上也在试用。

注意事项

（1）尽可能不做土壤处理，以免影响后茬作物或污染环境。

（2）使用时水稻肥力要足，尽可能制造作物旺盛生长条件，使用效果才会明显。小麦、油菜使用要慎重，以免殃及后茬作物。

（3）严格使用剂量，切勿增大用量，尽量做到先试验后示范推广。

黄·核合剂（humic acid + ribonucleotide）

黄·核合剂是一种具有调节植物生长发育功能的复合型植物生长物质，各组分化学结构式如下：

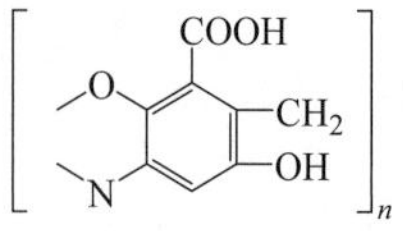

黄腐酸(humic acid)

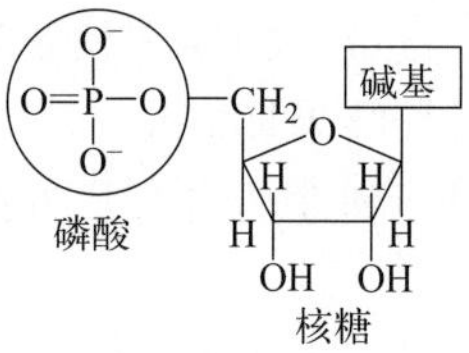

磷酸
核糖
核苷酸(ribonucleotide)

人类对黄腐酸的研究已有将近二百年历史，黄腐酸在农业上的应用也有几十年的历史。核苷酸作为核酸水解的产物，早在 1970～1974 年中国科学院生化所、浙江农科院就在农业上进行了应用研究。

黄腐酸与核苷酸：两种不确定分子量加工成混剂，国外未见应用报道。该混剂既具有黄腐酸的生理作用，又有核苷酸的应用效果。

作用特性

黄腐酸提高植物活力，表现在可以增强气体交换、改善体内氧化还原反应的活性、增强单糖的合成并有利于向多糖转化，促进根系活力及不定根的形成，0.05%叶面处理还可以减少气孔的开张度，减少蒸馏作用，提高植物叶片抗干旱能力。核苷酸对作物幼苗起促进作用的主要是两种嘌呤核苷酸（腺嘌呤核苷酸、鸟嘌呤核苷酸），40mg/L 处理水稻后，根系发达、植株较高、叶色稍绿等。

应用

黄·核合剂为 3.25%水剂，主要登记应用在小麦、黄瓜上。在小麦生长发育期，以 150～200 倍喷洒 2～3 次，可提高小麦抗旱能力，增加叶绿素含量及光合作用效率，又可健壮植株，促进根系发育，最终提高产量；黄瓜以 400～600 倍液喷洒几次，可加快植株生长发育进程，促进营养生长及生殖生长，增加黄瓜重量，从而提高单位面积产量。它在其他作物上也有良好的应用效果。

季铵·哌合剂（chlormequat + mepiquat）

季铵·哌合剂是矮壮素和助壮素两种生长抑制剂复配成的复合制剂，其化学结构式如下：

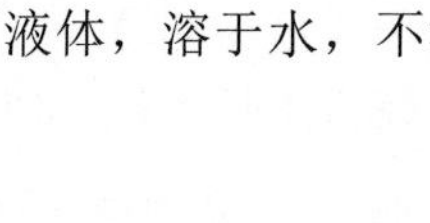

矮壮素(chlormequat)

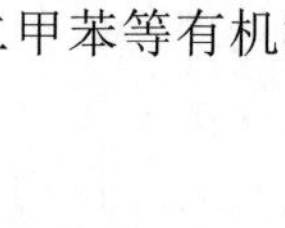

助壮素(mepiquat)

国外虽有报道认为矮壮素和助壮素混用在一些作物上使用有加合作用，但还未见商品化。

理化性质

季铵·哌合剂为透明液体，溶于水，不溶于苯、二甲苯等有机溶剂，在中性或酸性介质中较为稳定。

作用特性

季铵·哌合剂主要可经由叶片、嫩枝吸收，传导到体内抑制赤霉素的生物合成，从而抑制植株的伸长生长，控制棉花顶端或分枝生长，使株形紧凑、叶片增厚、叶绿素含量增加，增加光合作用，在控制营养生长的同时还可促进生殖生长、防止棉花落花落铃、增加棉花结桃数，最终较为明显地提高棉花产量。

矮壮素和助壮素虽然都是赤霉素生物合成的抑制剂，但它们抑制赤霉素生物合成的部位不同，因而它们复合后在抑制赤霉素生物合成上往往表现加合作用。此种复合制剂虽然在控制棉花植株旺长上有加合作用，但对棉花纤维品质并没有改善作用。

应用

季铵·哌合剂主要注册在棉花上，一般在棉花初花期，45%水剂以 54～81g/hm² 兑水 750kg，自上向下进行均匀喷洒。

注意事项

（1）喷洒后 6h 内遇雨会影响处理效果。

（2）水肥较好、生长势旺的棉花用季铵·哌合剂效果较好，缺肥干旱生长势弱的地块请勿用。

（3）先试验示范后大面积推广。

季铵·羟季铵合剂（CCC+choline chloride）

季铵·羟季铵合剂是一种复合型植物生长调节剂，其化学结构式为：

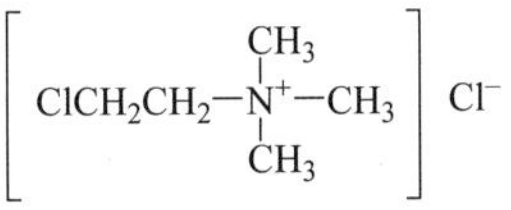

$$\left[ClCH_2CH_2-\overset{\overset{\displaystyle CH_3}{|}}{\underset{\underset{\displaystyle CH_3}{|}}{N^+}}-CH_3 \right] Cl^-$$

$C_5H_{13}Cl_2N$，158.06，999-81-5

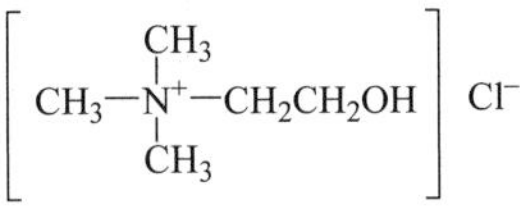

$$\left[CH_3-\overset{\overset{\displaystyle CH_3}{|}}{\underset{\underset{\displaystyle CH_3}{|}}{N^+}}-CH_2CH_2OH \right] Cl^-$$

$C_5H_{14}ClNO$，139.6，67-48-1

理化性质

该混剂由英国卜内门化学公司开发。商品名 Arotex5C，在室温下可贮存 3 年。

毒性

该混剂属低毒性植物生长调节剂。大白鼠急性经口 LD₅₀ 为 31000mg/kg（雄）及 18000mg/kg（雌），小白鼠急性经口 LD₅₀ 为 19500mg/kg。无作用吸入量＞0.4mg/L。

作用特性

该混剂可经由植株的根、茎、叶、种子吸收，主要作用原理是抑制赤霉素的生物合成及抑制光呼吸，促进光合作用。生理作用是矮化麦类株高，缩短节间长度，比单用更明显增加茎的粗度。

应用

该混剂主要用作春小麦、冬小麦、燕麦等禾谷类作物的矮化剂。

（1）小麦冬小麦用量 3.5L/hm²（加 200～400kg 水），在叶鞘直立并超过 5cm、第二节形成前，叶面喷洒；春小麦用量 1.8L/hm²。

（2）燕麦用量 3.5L/hm²（加 200～400kg 水），在第二节形成前叶面喷洒。

季铵·乙合剂（chlormequat + ethephon）

季铵·乙合剂是由矮壮素和乙烯利复配而成的一种具有增强抑制作用的复合制剂，各组分化学结构式如下：

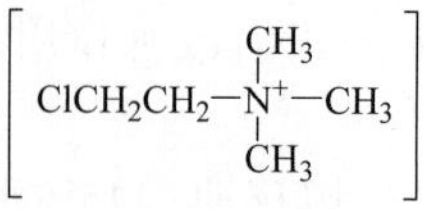

矮壮素(chlormequat) 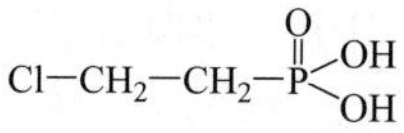　　　　乙烯利(ethephon)

该混剂 20 世纪 70 年代由欧洲 Farm Protection 公司开发，商品名 Pacer，国内矮壮素与乙烯利也有现混现用于矮化小麦的应用报道。

作用特性

矮壮素单剂在小麦、水稻、棉花等多种作物上有矮化、早分蘖或促分枝及抗倒等作用。乙烯利在小麦、水稻、棉花等作物上也有矮化、抗倒及促进早熟等作用，两者的复合制剂不仅在矮化作用上有增加效果的功能，在一定程度上还能弥补单用的一些不足。复合制剂可克服矮壮素推迟成熟的一些副作用。

应用

该混剂在欧洲主要应用在禾谷类作物上防止倒伏，如小麦、大麦、燕麦等在拔节前使用 1000～2000mg/kg 混剂，可有效矮化这些作物，增加基部茎的粗度、硬度，并使基部节间缩短，从而明显增强禾谷类作物的抗倒能力。

在欧洲增加禾谷类作物产量一般用矮壮素加氯化胆碱的复合制剂，为了有效控制禾谷类作物倒伏则应用季铵·乙的合剂。若生长势旺盛的高产禾谷类作物，主要问题是生长势过旺，容易在后期倒伏，这种情况下一般用季铵·乙合剂。而生长势一般的禾谷类作物，虽也存在倒伏可能，由于氯化胆碱能提高光合作用效率、促进根系生长发育，如用季铵·羟基季铵合剂，既可克服可能的防倒问题，又有增加产量的作用。

注意事项

季铵·乙合剂是两种都有抑制作用的复合制剂，在抑制作物生长上有互为增加的作用，故此混剂主要适用于生长势较为旺盛的禾谷类作物，生长势一般或较弱的禾谷类作物切勿使用。

萘·萘胺·硫脲合剂（NAA+NAAm+thiourea）

萘·萘胺·硫脲合剂是一种广泛适用于木本植物的扦插生根剂，各组分的化学结构式如下：

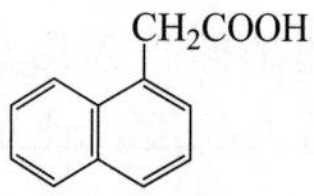

萘乙酸(1-naphthylacetic acid) 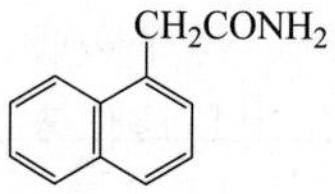　　萘乙酰胺[2-(1-naphthyl)acetamide] 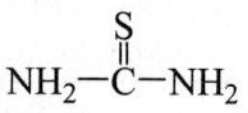　　硫脲(thiourea)

该混剂商品名 Transplantone，是欧洲广泛应用的插枝生根剂，为 0.113%可湿粉剂。

应用

适用的木本植物：苹果、梨、桃、葡萄、灌木、玫瑰、天竺葵及多种植物。

取上述木本植物当年或上年长出的健壮枝条中间部位，切成 20cm 长短，上端留 1～2 片叶，每 50～100 枝捆成一捆，将下端 3～4cm 先浸在水中沾湿，然而蘸生根粉，稍晾后便可插入培养基质中（蛭石、砂），在遮阴条件下，经常浇水，以保持较高的相对湿度，一段时间后便可观察到上述植物切枝下端很快生长出不定根来。

注意事项

培养基质须用清水洗净或进行消毒，以保持扦插枝条下端免受细菌腐烂，另外在扦插枝条叶片上适当喷 0.01%葡萄糖，有利于促进不定根的形成和生长。

萘乙·硝钠合剂（atonik + NAA）

萘乙·硝钠合剂，它们化学结构式如下：

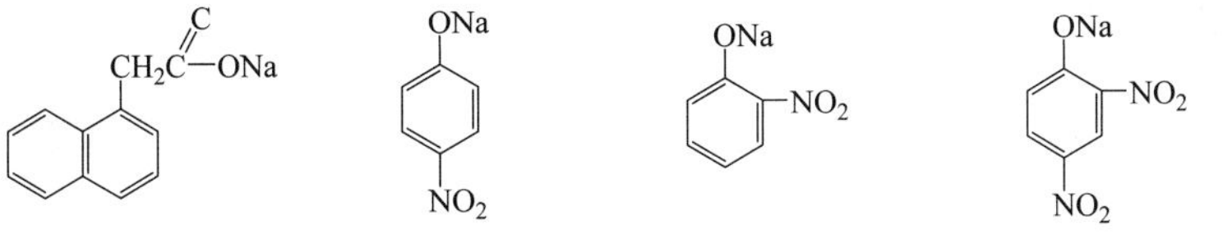

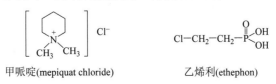

萘乙酸钠　　　　对硝基苯酚钠　　　　邻硝基苯酚钠　　　2,4-二硝基苯酚钠

萘乙·硝钠合剂未见国外商品化报道；国内登记情况：2.85%萘乙·硝钠合剂已在我国水稻、小麦、花生、大豆上获得登记，登记厂家分别为福建省漳州快丰收植物生长剂有限公司、河南省快丰收植物制剂有限公司、河南安阳市国丰农药有限公司等。

理化性质

2.85%萘乙·硝钠合剂由 1.2% α-萘乙酸钠、0.9%对硝基苯酚钠、0.6%邻硝基苯酚钠、0.15% 2,4-二硝基苯酚钠加表面活性剂、水等组成。外观为橙色液体，pH 6.5～7.5，在常温条件下贮存稳定在 2 年以上。

毒性

2.85%萘乙·硝钠合剂大鼠急性经口 LD_{50}：15.7g/kg，急性经皮：LD_{50} 3g/kg。对家兔眼睛无刺激作用，对豚鼠皮肤无刺激性和致敏性。

应用

萘乙·硝钠合剂按如下方法处理可增加小麦、水稻等作物的产量。

（1）小麦　小麦齐穗期及灌浆期用 2000～3000 倍液各喷雾 1 次。每公顷喷液量为 450～600L。

（2）水稻　水稻小穗分化期及齐穗期，用 3000～4000 倍液各喷雾 1 次。每公顷喷液量为 450～600L。

（3）大豆　大豆结荚和鼓粒期，用 4000～6000 倍液各喷雾 1 次。每公顷喷液量为 450～600L。

（4）花生　花生结荚期共施药 2 次，间隔期 10d，喷液浓度为 5000～6000 倍。每公顷喷液量为 450～600L。

注意事项

（1）操作时不得抽烟、喝水、吃东西，操作完毕应用清水及时洗手、洗脸和被污染部位。

（2）施药后的各种药械、器具要注意清洗，包装物要及时收回并妥善处理。

（3）本品应贮存在阴凉、干燥处，不可与食品、种子饲料混放。

哌·乙合剂（mepiquat + ethephon）

哌·乙合剂是由甲哌啶与乙烯利混配成的一种复合型的植物生长调节剂。化学结构式为：

甲哌啶(mepiquat chloride)　　　　　　乙烯利(ethephon)

该混剂由巴斯夫公司开发，商品名 Terpal，其他名 BAS09800W，含甲哌啶 305g/L+乙烯利 155g/L，商品为 46%液体。

理化性质

该混剂制剂为黄白色的液体，有一种特有的气味，易溶于水。放在未开封、无损伤的容器内室温下可放 2 年以上。

毒性

该混剂对人、畜低毒，大白鼠急性经口 LD_{50} 为 1500mg/kg，大白鼠急性经皮 $LD_{50}>$ 5000mg/kg。产品靠近大白鼠 4h，吸入后无不良反应。人、畜接触也无不良反应。

作用特性

该混剂可经由植株的根、茎、叶吸收，然后传导到分生组织活跃部位，抑制赤霉素的生物合成，从而矮化植株，控制植株营养生长、促进生殖生长。

应用

该混剂是冬大麦、冬小麦、玉米上广泛使用的矮化剂。在亚麻等作物上应用也有效果。哌·乙合剂使用方法见表 3-1。

表 3-1　哌·乙合剂使用方法

作物	使用剂量	使用时间	处理方式
冬、春大麦	2.5L/hm² （加水 200kg）	第一节形成后	叶喷
冬、春小麦	2.5～3.0L/hm²（加 200～500kg 水）	拔节时	叶喷
玉米	2.5～3.0L/hm²（加 200～500kg 水）	拔节后	叶喷

注意事项

适宜在水、肥充足地块，生长旺盛的作物上使用。

羟季铵·萘合剂（choline chloride + NAA）

羟季铵·萘合剂是生长抑制剂与生长促进剂科学混用形成的复合制剂，其化学结构式如下：

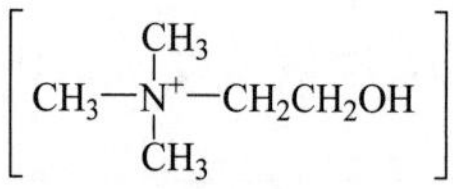

$$\left[CH_3 - \underset{\underset{CH_3}{|}}{\overset{\overset{CH_3}{|}}{N^+}} - CH_2CH_2OH \right] Cl^-$$

氯化胆碱(choline chloride) 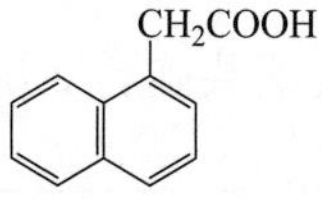　　　　　　萘乙酸(1-naphthylacetic acid)

20 世纪 80 年代国外有关 NAA+6-BA 促进块茎膨大的混用报道，尔后报道氯化胆碱有促进根茎膨大的作用。90 年代初，江苏淮阴教育学院和沈阳化工研究院分别进行了羟季铵（氯化胆碱）·萘（萘乙酸）合剂（块茎块根膨大剂）的开发研究。剂型为 95%可溶粉剂或 25%水剂。

理化性质

羟季铵·萘合剂，为白色可溶性粉，具有吸湿性，易溶于水。透明液体可用水直接稀释。

毒性

羟季铵·萘合剂对人、畜安全，合剂的大白鼠 $LD_{50}>$ 5000mg/kg，小白鼠 $LD_{50}>$ 5000mg/kg。

作用特性

羟季铵·萘合剂主要可经由植物幼茎、叶片、根系吸收，然而传导到起作用部位，抑制

C_3 植物的光呼吸，提高光合作用效率和促进有机物质的运输，并能将叶片的光合产物尽可能输送到块根、块茎中去，刺激贮藏组织细胞分裂和增大，表现块根或块茎明显增重，最终增加块根块茎的产量。但其作用机理目前尚不清楚。

应用

羟季铵·萘合剂适用于马铃薯、甘薯、萝卜、洋葱、大蒜、人参等许多根、茎作物，其使用技术如下：

马铃薯、萝卜、甘薯，使用浓度为 300～600mg/L，一般在初花期或块根块茎开始膨大时进行叶面喷雾，生长旺盛的作物可喷 2～3 次，间隔 10～15d。

洋葱、大蒜、人参，使用浓度为 1000mg/L，一般在地下开始膨大时进行地上部分叶面喷雾，生长旺盛的作物可喷 2～3 次，间隔 10～15d。

注意事项

（1）生长旺盛的作物使用本剂效果明显，本品与叶面肥联合使用效果更佳。

（2）喷洒要均匀，喷洒药液量以每亩 10～50kg 左右为好。

（3）本品作用较为温和，喷后 12h 遇雨可适当补喷。

（4）缺水少肥或瘦弱作物请勿使用本剂。

嗪酮·羟季铵合剂（choline chloride + MH）

嗪酮·羟季铵合剂是一种复合型植物生长调节剂，1980 年由日本开发，商品制剂为液剂。

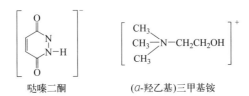

哒嗪二酮　　　　（a-羟乙基）三甲基铵

理化性质

该混剂是由氯化胆碱与抑芽丹组合而成的，产品为淡褐色水溶性液体。

毒性

该混剂属低毒性植物生长调节剂，大白鼠急性经口 LD_{50} 为 7150mg/kg，小白鼠急性经口 LD_{50} 为 6810mg/kg，鲤鱼（48h）TLm 为 480mg/L。

作用特性

该混剂可经由植株的茎、叶吸收，然后传导到分生组织内，阻抑其有丝分裂，抑制腋芽或侧芽的萌发。

应用

相关应用见表 3-2。

表 3-2　嗪酮·羟季铵合剂的应用

作物	使用方法
烟草	80～100 倍，视品种而异，在烟草打顶之后，每株喷药液 30mL
马铃薯、洋葱、大蒜	80～100 倍，收获前 2～3 周，全株喷洒，抑制发芽
山药、甜菜	80～100 倍，收获前 2～3 周，全株喷洒，抑制发芽
柑橘	80～100 倍，夏梢发生时喷 2～3 次，全株喷洒，控制夏梢，促进坐果
萝卜、菠菜	80～100 倍，抽薹前全株喷洒，控制抽薹

注意事项

我国目前无此混剂。从报道看，凡是用抑芽丹的作物都可用本混剂，效果比单剂好，详细使用技术尚待研究。

吲丁·萘合剂（IBA+NAA）

吲丁·萘合剂是一种由吲哚丁酸和萘乙酸组成的复合型植物生长调节剂，其化学结构式如下。

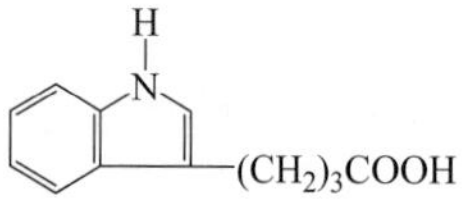

吲哚丁酸(4-indol-3-ylbutyric acid) 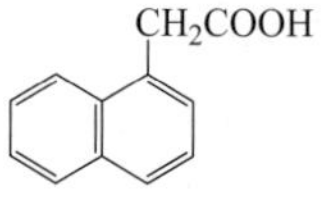　　　　萘乙酸(1-naphthylacetic acid)

1991 年由沈阳化工研究院激素组开发。其他名为根多壮、高效生根粉、水稻增效生根粉，制剂为 50%粉剂。

理化性质

本品为白色至浅红色粉末，溶于乙醇、甲醇、二甲基甲酰胺，微溶于温水，不溶于冷水。

毒性

该混剂大白鼠急性经口 LD_{50}（雌）大于 5000mg/kg，小白鼠急性经口 LD_{50}（雌）大于 5000mg/kg，大白鼠经皮 LD_{50} 大于 5000mg/kg。属于低毒性植物生长调节剂。

作用特性

该混剂可经由根、叶、发芽的种子吸收，刺激根部内鞘部位细胞分裂生长，使侧根生长快而多，提高植株吸收水分和养分的能力，使整株植物生长健壮。还刺激不定根的分化形成，因而能促进插枝生根，提高扦插成活率。

应用

该混剂是一个广谱型生根剂，使用方法简便灵活，可在林木、花卉、蔬菜、粮食及经济作物上广泛应用。

（1）促进林木、花卉插枝生根

① 快速浸泡法　浓度 500～1000mg/L，浸 10～15s，浸插条下端 3～4cm。

② 慢速浸泡法　浓度 10～100mg/L，浸 12～24h，浸插条下端 3～4cm。

易生根的植物用小浓度，时间短些；难生根的浓度大些，时间长些。

（2）促进整株植物根系发育。

表 3-3 为吲丁·萘合剂在作物上的应用介绍。

表 3-3　吲丁·萘合剂在作物上的应用

作物	使用方式	剂量	具体操作	作用
水稻	浸种	10～15mg/L	干种子药液浸 12～24h 时后，再清水浸种催芽	促进生根发芽，提高发芽率，根多、苗壮、抗病
	拌种	25～30mg/L	吸足水分的种子拌药后催芽	促进生根发芽，提高发芽率，根多、苗壮、抗病
	浸芽	15～20mg/L	发了芽的种子浸 3～5min 后播种	促进生根，根数多且粗壮，育壮秧，抗病
	喷芽	10～20mg/L	播种后覆土前喷施苗床，再覆土	根多、壮秧，防青枯病
	淋苗	10～15mg/L	秧苗生长期、寒流前或移栽前 2～3d	提高生长势，防青枯病，防烂秧，移栽后缓苗快
	浸苗根	15～20mg/L	移栽前的秧苗浸 10～20min	提高生长势，防青枯病，防烂秧，移栽后缓苗快

续表

作物	使用方式	剂量	具体操作	作用
小麦	浸种	10~20mg/L	浸1~2h时，闷2~4h 后播种	提高发芽率，苗齐，苗壮，分蘖多，抗逆性强，增产
	拌种	25~30mg/L	1kg药液拌10~15kg种，闷2~4h后播种	提高发芽率，苗齐，苗壮，分蘖多，抗逆性强，增产
玉米	浸种	10~20mg/L	浸2~4h，闷2~4h 后播种	提高出芽率，苗齐，苗壮，气生根多，抗逆性强，增产
	拌种	25~30mg/L	1kg药液拌15~18kg种，闷2~4h后播种	提高出芽率，苗齐，苗壮，气生根多，抗逆性强，增产
花生	浸种	10~15mg/L	浸3~5min，稍阴干后播种	提高出芽率，苗齐，苗壮，根系发达，增产
	拌种	25~30mg/L	1kg药液拌15~20kg种，闷2~4h后播种	提高出芽率，苗齐，苗壮，根系发达，增产
大豆	浸种	10~15mg/L	浸1h，稍阴干后播种	提高出芽率，苗齐，苗壮，根系发达，增产
	拌种	25~30mg/L	1kg药液拌15~20kg种，闷2~4h后播种	提高出芽率，苗齐，苗壮，根系发达，增产
棉花	浸种	25~30mg/L	干种子浸6~10h	提高发芽率，根多、苗壮
	淋苗	10~20mg/L	苗期或移栽前2~3d喷洒	促进根系发育
	蘸苗根	20~30mg/L	移栽时蘸苗根	发根快、成活率高
蔬菜和烟草	浸种	10~15mg/L	浸2~4h	提高发芽率，促进生根
	淋苗	5~10mg/L	苗期或移栽前1~2d喷洒	促进新根发生、壮苗、防病
	灌根	5~10mg/L	移栽后顺植株灌根	促进新根发生、壮苗、防病
树苗和花卉	蘸根	25~50mg/L	移栽时蘸苗根	促进新根长出，提高成活率
	灌根	10~15mg/L	移栽后顺植株灌根	促进新根长出，提高成活率
薯秧	蘸根	50~60mg/L	蘸下部3~4cm处	促进发根、成活

注意事项

（1）该剂见光也有轻微分解现象，产品须用黑色包装物。

（2）与碱性物质混用时活性略有降低。

吲乙·萘合剂（IAA+NAA）

吲乙·萘合剂是一个较为广谱的复合型生根粉，各组分化学结构式如下。

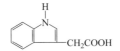

吲哚乙酸(indol-3-ylacetic acid)

萘乙酸(1-naphthylacetic acid)

理化性质

吲哚乙酸熔点：159~160℃。溶于乙醇、丙酮、乙醚等。混剂中含量为30%。萘乙酸熔点130℃，溶于乙醇、丙酮、乙醚、氯仿等。混剂中含量为20%。

毒性

未见吲哚乙酸和萘乙酸混剂毒性资料的报道。

作用特性

50%的吲乙·萘可溶粉剂可经过植物的根、茎、叶吸收，既可诱导不定根的生成，又能刺激作物根系的生长发育，使之根系明显增多。吲哚乙酸是植物体内普遍存在的，并可诱导不定根的生成、促进侧根增多的内源生长激素，但易被吲哚乙酸氧化酶分解，因而一直未商品化。萘乙酸进入植物体内有诱导乙烯生成的作用，内源乙烯在低浓度下也有促进生根的作用。故两者的混剂会比各自单用时促进生根的效果更好。

应用

50%的吲乙·萘可溶粉剂登记时使用技术如下。

（1）花生　20～30mg/L，拌种调节生长（促进萌发及生根）。

（2）小麦　20～30mg/L，拌种调节生长（促进萌发及生根）。

（3）沙棘　100～200mg/L，浸插条基部调节生长（促进诱导不定根）。

实际上在许多农林作物上都可以应用。

诱·吲合剂（*S*-ABA+IBA）

诱·吲合剂是诱抗素（*S*-ABA）和吲哚丁酸复合型植物抗逆诱导生根剂。

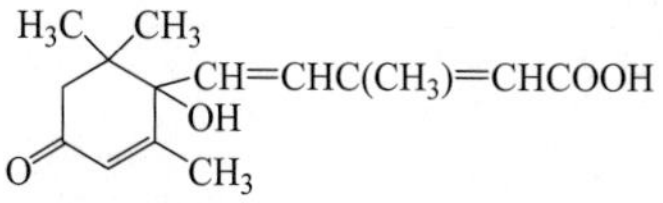

S-诱抗素（*S*-abscisic acid, *S*-ABA） 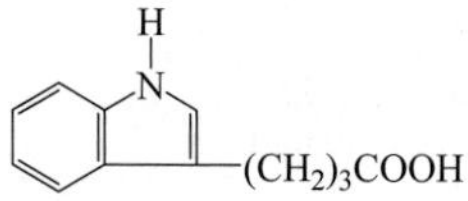　　　吲哚丁酸（indolebutyric acid, IBA）

诱·吲合剂在 20 世纪 80 年代虽有报道，混用有加合和增效作用，但因 *S*-诱抗素价格昂贵没有产业化开发应用。四川龙蟒福生科技有限公司成功开发 *S*-诱抗素后，开发了诱·吲合剂，商品为 1%活力生根剂（为可湿性粉剂）。

作用特点

S-诱抗素既有提高作物抗旱、抗寒、抗盐渍等非生物逆境的能力，又可促进植物地下侧根的生成，还可在干旱等逆境下诱导作物产生大量根毛。与吲哚丁酸混合开发的混合制剂，在土壤水分充足的条件下，促进生根的效果与复合生根粉（吲乙·萘合剂）相似，但因在土壤干旱等逆境条件下促进生根的效果明显而在生产上得到普遍接受和应用。

应用

新型抗逆型的生根剂有广谱诱导生根的作用。1%诱·吲合剂（0.1% *S*-ABA+0.9% IBA）配制成 500～1000mg/L 水溶液，浸泡木本植物插枝下端 10～15s 后扦插，可以促进插枝生根，提高插枝成活率，并加快苗的生长；1%诱·吲合剂配制成 100mg/L 水溶液浸根 30～60min 后移栽，刺激根系产生新根，提高移栽树木在逆境下的成活率；1%诱·吲合剂配制成 10～20mg/L 水溶液，浸渍水稻秧苗或灌根，刺激秧苗生根和幼苗发育，提高幼苗抗逆能力。另外，1%诱·吲合剂在我国干旱和盐碱地区植树造林和农作物种植和移栽方面有很好的应用前景。

注意事项

本品勿与碱性物质混合，药液长期置于阳光下会分解。

芸·乙合剂（brassinolide + ethephon）

芸·乙合剂是一种复合型玉米专用的矮化、健壮、防倒型植物生长调节剂，各组分化学结构式如下。

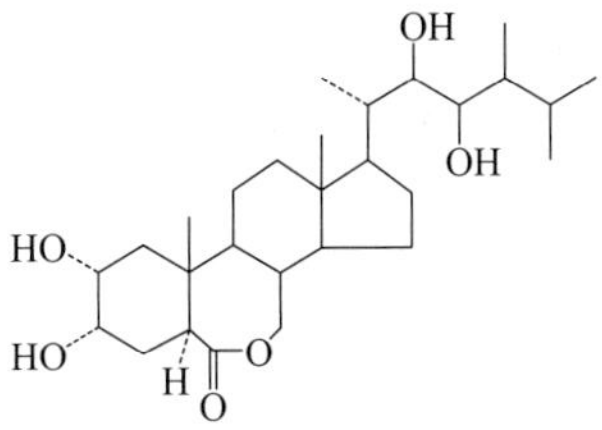

芸苔素内酯(brassinolide) 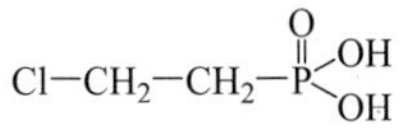　　　　乙烯利(ethephon)

芸·乙合剂国外虽有此混用报道，但未见此混剂的商品化登记注册，云南云大科技农化有限公司登记了 28-表芸·乙烯 30%可溶液剂。乙烯利是一种促进成熟、矮化植株、改变雌雄花比例及诱导某些作物雄性不育的植物生长调节剂。28-表高芸苔素内酯具有使植物细胞分裂和延长的双重作用，促进根系发达，增强光合作用，提高作物叶绿素含量，促进作物对肥料的有效吸收，辅助作物劣势部分良好生长。用于玉米调节生长。

作用特性

单用乙烯利（150～180g/hm²）在玉米 1%抽雄穗时从上向下全株喷雾，有矮化作用，且叶片增宽、叶色深绿、叶片偏上、气生根增多，但易出现早衰现象。然而混剂则在保持以上功能外，早衰现象有所克服，故玉米穗光顶现象减少，从而能增加玉米产量。

应用

在 1%雄穗抽穗时，每支 30mL 药液兑水 20kg，均匀地喷雾 1 亩地，一般可增产 10%左右。

注意事项

芸·乙合剂切勿与碱性药混用，处理后水、肥要充足，干旱、缺水、玉米长势不旺请勿使用。另外可适当增加 10%～15%玉米种植密度，则增产潜力更大些。

乙·嘌合剂（ethephon+6-BA）

乙·嘌合剂是乙烯利和 6-BA 两种调节剂的复合制剂，其化学结构式如下：

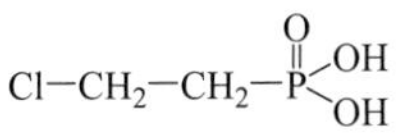

乙烯利(ethephon) 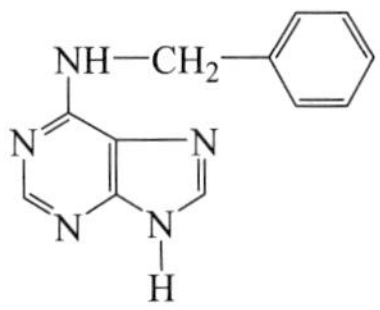　　　　6-苄氨基嘌呤(6-benzylaminopurine)

20 世纪 80 年代末，江苏淮阴教育学院首先开发了玉米健壮素[ethephon + oxyenadenine（异戊烯酰嘌呤）]，90 年代初湖北和沈阳地区开发的玉米壮丰宝、玉米增产灵（ethephon+6-benzylaminopuriene）皆是乙烯利与嘌呤类化合物的复合制剂。

理化性质

乙·嘌合剂为无色透明液体，pH≤1，溶于水、乙醇，不溶于苯、二氯乙烷。遇碱（pH＞4）分解放出乙烯，对金属容器有轻度腐蚀。

毒性　乙·嘌合剂大白鼠急性经口 LD_{50} 为 6810mg/kg，对人、畜安全，不污染环境。

作用特性

乙·嘌合剂可被玉米叶片吸收，传导到体内后会释放出乙烯，不仅可以使玉米上部雄蕊茎秆缩短、叶片增厚、叶色加深、株型紧凑，叶片与茎夹角变小，叶片向上，向光度增加，增加叶绿素含量，提高光合作用效率，还能促进地下根系发育，特别促使玉米气生根明显增多，提高植株吸收水分和抗倒能力。室内生测表明，单用乙烯利虽有以上生理作用，但容易导致叶片特别是功能叶片出现早衰现象，嘌呤类化合物有利于防止叶绿素降解而呈现出相当的防早衰作用。

应用

乙·嘌合剂是玉米专用型植物生长调节剂，在玉米雌穗小花分化末期，即大田出现 1%～3%雄穗刚抽出时，以每瓶 30mL 乙·嘌合剂兑水 15～30kg，用长杆喷雾器自上向下喷玉米上部叶片，即可获得较好的应用效果。

注意事项

（1）本品勿与碱性药剂混用，以免减效或失效。

（2）本品仅适用于水肥较充足呈现旺长的玉米地块，干旱、缺水、少肥、长势弱的勿用。

（3）使用本品可结合适度密植（增加 10%～15%种植密度），其增产作用更为明显。

（4）本品在玉米使用时，植株较高，也可用长杆型低容量喷雾设施以每亩 3L 药液进行喷洒，较为省工省力。

乙·唑合剂（ethephon + uniconazole）

乙·唑合剂是由乙烯利和烯效唑两种生长抑制剂组成的复合制剂，其化学结构式如下。

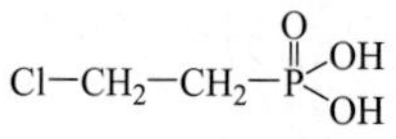

乙烯利(ethephon) 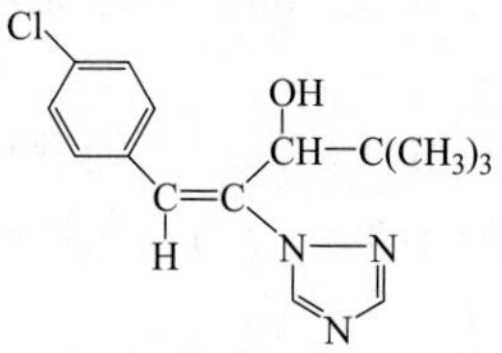　　　　　　　　烯效唑(uniconazole)

国际上虽有报道认为烯效唑和乙烯利混用有加合作用，但还未见商品化。国内广东省植保蔬菜专用药剂中试厂已有在荔枝树上用于控制冬梢萌发开发的复合制剂，并在农业农村部农药检定所登记注册。

理化性质

乙·唑合剂为透明液体，pH<4，可直接兑水稀释至所需浓度，在 pH<4 的介质中较为稳定，pH>4 时则会逐步失效。

作用特性

乙·唑合剂可经由植物叶片、嫩枝及根系吸收，然后传导到新生分生组织活跃部位，抑制分生组织细胞的分化、分裂及生长，从而能有效控制荔枝冬梢分枝的形成或发生。

乙·唑合剂中，一个是赤霉素生物合成较强的抑制剂，一个可进入体内释放乙烯，增加内源乙烯的含量。乙烯和赤霉素对幼茎伸长的作用正好相反，这是因为乙烯既能降低赤霉素的含量，还影响生长素的分布。这两种混用后在控制荔枝冬芽上表现出加合效果。

应用

乙·唑合剂是华南地区荔枝控制冬梢专用型的植物生长调节剂。荔枝发冬梢不仅耗费树体营养，而且减少第二年开花结果数量。荔枝种植户过去都用人工手摘冬梢。如今用乙·唑合剂5.2%液剂稀释 500～1000 倍，在冬梢发生前 10～15d 叶面喷洒，便可以达到摘冬梢的效果。

注意事项

（1）处理后 4～6h 内勿淋雨。

（2）勿与碱性药剂混用，以免影响使用效果。

（3）不同荔枝品种可能有些差异，应先试验、示范，再大面积推广。

唑·哌合剂（paclobutrazol + mepiquat）

唑·哌合剂是一种具有增强抑制作用的复合制剂，各组分化学结构式如下：

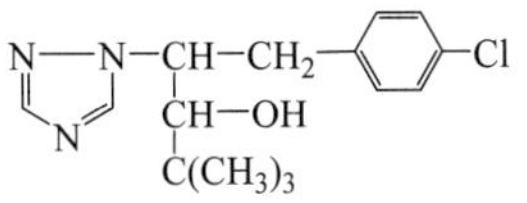

多效唑(paclobutrazol) 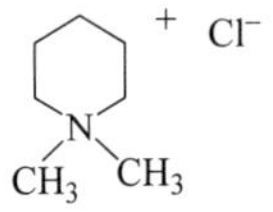　　　　甲哌啶(mepiquat chloride)

20 世纪 80 年代以来，我国开始用多效唑处理小麦（浸种、拌种、淋苗），促其矮化、分蘖，并防止其倒伏，然而使用浓度偏高时便抑制其正常生长。甲哌啶处理小麦也有矮化、促蘖、防倒作用，而且甲哌啶使用对幼苗安全。进入 90 年代，中国农业大学将两者复合起来在小麦上使用，复配剂具有各自单用的优点，因而受到生产欢迎，该复配剂已在农业农村部农药检定所登记注册。商品名为壮丰安 1 号。

毒性　唑·哌合剂据中国预防医学科学院毒理学鉴定属微毒产品，残留残效极低，对后茬作物无任何不良影响。雌大鼠经口 LD_{50} ＞3830mg/kg，雄大鼠经口 LD_{50} ＞2130mg/kg。

作用特性

本品为无色或浅棕色透明或半透明均相液体。能有效地调节小麦生长，控制植株基部 1～3 节间伸长，使茎秆粗壮韧性强，抗倒伏能力增强。采用拌种或叶面喷雾可以提高根系活力、促进壮苗增蘖，增加抗逆性，调整叶片形态、增强光合面积，全面增产，一般可增产 10%左右。本品也可用于大豆、花生、薯类等作物。

应用

（1）冬小麦　拌种，2～3mL/10kg 种子兑水 0.5～1.0kg 均匀拌种，晾干播种。冬小麦叶面喷雾时间为春季麦苗返青至起身期，每亩 30～40mL 兑水 25～30kg，叶面均匀喷雾。

（2）春小麦　拌种，4～6mL/10kg 种子兑水 0.5～1.0kg。叶喷，苗期（3～4 叶期）每亩 30～40mL 兑水 25～30kg。

（3）大豆　拌种，1∶250 倍用药。叶喷，苗期（第一片复叶展开期）1∶1000 倍用药。

（4）花生　初花期至盛花期叶面喷雾，每亩 20～25mL 兑水 30kg。

（5）薯类　甘薯：蔓长 0.5～1.0m（块茎膨大早期）每亩 30mL 兑水 50kg 均匀喷雾。马铃薯：地上茎 15cm 或开花期每亩 25～30mL 兑水 50～60kg 均匀喷雾。

注意事项

（1）可与一般杀虫剂、除草剂、肥料混用。

（2）出现沉淀，摇匀药液，不影响药效。

（3）一般勿作叶面喷洒，以免残存期长的多效唑对后茬敏感作物有不良抑制作用。

索 引

英文通用名称索引

农药专业图书书讯

分类	五位书号	书号	书名	定价	作者
农药手册性 工具图书	22028	9787122220288	农药手册(原著第16版)	480	[英]马克比恩
	38670	9787122386700	手性农药手册	88	王鹏
	29795	9787122297952	现代农药手册	580	刘长令
	31232	9787122312327	现代植物生长调节剂技术手册	198	李玲
	27929	9787122279293	农药商品信息手册	360	康卓
	31490	9787122314901	现代落叶果树病虫害诊断与 防控原色图鉴	398	王江柱
	22115	9787122221155	新编农药品种手册	288	孙家隆
	22393	9787122223937	FAO/WHO农药产品标准手册	180	农业部农药检 定所
	15528	9787122155283	农药品种手册精编	128	张敏恒
	40271	9787122402714	世界农药大全——杀虫剂卷(第二版)	298	刘长令
	39871	9787122398710	世界农药大全——杀菌剂卷(第二版)	298	刘长令
	41227	9787122412270	世界农药大全——除草剂卷(第二版)	298	刘长令
	11396	9787122113962	抗菌防霉技术手册	80	顾学斌
	33892	9787122338921	中国农药研究与应用全书·农药创新	168	李忠
	33967	9787122339676	中国农药研究与应用全书·农药 管理与国际贸易	168	单炜力
	34016	9787122340160	中国农药研究与应用全书·农药 使用装备与施药技术	150	何雄奎
	34196	9787122341969	中国农药研究与应用全书·农药 残留与分析	120	郑永权
	34219	9787122342195	中国农药研究与应用全书·农药产业	228	吴剑
	34353	9787122343536	中国农药研究与应用全书·农药 制剂与加工	180	任天瑞
	33830	9787122338303	中国农药研究与应用全书·农药 生态环境风险评估	128	林荣华
	34475	9787122344755	中国农药研究与应用全书·农药 科学合理使用	138	欧晓明
农药分析与合成 专业图书	15415	9787122154156	农药分析手册	298	陈铁春
	11206	9787122112064	现代农药合成技术	268	孙家隆
	21298	9787122212986	农药合成与分析技术	168	孙克
	33028	9787122330284	农药化学合成基础(第三版)	60	孙家隆
	21908	9787122219084	农药残留风险评估与毒理学应用基础	78	李倩

分类	五位书号	书号	书名	定价	作者
农药分析与合成专业图书	09825	9787122098252	农药质量与残留实用检测技术	48	刘丰茂
	40832	9787122408327	农药分析化学	98	潘灿平
	17305	9787122173058	新农药创制与合成	128	刘长令
	39005	9787122390059	农药残留分析原理与方法（第二版）	128	刘丰茂
农药剂型加工专业图书	15164	9787122151643	现代农药剂型加工技术	380	刘广文
	30783	9787122307835	现代农药剂型加工丛书——农药液体制剂	188	徐妍
	30866	9787122308665	现代农药剂型加工丛书——农药助剂	138	张小军
	30624	9787122306241	现代农药剂型加工丛书——农药固体制剂	168	刘广文
	31148	9787122311481	现代农药剂型加工丛书——农药制剂工程技术	180	刘广文
	31565	9787122315656	农药剂型加工新进展	68	陈福良
	23912	9787122239129	农药干悬浮剂	98	刘广文
	20103	9787122201034	农药制剂加工实验（第二版）	48	吴学民
	22433	9787122224330	农药新剂型加工与应用	88	陈福良
	23913	9787122239136	农药制剂加工技术	49	骆焱平
农药专利、贸易与管理专业图书	18414	9787122184146	世界重要农药品种与专利分析	198	刘长令
	38643	9787122386434	农药专业英语（第二版）	68	骆焱平
	24028	9787122240286	农资经营实用手册	98	骆焱平
	26958	9787122269584	农药生物活性测试标准操作规范——杀菌剂卷	60	康卓
	26957	9787122269577	农药生物活性测试标准操作规范——除草剂卷	60	刘学
	26959	9787122269591	农药生物活性测试标准操作规范——杀虫剂卷	60	顾宝根
	20592	9787122205926	农药国际贸易与质量管理	80	申继忠
	21445	9787122214454	专利过期重要农药品种手册：2012—2016	128	柏亚罗
	21715	9787122217158	吡啶类化合物及其应用	80	申桂英
	09494	9787122094940	农药出口登记实用指南	80	申继忠
农药研发、进展与理论专著	16497	9787122164971	现代农药化学	198	杨华铮
	37097	9787122370976	中国植物源农药研究与应用	360	吴文君
	38482	9787122384829	农药环境毒理学基础	128	万树青
	26220	9787122262202	农药立体化学	88	王鸣华
	30240	9787122302403	世界农药新进展（四）	80	张一宾
	18588	9787122185884	世界农药新进展（三）	118	张一宾
	40818	9787122408181	农药雾滴雾化沉积飘失理论与实践	188	何雄奎
	33258	9787122332585	药用植物山蒟杀虫活性研究与应用	80	董存柱
农药使用类实用图书	37714	9787122377142	农药问答（第六版）	88	曹坳程
	38448	9787122384485	烟草农药精准科学施用技术指南	55	丁伟
	31512	9787122315120	杀菌剂使用技术	28	唐韵
	25396	9787122253965	生物农药使用与营销	49	唐韵

分类	五位书号	书号	书名	定价	作者
农药使用类实用图书	29263	9787122292636	农药问答精编（第二版）	60	曹坳程
	29650	9787122296504	农药知识读本	36	骆焱平
	29720	9787122297204	50种常见农药使用手册	36	王迪轩
	30103	9787122301031	农药安全使用百问百答	39	石明旺
	26988	9787122269881	新编简明农药使用手册	60	骆焱平
	26312	9787122263124	绿色蔬菜科学使用农药指南	39	王迪轩
	24041	9787122240415	植物生长调节剂科学使用指南（第三版）	48	张宗俭
	28073	9787122280732	生物农药科学使指南	50	吴文君
	25700	9787122257000	果树病虫草害管控优质农药158种	28	王江柱
	39263	9787122392633	现代农药应用技术丛书——除草剂卷（第二版）	38	孙家隆
	38742	9787122387424	现代农药应用技术丛书——植物生长调节剂	38	孙家隆
	39148	9787122391483	现代农药应用技术丛书——杀菌剂卷（第二版）	39	孙家隆
	38981	9787122389817	现代农药应用技术丛书——杀虫剂卷（第二版）	58	郑桂玲
	11678	9787122116789	农药使用技术指南（第二版）	75	袁会珠
	21262	9787122212627	农民安全科学使用农药必读（第三版）	18	梁帝允
	21548	9787122215482	蔬菜常用农药100种	28	王迪轩
	14661	9787122146618	南方果园农药应用技术	29	卢植新
	27745	9787122277459	植物生长调节剂在果树上的应用（第三版）	48	叶明儿
	41233	9787122412331	植物生长调节剂常见药害症状及解决方案	60	谭伟明
	27882	9787122278821	果园新农药手册	26	侯慧锋
	27411	9787122274113	菜园新农药手册	23	王丽君
	18387	9787122183873	杂草化学防除实用技术（第二版）	38	陶波
	33400	9787122334008	新编农药科学使用技术	58	纪明山
	33957	9787122339577	农药科学使用技术（第二版）	48	董向丽
	35028	9787122350282	地球磷资源流与肥料跨界融合	128	许秀成
	34798	9787122347985	中间体衍生化法与新农药创制	168	刘长令
	35505	9787122355058	肥料施用技术问答	30	马星竹
	36893	9787122368935	农业物质循环新技术	60	李瑞波

邮购地址：北京市东城区青年湖13号，化学工业出版社；邮编：100011；当当、京东、天猫网店均可销售，输入书号或书名搜索。也可联系出版社相关人员（电话：010-64519154/17610529386）。约稿出书请联系（电话：010-64519457/13810683813）。